"十二五"普通高等教育本科国家级规划教材

"十三五"江苏省高等学校重点教材（编号2018-1-094）

新工科建设之路·计算机类专业系列教材

数据结构与算法（Java版）

第**5**版

叶核亚 编著 ⊛ 陈本林 主审

电子工业出版社

Publishing House of Electronics Industry

北京·BEIJING

内容简介

本书是"十二五"普通高等教育本科国家级规划教材，也是"十三五"江苏省高等学校重点教材。

本书全面系统地介绍数据结构的基础理论和算法设计方法，包括线性表、树、图等数据结构以及查找和排序算法，采用 Java 语言以面向对象方法设计并实现了这些数据结构及算法。本书精选基础理论内容，重点突出数据结构设计和算法设计，内容涉及的广度和深度符合计算机专业本科的培养目标。通过降低理论难度和抽象性、增强实际应用、强化实践环节等措施，展现"理论基础厚实，采用面向对象程序设计思想，加强工程应用能力培养"的鲜明特色，从而达到增强学生的理解能力和培养应用能力的教学目标。本书配套教学资源齐全。

本书可作为普通高等学校计算机及相近专业本科的"数据结构与算法"课程教材，也可作为从事计算机软件开发和工程应用人员的参考书。

图书在版编目(CIP)数据

数据结构与算法：Java 版 / 叶核亚编著. —5 版. —北京：电子工业出版社，2020.8
ISBN 978-7-121-39305-1

Ⅰ. ① 数… Ⅱ. ① 叶… Ⅲ. ① 数据结构－高等学校－教材 ② 算法分析－高等学校－教材
③ JAVA 语言－程序设计－高等学校－教材 Ⅳ. ① TP311.12 ② TP312.8

中国版本图书馆 CIP 数据核字（2020）第 139302 号

责任编辑：章海涛
印　　刷：三河市良远印务有限公司
装　　订：三河市良远印务有限公司
出版发行：电子工业出版社
　　　　　北京市海淀区万寿路 173 信箱　邮编　100036
开　　本：787×1092　1/16　　印张：22.5　　字数：572 千字
版　　次：2004 年 5 月第 1 版
　　　　　2020 年 8 月第 5 版
印　　次：2023 年 5 月 第 9 次印刷
定　　价：59.80 元

前　言

本书是"十二五"普通高等教育本科国家级规划教材，也是"十三五"江苏省高等学校重点教材。

"数据结构与算法"课程是高等学校计算机类及相近专业本科的专业基础课程，是进行程序设计训练的核心课程，是培养软件设计能力不可或缺的重要环节，在计算机学科本科的培养体系中具有非常重要的地位。

本书内容覆盖数据结构的基础理论和典型算法，重点突出数据结构设计和算法设计，通过降低理论难度和抽象性、增强实际应用、强化实践环节等措施，展现"**理论基础厚实，采用面向对象程序设计思想，加强工程应用能力培养**"的鲜明特色，从而达到增强学生理解能力和培养应用能力的教学目标。本书配套教学资源齐全。本书特色说明如下。

1．内容全面、理论基础厚实

本书全面、系统地介绍数据结构的基础理论和算法设计方法，阐明线性表、树、图等数据集合的逻辑结构，讨论其存储结构和能进行的操作，以及这些操作的算法设计和实现；针对软件设计中频繁应用的查找和排序问题，根据不同数据结构对操作的实际需求，给出多种查找和排序算法，并分析算法的执行效率。

本书教学目标明确，理论叙述精练、简明扼要；结构安排合理，由浅入深，层次分明，重点突出；算法设计思想清晰，算法分析透彻；程序结构严谨规范，内容涉及的广度和深度符合计算机专业本科的培养目标。

2．采用面向对象程序设计思想，展示了 Java 语言的优越性

面向对象程序设计方法是目前软件开发的主流方法；Java 语言是目前功能最强、应用最广泛的一种完全面向对象程序设计语言，具有成熟而严密的语法体系和强大的应用系统设计能力，其特有的面向对象、跨平台特性、内存自动管理、异常处理、多线程等机制，使其更健壮、更安全、更高效。今日 Java 应用无处不在，其重要性毋庸置疑。

Java 语言提供类的封装、继承、多态和抽象特性，提供数组和对象引用模型，为类、接口和函数提供泛型参数，提供递归函数等，这些不仅具备表达数据结构和算法的基本要素，而且能使算法更简明、更直接，性能更好。因此，本书**采用 Java 语言描述数据结构和实现算法不仅可行，作为面向对象的程序设计方法训练也是十分恰当的，更是数据结构课程教学改革的必然发展趋势，完全符合本科的培养目标**。依托一种功能强大的程序设计语言，充分表达和实现复杂的算法设计，体现软件结构化、模块化、可重用的设计思想，是提高程序设计能力的有效手段。

本书充分展示了 Java 语言的优越性。

① 在设计线性表、二叉树、树、图等数据结构时，以泛型类为设计基础，将封装、继承、多态、抽象等面向对象技术贯穿始终，采用面向对象思想刻画和表达数据结构设计，这是这个时代的软件设计所必需的。

② 以 Java 的集合框架为背景，采用多种数据结构实现了多种不同特性的集合类，以及各种迭代器，并将 Java 集合运用于实际工程应用。

3．加强工程应用能力培养

"数据结构与算法"课程难点：其一，内容多，概念抽象，理论深奥，递归算法难度大，较难理解和掌握；其二，要培养学生具有较高的设计能力，理解软件系统设计的本质，需要一段时间，不一定立竿见影。

本课程探索出一套具有"**理论联系实际，启发式教学，案例驱动，实验驱动**"特点的教学方法，特别强调培养工程应用能力和技术能力，努力解决课程的难点问题。

① 理论联系实际。在讲解基本概念后，选择偏重实际应用的例题进行设计和分析，展现理论如何解决实际问题的方法，丰富的实例开阔学生视野。

② 启发式教学。从经典例题中总结出问题的特征及解决问题的规律，让学生自己选择实验题，培养学生从生活中发现问题、分析问题再寻找解决问题方法的能力。

③ 案例驱动。每章先引入典型案例，从案例到概念，从具体到抽象，说明需要面对什么类型的问题，通过需求分析明确目标，提供解决问题的思路和设计方案，最终实现。本书贯彻理论讲授和案例教学相结合的教学方法，目标更明确，思路更清楚，并使算法效率更高。

④ 实验驱动。在每阶段授课前，教师先将实验题目布置给学生，使学生带着问题听课。每次实验，教师逐个检查每位学生写的程序和运行结果，讨论其中存在的问题、改进方法及其优劣。

在实验和课程设计的实践性环节，根据各章实验目的、内容和设计要求，给出典型案例，说明它们的设计思想和设计特点、重点及难点，并分析算法性能。特别为课程设计环节准备了多种算法设计与分析的综合应用程序设计实例，详细说明需求方案、设计思想、模块划分、功能实现、调试运行等环节的设计方法，展现综合运用基础知识的能力以及良好的程序设计习惯，提倡创新能力。

程序设计有其自身的规律，不是一蹴而就的，也没有捷径。程序员必须具备基本素质，必须掌握程序设计语言的基本语法以及算法设计思想和方法，并且需要积累许多经验。这个过程需要一段时间，需要耐心，厚积而薄发。

本书第1~9章是"数据结构与算法"课程的主要内容，包括线性表、队列、栈、二叉树、图等数据结构设计以及查找和排序算法设计；第10章是为课程设计准备的，进行综合应用设计训练，包括Java集合框架、算法设计策略和课程设计选题。本书程序运行环境是JDK 8和MyEclipse 2015。熟练掌握集成开发环境的各种操作和程序调试技术是程序设计的一项基本技能，需要经过一个逐步积累的过程。JDK 和 MyEclipse 集成开发环境的详细说明见《Java程序设计实用教程（第5版）》（ISBN 978-7-121-34441-1）。

本书由叶核亚编著。感谢南京大学计算机科学与技术系陈本林教授，陈老师认真细致地审阅了全稿，提出了许多宝贵意见；感谢黄纬、潘磊、霍瑛、徐金宝、彭焕峰等老师给予的帮助，感谢众多读者朋友对本书前4版提出的宝贵意见。

对书中存在的不妥与错漏之处，敬请读者朋友批评指正。

本书为任课教师提供配套的教学资源（包含电子教案和例题源代码），需要者可**登录华信教育资源网**（http://www.hxedu.com.cn），注册后免费**下载**。

读者反馈：154725745@qq.com。

作　者

目　录

第 1 章　绪论 ……………………………………………………………………………… 1

1.1　数据结构的基本概念 …………………………………………………………… 1

1.1.1　为什么要学习数据结构 ………………………………………………… 1

1.1.2　什么是数据结构 ………………………………………………………… 2

1.1.3　数据类型与抽象数据类型 ……………………………………………… 5

1.2　算法 ……………………………………………………………………………… 9

1.2.1　什么是算法 ……………………………………………………………… 9

1.2.2　算法分析 ……………………………………………………………… 11

1.2.3　算法设计与实现 ……………………………………………………… 13

习题 1 ………………………………………………………………………………… 16

实验 1　算法设计与实现 …………………………………………………………… 17

第 2 章　线性表 ………………………………………………………………………… 18

2.1　线性表的定义及抽象数据类型 ………………………………………………… 18

2.2　线性表的顺序存储结构和实现 ………………………………………………… 20

2.2.1　线性表的顺序存储结构 ……………………………………………… 20

2.2.2　顺序表类的设计及应用 ……………………………………………… 21

2.3　线性表的链式存储结构和实现 ………………………………………………… 32

2.3.1　线性表的链式存储结构 ……………………………………………… 32

2.3.2　单链表 ………………………………………………………………… 33

2.3.3　循环双链表 …………………………………………………………… 43

2.4　排序线性表的存储和实现 ……………………………………………………… 46

2.4.1　比较对象大小的方法 ………………………………………………… 46

2.4.2　排序顺序表 …………………………………………………………… 48

2.4.3　排序单链表 …………………………………………………………… 53

2.5　线性表的应用：多项式的存储和运算 ………………………………………… 55

2.5.1　一元多项式的存储和运算 …………………………………………… 55

2.5.2　二元多项式的存储和运算 …………………………………………… 60

习题 2 ………………………………………………………………………………… 62

实验 2　线性表的基本操作 ………………………………………………………… 63

第 3 章　字符串 ………………………………………………………………………… 65

3.1　字符串抽象数据类型 …………………………………………………………… 65

3.2　字符串的顺序存储结构和实现 ………………………………………………… 67

3.2.1　常量字符串 …………………………………………………………… 67

3.2.2　变量字符串 …………………………………………………………… 75

3.3 字符串的模式匹配 ··· 79
　　3.3.1 Brute-Force 模式匹配算法 ····································· 80
　　3.3.2 模式匹配应用 ··· 82
　　3.3.3 KMP 模式匹配算法 ·· 84
习题 3 ·· 90
实验 3 字符串的基本操作和模式匹配算法 ··································· 91

第 4 章 栈、队列和递归 ·· 94
4.1 栈 ··· 94
　　4.1.1 栈的定义及抽象数据类型 ······································· 94
　　4.1.2 栈的存储结构和实现 ··· 95
　　4.1.3 栈的应用 ··· 97
4.2 队列 ··· 105
　　4.2.1 队列的定义及抽象数据类型 ····································· 105
　　4.2.2 队列的存储结构和实现 ··· 106
　　4.2.3 队列的应用 ··· 111
　　4.2.4 优先队列 ··· 112
4.3 递归 ··· 114
习题 4 ·· 120
实验 4 栈、队列和递归算法 ·· 120

第 5 章 数组和广义表 ··· 124
5.1 数组 ··· 124
5.2 特殊矩阵的压缩存储 ·· 129
　　5.2.1 三角矩阵、对称矩阵和对角矩阵的压缩存储 ······················· 129
　　5.2.2 稀疏矩阵的压缩存储 ··· 131
5.3 广义表 ··· 141
　　5.3.1 广义表定义及抽象数据类型 ····································· 141
　　5.3.2 广义表的存储结构和实现 ······································· 143
习题 5 ·· 148
实验 5 矩阵和广义表的存储和运算 ·· 149

第 6 章 二叉树和树 ··· 151
6.1 二叉树 ··· 151
　　6.1.1 二叉树的定义、性质及抽象数据类型 ····························· 151
　　6.1.2 二叉树的存储结构 ··· 154
　　6.1.3 二叉树的二叉链表实现 ··· 155
6.2 树 ··· 169
　　6.2.1 树的定义及抽象数据类型 ······································· 169
　　6.2.2 树的存储结构 ··· 171
　　6.2.3 树/森林的父母孩子兄弟链表实现 ······························· 172
6.3 二叉树应用 ··· 176
　　6.3.1 Huffman 树 ··· 176

  6.3.2 表达式二叉树 ··· 185

 习题 6 ·· 189

 实验 6 二叉树和树的基本操作 ··· 191

第 7 章 图 ·· 194

 7.1 图的概念和抽象数据类型 ·· 194

 7.2 图的存储结构和实现 ·· 201

  7.2.1 抽象图类，存储顶点集合 ··· 201

  7.2.2 图的邻接矩阵存储结构和实现 ·· 202

  7.2.3 图的邻接表存储结构和实现 ··· 207

  7.2.4 图的邻接多重表存储结构 ··· 212

 7.3 图的遍历 ·· 212

  7.3.1 图的深度优先遍历 ·· 213

  7.3.2 图的广度优先遍历 ·· 216

 7.4 最小生成树 ··· 218

 7.5 最短路径 ·· 222

  7.5.1 单源最短路径 ··· 223

  7.5.2** 每对顶点间的最短路径 ·· 227

 习题 7 ·· 230

 实验 7 图的存储结构和操作算法 ··· 231

第 8 章 查找 ·· 234

 8.1 查找基础 ·· 234

  8.1.1 查找概述 ·· 234

  8.1.2 二分法查找 ··· 237

 8.2 索引 ··· 239

  8.2.1 分块与索引 ··· 239

  8.2.2 静态索引 ·· 241

  8.2.3 动态索引 ·· 245

 8.3 散列 ··· 246

 8.4 二叉排序树和平衡二叉树 ·· 251

  8.4.1 二叉排序树 ··· 251

  8.4.2 二叉树采用三叉链表存储结构 ·· 258

  8.4.3** 平衡二叉树 ··· 259

 8.5 映射 ··· 262

  8.5.1 映射的定义及接口 ·· 262

  8.5.2 散列映射 ·· 264

  8.5.3 树映射 ·· 266

 习题 8 ·· 269

 实验 8 集合和映射的数据结构设计和查找算法设计 ·························· 270

第 9 章 排序 ·· 274

 9.1 插入排序 ·· 274

　　　　9.1.1　直接插入排序 ································· 274
　　　　9.1.2　希尔排序 ····································· 276
　　9.2　交换排序 ··· 278
　　　　9.2.1　冒泡排序 ····································· 278
　　　　9.2.2　快速排序 ····································· 280
　　9.3　选择排序 ··· 282
　　　　9.3.1　直接选择排序 ································· 282
　　　　9.3.2　堆排序 ····································· 283
　　9.4　归并排序 ··· 286
　　9.5　线性表的排序算法 ································· 288
　　　　9.5.1　顺序表的排序算法 ························· 289
　　　　9.5.2　单链表的排序算法 ························· 289
　　　　9.5.3　循环双链表的排序算法 ····················· 292
　　习题 9 ··· 293
　　实验 9　排序算法设计 ································· 294

第 10 章　综合应用设计 ································· 296
　　10.1　Java 集合框架 ··································· 296
　　　　10.1.1　Arrays 数组类 ······························ 296
　　　　10.1.2　集合 ····································· 297
　　　　10.1.3　映射 ····································· 304
　　10.2　实现迭代器 ····································· 305
　　　　10.2.1　设计基于迭代器的通用操作 ················· 305
　　　　10.2.2　提供迭代器的类 ······················· 307
　　10.3　算法设计策略 ··································· 309
　　　　10.3.1　分治法 ··································· 309
　　　　10.3.2　动态规划法 ······························· 311
　　　　10.3.3　贪心法 ··································· 313
　　　　10.3.4　回溯法 ··································· 323
　　10.4　课程设计的目的、要求和选题 ················· 337

附录 A　ASCII 字符与 Unicode 值 ····················· 340

附录 B　Java 关键字 ··································· 341

附录 C　Java 基本数据类型 ··························· 342

附录 D　Java 运算符及其优先级 ······················· 343

附录 E　Java 类库（部分）····························· 344
　　E.1　java.lang 语言包 ······························· 344
　　E.2　java.util 实用包 ······························· 347

附录 F　MyEclipse 常用菜单命令 ····················· 349

参考文献 ·· 350

第1章 绪 论

计算机数据处理的前提是数据组织，如何有效地组织数据和处理数据是软件设计的基本内容，也是"数据结构与算法"课程的基本内容。

本章目的：勾勒"数据结构与算法"课程的轮廓，说明课程目的、任务和主要内容。

本章要求：① 理解数据结构概念，包括数据逻辑结构、数据存储结构和对数据的操作；② 理解抽象数据类型概念，以及与数据结构的关系；③ 熟悉算法概念、算法设计和分析方法。

本章重点：数据结构概念、算法设计和分析方法。

本章难点：抽象数据类型，链式存储结构，算法分析方法。

实验要求：简单算法设计，回顾 Java 语言的基本语法和面向对象基本概念；掌握编辑、编译、运行 Java Application 程序的基本技能。

1.1 数据结构的基本概念

1.1.1 为什么要学习数据结构

在计算机系统中，现实世界中的对象用数据来描述。进行软件设计时考虑的首要问题是数据的表示、组织和处理方法，这直接关系到软件的工程化程度和软件的运行效率。

随着计算机技术的飞速发展，计算机应用领域从早期的科学计算扩大到过程控制和管理、大数据处理、云计算等。计算机处理的对象也从简单的数值数据发展到各种多媒体数据。软件系统处理的数据量越来越大，数据的结构也越来越复杂。因此，针对实际应用问题，如何合理、有效地组织数据，如何建立合适的数据结构，如何设计强功能、高性能、高效率的算法，是软件设计的重要和核心问题，而这些正是"数据结构与算法"课程讨论的主要内容。

软件设计是计算机系统设计的核心内容。数据结构是软件设计的重要理论和实践基础，数据结构设计和算法设计是软件系统设计的基础和核心技术。"数据结构与算法"课程讨论的知识内容是软件设计的理论基础，课程介绍的技术方法是软件设计中使用的基本方法；理论与实践并重，学生既要掌握数据结构的基础理论知识和算法设计方法，又要掌握运行和调试程序的基本技能。因此，"数据结构与算法"是进行程序设计训练的核心课程，是培养学生的软件设计能力不可或缺的重要环节，在计算机类专业的培养体系中具有非常重要的地位。

本课程的目标是，学生应掌握处理数据和编写高效率软件的基本方法，具备算法分析和软件设计能力。本课程的任务是，理解数据的逻辑结构，研究在计算机中的存储结构，实现对操作的算法设计。

在计算机界流传着一句经典名言"数据结构+算法=程序设计"（瑞士 Niklaus Wirth 教授），这句话简洁、明了地说明了程序（或软件）与数据结构和算法的关系，以及"数据结构与算法"课程的重要性。

1.1.2　什么是数据结构

1．数据、数据元素和数据集合

<u>数据</u>（data）是描述客观事物的数字、字符以及所有能输入到计算机中并能被计算机接受的各种符号集合的统称。数据是信息的符号表示，是计算机程序的处理对象。除了数值数据，计算机能够处理的数据还有字符串等非数值数据，以及图形、图像、音频、视频等多媒体数据。

表示一个事物的一组数据被称为一个<u>数据元素</u>（data element），数据元素是数据的基本单位。一个数据元素可以是一个不可分割的原子项，也可以由多个数据项组成。<u>数据项</u>（data item）是数据元素中有独立含义的、不可分割的最小标识单位。例如，一个整数、一个字符都是原子项；一个学生数据元素由学号、姓名、性别和出生日期等数据项组成。一个数据元素中，能够识别该元素的一个或多个数据项被称为<u>关键字</u>（keyword），能够唯一识别数据元素的关键字被称为<u>主关键字</u>（primary keyword）。

在由数据元素组成的数据集合中，数据元素之间通常具有某些内在联系。研究数据元素之间存在的关系并建立数学模型，是设计有效地组织数据和处理数据方案的前提。那么，在数据集合中，数据元素之间具有怎样的关系？如何存储这些元素？有哪些基本操作？怎样实现各种操作？实现操作的效率又如何？这些都是"数据结构与算法"课程要讨论的内容。

2．数据的逻辑结构

数据的结构是指数据元素之间存在的关系。一个<u>数据结构</u>（data structure）是由 n（$n \geq 0$）个数据元素组成的有限集合，数据元素之间具有某种特定的关系。

数据结构概念包含三方面：数据的逻辑结构、数据的存储结构和对数据的操作。

数据的逻辑结构是指数据元素之间的逻辑关系，用一个数据元素的集合和定义在此集合上的若干关系来表示。数据的逻辑结构主要分为 3 种：线性结构、树结构和图结构。以图示法表示数据的逻辑结构如图 1-1 所示，一个圆表示一个数据元素，圆中的字符表示数据元素的标记或取值；连线称为边，一条边表示一对数据元素之间的关系。

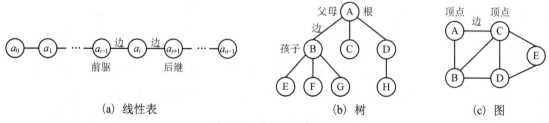

图 1-1　数据的逻辑结构

（1）线性结构，定义数据元素之间是线性关系

线性表是一种线性结构，线性表 $(a_0, a_1, \cdots, a_{n-1})$ 是由 n（$n \geq 0$）个类型相同的数据元素

$a_0,a_1,\cdots,a_{n-1}$组成的有限序列，若 $n=0$，则为空表；若 $n>0$，则 a_i ($0<i<n-1$) 有且仅有一个前驱元素 a_{i-1} 和一个后继元素 a_{i+1}，a_0 没有前驱元素，a_{n-1} 没有后继元素，采用序号 i 确定数据元素 a_i 在线性结构中的逻辑次序。线性表如图 1-1(a) 所示，一条边表示一对数据元素是前驱与后继间的线性关系，也称为顺序关系。

数据元素可以是一个数、字符、字符串或其他复杂形式的数据。例如，整数序列{1, 2, 3, 4, 5}和字母序列{'A', 'B', 'C',…, 'Z'}都是线性表，数据元素之间具有线性关系，即顺序关系。

【典型案例 1-1】 学生信息表的数据结构是线性表。

一个班级的学生信息表是一个数据集合，如表 1-1 所示，其数据结构是线性表，数据元素是由学号、姓名等多个数据项组成的学生信息。数据元素之间按学号关系约定是线性次序；姓名是能够标识一个学生的关键字；学号是能够唯一标识一个学生的主关键字。

表 1-1　一个班级的学生信息表

专　业	班　级	学　号	姓　名	性　别	出生日期	籍　贯
软件工程	软件 191	202191101	李月	女	2001 年 5 月 6 日	江苏省
软件工程	软件 191	202191102	王红	女	2000 年 12 月 9 日	安徽省
软件工程	软件 191	202191103	秦风	男	2001 年 1 月 5 日	浙江省
软件工程	软件 191	202191104	吴宁	男	2001 年 2 月 14 日	广东省

（2）树结构，定义数据元素（结点）之间是层次关系

树结构中的数据元素通常称为结点，边表示层次关系，有边相连的上一层和下一层结点分别称为父母结点和孩子结点，一条边表示一对数据元素是父母与孩子间的层次关系。一棵树的顶层结点称为根结点，它没有父母结点；其他结点有且仅有一个父母结点，可有零至多个孩子结点。如图 1-1(b) 所示，A 是树的根结点，A 是其 3 个孩子 B、C、D 的父母，B 是其 3 个孩子 E、F、G 的父母。

【典型案例 1-2】 淘汰赛的比赛结果是树结构。

2018 年俄罗斯世界杯足球赛淘汰赛的比赛结果如图 1-2 所示。

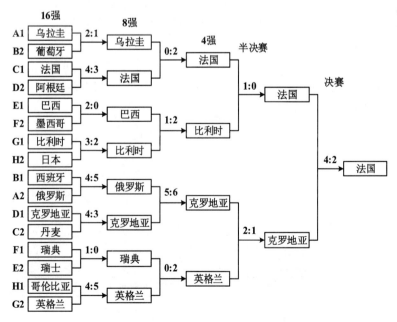

图 1-2　淘汰赛的比赛结果，是一棵满二叉树

小组比赛决出 16 强进入淘汰赛，A、B 小组头两名交叉比赛，A1 与 B2 比赛，B1 与 A2 比赛，胜者进入 8 强；继续，半决赛直到决赛，每轮过后参加比赛队伍总数减半。

淘汰赛的比赛结果是树结构，是一棵满二叉树（见 6.1.1 节）。此外，家谱、Windows 文件系统的组织方式等都是树结构。

（3）图结构

图结构是由顶点集合和边集合组成的数据结构，图中的数据元素通常称为顶点，顶点之间的关系称为边。图对数据元素之间的关系没有限制，任意两个数据元素之间都可以相邻。

在图 1-1（c）所示的图中，顶点集合是 {A, B, C, D, E}，边集合是 {(A,B), (A,C), (B,A), (B,C), (B,D), (C,A), (C,B), (C,D), (C,E), (D,B), (D,C), (D,E), (E,C), (E,D)}。

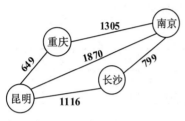

图 1-3　飞机航班路线图

【典型案例 1-3】　飞机航班路线图是图结构。

由若干城市组成的飞机航班路线图如图 1-3 所示，有直飞航班，也有经停航班。边的数值表示两地间的千米数。这是图结构。

树是图的特例，树是连通的无回路的无向图；线性表是树的特例，线性表是单枝树。

上述 3 种数据的逻辑结构是由离散数学中的图论（Graphic Theory）定义和划分的。图论研究各种图的数学性质，研究集合中数据元素之间具有的多种关系，建立起线性结构、树结构和图结构等数据模型。在此基础上，"数据结构与算法"课程的任务是研究数据在计算机中的存储结构，实现对数据结构操作的算法设计。

3．数据的存储结构

数据元素及其关系在计算机中的存储表示或实现称为数据的存储结构，也称为物理结构。软件系统不仅要存储所有数据，还要正确地表示数据元素之间的逻辑关系。

数据的逻辑结构是从逻辑关系角度观察数据，它与数据的存储无关，是独立于计算机的。而数据的存储结构是逻辑结构在计算机内存中的实现，它是依赖于计算机的。

数据存储结构的基本形式有两种：顺序存储结构和链式存储结构。

线性表 $(a_0, a_1, \cdots, a_{n-1})$ 采用顺序存储结构，如图 1-4（a）所示，使用一组连续的内存单元（程序设计语言中的数组）依次连续地顺序存储各元素 a_i，逻辑上相邻的元素 a_{i-1}、a_i 和 a_{i+1} 在存储位置上也相邻，即数据元素在内存的物理存储次序与它们的逻辑次序相同，因此数据的存储结构体现数据的逻辑结构。

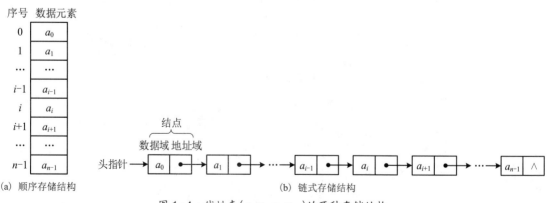

图 1-4　线性表 $(a_0, a_1, \cdots, a_{n-1})$ 的两种存储结构

线性表$(a_0,a_1,\cdots,a_{n-1})$采用链式存储结构，如图 1-4(b)所示，逻辑上相邻的元素 a_{i-1}、a_i 和 a_{i+1} 是分散存储的，数据的存储位置不能反映数据的逻辑关系，因此数据元素间的关系必须采用附加信息特别指定，即采用指针变量记载前驱或后继元素的存储地址。由数据域和地址域组成的一个结点（node）来存储一个数据元素，通过地址域将前驱和后继元素结点链接起来，使得结点间的链接关系体现线性表中数据元素间的次序关系。头指针记住元素 a_0 的结点地址。

顺序存储结构和链式存储结构是两种最基本、最常用的存储结构。除此之外，将顺序存储结构和链式存储结构进行组合，还可以构造出一些更复杂的存储结构。

4．对数据的操作

每种数据结构都需要一组对其数据元素实现特定功能的操作（运算或处理），包含以下基本操作，此外根据其自身特点，还需要一些特定操作。

① 初始化。

② 判断是否为空（isEmpty）状态。

③ 存取，指获得（get）、设置（set）指定元素值。

④ 遍历（traverse），指按照某种次序访问一个数据结构中的所有元素，并且每个数据元素仅被访问一次。每种数据结构都约定了一种或多种线性次序进行遍历。

⑤ 统计数据元素个数。

⑥ 插入（insert）、删除（remove）指定元素。

⑦ 查找（search），指在数据结构中寻找满足给定条件的数据元素。

⑧ 比较相等（equals），指两个数据结构形态相同，其中各对应元素分别相等且数据元素个数相等。

⑨ 深拷贝（copy），复制数据结构及其所有元素。

⑩ 排序（sort），指将数据元素按照指定关键字的大小递增（或递减）次序重新排列。

对数据的操作定义在数据的逻辑结构上，实现对数据的操作依赖数据的存储结构。例如，线性表包含上述一组对数据的操作，采用顺序存储结构或链式存储结构，都可实现这些操作。

1.1.3　数据类型与抽象数据类型

1．数据类型

数据类型（data type）是指具有相同逻辑意义的一组值的集合，以及定义在这个集合上的运算和操作集合。数据类型定义了数据的性质、取值范围以及对数据的操作和运算。例如，Java语言的整数类型 int，在数值集合 $[-2^{31},\cdots,-2,-1,0,1,2,\cdots,2^{31}-1]$ 上定义了运算集合[+,-, *, /, %, =, ==, !=, <, <=, >, >=]。

程序中的每个数据都属于一种数据类型，确定数据的类型意味着确定了数据的性质以及对数据进行的运算和操作，同时数据受到类型的保护，确保对数据不能进行非法操作。

高级程序设计语言通常定义一些基本数据类型和构造数据类型。基本数据类型的值是单个的、不可分解的，可直接参与该类型所允许的运算。构造数据类型是使用已有的基本数据类型和已定义的构造数据类型，按照一定的语法规则，组织起来的较复杂的数据类型。构造数据类型的值由若干元素组合而成，这些元素按某种结构组织在一起。

Java 语言的基本数据类型有整数类型（byte、short、int、long）、浮点数类型（float、double）、

字符类型（char）、布尔类型（boolean）；构造数据类型（称为引用类型）有数组（array）、类（class）和接口（interface）。

数据类型与数据结构两个概念的侧重点不同。数据类型研究的是每种数据所具有的特性，以及对这种特性的数据能够进行哪些操作；数据结构研究的是数据元素之间具有的相互关系，数据结构与数据元素的数据类型无关，也不随数据元素值的变化而改变。

2．抽象数据类型

<u>抽象数据类型</u>（Abstract Data Type，ADT）是指定义一种数据类型，对其中的运算和操作只给出抽象定义，而没有实现。例如，复数是数学中常用的一种类型，一个复数 $a+ib$ 由实部 a 和虚部 b 两部分组成，i 是虚部标记。复数抽象数据类型描述如下：

```
ADT Complex                              // 复数抽象数据类型
{
    double real, imag;                   // 复数的实部和虚部
    Complex(double real, double imag);   // 构造方法，指定实部和虚部的初值
    void add(Complex complex);           // 相加，this += complex
    void subtract(Complex complex);      // 相减，this -= complex
}
```

大多数程序设计语言没有提供复数类型。程序员需要实现 ADT Complex 所声明的操作。

（1）数据抽象

抽象数据类型和数据类型本质上是一个概念，它们都表现数据的抽象特性。<u>数据抽象</u>是指"定义和实现相分离"，即将一种类型的数据及操作的逻辑含义与具体实现分离。程序设计语言提供的数据类型是抽象的，仅描述数据的特性和对数据操作的语法规则，并没有说明这些数据类型是如何实现的。程序设计语言实现了它定义数据类型的各种操作。程序员按照语言规则使用数据类型，只考虑对数据执行什么操作，而不必关心这些操作怎样实现。

例如，赋值语句的语法定义如下，表示先求得"表达式"的值，再将该值赋给"变量"。

```
变量 = 表达式
```

程序员需要关注所用数据类型的值能够参加哪些运算，表达式是否合法，表达式类型与变量类型是否赋值相容等；而不必关注如何存储一个整数、变量的存储地址是什么、如何求得表达式值等实现细节，这些操作由语言的实现系统完成。

数据抽象是研究复杂对象的基本方法，也是一种信息隐蔽技术，从复杂对象中抽象出本质特征，忽略次要细节，使实现细节相对于使用者不可见。抽象层次越高，其软件复用程度就越高。抽象数据类型是实现软件模块化设计思想的重要手段。一个抽象数据类型是描述一种特定功能的基本模块，各种基本模块可组织和构造一个大型软件系统。

（2）声明抽象数据类型

与程序设计语言中使用数据类型描述数据特性原理相同，本课程使用抽象数据类型描述数据结构，后续章节将声明线性表、树、图等抽象数据类型，每种抽象数据类型描述一种数据结构的逻辑特性和操作集合，与其存储结构及实现无关。

只有实现了这些抽象数据类型，才能在实际应用中使用它们。实现抽象数据类型依赖于数据的存储结构。例如，线性表可分别采用顺序存储结构和链式存储结构实现，详见第 2 章。

声明抽象数据类型包括 ADT 名称定义、数据定义和操作集合。其中，数据定义描述数据元素的逻辑结构，操作集合描述该数据结构所能进行的各种操作声明，约定操作名、初始条件

和操作结果等操作要求。

【例1.1】 集合概念、运算及抽象数据类型。

集合是数学中非常重要的基础概念，集合运算是求解许多实际问题的应用基础。

数据结构的研究对象是数据元素集合。在计算机中，有哪些存储结构能够表示集合？各种存储结构所表示的集合各有哪些特性？不同的存储结构如何实现集合运算？这些问题都是必须仔细研究的。

本例目的： ① 从数学角度说明集合概念和集合运算定义；② 从数据结构角度声明集合的抽象数据类型，采用数据结构实现集合详见第 2、8 章。

（1）集合的数学概念

数学中的<u>集合</u>（set）是一些互不相同元素的无序聚集。集合中的元素之间是没有关系的，当然就没有先后次序，也没有相同元素，也没有按值排序。

设 x 是集合 S 中的一个元素，记为 $x \in S$，称 x <u>属于</u>集合 S，或称集合 S <u>包含</u>（contain）元素 x；若 x 不属于集合 S，则记为 $x \notin S$。

集合的表示有以下两种方式：

❖ 列出所有元素，形式为{ , }，各元素以 "," 分隔，如 $S=\{x, y\}$，{}表示空集合。

❖ 给出元素条件，形式为$\{x \mid x$ 应满足的条件$\}$。

集合运算说明如下，集合运算结果如图 1-5 所示，设 $A=\{a, x\}$，$B=\{b, x\}$，$S=\{x\}$。

(a) 并集 $A \cup B=\{a, x, b\}$　　(b) 交集 $A \cap B=\{x\}$　　(c) 差集 $A-B=\{a\}$　　(d) 子集 $S \subseteq A$

图 1-5　集合运算

① <u>并集</u>（union），$A \cup B=\{x \in A$或$x \in B\}$，并集 $A \cup B$ 包含 A 和 B 的所有元素。

② <u>交集</u>（intersection），$A \cap B=\{x \in A$且$x \in B\}$，$A \cap B$ 中的每个元素同时属于 A 和 B。

③ <u>差集</u>（difference），$A-B=\{x \in A$且$x \notin B\}$，$A-B$ 中的每个元素属于 A 但不属于 B。

④ <u>子集</u>（subset），若 $S=\{x \mid x \in A\}$，则集合 S 中的所有元素都在集合 A 中，记为 $S \subseteq A$，称 S 是 A 的子集；反之，称 A 是 S 的<u>超集</u>（superset），记为 $A \supseteq S$，也称 A 包含 S。

若 $S \subseteq A$ 且 $S \neq A$，则称 S 是 A 的<u>真子集</u>，记为 $S \subset A$。空集{}是任一集合的子集。

⑤ <u>相等</u>，$A=B \Leftrightarrow A \subseteq B$ 且 $B \subseteq A$，若 A、B 两个集合互为子集，则 A、B 集合相等。

⑥ <u>幂集</u>（power set），集合 A 的幂集是包含 A 所有子集的集合。例如：

$$\{a, x\}的幂集 = \{\{\}, \{a\}, \{x\}, \{a, x\}\}$$

（2）集合抽象数据类型

声明 Set<T>集合抽象数据类型如下，为集合约定操作和运算的方法声明。

```
ADT Set<T>                          // 集合抽象数据类型
{
    数据：集合中的数据元素，数据元素的数据类型为 T；数据元素之间没有关系，互不相同
    操作：
    boolean isEmpty();              // 判断集合是否为空
    int size();                     // 返回元素个数
    String toString();              // 返回集合所有元素的描述字符串
    boolean add(T x);               // 增加元素 x，没有指定元素插入位置；若增加，则返回 true
    T search(T key);                // 查找并返回与 key 相等的元素；若查找不成功，则返回 null
```

```
    boolean contains(T key);                    // 判断是否包含与 key 相等的元素
    T remove(T key);                            // 查找并删除与 key 相等的元素，返回被删除元素
    void clear();                               // 删除所有元素
    // 以下方法声明集合运算，参数是另一个集合
    boolean equals(Object obj);                 // 比较 this 与 obj 引用集合是否相等
    boolean containsAll(Set<T> set);            // 判断 set 是否是 this 的子集，即 this 是否包含 set 所有元素
    boolean addAll(Set<T> set);                 // 集合并，添加 set 的所有元素
    boolean removeAll(Set<T> set);              // 集合差，删除 this 中那些也包含在 set 中的元素
    boolean retainAll(Set<T> set);              // 集合交，仅保留 this 中那些也包含在 set 中的元素
}
```

采用数据结构存储集合有两个限制：元素个数有限，元素类型相同。有多种数据结构可存储不同特性的集合，如线性表和排序线性表（见第 2 章）、散列表和二叉排序树（见第 8 章）。

3．用 Java 语言的接口描述抽象数据类型

Java 语言的接口（interface）是一组抽象方法、常量和内嵌类型的集合。接口是多继承的，一个接口可以继承多个父接口。接口是一种数据类型，采用抽象的形式来描述约定，因此接口只有被类实现之后才有意义。

一个接口可以被多个类实现。接口提供方法声明与方法实现相分离的机制，使实现接口的多个类表现出共同的行为能力，接口声明的抽象方法在实现接口的多个类中表现出多态性。

（1）声明接口

声明 Set<T>集合接口如下，描述集合抽象数据类型，其中方法声明同上述 ADT Set<T>，方法修饰符默认 public abstract。文件名为 Set.java。

```
public interface Set<T>          // 集合接口，描述集合抽象数据类型；T 是泛型参数，表示数据元素的数据类型
```

声明 Set<T>为泛型接口，T 是类型形式参数，指定元素的数据类型，T 的实际参数类型是类，在声明和创建对象时指定。"?"是泛型通配符，Set<?>是所有 Set<T>的父类，"? extends T"指 T 及其任意一个子类。

泛型是对类型系统的一种强化措施。泛型通过类型参数，使一个类或一个方法可在多种类型的对象上操作，增强编译时的类型安全，避免类型转换的麻烦和潜在错误。泛型含义同 C++的类模板。Java 从 JDK 5 开始支持泛型。

在声明为 public 的接口中，方法的默认修饰符是 public abstract，抽象方法只有方法声明没有方法体，由实现该接口的类提供方法实现。

Java 约定，一个 Java 源程序文件（*.java）中可以声明多个类或接口，但声明为 public 的类或接口只能有一个，且文件名必须与该类或接口名相同。

（2）声明实现接口的类

一个非抽象类如果声明实现多个接口，则它必须实现（覆盖）所有指定接口中的所有抽象方法，方法的参数列表必须相同，否则它必须声明为抽象类。例如：

```
public abstract class AbstractSet<T> implements Set<T>    // 抽象集合类，提供 Set<T>接口的部分实现
{
    public boolean contains(T key)                        // 判断是否包含与 key 相等的元素
    {
        return search(key)!=null;    // 以查找结果获得判断结果，search(key)方法由子类实现，运行时多态
    }
}
```

```
public class HashSet<T>  implements Set<T>        // 散列集合类，实现 Set<T>接口声明的所有方法，见 8.3 节
public class HashSet<T>  extends AbstractSet<T>      // 散列集合类，继承抽象集合类，即实现 Set<T>接口
// 二叉排序树类，表示排序集合，T 或 T 的祖先类 "?" 实现 Comparable<T>接口；实现 Set<T>接口，见 8.4.1 节
public class BinarySortTree<T extends Comparable<? super T>> implements Set<T>
```

每种数据结构就是一个实现表示其抽象数据类型接口的类，每个类提供接口中抽象方法的不同实现。接口中的方法在实现该接口的多个类中表现出运行时多态性。

（3）接口是引用类型

接口是引用类型，接口对象可引用实现该接口的类及其子类实例。接口对象调用的方法表现运行时多态性，执行所引用实例的方法实现。例如，以下声明 Set<T>接口对象 set，set 可引用实现 Set<T>接口的 HashSet<T>类或 BinarySortTree<T>类的实例；set.add(x)方法表现出运行时多态性，执行 set 引用实例所属类（HashSet<T>或 BinarySortTree<T>）实现的 add(x)方法。

```
Set<Integer> set = new HashSet<Integer>();  // Set<T>接口对象 set 引用 HashSet<T>类的实例，赋值相容
Integer x = new Integer(100);
set.add(x);                                 // 运行时多态性，执行 HashSet<T>类实现的 add(x)方法
set = new BinarySortTree<Integer>();        // set 引用 BinarySortTree<T>类的实例，赋值相容
set.add(x);                                 // 运行时多态性，执行 BinarySortTree<T>类实现的 add(x)方法
```

1.2 算法

1.2.1 什么是算法

1. 算法定义

曾获图灵奖的著名计算科学家 D. Knuth 对算法做过一个为学术界广泛接受的描述性定义。

一个算法（algorithm）是一个有穷规则的集合，其规则确定一个解决某一特定类型问题的操作序列。算法的规则必须满足以下 5 个特性，有穷性和可行性是最重要的。

① 有穷性：对于任意一组合法的输入值，算法在执行有穷步骤后一定能结束。即算法的操作步骤为有限个，且每步都能在有限时间内完成。

② 确定性：对于每种情况下应执行的操作，在算法中都有确切的规定，使算法的执行者或阅读者都能明确其含义及如何执行；并且，在任何条件下，算法都只有一条执行路径。

③ 可行性：算法中的所有操作都必须足够基本，都可以通过已经实现的基本操作，运算有限次实现之。

④ 有输入：算法有零个或多个输入数据。输入数据是算法的加工对象，既可以由算法指定，也可以在算法执行过程中通过输入得到。

⑤ 有输出：算法有一个或多个输出数据。输出数据是一组与输入有确定关系的量值，是算法进行信息加工后得到的结果，这种确定关系即为算法的功能。

2. 算法设计的目标

算法设计应满足以下 5 个目标。

① 正确性：算法应确切地满足应用问题的需求，这是算法设计的基本目标。

② 健壮性：即使输入数据不合适，算法也能做出适当处理，不会导致不可控结果。

③ 高时间效率：算法的执行时间越短，时间效率越高。

④ 高空间效率：算法执行时占用的存储空间越少，空间效率越高。

⑤ 可读性：算法表达思路清晰，简洁明了，易于理解。

如果一个操作有多种算法，显然应该选择执行时间短和存储空间占用少的算法。但是，执行时间短和存储空间占用少有时是矛盾的，往往不可兼得，此时算法的时间效率通常是首要考虑因素。

3．算法描述

算法是对问题求解过程的描述，它精确地指出怎样从给定的输入信息得到要求的输出信息，其中操作步骤的语义明确，操作序列的长度有限。

可以用自然语言或伪码描述算法。例如，查找是数据结构的一种基本操作，查找算法有多种。最简单的顺序查找（sequential search）算法采用伪代码描述如下：

```
// 算法名称: 顺序查找。
// 算法功能: 在当前数据结构中，顺序查找与 key 相等的元素。
// 已知条件: this 是一个数据结构对象; key 是包含关键字的元素（数据类型 T），指定查找条件。
// 实现基础: 遍历 this 数据结构; T 类型必须提供比较两个元素是否相等的方法。
// 方法结果: 若查找成功，则返回首次出现的与 key 相等的元素; 否则返回 null，作为查找不成功标记。
T search(T key)
{
    for(T elem : this 数据结构)          // 遍历 this 数据结构，变量 elem 引用其中的每个元素
        if(key 与 elem 元素相等)          // 由 T 类型提供比较元素相等的方法
            return elem;                 // 查找成功，返回元素
    return null;                         // 遍历完成，查找不成功，返回查找不成功标记
}
```

算法描述：顺序查找算法基于遍历算法，在遍历当前数据结构的过程中，将 key 与每个元素值 elem 比较是否相等，由 T 类型定义比较相等规则。若相等，则查找成功，查找操作结束，返回 elem 元素或查找成功信息；否则继续比较，直到比较完所有元素，仍未有相等者，才能确定查找不成功，给出查找不成功信息。查找结果有两种：查找成功或查找不成功，查找不成功也是查找操作执行完成的一种结果。

算法伪代码描述中，采用 Java 语言 for 语句的逐元循环语法描述遍历数据结构，该语法适用于数组和具有迭代器的集合。数组语法解释见例 1.4，迭代器解释见 10.1 节。

4．算法与数据结构

算法建立在数据结构之上，对数据结构的操作需要用算法来描述。例如，线性表和树都有遍历、插入、删除、查找、排序等操作。通过研究算法，我们能够更深刻地理解对数据结构的操作。

算法设计依赖于数据的逻辑结构，算法实现依赖于数据的存储结构。例如，线性表的插入和删除操作，若采用顺序存储结构，由于数据元素是相邻存储的，则插入前和删除后都必须移动一些元素；若采用链式存储结构，插入或删除一个元素，则只需要改变相关结点的链接关系，不需移动元素。线性表$(a_0, a_1, \cdots, a_{n-1})$两种存储结构的插入操作如图 1-6 所示，如插入 x 作为第 i 个元素，其中 length 表示数组容量。

实现一种抽象数据类型，需要选择合适的存储结构，使得以下两方面的综合性能最佳：对数据的操作所花费的时间短，占用的存储空间少。对线性表而言，当不需要频繁进行插入和删除操作时，可采用顺序存储结构；当插入和删除操作很频繁时，可采用链式存储结构。

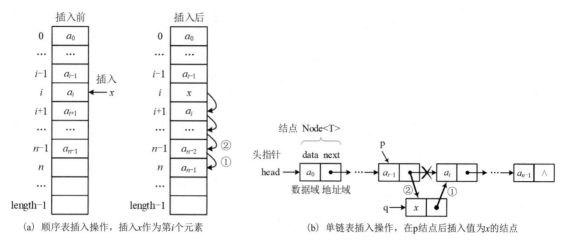

(a) 顺序表插入操作，插入 x 作为第 i 个元素　　　　(b) 单链表插入操作，在 p 结点后插入值为 x 的结点

图 1-6　线性表 $(a_0, a_1, \cdots, a_{n-1})$ 两种存储结构的插入操作

1.2.2　算法分析

算法分析主要包含时间代价和空间代价两方面。

1. 时间代价分析

算法的时间代价是指算法执行时所花费的 CPU 时间量，它是算法中涉及的存、取、转移、加、减等各种基本运算的执行时间之和，与参加运算的数据量有关，很难事先计算得到。

算法的时间效率是指算法的执行时间随问题规模的增长而增长的趋势，通常采用时间复杂度（time complexity）来度量。当问题的规模以某种单位从 1 增加到 n 时，解决这个问题的算法在执行时所耗费的时间也以某种单位从 1 增加到 $T(n)$，则称此算法的时间复杂度为 $T(n)$。当 n 增大时，$T(n)$ 也随之增大。

采用算法渐进分析中的大 O 表示法作为算法时间复杂度的渐进度量值。大 O 表示法是指，当且仅当存在正整数 c 和 n_0，使得 $T(n) \leq c \times f(n)$ 对所有的 $n \geq n_0$ 成立，称该算法的时间增长率与 $f(n)$ 的增长率相同，记为 $T(n) = O(f(n))$。

若算法的执行时间是常数级，不依赖于数据量 n 的大小，则时间复杂度是 $O(1)$；若算法的执行时间是 n 的线性关系，则时间复杂度是 $O(n)$；同理，对数级、平方级、立方级、指数级的时间复杂度分别是 $O(\log_2 n)$、$O(n^2)$、$O(n^3)$、$O(2^n)$。这些函数按数量级递增排列具有的关系是 $O(1) < O(\log_2 n) < O(n) < O(n\log_2 n) < O(n^2) < O(n^3) < O(2^n)$。

时间复杂度 $O(f(n))$ 随数据量 n 变化情况的比较如表 1-2 所示。

表 1-2　时间复杂度随数据量变化情况的比较

时间复杂度	$n=8$（即 2^3）	$n=10$	$n=100$	$n=1000$
$O(1)$	1	1	1	1
$O(\log_2 n)$	3	3.322	6.644	9.966
$O(n)$	8	10	100	1000
$O(n\log_2 n)$	24	33.22	664.4	9966
$O(n^2)$	64	100	10000	10^6

如何估算算法的时间复杂度？一个算法通常由一个控制结构和若干基本操作 i 组成，则

$$算法的执行时间 = \sum_i i\text{的执行次数} \times i\text{的执行时间}$$

由于算法的时间复杂度表示算法执行时间的增长率而非绝对时间，因此可以忽略一些次要因素，算法的执行时间绝大部分花在循环和递归上。设基本操作的执行时间是常量级 $O(1)$，则算法的执行时间是基本操作执行次数之和，以此作为估算算法时间复杂度的依据，可表示算法本身的时间效率。

每个算法渐进时间复杂度中的 $f(n)$ 可由统计程序步数得到，与程序结构有关。循环语句的时间代价一般可用以下三条原则进行分析：

① 一个循环的时间代价 = 循环次数×每次执行的简单语句数量。

② 多个并列循环的时间代价 = 每个循环的时间代价总和。

③ 多层嵌套循环的时间代价 = 每层循环的时间代价之积。

【例1.2】 算法的时间复杂度分析。

本例目的： 讨论各种算法结构的时间复杂度。分析一个算法中基本语句的执行次数可求出该算法的时间复杂度。

① 一条简单语句的时间复杂度是 $O(1)$。例如：

```
int count=0;
```

② 以下循环语句，时间复杂度是 $O(n)$。

```
int n=8, count=0;
for(int i=1; i<=n; i++)         // 循环控制变量 i 递增，步长为 1
    count++;                    // 循环体执行 n 次
```

③ 以下循环语句，时间复杂度是 $O(\log_2 n)$。

```
for(int i=1; i<=n; i*=2)        // i 按 2 的幂（1、2、4、8）递增
    count++;                    // 循环体执行 1+log₂n 次
```

其中循环体执行 $1+\log_2 n$ 次。

④ 以下二重循环语句，时间复杂度是 $O(n^2)$。

```
for(int i=1; i<=n; i++)              // 执行 n 次
    for(int j=1; j<=n; j++)          // 执行 n 次
        count++;                     // 循环体执行 n×n 次
```

以下二重循环语句，时间复杂度仍是 $O(n^2)$。

```
for(int i=1; i<=n; i++)              // 执行 n 次
    for(int j=1; j<=i; j++)          // 执行 i 次

        count++;                     // 循环体执行 ∑ 次
```

其中循环体执行 $\sum_{i=1}^{n} i = \dfrac{n \times (n+1)}{2} = \dfrac{n^2}{2} + \dfrac{n}{2}$ 次。

⑤ 以下二重循环语句，时间复杂度是 $O(n\log_2 n)$。

```
for(int i=1; i<=n; i*=2)             // 执行 1+log₂n 次
    for(int j=1; j<=n; j++)          // 执行 n 次
        count++;
```

其中第一行执行 $1+\log_2 n$ 次，第二行执行 n 次。

⑥ 以下二重循环语句，时间复杂度是 $O(n)$。

```
for(int i=1; i<=n; i*=2)             // i 取值为 1、2、4、…，循环执行 1+log₂n 次
    for(int j=1; j<=i; j++)          // 循环执行 i 次

        count++;                     // 循环体执行 ∑ 次
```

其中循环体执行 $\sum_{i=0}^{\log_2 n} 2^i = 1 + 2 + 4 + \cdots + 2^{\log_2 n} = 2n - 1$ 次。

2．空间代价分析

算法的空间代价是指算法执行时所占用的存储空间量。执行一个算法所需要的存储空间包括三部分：① 输入数据占用的存储空间；② 程序指令占用的存储空间；③ 辅助变量占用的存储空间。其中，输入数据和程序指令所占用的存储空间与算法无关，因此辅助变量占用的存储空间就成为度量算法空间代价的依据。

当问题的规模以某种单位从 1 增加到 n 时，解决这个问题的算法在执行时所占用的存储空间也以某种单位从 1 增加到 $S(n)$，则称此算法的<u>空间复杂度</u>（space complexity）为 $S(n)$。当 n 增大时，$S(n)$ 也随之增大。空间复杂度用大 O 表示法记为 $S(n)=O(f(n))$，表示该算法的空间增长率与 $f(n)$ 的增长率相同。

例如，交换两个变量 i、j 的算法，除了程序指令和 i、j 本身占用的存储空间，为了实现交换操作，还必须声明一个临时变量 temp，这个 temp 变量所占用的 1 个存储单元就是交换变量算法的空间复杂度 $O(1)$。

1.2.3　算法设计与实现

用自然语言或伪代码描述算法能够抽象地描述算法设计思想，但是计算机无法执行。计算机能够执行的操作指令序列称为程序，约定各种操作指令的语法、语义并实现，构成一种程序设计语言。因此，数据结构和算法的实现需要借助程序设计语言，将算法表达成基于一种程序设计语言的可执行程序。

算法设计是软件设计的基础。表达数据结构和算法的设计思想不依赖于程序设计语言，实现数据结构和算法则依赖于程序设计语言。描述数据结构所采用的思想和方法必须随着软件方法及程序设计语言的不断发展而发展。

"数据结构与算法"课程是计算机学科本科的核心课程，是一门理论和实践紧密结合的课程，学生既要透彻理解抽象的理论知识，又要锻炼程序设计能力。因此，依托一种功能强大的程序设计语言，充分表达和实现复杂的设计思想，是提高程序设计能力的一种有效手段。

多年来，"数据结构与算法"课程随着软件设计方法及算法语言的不断发展而发展，数据结构的描述语言由 Pascal、C 逐步演变到 C++语言，程序设计思想从面向过程转变为面向对象。但 C++语言存在过于复杂、安全性较差、应用性不足等问题，而 Java 语言功能更强，安全性更好，应用更广泛，语法体系和面向对象概念完备、简洁，清晰明了。因此，采用 Java 语言描述数据结构和算法不仅可行，更是"数据结构与算法"课程教学改革的必然发展趋势，完全符合本科培养目标的要求。

本书采用 Java 语言描述数据结构和实现算法，以面向对象程序设计思想贯穿始终，体现软件结构化、模块化、可重用的设计思想。

以下通过例题说明算法的必要性，并演示使用 Java 语言的数组类型。以 Java 语言的类实现各种数据结构详见后续章节。

【例1.3】 求最大公约数。

本例目的： 以求最大公约数为例，说明算法的必要性。

（1）质因数分解法

记 $\gcd(x,y)$ 为两个整数 x 和 y 的最大公约数。数学求解方法是质因数分解法，分别将整数 x 和 y 分解成若干质因数的乘积，再比较两者的公约数，从中选择最大者。例如，已知

$26460 = 2^2 \times 3^3 \times 5 \times 7^2$，$12375 = 3^2 \times 5^3 \times 11$，则 $\gcd(26460,12375) = 3^2 \times 5 = 45$。

质因数分解法基于算术基本定理，解决了公约数和公倍数问题。但它的理论成果很难应用于实际计算中，因为大数的质因数很难分解。

（2）更相减损术

在中国古代数学经典著作《九章算术》的"方田章"中给出了最大公约数的"更相减损"解法："以少减多，更相减损，求其等也，以等数约之。等数约之，即除也，其所以相减者皆等数之重叠，故以等数约之。"其中，等数即指两数的最大公约数。如求 91 和 49 的最大公约数，其逐步减损的步骤为：gcd(91, 49)=gcd(42, 49)=gcd(42, 7)=7。

该方法"寓理于算，不证自明"，不仅给出了解题步骤（算法），也说明了解题道理。

（3）辗转相除法

欧几里得（Euclid）给出的求两个整数 x 和 y 最大公约数 $\gcd(x, y)$ 的递归定义如下：

```
gcd(x, y) = gcd(y, x)
gcd(x, y) = gcd(-x, y)
gcd(x, 0) = |x|
gcd(x, y) = gcd(y, x % y)                    // 0 ≤ x%y  递推通式
```

例如，gcd(91, 49)=gcd(49, 42)=gcd(42, 7)=gcd(7, 0)=7。实际上，辗转相除法就是现代版的更相减损术。gcd(x, y)方法声明如下，使用循环实现辗转相除法的递推通式。

```java
public static int gcd(int x, int y)          // 返回 x 与 y 的最大公约数
{
    while(y!=0)
    {
        int temp = x%y;
        x = y;
        y = temp;
    }
    return x;
}
```

求整数 26460 和 12375 的最大公约数，计算过程如下：

```
gcd(26460, 12375)=gcd(12375, 1710)=gcd(1710, 405)=gcd(405, 90)=gcd(90, 45)=gcd(45, 0)=45
```

【思考题1-1】 ① 求 n 个整数的最大公约数。② 采用递归算法求最大公约数。

【例1.4】 随机数序列。

本例目的：① 使用 Java 的一维数组，对象数组作为方法的参数和返回值；② 输出对象的通用方法；③ 声明类，包含对数组操作的通用方法；④ 随机数序列是线性存储的随机数集合。生成随机数的方法。

（1）Java 的数组

Java 的数组的特点是动态数组、具有长度属性 length、引用数据类型。

① 动态数组是指，在声明数组变量后，使用 new 运算符动态申请指定容量（存储单元个数）的数组存储空间；当数组不再被使用时，Java 将自动收回数组占用的存储空间。

② 每个数组变量都具有长度属性 length，采用"数组变量.length"格式表示数组容量。

③ 引用数据类型是指，一个数组变量保存一个数组的引用，即该数组占用的一块存储空间的首地址、长度及引用计数等特性。

数组元素的数据类型既可以是基本数据类型，也可以是引用数据类型，对数组元素所能进行的操作取决于数组元素所属的数据类型。

两个数组赋值，传递数组引用，使得两个数组变量引用同一个数组。

④ 数组可以作为方法的参数和返回值，参数传递规则同赋值，即传递数组引用。

如果声明数组是方法的形式参数，调用时，实际参数向形式参数传递数组引用，使得形式参数与实际参数引用同一个数组，因此，在方法体中，任何对形式参数引用数组元素的修改都作用于实际参数引用的数组元素。

如果声明方法返回数组，则在方法体中声明局部变量 temp 引用一个动态创建的数组；返回时，向调用者传递的是局部变量 temp 所引用的数组。当方法执行完时，Java 将收回局部变量 temp 所占用的存储空间，但不会收回 temp 所引用的数组。

（2）for 语句的逐元循环作用于数组

Java 提供 for 语句的<u>逐元循环</u>（for each loop）进行遍历，作用于数组的语法格式如下：

```
for(类型  变量 : 数组)                              // 逐元循环
```

其中，"类型"是"数组"的元素类型，"类型"的"变量"获得"数组"的每个元素。

（3）声明数组类

声明 Array1 类如下，包含对对象数组进行操作的若干静态方法，遍历一次数组的时间复杂度是 $O(n)$。

```java
public class Array1
{
    public static void print(Object[] values)       // 输出对象数组元素，以空格分隔元素
    {
        for(Object obj : values)                     // 逐元循环，obj 逐个引用 values 数组元素，次序同数组
            System.out.print(obj==null ? "null " : " "+obj.toString());
        System.out.println();
    }
    // 生成 n 个随机数（可重复），范围是 0~size-1，返回整数对象数组
    public static Integer[] random(int n, int size)
    {
        Integer[] values = new Integer[n];           // java.lang.Integer 是 int 类型的包装类
        for(int i=0; i<values.length; i++)           // 遍历数组，访问每个元素仅一次
            // java.lang.Math.random()方法生成一个 0~1 之间 double 类型的随机数
            values[i] = new Integer((int)(Math.random()*size));
        return values;                               // 返回数组引用
    }
}
```

其中：① print(Object[])方法的参数是对象数组，声明数组元素类型为 Object 类，实际参数可引用任何类的实例。Object 是 Java 类层次体系的根类，是其他类的父类或祖先类。类型的多态原则有"子类对象即是父类对象"。任何对象都可调用 toString()方法，执行实例所属类的方法实现，该方法表现运行时多态。

② random(n, size)方法，生成具有 n 个元素的随机数序列，以线性关系的数组存储，元素可重复，不排序；方法返回类型是整数对象数组 Integer[]。

主函数如下，可在另一个类中。Array1 类声明的都是静态方法，通过类名调用。

```
public static void main(String[] args)
{
    int n=10, size=100;
    Integer[] values = Array1.random(n, size);        // 通过类名调用类的静态方法
    System.out.print(n+"个元素 0~"+size+"之间的随机数序列: ");
    Array1.print(values);
}
```

程序运行结果如下：

```
10 个元素 0~100 之间的随机数集合：  24 93 71 65 93 83 90 67 71 23
```

注意：java.lang.Integer 是 int 整数类型的包装类，调用时默认将 int 整数与 Integer 对象相互转换。例如：

```
Integer key = new Integer(100);
Integer key = 100;                      // 与上句等价，Java 自动将 int 整数封装成 Integer 对象
int i = key.intValue();                 // Integer 的 intValue()方法，将 Integer 对象转换成 int 整数
int i = key;                            // 与上句等价，Java 自动调用 Integer 的 intValue()方法
```

【思考题 1-2】 实现以下算法。

```
public static void printBracket(Object[] values)    // 输出对象数组元素，形式为 "{,}"，以 "," 分隔元素
public static Integer[] random(int n, int size)      // 生成 n 个随机数，不包含 0，返回整数对象数组
```

习 题 1

1. 数据结构的基本概念

1-1 什么是数据、数据元素、数据项和关键字？它们之间是什么关系？

1-2 什么是数据结构？数据结构概念包括哪些？

1-3 数据的逻辑结构主要有哪三种？三者之间存在什么联系？

1-4 数据的存储结构主要有哪些？各有何特点？

1-5 不同数据结构之间共同的操作有哪些？

1-6 顺序存储结构和链式存储结构分别能够存储哪些数据逻辑结构？为什么？

1-7 数据结构与数据类型概念有什么区别？为什么要将数据结构设计成抽象数据类型？

2. 算法

1-8 什么是算法？怎样描述算法？怎样衡量算法的性能？

1-9 确定下列算法中语句的执行次数，并给出算法的时间复杂度。

```
int n=10, count=0;
for(int i=1; i<=n; i++)
    for(int j=1; j<=i; j++)
        for(int k=1; k<=j; k++)
            count++;
```

3. 程序的编译和运行

1-10 JDK 的编译和运行程序命令是什么？各针对什么类型文件？

1-11 环境变量 path 和 classpath 的作用分别是什么？

1-12 Java 的 API 采用什么组织方式？怎样使用 Java 定义的类？

1-13 程序中的错误有哪几种？分别在什么时刻被发现？

1-14 在 MyEclipse 集成开发环境中，怎样进行编辑、编译、运行和调试程序的操作？

4. Java 语言面向对象的基本概念

1-15 Java 语言如何声明一个类？有哪些封装类的措施？能否重载运算符？怎样输出一个实例？

1-16 一个类如果没有声明构造方法，能否创建实例？为什么？

1-17 一个类如果没有声明析构方法，能否析构实例？为什么？

1-18 怎样比较一个类的两个实例相等及大小？

1-19 一个类能够继承其父类的哪些成员？能够继承父类的构造方法、析构方法吗？如果子类不需要从父类继承来的成员，怎么办？能够删除它们吗？

1-20 子类实例与其父类实例是什么关系？子类实例能够调用父类声明的方法吗？如果子类声明的方法与父类声明方法同名，到底执行哪一个？

实验 1　算法设计与实现

1. 实验目的和要求

目的：熟悉算法设计方法、算法分析、计算时间复杂度和空间复杂度。

要求：掌握在 MyEclipse 等集成开发环境中编辑、编译、运行和调试 Java Application 应用程序的操作，运行程序并获得正确结果；了解程序运行过程中出现的各种错误，掌握设置断点、单步运行等程序调试技术，及时发现错误，针对不同的错误，采取不同的手段进行处理。

2. 实验题目

1-1 采用 Java 语言声明复数类，成员声明见 1.1.3 节的复数抽象数据类型，增加实现由字符串构造复数、字符串描述、比较相等操作。复数语法图如图 1-7 所示。

图 1-7　复数语法图

1-2 实现以下生成随机数的方法。

```
Integer[] differentRandom(int n, int size)          // 返回 n 个互异随机数，范围是 0~size-1
Integer[] sortedRandom(int n, int size)             // 返回 n 个排序随机数
Integer[] differentSortedRandom(int n, int size)    // 返回 n 个排序的互异随机数
```

第2章 线性表

线性表是数据元素之间具有线性关系的一种线性结构，对线性表的基本操作主要有获得元素值、设置元素值、遍历、插入、删除、查找、替换和排序等，在线性表的任意位置都可以进行插入和删除操作。线性表可以采用顺序存储结构和链式存储结构。

本章目的：① 线性表的特性、两种存储结构和实现；② Java 语言比较对象相等和大小的方法；③ 面向对象程序设计中，类的封装、继承、多态和抽象特性。

本章要求：① 理解线性表抽象数据类型；② 掌握线性表采用顺序和链式存储结构封装实现的顺序表、单链表、循环双链表等类；③ 比较各种存储结构的特点、实现基本操作的算法及效率。

本章重点：① 顺序表、单链表和循环双链表等线性表设计；② 多种排序线性表类设计。

本章难点：线性表的链式存储结构，使用 Java 语言的对象引用方式，改变结点间的链接关系。

实验要求：① 掌握单链表和循环双链表的遍历、插入、删除、复制等操作算法；② 掌握在 MyEclipse 等集成开发环境中程序的运行和调试技术。

2.1 线性表的定义及抽象数据类型

1. 线性表定义

<u>线性表</u>（linear list）$(a_0, a_1, \cdots, a_{n-1})$ 是由 n（$n \geq 0$）个类型相同的数据元素 $a_0, a_1, \cdots, a_{n-1}$ 组成的有限序列，见图 1-1(a)。其中，元素 a_i 的数据类型是程序设计语言支持的数据类型；n 是线性表的元素个数，称为线性表的<u>长度</u>（length）。若 $n=0$，则为空表；若 $n>0$，则 a_i（$0 < i < n-1$）有且仅有一个<u>前驱</u>（predecessor）元素 a_{i-1} 和一个<u>后继</u>（successor）元素 a_{i+1}，a_0 没有前驱元素，a_{n-1} 没有后继元素。线性表使用<u>序号</u>（index）确定数据元素在线性表中的逻辑次序，即表示数据元素之间具有的顺序关系。

2. 线性表的抽象数据类型

声明 List<T>线性表抽象数据类型如下。其中，描述数据结构存取元素、插入、删除等基本操作的方法声明同例 1.1 的 ADT Set<T>集合；线性表特有操作的方法声明带有参数 i，用于指定操作的元素位置（$0 \leq i < n$，n 是线性表长度）。

```
ADT List<T>                              // 线性表抽象数据类型，T 表示数据元素的数据类型
{   // 以下方法声明同例1.1的 ADT Set<T>集合，约定数据结构对元素的基本操作
    boolean isEmpty();                   // 判断是否空，若为空，则返回 true
    int size();                          // 返回元素个数（线性表长度）
    T search(T key);                     // 查找并返回首个与 key 相等的元素；若查找不成功，则返回 null
    T remove(T key);                     // 查找并删除首个与 key 相等的元素，返回被删除元素
    void clear();                        // 删除所有元素
    String toString();                   // 返回所有元素的描述字符串
    boolean equals(Object obj);          // 比较 this 与 obj 引用线性表的所有元素是否相等
    // 线性表增加以下方法，参数 i 表示元素序号，指定操作位置
    T get(int i);                        // 返回第 i 个元素
    void set(int i, T x);                // 设置第 i 个元素为 x
    int insert(int i, T x);              // 插入 x，作为第 i 个元素
    int insert(T x);                     // 在表尾插入 x 元素
    T remove(int i);                     // 删除第 i 个元素，返回被删除元素
}
```

3. 线性表的典型案例

【典型案例2-1】 Josephus 环问题及算法描述。

本例目的：（1）线性表问题的理解与解决。

① 说明线性表的应用背景。② 一题两解，分别采用顺序表（例 2.1）和单链表（例 2.3）实现；且必须考虑效率，两者算法不同。

（2）教学设计的思路与实施。先提出问题，分析特点和性能；再寻找解决办法。

题意说明： 古代某法官要判决 n 个犯人的死刑，他有一条荒唐的法律，将犯人站成一个圆圈，从第 start 个犯人开始数起，每数到第 distance 的犯人，就拉出来处决；再从下一个犯人开始计数，数到的犯人被处决……直到剩下最后一个犯人予以赦免。这是 Josephus 环问题。

采用线性表标记 n 个人，设 $n=5$，start=1，distance=3，5 个人分别标记为 ABCDE，Josephus(5,1,3)环问题的求解过程如图 2-1 所示。

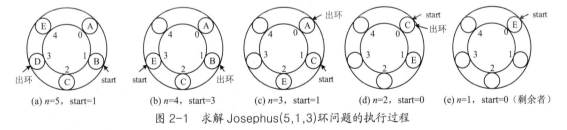

(a) $n=5$，start=1   (b) $n=4$，start=3   (c) $n=3$，start=1   (d) $n=2$，start=0   (e) $n=1$，start=0（剩余者）

图 2-1　求解 Josephus(5,1,3)环问题的执行过程

算法描述： 创建线性表，存储 Josephus 环的元素，对线性表的操作有构造、插入、删除、获得元素等。

```
// 算法描述：求解 Josephus 环问题，n个人，从 start 开始计数，每次数到 distance 的人出环
public Josephus(int n, int start, int distance)
{
    创建一个线性表对象 list，插入从'A'开始的 n 个元素；
    while(n>1)                          // 循环，每趟删除一个元素
    {
        start 循环计数到 distance，第 start 个元素出环即删除，其后若干元素向前移动一位；
        n--;
```

```
    }
    list 中最后剩下的一个元素即所求;
}
```

2.2 线性表的顺序存储结构和实现

本节目标：① 线性表类的封装设计；② Java 语言比较对象相等的方法。

2.2.1 线性表的顺序存储结构

数组是实现顺序存储结构的基础。

1. 数组

程序设计语言中，数组（array）存储具有相同数据类型的元素集合，是一种构造数据类型。

一维数组占用一块内存空间，每个存储单元的地址是连续的，数组的存储单元个数称为数组容量（capacity）。设数组变量为 a，第 i 个元素（存储单元）为 a[i]，其中序号 i 称为下标。一维数组使用一个下标唯一确定一个元素。

a[i]的地址计算如下：

$$\text{第 } i \text{ 个元素 a[}i\text{]地址} = \text{数组 a 首地址} + \text{元素字节数} \times i$$

计算 a[i]地址所需时间是常量级的，时间复杂度是 $O(1)$，与元素序号 i 无关。

如果数据结构存取任何一个元素的时间复杂度是 $O(1)$，则称其为随机存取结构。因此，数组是随机存取结构。

数组一旦占用一片存储空间，其地址和容量就是确定的，不能更改。因此，数组只能进行赋值、取值两种操作，不能进行插入、删除操作。当数组容量不够时，不能就地扩容。

2. 顺序表

线性表的顺序存储结构称为顺序表（sequential list），它使用一维数组依次存放线性表从 a_0 到 a_{n-1} 的数据元素 $(a_0, a_1, \cdots, a_{n-1})$，$a_i \, (0 \leq i < n)$ 为数组的第 i 个元素，使得 a_i 与其前驱 a_{i-1} 及后继 a_{i+1} 的存储位置相邻，如图 2-2 所示。因此，数据元素在内存的物理存储次序反映了线性表数据元素之间的逻辑次序。

序号	数据元素	存储地址
0	a_0	Loc(a_0)
1	a_1	Loc(a_0)+c
...	...	...
$i-1$	a_{i-1}	Loc(a_0)+(i-1)×c
i	a_i	Loc(a_0)+i×c
$i+1$	a_{i+1}	Loc(a_0)+(i+1)×c
...	...	...
$n-1$	a_{n-1}	Loc(a_0)+(n-1)×c
...		
length-1		

图 2-2　顺序表使用一维数组存储数据元素

设 Loc(a_0) 表示 a_0 的存储地址，每个元素占用 c 字节，则 a_i 的存储地址为

$$\text{Loc}(a_i) = \text{Loc}(a_0) + i \times c$$

Loc(a_i) 是序号 i 的线性函数，计算元素 a_i 的存储地址的时间复杂度是 $O(1)$。

因此，顺序表也是随机存取结构。

当顺序表使用的数组容量不够时，解决数据溢出的办法是，申请另一个更大容量的数组并进行数组元素复制，这样扩充了顺序表的容量。

2.2.2　顺序表类的设计及应用

以下说明顺序表类的设计与实现，同时回顾 Java 数组和类的特性。

1. 顺序表类的声明、存取操作及效率分析

声明 SeqList<T>顺序表类如下。它有两个保护权限的成员变量 element 和 n。element 数组存放数据元素，元素类型为 T；n（$0 \leq n <$element.length）表示顺序表元素个数。约定数据元素不能是空对象（null）。文件名为 SeqList.java，Java 语言约定文件名同类名。

```java
public class SeqList<T> extends Object          // 顺序表类，T 表示数据元素的数据类型，默认继承 Object
{
    protected int n;                            // 顺序表元素个数（长度）
    protected Object[] element;                 // 对象数组存储顺序表的数据元素，保护成员
    private static final int MIN_CAPACITY=16;   // 常量，指定 element 数组容量的最小值
    public SeqList(int length)          // 构造空表，length 指定数组容量，若 length<MIN_CAPACITY，则取最小值
    {
        if(length<MIN_CAPACITY)
            length=MIN_CAPACITY;
        this.element = new Object[length];      // 申请数组空间，元素为 null
        this.n = 0;
    }
    public SeqList()                            // 创建默认容量的空表，构造方法重载
    {
        this(MIN_CAPACITY);                     // 调用本类已声明的指定参数列表的构造方法
    }
    public SeqList(T[] values)              // 构造顺序表，由 values 数组提供元素，忽略其中空对象。O(n)
    { // 创建 2 倍 values 数组容量的空表，若 values==null，则抛出 NullPointerException 空对象异常
        this(values.length*2);
        for(int i=0; i<values.length; i++)      // 复制非 null 的数组元素
            if(values[i]!=null)
                this.element[this.n++] = values[i];   // 对象引用赋值
    }
    public boolean isEmpty()                    // 判断是否空，若为空，则返回 true。O(1)
    {
        return this.n==0;
    }
    public int size()                           // 返回元素个数。O(1)
    {
        return this.n;
    }
    public T get(int i)                         // 若 0≤i<n，则返回第 i 个元素，否则返回 null。O(1)
    {
        if(i>=0 && i<this.n)
            return (T)this.element[i];          // 返回数组元素引用的对象，传递对象引用
        return null;
    }
    // 若 0≤i<n 且 x≠null，则设置第 i 个元素为 x，否则抛出序号越界异常或空对象异常。O(1)
    public void set(int i, T x)
```

```
    {
        if(x==null)
            throw new NullPointerException("x==null");      // 抛出空对象异常
        if(i>=0 && i<this.n)
            this.element[i] = x;                            // 对象引用赋值
        else
            throw new java.lang.IndexOutOfBoundsException(i+"");        // 抛出序号越界异常
    }
    // 返回所有元素的描述字符串，形式为"(,)"。覆盖 Object 类的 toString()方法。顺序表遍历算法，O(n)
    public String toString()
    {
        String str=this.getClass().getName()+"(";          // 返回类名
        if(this.n>0)
            str += this.element[0].toString();             // 执行 T 类的 toString()方法，运行时多态
        for(int i=1; i<this.n; i++)
            str += ", "+this.element[i].toString();
        return str+") ";                                   // 空表返回()
    }
    public String toPreviousString()                       // 返回所有元素的描述字符串，次序从后向前，方法体省略
    ……                                                     // 稍后给出其他成员方法的声明和实现
}
```

SeqList<T>类设计说明如下。

（1）泛型类

声明 SeqList<T>为泛型类，类型形式参数 T 称为泛型，T 表示顺序表数据元素的数据类型。

☺注意：Java 语言约定，泛型<T>的实际参数必须是类，不能是 int、char 等基本数据类型。如果需要表示基本数据类型，则必须采用基本数据类型包装类，如 Integer、Character 等。

当声明 SeqList<T>类的对象并创建实例时，指定 T 的实际参数为一个确定的类。例如，以下声明使得一个顺序表 lista 对象中的所有元素类型相同，都是 String 类及其子类的对象。如果向 lista 添加指定泛型以外的对象，则出现编译错。

```
String[] values = {"A", "B", "C", "D", "E"};
SeqList<String> lista = new SeqList<String>(values);    // lista 引用顺序表实例，元素是 String 对象
SeqList<Integer> list1 = new SeqList<Integer>();        // list1 引用空顺序表，元素是 Integer 对象
```

其中，用 new 运算符创建 SeqList<String>类的一个实例，为之分配内存空间并初始化各成员变量，再将该实例引用赋值给顺序表对象 lista。

lista 引用一个顺序表实例的存储结构如图 2-3 所示。

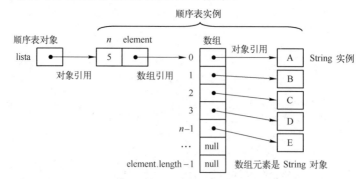

图 2-3 顺序表对象 lista 引用实例的存储结构

Java 语言的数组、类和接口是引用数据类型，一个数组变量引用一个数组存储结构，一个类的变量（对象）引用一个实例。引用（reference）的含义为变量/对象保存数组/实例的引用信息，包括首地址、存储结构、存储单元个数、引用计数等。

（2）隐藏成员变量

由于顺序表的两个成员变量 element 和 n 之间互相关联，需要限制子类以外的程序对其进行操作，因此将这两个成员变量设计成保护权限。

（3）构造方法

Java 语言提供默认构造方法。当一个类没有声明构造方法时，Java 自动为该类提供一个无参数的构造方法，默认调用 super()，执行其父类无参数的构造方法，对各成员变量按其数据类型进行初始化。整数、浮点数、字符、布尔和引用数据类型的初值分别为 0、0.0、'\u0000'、false 和 null。当一个类声明了构造方法时，Java 不再提供默认构造方法。

SeqList<T>类重载了多个构造方法，提供多种参数列表，对实例的各成员变量进行初始化。在重载的构造方法中，使用以下语法格式的 <u>this 引用</u>，可调用本类已定义的构造方法。

```
this([实际参数列表])
```

☺注意：① Java 不支持为方法的参数提供默认值，这会造成二义性。Java 提供方法重载来实现多态性，支持一个方法有多种参数列表，重载方法的参数列表必须不同，而不能参数列表相同仅返回值不同。

② 若使用 new 申请存储空间失败，则 Java 虚拟机将产生内存溢出错误，这种运行错误不是异常，程序无法处理。

（4）析构方法

类的 <u>析构方法</u>（destructor）用于释放实例并执行特定操作。一个类只能有一个析构方法，不能重载。Java 约定析构方法声明如下：

```
public void finalize()                              // 析构方法
```

SeqList<T>类从 Object 父类继承了析构方法，并且 Java 语言将自动释放不再使用的存储空间。因此，SeqList<T>类不需要声明析构方法。

（5）对象引用赋值

Java 的类是引用数据类型，一个对象引用一个实例，含义为对象保存该实例的引用信息，包括首地址、存储单元的存储结构、引用计数等信息。两个对象之间的赋值是引用赋值，传递的值是对象引用，使得两个对象引用同一个实例，没有创建新的实例。Java 语言不能重载赋值运算符"="，所以赋值运算含义不会因重载而改变。

（6）存取操作，当指定元素序号不正确时的处理原则

SeqList<T>的 get(i)、set(i, x)方法对序号为 i 的元素进行操作，$0 \leq i < n$。如果 i 超出范围，则不执行，那么，如何返回错误信息？

解决方案有两种：① 方法返回错误信息。get(i)方法返回 null，表示操作不成功。因此，约定线性表中数据元素不能是 null 对象。

② 抛出异常。set(i, x)方法通过抛出序号越界异常 IndexOutOfBoundsException，将序号错误信息传递给调用者。

（7）遍历输出及运行时多态

Object 是 Java 所有类形成的树结构的根类，其中声明了 toString()方法采用字符串形式描述对象的属性值。当一个类没有声明父类时，Java 默认该类的父类是 Object。每个类都从 Object

类继承 toString()方法,并且必须覆盖它,根据当前类的实际需要给出方法实现。toString()方法在各类中表现出运行时多态性。

面向对象继承的"即是"原则:子类是父类的一个子类型,子类对象即是父类对象,反之则不然。Java 支持运行时多态,当一个父类对象引用子类实例时,运行时确定执行那些在父类中声明、被子类覆盖的子类方法。例如:

```
Object obj = new Integer(123);          // 父类对象 obj 引用 Integer 子类实例
obj.toString()                          // 运行时多态,执行 Integer 类的 toString()方法
obj = "abc";                            // obj 引用 String 子类实例
obj.toString()                          // 运行时多态,执行 String 类的 toString()方法
```

Object obj 能够引用任何类的实例,obj.toString()表现运行时多态,运行时确定执行 obj 引用实例所属类的 toString()方法。因此,SeqList<T>的 toString()方法中以下语句对于 T 为任何类都可执行。

```
str += ", "+this.element[i].toString();   // 运行时多态,执行 element[i]所属 T 类的 toString()方法
```

(8)操作的效率分析

顺序表的判空 isEmpty()、求长度 size()以及存取元素的 get()、set()方法,时间复杂度为 $O(1)$。toString()和构造方法需要遍历顺序表,时间复杂度为 $O(n)$。

【思考题 2-1】 SeqList<T>类如果声明 get( )方法如下,与返回类型为 T 有何区别?

```
public Object get(int i)                 // 返回第 i 个元素,0≤i<n; 若 i 越界,则返回 null
```

2. 顺序表插入操作

顺序表的插入和删除操作都要移动数据元素。

顺序表插入 x 作为第 i 个元素,算法描述如下。

① 先将 $a_{n-1}, \cdots, a_{i+1}, a_i$ 依次向后移动一个元素,空出第 i 个位置,再将 x 插入,如图 2-4(a)和(b)所示。

② 如果数组已满,称为数据溢出(overflow)。解决办法是,扩充顺序表容量,再申请另一个更大容量的数组并复制全部数组元素,如图 2-4(c)所示。

Java 语言的数组、类都是引用数据类型,数组赋值,对象赋值,复制的都是引用。在图 2-4(c)中,先声明 source 数组变量引用 element 数组,再申请 2 倍容量的数组由 element 引用;然后复制数组元素,即传递对象引用。source 数组变量是局部变量,当方法运行结果时,Java 将自动释放 source 引用的数组,而不会释放 source 数组元素引用的对象,因为这些对象仍然被使用。

SeqList<T>类声明以下重载的成员方法 insert(i, x)和 insert(x),插入 x 元素,插入位置不同。

```
// 插入 x 为第 i 个元素, x!=null, 返回插入元素序号。对 i 容错,若 i<0,则头插入; 若 i>长度,则尾插入。O(n)
public int insert(int i, T x)
{
    if(x==null)
        return -1;
    if(i<0)
        i=0;                             // 插入位置 i 容错,插入在最前(头插入)
    if(i>this.n)
        i=this.n;                        // 插入在最后(尾插入)
```

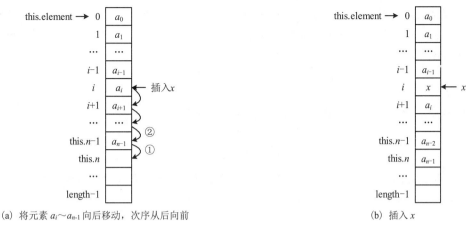

(a) 将元素 $a_i \sim a_{n-1}$ 向后移动，次序从后向前   (b) 插入 x

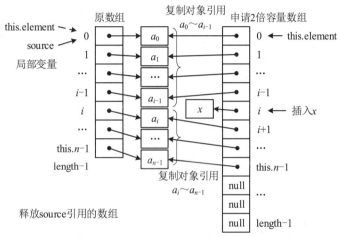

(c) 顺序表扩充容量，length 增加 1 倍，this.n++，复制对象引用

图 2-4　顺序表 insert(i, x)，插入 x 作为第 i 个元素

```
    Object[] source = this.element;                  // 数组变量引用赋值，source 也引用 element 数组
    if(this.n==element.length)                       // 若数组满，则扩充顺序表的数组容量
    {
        this.element = new Object[source.length*2];  // 再申请一个容量更大的数组
        for(int j=0; j<i; j++)                        // 复制当前数组前 i-1 个元素
            this.element[j] = source[j];             // 复制数组元素，传递对象引用
    }
    for(int j=this.n-1; j>=i; j--)                    // 从 i 开始至表尾的元素向后移动，次序从后向前
        this.element[j+1] = source[j];               // 复制数组元素，传递对象引用
    this.element[i] = x;
    this.n++;
    return i;                                         // 返回插入元素序号
}
public int insert(T x)                                // 顺序表尾插入 x 元素，O(1)。成员方法重载
{
    return this.insert(this.n, x);                    // 调用 insert(i, x)方法
}
```

其中，insert(i, x)方法对第 i 个元素采取容错措施，若 $i \leqslant 0$，则将 x 插入在顺序表最前；若 $i>n$，则将 x 插入在顺序表最后。意即当 x 非空时，无论 i 为何值，都要执行插入操作。

对顺序表进行插入操作时，算法所花费的时间主要用于移动元素。若插入在最前，则需要移动 n 个元素；若插入在最后，则移动元素数为 0。设插入 x 作为第 i 个元素的概率为 p_i，则插入一个元素的平均移动次数为

$$\sum_{i=0}^{n}(p \times (n-i))$$

如果在各位置插入元素的概率相同，即 $p_i = (n+1)^{-1}$，则

$$\sum_{i=0}^{n}(p_i \times (n-i)) = \frac{1}{n+1}\sum_{i=0}^{n}(n-i) = \frac{1}{n+1}\times\frac{n(n+1)}{2} = \frac{n}{2} = O(n)$$

换言之，在等概率时，插入一个元素平均需要移动顺序表元素总量的一半，时间复杂度是 $O(n)$。

3．顺序表删除操作

顺序表删除元素 a_i，必须将 a_i 之后的 $a_{i+1}, a_{i+2}, \cdots, a_{n-1}$ 元素依次向前移动，如图 2-5 所示。

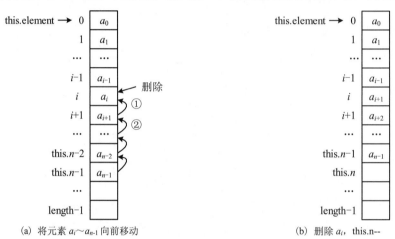

(a) 将元素 $a_i \sim a_{n-1}$ 向前移动　　　　　　　(b) 删除 a_i，this.n--

图 2-5　顺序表删除第 i 个元素

SeqList<T>类声明以下 remove()和 clear()成员方法，删除元素。

```java
public T remove(int i)          // 删除第 i 个元素，0≤i<n，返回被删除元素。若 i 越界，则返回 null。O(n)
{
    if(i>=0 && i<this.n)
    {
        T x = (T)this.element[i];              // x 中存储被删除元素
        for(int j=i; j<this.n-1; j++)
            this.element[j] = this.element[j+1];   // 元素前移一个位置
        this.element[this.n-1]=null;           // 设置数组元素对象为空，释放原引用实例
        this.n--;
        return x;                              // 返回 x 局部变量引用的对象，传递对象引用
    }
    return null;
}
public void clear()                            // 删除所有元素
{
    this.n=0;                                  // 设置长度为 0，未释放数组空间
}
```

删除元素操作所花费的时间主要用于移动元素，在等概率情况下，删除一个元素平均移动 $n/2$ 个元素，时间复杂度为 $O(n)$。

4．顺序表查找操作

（1）顺序查找算法

根据查找条件，对顺序表进行查找操作，采用顺序查找算法（描述见 1.2.1 节），在查找过程中，需要将 key 与顺序表元素逐个比较是否相等。而比较对象相等的规则由元素所属的 T 类的 equals(Object)方法实现。

SeqList<T>类声明以下查找方法，以及基于查找的删除方法，利用查找结果确定操作位置。

```
// 在 this 引用的顺序表中，顺序查找首个与 key 相等的元素，返回元素序号 i，0≤i<n；若查找不成功，则返回-1.
// key 元素包含作为查找依据的关键字数据项，由 T 类的 equals()方法确定对象是否相等。
// 若 key==null，则 Java 抛出 NullPointerException 空对象异常。O(n)
public int search(T key)
{
    for(int i=0; i<this.n; i++)
        if(key.equals(this.element[i]))              // 执行 T 类的 equals(Object)方法，运行时多态
            return i;
    return -1;                                       // 空表或未找到时
}
// 顺序查找并删除首个与 key 相等的元素，返回被删除元素；若查找不成功，则返回 null. 方法体略
public T remove(T key)
```

【思考题 2-2】 上述 search(key)方法体中，若 if 语句写成如下，查找结果会怎样？为什么？

```
if(this.element[i].equals(key))
```

顺序查找的比较次数取决于元素位置。设顺序表元素个数为 n，若各元素的查找概率相等，则第 i（$0≤i<n$）个元素查找成功的比较次数为 $i+1$，平均比较次数为 $n/2$；若查找不成功，则比较 n 次。因此，顺序查找的时间复杂度为 $O(n)$。

综上所述，顺序表的静态特性很好，动态特性很差，具体说明如下。

① 顺序表利用元素的物理存储次序反映线性表元素的逻辑次序，不需要额外空间表达元素之间的关系。顺序表实现了线性表抽象数据类型所要求的基本操作。顺序表是随机存取结构，不但存取元素 a_i 的时间复杂度是 $O(1)$，而且获得 a_i 的前驱元素 a_{i-1} 和后继元素 a_{i+1} 的时间复杂度也是 $O(1)$。

② 插入和删除操作效率很低。每插入或删除一个元素，元素移动量大，平均移动顺序表一半的元素。再者，数组容量不可更改，存在因容量小造成数据溢出，或因容量过大造成内存资源浪费的问题。解决数据溢出的办法是，申请另一个更大容量的数组，并进行数组元素复制，此时需要移动全部元素，插入操作效率更低。

（2）比较对象相等的方法

Java 定义==、!=关系运算符比较两个对象是否引用同一个实例；约定 equals(Object)方法比较两个对象是否相等，指它们各自引用实例的成员变量分别对应相等。Java 不支持 C++的运算符重载功能。

Object 类声明 equals(Object)成员方法如下：

```
public boolean equals(Object obj)                  // 比较 this 对象与 obj 是否相等
{
```

```
        return  this == obj;                           // 若 this 和 obj 对象引用同一个实例，则返回 true
    }
```

Object 类的 equals(Object)方法比较的是两个对象是否引用同一个实例。这样实现显然无法满足其子类的需求，因此，每个类需要覆盖 equals(Object)方法，给出当前类比较两个对象相等的规则。equals(Object)方法在各类中表现出运行时多态性。

例如，Integer 类声明覆盖的 equals(Object)成员方法如下：

```
// java.lang.Integer 是 int 整数类型包装类；最终类，不能被继承，其中的方法都是最终方法，不能覆盖
public final class Integer extends Number implements Comparable<Integer>
{
    private final int value;                          // int 值，私有最终变量，构造时赋值，只能被赋值一次
    public boolean equals(Object obj)                 // 比较相等，覆盖 Object 类的方法
    {
        return obj instanceof Integer && this.value==((Integer)obj).intValue();    // 比较两个 int 值
    }
}
```

5．顺序表的应用

【例 2.1】 求解 Josephus 环问题，使用顺序表。

本例目的： ① 使用顺序表对象存储数据元素集合，进行插入、删除操作并分析操作效率，删除操作需要返回被删除元素。

② 线性表类泛型参数 T 的实际参数不能是基本数据类型，必须是对象，此处是 String。

③ 环形的逻辑结构设计。按循环方式遍历顺序表。

算法描述： 用顺序表求解 Josephus(5,1,3)环问题（典型案例 2-1）的执行过程如图 2-6 所示。

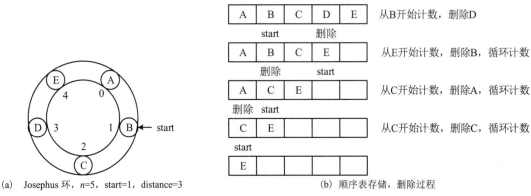

(a) Josephus 环，n=5，start=1，distance=3   (b) 顺序表存储，删除过程

图 2-6　使用顺序表求解 Josephus(5,1,3)环问题的执行过程

程序设计： 创建的顺序表对象 list 所引用实例的存储结构见图 2-3。

```
public class Josephus1                                              // 求解 Josephus 环问题
{
    // n 个人，n>0；从 start 开始计数，0≤start<n；每次数到 distance 的人出环，0<distance<n
    public Josephus1(int n, int start, int distance)
    {
        if(n<=0 || start<0 || start>=n || distance<=0 || distance>=n) // 若参数无效，则抛出无效参数异常
            throw new IllegalArgumentException("n="+n+", start="+start+", distance="+distance);
```

```
        System.out.print("Josephus("+n+","+start+","+distance+"),");
        // 创建顺序表实例，元素类型是字符串，构造方法参数指定顺序表容量，省略时取默认值
        SeqList<String> list = new SeqList<String>(n);
        for(int i=0; i<n; i++)                              // 顺序表尾插入 n 个元素
            list.insert((char)('A'+i)+"");                  // 顺序表尾插入，O(1)
        System.out.println(list.toString());               // 输出顺序表，O(n)
        while(n>1)                                          // 循环，每次计算删除一个元素
        {
            start = (start+distance-1) % n;                 // 按环形方式计数
            // 输出删除的 start 位置对象和顺序表中剩余元素，两者均为 O(n)
            System.out.println("删除"+list.remove(start).toString()+", "+list.toString());
            n--;
        }
        System.out.println("被赦免者是"+list.get(0).toString());    // get(0)获得元素，O(1)
    }
    public static void main(String[] args)
    {
        new Josephus1(5,1,3);
    }
}
```

△注意：SeqList<T>类要被多个应用程序引用。操作说明如下。

① JDK 的解决办法是采用包，创建一个 dataStructure 包（文件夹），使用以下语句声明 SeqList<T>类在包中，该语句必须写在 SeqList.java 文件的第 1 行。

```
package dataStructure;                        // 声明当前.java 文件中的类在指定包中
```

其他类使用以下语句声明引用指定包中的类：

```
import dataStructure.*;                       // 声明导入指定包中的类或接口
```

② 采用 MyEclipse 开发环境，将 SeqList.java 文件存储在"02.2.2 顺序表"项目中，则"例 2.1"项目需要配置编译路径才能引用"02.2.2 顺序表"项目中的 SeqList<T>类，如图 2-7 所示。操作步骤是，选中"例 2.1"项目，执行其快捷菜单命令"Build Path ▶ Configure Build Path"，在项目属性对话框的 Projects 选项卡中单击"Add"按钮，在弹出的 Required Project Selection 对话框中选择所需项目"02.2.2 顺序表"；返回"例 2.1"项目属性对话框，在 Projects 选项卡中可见所选择的"02.2.2 顺序表"项目。这样配置编译路径，使得在"例 2.1"项目中，访问 SeqList<T>类的权限就如同在当前包中。

图 2-7 例 2.1 项目配置编译路径，引用"02.2.2 顺序表"项目

6. 顺序表的浅拷贝和深拷贝

Java 的类采用<u>拷贝构造方法</u>实现复制对象功能，声明格式如下：

```
类(类 对象)                          // 拷贝构造方法，方法名同类名，参数为本类对象
{
    this.成员变量 = 参数对象.成员变量;     // 逐域赋值，以参数的实例值初始化 this 实例
}
```

一个类的拷贝构造方法通常实现为成员变量逐域赋值，即将 this 对象的各成员变量赋值为实际参数对应的各成员变量值，称为<u>浅拷贝</u>。

在方法调用和返回时，方法参数和返回值的传递规则同赋值。Java 的类采用引用模型，当对象作为方法参数或返回值时，实际参数向形式参数传递对象引用，都没有执行拷贝构造方法。因此，Java 不提供默认拷贝构造方法。

（1）顺序表的浅拷贝

SeqList<T>类声明拷贝构造方法如下，复制对象 list 的各成员变量值。

```
public SeqList(SeqList<T> list)              // 拷贝构造方法，复制对象，浅拷贝
{
    this.n = list.n;                         // int 整数赋值，复制了整数值
    this.element = list.element;             // 数组引用赋值，两个变量共用一个数组，错误
}
```

其中，this.n 是 int 整数，赋值运算复制了整数值。而数组是引用数据类型，数组引用赋值传递了数组的引用信息，没有申请新的存储空间。语句"this.element=list.element;"使 this.element 变量获得了 list.element 数组引用，使得 this 和 list 两个对象的 element 变量引用同一个数组，this 对象没有申请自己的数组空间。调用语句如下，执行情况如图 2-8(a)所示。

```
String[] values={"A","B","C","D","E"};
SeqList<String> lista = new SeqList<String>(values);
SeqList<String> listb = new SeqList<String>(lista);    // 执行拷贝构造方法，lista、listb 元素类型相同
```

两个对象引用同一个数组，造成修改、插入、删除等操作结果相互影响，这是错误的。例如，再调用语句"lista.remove(0);"，删除 lista 的一个元素时，实际上也删除了 listb 的元素，但 listb.n 长度没有改变，如图 2-8(b)所示。输出 listb 时，将产生运行错和逻辑错。

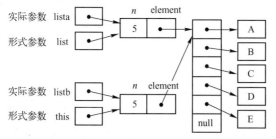 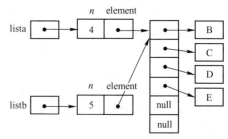

(a) 浅拷贝，this.n 复制 listb.n 整数，this.element 复制的是 list.element 数组引用，使得两个 element 变量引用同一个数组

(b) 执行 lista.remove(0)删除元素影响 listb，导致错误

图 2-8　顺序表浅拷贝，错误

综上所述：① 当成员变量的数据类型是基本数据类型时，浅拷贝能够实现对象复制功能；② 当成员变量的数据类型是引用数据类型时，浅拷贝只复制了数组引用或对象引用，并没有实现对象复制功能。此时，拷贝构造方法需要实现为深拷贝。

（2）顺序表的深拷贝

当一个类包含数组或对象等引用类型的成员变量时，该类声明的拷贝构造方法不仅要复制对象的所有基本类型成员变量值，还要为引用类型变量申请存储空间，并复制其中所有元素/对象，这种复制方式被称为深拷贝。

SeqList<T>类声明深拷贝构造方法如下，申请数组存储空间并复制数组元素。

```
// 拷贝构造方法，深拷贝，复制 list。<? extends T>表示 T 及子类。O(n)
public SeqList(SeqList<? extends T> list)
{
    this.element = new Object[list.element.length];        // 申请一个数组
    for(int i=0; i<list.n; i++)                            // 复制 list 所有元素
        this.element[i] = list.element[i];                 // 对象引用赋值，没有创建新实例
    this.n = list.n;
}
```

顺序表深拷贝的执行结果如图 2-9 所示。

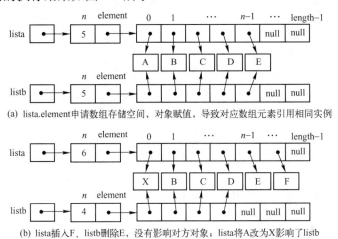

(a) lista.element申请数组存储空间，对象赋值，导致对应数组元素引用相同实例

(b) lista插入F、listb删除E，没有影响对方对象；lista将A改为X影响了listb

图 2-9　顺序表的深拷贝，复制数组，对象引用赋值

① 复制数组，对象引用赋值。listb.element 申请新的数组空间，使得 lista.element 与 listb.element 分别引用各自的数组，其中对象赋值是引用赋值，没有复制元素对象，导致 lista.element 和 listb.element 数组各对应元素引用同一实例。

② 进行插入和删除操作，没有影响对方；修改其中某个元素，仍将影响对方。

如果已知数据元素的对象类型，则在深拷贝算法中还能够复制数据元素所引用的对象，复制结果如图 2-10 所示，不仅复制了数据结构，还可逐级复制数据元素所引用的对象，直至该对象可达的所有对象。

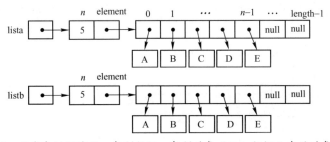

图 2-10　顺序表的深拷贝，复制数组，复制对象（已知数据元素的对象类型）

7. 顺序表比较相等

两条线性表相等是指，它们各对应元素分别相等并且长度相同。

SeqList<T>类声明覆盖 equals(Object)方法如下，时间复杂度为 $O(n)$。

```java
public boolean equals(Object obj)                    // 比较 this 与 obj 引用的顺序表是否相等，覆盖
{
    if (this==obj)                                   // 若 this 和 obj 引用同一个顺序表实例，则相等
        return true;
    if(obj instanceof SeqList<?>)             // 若 obj 引用顺序表实例。SeqList<?>是所有 SeqList<T>的父类
    {
        SeqList<T> list = (SeqList<T>)obj;           // 声明 list 也引用 obj 所引用的实例
        if(this.n==list.n)                           // 则比较两者长度是否相等
        {
            for(int i=0;  i<this.n;  i++)            // 再比较两个顺序表的所有元素是否相等
                // 一旦发现有两个对应元素不相等，则可确定两个顺序表不相等。equals(Object)运行时多态
                if(!(this.element[i].equals(list.element[i])))
                    return false;
            return true;
        }
    }
    return false;
}
```

2.3 线性表的链式存储结构和实现

2.3.1 线性表的链式存储结构

线性表$(a_0,a_1,\cdots,a_{n-1})$采用链式存储结构，称为线性链表（linked list），逻辑上相邻的元素 a_{i-1}、a_i 和 a_{i+1} 是分散存储的，因此必须采用指针变量记载前驱或后继元素的存储地址，存储数据元素之间的线性关系。

存储一个数据元素 a_i 的存储单元称为结点（node）。结点结构如下，至少包含两部分。

结点(数据域，地址域)   // 数据域存储数据元素，地址域（也称为链）存储前驱或后继元素地址

一个结点存储一个数据元素，通过地址域将结点链接起来，使得结点间的链接关系体现线性表中数据元素间的次序关系（数据的逻辑结构）。一条线性链表必须使用头指针记住元素 a_0 的结点地址。

每个结点只有一个地址域的线性链表称为单链表（singly linked list），如图 2-11 所示，空单链表的头指针 head 为 null；一条单链表最后一个结点的地址域为 null（图中用"∧"表示），表示其后不再有结点。

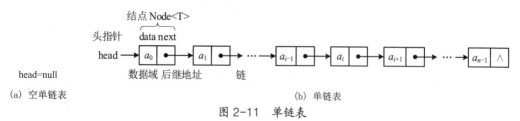

(a) 空单链表   (b) 单链表

图 2-11 单链表

单链表中结点的存储空间是在插入和删除过程中动态申请和释放的，不需要预先给单链表分配存储空间，从而避免了顺序表因存储空间不足需要扩充空间和复制元素的过程，提高了运行效率和存储空间的利用率。对单链表进行插入和删除操作只要改变少量结点的链，不需要移动数据元素。

在 C/C++语言中，采用指针类型存储地址实现链式存储结构。Java 语言不支持指针类型，提供引用方式保存包括地址在内的结构化信息。引用是比指针更健壮、更安全的链接方式，不仅实现了指针的所有功能，也避免了因指针使用不当产生的不安全性。因此，Java 语言的引用类型可以更好地实现链式存储结构。

2.3.2　单链表

单链表是由一个个结点链接而成的，以下定义单链表结点类和单链表类描述单链表。

1.　单链表结点

声明 Node<T>单链表结点类如下，成员变量 data 表示数据域，存储数据元素，数据类型是 T；next 表示地址域，存储后继结点的引用信息。

```java
public class Node<T>                       // 单链表结点类，T 指定结点的元素类型
{
    public T data;                         // 数据域，存储数据元素
    public Node<T> next;                   // 地址域，引用后继结点
    public Node(T data, Node<T> next)      // 构造结点，data 指定数据元素，next 指定后继结点
    {
        this.data = data;                  // T 对象引用赋值
        this.next = next;                  // Node<T>对象引用赋值
    }
    public Node()
    {
        this(null, null);
    }
    public String toString()               // 返回结点数据域的描述字符串
    {
        return this.data.toString();
    }
}
```

Node<T>是自引用的类，它的成员变量 next 的数据类型是 Node<T>类自己。自引用的类（Self-referential Class）是指一个类声明包含引用当前类实例的成员变量。

Node<T>类的一个实例表示单链表的一个结点。若干结点通过 next 链指定相互之间的顺序关系，形成一条单链表。为了方便更改结点间的链接关系，将 Node 类中的两个成员变量声明为 public（公有的），允许其他类访问。

单链表的头指针 head 是一个结点引用，声明如下：

```java
Node<T> head = null;
```

当 head == null 时，表示空单链表。

2．单链表的基本操作

（1）单链表的遍历操作

遍历单链表是指从第 0 个结点开始，沿着结点的 next 链，依次访问单链表中的每个结点，并且每个结点只访问一次。

设已创建一条单链表，遍历操作不能改变单链表头指针 head，因此需要声明一个变量 p（指针含义）指向当前访问结点。p 从 head 引用结点（第 0 个）开始访问，沿着 next 链到达后继结点，逐个访问，直到最后一个结点，完成一次遍历操作。

单链表遍历算法描述如下，如果单链表为空，则循环不执行。

```
Node<T> p = head;                          // p指向 head 引用结点（第 0 个）
while(p!=null)                             // 单链表不空，且 p指向其中结点
{
    System.out.print(p.data.toString()+" ");  // 执行访问 p结点的相关操作
    p = p.next;                           // 使 p引用后继结点
}
```

【思考题 2-3】 如果将上述"p=p.next;"语句写成"p.next=p;"，会怎样？

（2）单链表的插入操作

在单链表中插入一个结点，根据不同的插入位置，分下列 4 种情况讨论，如图 2-12 所示。只要改变结点间的链接关系，不需要移动数据元素。

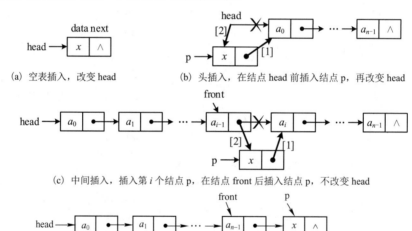

(a) 空表插入，改变 head

(b) 头插入，在结点 head 前插入结点 p，再改变 head

(c) 中间插入，插入第 i 个结点 p，在结点 front 后插入结点 p，不改变 head

(d) 尾插入，若结点 front 为最后一个结点 p，则在结点 front 插入结点 p，不改变 head

图 2-12　单链表插入值为 x 的结点

① 空表插入。若单链表为空（head==null），则插入值为 x 的结点的语句如下：

```
head = new Node<T>(x, null);               // 使 head指向创建的值为 x 的结点
```

② 头插入。若单链表非空（head!=null），在 head 结点前插入值为 x 的结点的语句如下：

```
Node<T> p = new Node<T>(x, null);          // p指向创建的值为 x 的结点
p.next = head;                            // 建立 p.next指向 head 结点的链，即插入 p结点在 head 结点前
head = p;                                 // 使 head指向 p结点，则 p结点成为第 0 个结点
```

上述两种情况都将改变单链表的头指针 head。合并上述两段为以下一条语句：

```
head = new Node<T>(x, head);               // 创建值为 x 的结点，其后继为 head，head 指向该结点
```

③ 中间插入。设 front 指向单链表中的某个结点，在 front 结点后插入值为 x 的结点的语句如下：

```
Node<T> p = new Node<T>(x, null);          // p 指向创建的值为 x 的结点
p.next = front.next;                        // p 的后继结点是 front 的后继结点
front.next = p;                             // front 新的后继结点是 p
```

合并上述 3 句如下：

```
// 创建值为 x 的结点，其后继为 front 的后继结点，再使该结点成为 front 的后继结点
front.next = new Node<T>(x, front.next);
```

④ 尾插入。若 front 指向最后一个结点，有 front.next==null，在 front 结点后插入一个结点，也可执行上述中间插入程序段，所以尾插入是中间插入的特例。中间插入或尾插入都不会改变单链表的头指针 head。

【思考题 2-4】 图 2-12(b)和(c)中，如果[1]、[2]两个操作颠倒，会怎样？

（3）单链表的删除操作

删除单链表中的指定结点，通过改变结点的 next 域，就可改变结点间的链接关系，不需要移动元素。Java 的资源回收机制将自动释放不再使用的对象，收回其占用的资源。

根据删除结点的不同位置，分以下两种情况讨论，如图 2-13 所示。

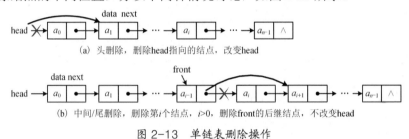

(a) 头删除，删除head指向的结点，改变head

(b) 中间/尾删除，删除第 i 个结点，$i>0$，删除front的后继结点，不改变head

图 2-13 单链表删除操作

① 头删除。删除单链表 head 指向的结点，使 head 引用其后继结点，语句如下：

```
head = head.next;                           // 使 head 指向其后继结点，即删除 head 原指向的结点
```

若单链表只有一个结点，则删除该结点后单链表为空。执行上述语句后，head 为 null。

② 中间/尾删除。设 front 指向单链表中的某个结点，删除 front 的后继结点，语句如下：

```
if(front.next!=null)                        // 若 front 的后继结点存在
    front.next = front.next.next;           // 使 front 的 next 域指向 front 后继的后继，即删除 front 的后继
```

3. 带头结点的单链表

单链表的存储结构通常是带头结点的，在单链表最前增加一个特殊的结点，称为<u>头结点</u>，忽略其数据域（用阴影表示）。单链表的头指针 head 指向头结点，头结点的 next 域指向单链表第 0 个元素结点，存储结构如图 2-14 所示。

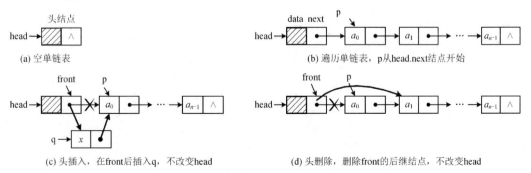

(a) 空单链表

(b) 遍历单链表，p从head.next结点开始

(c) 头插入，在front后插入q，不改变head

(d) 头删除，删除front的后继结点，不改变head

图 2-14 带头结点的单链表及其插入和删除操作

① 空单链表只有一个头结点，head.next==null。

② 遍历的起始位置是 p=head.next。

③ 头插入和头删除操作则不会改变 head。

单链表头结点的作用是：① 对单链表的插入、删除操作不需要区分操作位置；② 单链表头指针 head 非空，实现共享单链表，详见 5.3 节。

声明 SinglyList<T>单链表类如下，成员变量 head 表示头指针，引用单链表结点。

```java
public class SinglyList<T> extends Object        // 单链表类，T 表示数据元素的数据类型；默认继承 Object
{
    public Node<T> head;                         // 头指针，指向单链表的头结点
    // （1）构造方法
    public SinglyList()                          // 构造方法，构造空单链表。O(1)
    {
        this.head = new Node<T>();               //创建头结点，data 和 next 值均为 null
    }
    public SinglyList(T[] values)                // 构造单链表，尾插入 values 数组元素，忽略其中空对象，O(n)
    {
        this();                                  // 创建空单链表，只有头结点
        Node<T> rear = this.head;                // rear 尾指针指向单链表最后一个结点，使尾插入效率为 O(1)
        for(int i=0; i<values.length; i++)       // 若 values.length==0，则构造空链表
        {
            if(values[i]!=null)
            {
                rear.next=new Node<T>(values[i], null);   // 尾插入，创建结点链入 rear 结点之后
                rear = rear.next;                // rear 指向新的链尾结点
            }
        }
    }
    // （2）判空、存取元素、求长度、返回描述字符串等方法
    public boolean isEmpty()                     // 判断是否为空，O(1)
    {
        return this.head.next==null;
    }
    public T get(int i)              // 返回第 i 个元素，0≤i<单链表长度。若 i 序号越界，则返回 null。O(n)
    {
        Node<T> p=this.head.next;
        for(int j=0; p!=null && j<i; j++)        // 遍历单链表，寻找第 i 个结点（p 指向）
            p = p.next;
        return (i>=0 && p!=null) ? p.data : null;   // 若 p 指向第 i 个结点，则返回其元素值
    }
    public void set(int i, T x)      // 设置第 i 个元素为 x，0≤i<单链表长度且 x!=null。方法体省略
    public int size()                            // 返回单链表长度。O(n)。方法体省略
    public String toString() // 返回所有元素的描述字符串，形式为"(,)"。覆盖 Object 类的 toString()方法。O(n)
    {
        String str=this.getClass().getName()+"(";   // 返回类名
        for(Node<T> p=this.head.next; p!=null; p=p.next)   // p 遍历单链表
            str += p.data.toString()+(p.next!=null?",":"");   // 不是最后一个结点时，加分隔符
        return str+")";                          // 空表返回()
    }
```

```
// (3) 插入。插入 x 为第 i 个元素，x!=null，返回插入结点。对 i 容错，若 i<0，则头插入；若 i>长度，则尾插入。O(n)
public Node<T> insert(int i, T x)
{
    if(x==null)
        return null;
    Node<T> front=this.head;                        // front 指向头结点
    for(int j=0; front.next!=null && j<i; j++)        // 寻找第 i-1 个或最后一个结点（front 指向）
        front = front.next;
    front.next = new Node<T>(x, front.next);    // 在 front 后插入值为 x 结点，包括头插入、中间/尾插入
    return front.next;
}
public Node<T> insert(T x)                          // 单链表尾插入 x，O(n)，重载
{
    // 调用 insert(i,x)，用整数最大值指定插入在最后，遍历一次，i 必须容错
    return insert(Integer.MAX_VALUE, x);
}
// (4) 删除
public T remove(int i)        // 删除第 i 个元素，0≤i<长度，返回被删除元素。若 i 越界，则返回 null。O(n)
{
    Node<T> front=this.head;                        // front 指向头结点
    for(int j=0; front.next!=null && j<i; j++)        // 遍历寻找第 i-1 结点（front 指向）
        front = front.next;
    if(i>=0 && front.next!=null)                      // 若 front 的后继结点存在，则删除之
    {
        T x = front.next.data;                        // 获得待删除结点引用的对象
        // 删除 front 的后继，包括头删除、中间/尾删除。由 Java 虚拟机稍后释放结点占用的存储单元
        front.next = front.next.next;
        return x;
    }
    return null;                                      // 若 i<0 或 i>表长
}
public void clear()                                   // 删除单链表所有元素。O(1)
{
    this.head.next = null;                            // Java 自动收回所有结点占用的存储空间
}
// (5) 顺序查找和基于查找算法的操作，方法体省略。O(n)
public Node<T> search(T key)    // 顺序查找并返回首个与 key 相等的元素；若查找不成功，则返回 null
// 顺序查找并删除首个与 key 相等的元素，返回被删除元素；若查找不成功，则返回 null
public T remove(T key)
}
```

【思考题 2-5】 remove(key)方法能否先调用 search(key)方法确定删除 key 位置？为什么？

4．单链表操作的效率分析

isEmpty()方法的时间复杂度是 $O(1)$；toString()、size()、get(i)、set(i,x)、insert(i,x)、insert(x)、remove(i)、search(key)、remove(key)和构造方法都是一次遍历单链表，时间复杂度都是 $O(n)$，设单链表长度是 n。

（1）单链表不是随机存取结构

虽然访问单链表第 0 个结点的时间是 $O(1)$；但要访问第 i（$0<i<n$）个结点，必须从 head 开始沿着链的方向寻找，遍历部分单链表，进行 i 次 p=p.next 操作，平均 $n/2$ 次。因此，get()

和 set()方法的时间复杂度是 $O(n)$，即单链表不是随机存取结构。

（2）插入或删除后继结点的时间是 $O(1)$，插入前驱结点或删除自己的时间是 $O(n)$

如果 front 指向单链表中一个结点，那么插入或删除 front 后继结点的时间是 $O(1)$。

如果 p 指向单链表中一个结点，要在 p 结点前插入一个结点，或者删除 p 结点自己，都必须修改 p 的前驱结点的 next 域。因此需要再次遍历单链表，找到 p 的前驱结点 front，转换为插入或删除 front 的后继结点，如图 2-14(c)和(d)所示。寻找 p 前驱结点的时间复杂度是 $O(n)$。

（3）插入或删除的时间花在查找

insert(i, x)、remove(i)、remove(key)等方法都要先遍历寻找操作位置，由 front 指向（第 i-1 个）结点，时间复杂度是 $O(n)$；再修改 front 的 next 域，插入或删除 front 的后继结点。

（4）避免多次遍历单链表

对单链表基本操作的时间效率要求是一次遍历，因此：

① 不能先求单链表长度 size()，再进行其他操作。如果单链表尾插入方法实现如下，则是两次遍历效率。

```
public Node<T> insert(T x)              // 单链表尾插入 x, 则是两次遍历效率。O(n)
{
    return insert(this.size(), x);      // 需遍历单链表两次，效率较低
}
```

将方法体改进如下：调用 insert(i, x)进行尾插入，传递给 i 的是整数最大值 Integer.MAX_VALUE（0x7FFFFFFF），则只需遍历单链表一次。前提是，insert(i, x)方法必须对 i 采取容错措施，若 i>单链表长度，则尾插入 x。

```
return insert(Integer.MAX_VALUE, x);     // 调用 insert(i,x)尾插入，遍历一次，i 必须容错
```

② 也不能调用 get()方法遍历单链表。例如，average()方法作用于顺序表的时间复杂度是 $O(n)$，而作用于单链表的时间复杂度则是 $O(n^2)$，这种效率是不可接受的。

```
//public static double average(SeqList<Integer> list)        // 求顺序表的平均值，遍历时间是 O(n)
public static double average(SinglyList<Integer> list)       // 求单链表的平均值，遍历时间是 O(n²)
{
    int sum=0;
    for(int i=0; i<list.size(); i++)                         // size()的时间是 O(n)
        sum += list.get(i).intValue();                       // get(i)的时间是 O(n)
    return (double)sum/list.size();                          // 实数除，存在除数为 0 错误
}
```

方法体改进如下，使用结点引用方式遍历单链表，时间复杂度是 $O(n)$。

```
for(Node<Integer> p=list.head.next; p!=null; p=p.next)  // 遍历单链表,要求 head 和 next 权限必须是 public
```

5．单链表的应用

【例 2.2】 素数线性表，使用单链表。

本例目的： 使用单链表，若需要频繁进行尾插入，则声明 rear 尾指针，可以使得尾插入效率为 $O(1)$。

概念定义： 素数（prime）是指除 1 及自身以外，不能被其他数整除的自然数。

算法描述： 判断 key 是否是素数的算法描述如下。

① 显然最小素数是 2，不需要测试其他偶数。

② 测试奇数，需要使用 3～$\sqrt{\text{key}}$ 的每个素数 prime 进行测试。若存在一个素数 prime，

有 key % prime==0，则 key 不是素数。

③ 只有测试完指定范围中的所有素数，才能确定 key 是素数。例如，测试 97 的所有素数是 2、3、5、7。

程序设计：声明 PrimeList 素数线性表类如下，使用单链表存储。

```java
public class PrimeList                               // 素数线性表（升序），使用单链表存储，要求尾插入的时间复杂度是 O(1)
{
    private int range;                               // 素数范围上限
    private SinglyList<Integer> list;                // 单链表，存储素数线性表
    public PrimeList(int range)                      // 构造方法，存储 2～range 中所有素数
    {
        if(range<=1)
            throw new java.lang.IllegalArgumentException("range="+range);   // 无效参数异常
        this.range = range;
        this.list = new SinglyList<Integer>();       // 构造空单链表
        this.list.insert(2);                         // 添加已知的最小素数
        Node<Integer> rear=this.list.head.next;      // 尾指针
        for(int key=3; key<=range; key+=2)           // 测试奇数，不需测试其他偶数
        {
            if(this.isPrime(key))                    // 若 key 是素数，则尾插入，O(1)
            {
                rear.next = new Node<Integer>(key, null);
                rear = rear.next;
            }
        }
    }
    public boolean isPrime(int key)                  // 判断 key 是否是素数，遍历 this.list 单链表
    {
        if(key<=1)
            throw new java.lang.IllegalArgumentException("key="+key);       // 无效参数异常
        int sqrt = (int)Math.sqrt(key);              // Math.sqrt(key)返回 key 的平方根值
        for(Node<Integer> p=this.list.head.next; p!=null && p.data<=sqrt; p=p.next)
            if(key % p.data==0)                      // 用 list 中的已知素数测试 key
                return false;
        return true;
    }
    public String toString()                         // 返回所有元素的描述字符串
    {
        return "2～"+range+"素数集合: "+list.toString()+", "+list.size()+"个元素";
    }
    public static void main(String args[])
    {
        System.out.println(new PrimeList(100).toString());
    }
}
```

构造素数单链表的过程如图 2-15 所示，在构造方法中，每产生一个素数，都被插到单链表尾，因此声明 rear 作为单链表的尾指针，则将单链表尾插入操作的时间效率提高到 $O(1)$。在 isPrime()方法中，p 从 head.next 结点开始遍历单链表。

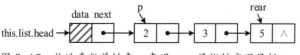

图 2-15 构造素数单链表，声明 rear 尾指针实现尾插入

程序运行结果如下。

2～100素数序列: (2,3,5,7,11,13,17,19,23,29,31,37,41,43,47,53,59,61,67,71,73,79,83,89,97), 25个元素

【例2.3】 求解 Josephus 环问题，使用单链表。

本例目的: 对于求解 Josephus 环等线性表问题，使用顺序表或单链表存储，必须考虑两者存储结构对算法效率的影响，采用效率最好的算法实现。

本例背景: 例 2.1 使用顺序表求解了 Josephus 环问题。使用单链表也可运行该程序，将创建顺序表对象的语句替换为以下创建单链表对象的语句即可。

```
SinglyList<String> list = new SinglyList<String>();        // 构造空单链表
```

但是，此时效率太低，时间复杂度是 $O(n^2)$。因为，每次循环删除一个结点，调用单链表的 size()、get()、remove()方法，时间复杂度都是 $O(n)$，都要从头开始再次遍历单链表。因此，使用单链表求解 Josephus 环问题必须重写例 2.1 程序，提高效率，不能调用 get()、size()等方法遍历单链表。

算法描述: 使用单链表求解 Josephus(5, 0, 3)环问题的执行过程如图 2-16 所示，使遍历次数最少。

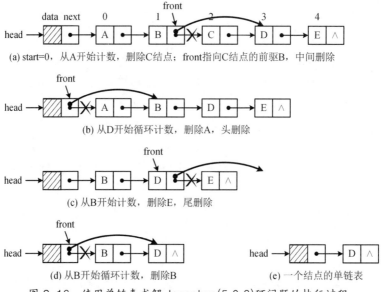

(a) start=0，从A开始计数，删除C结点；front指向C结点的前驱B，中间删除

(b) 从D开始循环计数，删除A，头删除

(c) 从B开始计数，删除E，尾删除

(d) 从B开始循环计数，删除B

(e) 一个结点的单链表

图 2-16 使用单链表求解 Josephus(5,0,3)环问题的执行过程

程序设计:

```
public class Josephus2                                      // 求解 Josephus 环问题
{
    // n个人, n>0; 从 start 开始计数, 0≤start<n; 每次数到 distance 的人出环, 0<distance<n
    public Josephus2(int n, int start, int distance)
    {
        if(n<=0 || start<0 || start>=n || distance<=0 || distance>=n) // 若参数无效, 则抛出无效参数异常
            throw new IllegalArgumentException("n="+n+", start="+start+", distance="+distance);
        SinglyList<String> list = new SinglyList<String>();  // 构造空单链表
```

```
        for(int i=n-1; i>=0; i--)
            list.insert(0, (char)('A'+i)+"");                              // 单链表头插入，O(1)
        System.out.println("Josephus("+n+","+start+","+distance+"), "+list.toString()); // 输出单链表，O(n)
        // 求解 Josephus 环，循环计数。与顺序表不同，不能计算下标
        Node<String> front = list.head;
        for(int i=0; front!=null && i<start; i++)                          // 计数，front 指向第 start-1 个结点
            front = front.next;
        while(n>1)                                                          // 循环，每次计算删除一个元素
        {
            for(int i=1; i<distance; i ++) // 计数，寻找删除结点。少数一个，front 指向待删除结点的前驱
            {
                front = front.next;
                if(front==null)                                            // 实现循环计数。该条件不能写到 for 语句中，因为会停止循环
                    front = list.head.next;
            }
            if(front.next==null)                                           // 若 front 指向最后一个结点，则删除第 0 个结点
                front = list.head;
            System.out.print("删除"+front.next.data.toString()+"，");
            front.next = front.next.next;                                  // 删除 front 的后继结点，包括头删除、中间/尾删除
            n--;
            System.out.println(list.toString());
        }
        System.out.println("被赦免者是"+list.get(0).toString());            // get(0)获得元素，O(1)
    }
    public static void main(String[] args)
    {
        new Josephus2(5,0,3);
    }
}
```

6．单链表的浅拷贝和深拷贝

（1）单链表浅拷贝（错误）

如果 SinglyList<T>类声明拷贝构造方法如下，成员变量逐域赋值。

```
public SinglyList(SinglyList<T> list)            // 拷贝构造方法，浅拷贝
{
    this.head = list.head;                        // 对象引用赋值，导致两个 head 指向同一个结点
}
```

其中，head 引用赋值，则导致 this 单链表的 head 也指向 list.head 指向的头结点，如图 2-17 所示。这是浅拷贝，实际上是两个单链表对象引用同一条单链表，没有实现单链表复制功能，将产生算法错误和存储单元管理错误。

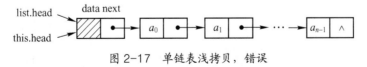

图 2-17　单链表浅拷贝，错误

（2）单链表深拷贝

单链表的拷贝构造方法必须实现为深拷贝，要复制结构，即复制参数单链表 list 中的所有结点，如图 2-18 所示，但是并没有复制元素对象，导致 this 单链表中各结点仍然引用 list 单链表中结点引用的对象。

【思考题 2-6】 实现如图 2-18 所示单链表深拷贝算法。

如果已知数据元素的对象类型，则复制对象的单链表深拷贝如图 2-19 所示，不仅复制了所有结点，还复制了所有元素对象。实现例子见图 2-34。

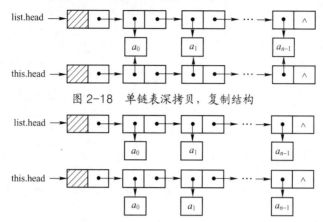

图 2-18　单链表深拷贝，复制结构

图 2-19　单链表深拷贝，复制结构和对象（已知数据元素的对象类型）

7. 单链表的集合并运算

采用单链表存储集合元素，以下以集合并运算为例，讨论多种约定的集合运算的实现算法，并显示单链表深拷贝的应用。

SinglyList<T>单链表类声明以下成员方法，单链表对象作为方法的参数或返回值，参数传递原则同赋值，"引用参数传递对象引用"，即形式参数获得实际参数的对象引用。

```
public void concat(SinglyList<T> list) // 集合并，this+=list，在 this 后连接 list 的所有结点；设置 list 空
public void addAll(SinglyList<T> list)  // 集合并，this+=list，在 this 后连接深拷贝的 list；不改变 list
// 返回并集（this+list），即返回分别复制 this 和 list 后再连接的单链表，this 和 list 不变
public SinglyList<T> union(SinglyList<T> list)
```

设创建单链表 lista 和 listb，调用上述方法，形式参数 this、list 分别获得实际参数 lista、listb 引用的对象，算法描述如图 2-20 所示。

【思考题 2-7】 实现上述单链表集合并的成员方法。

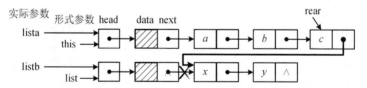

(a) 调用 lista.concat(listb)，在 this 后链接 list 的元素，则公用值为 x、y 的结点，逻辑错；list 设为空，则 listb 也为空

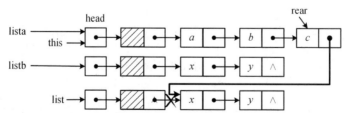

(b) 调用 lista.addAll(listb)，list 深拷贝 listb，this 链接的是 list；释放 list，不改变 b

图 2-20　单链表的集合并运算

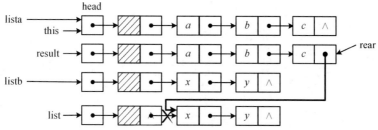

(c) 调用 lista.union(listb)，result（深拷贝 this）链接 list（深拷贝 listb），返回 result 引用的单链表；释放 result 和 list，不改变 lista 和 listb

图 2-20 单链表的集合并运算（续）

8．循环单链表

循环单链表（circular singly linked list）是指，其最后一个结点的 next 域指向 head，成为环形结构，如图 2-21 所示，其结点结构同 Node\<T\>单链表结点类。设 head 指向头结点，若 head.next = head，则是空循环单链表。其他操作算法与单链表相同，判断条件不同。

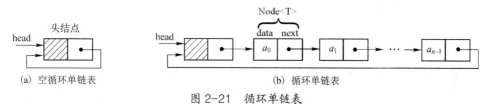

图 2-21 循环单链表

【思考题 2-8】 能否使用以下语句创建循环单链表的头结点？为什么？

```
head = new Node<T>(null, head);            // 创建循环单链表的头结点
```

2.3.3 循环双链表

在单链表中，每个结点只有一个指向后继结点的链。若要查找前驱结点，则必须从单链表的头指针开始沿着链表方向逐个检测，操作效率很低。此时需要采用双链表。

1．双链表结点

双链表（doubly linked list）是每个结点有两个地址域的线性链表，两个地址域分别指向前驱结点和后继结点，结点结构如下：

> 双链表结点(data 数据域，prev 前驱结点地址域，next 后继结点地址域)

声明 DoubleNode\<T\>双链表结点类如下，比 Node\<T\>类增加 prev 地址域。方法体省略。

```
public class DoubleNode<T>                              // 双链表结点类，T 指定结点的元素类型
{
    public T data;                                     // 数据域，存储数据元素
    public DoubleNode<T> prev, next;                   // 地址域，prev 指向前驱结点，next 指向后继结点
    public DoubleNode(T data, DoubleNode<T> prev, DoubleNode<T> next)    // 构造方法重载
    public DoubleNode()
    public String toString()                           // 返回结点数据域的描述字符串
}
```

2．双链表

（1）双链表结构和特性

带头结点的双链表结构如图 2-22 所示，**head**、**rear** 分别表示头指针、尾指针。

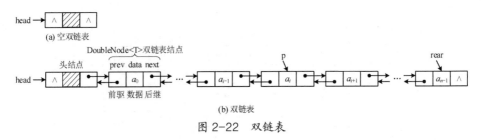

图 2-22 双链表

① 空双链表，只有头结点，有 head.next==null 且 head.prev==null。

② 设 p 指向非空双链表中某个结点，当 p.next!=null 时，有 p.next.prev==p 且 p.prev.next==p。获得 p 结点的前驱结点和后继结点的时间复杂度都是 $O(1)$。

双链表声明 rear 尾指针指向最后结点，尾指针的作用有两个：① 从后向前遍历；② 尾插入结点的时间复杂度是 $O(1)$。

双链表的判空、遍历等操作与单链表类似，讨论省略。以下讨论双链表的插入和删除操作。

（2）双链表的插入操作

在双链表中插入一个结点，可插入在指定结点之前或之后。设 p 指向双链表中的某个结点，在 p 结点之前插入值为 x 结点的语句如下，操作如图 2-23 所示。

```
DoubleNode<T> q = new DoubleNode<T>(x, p.prev, p);    // 在 p 结点之前插入 q
p.prev.next = q;                                       // 因有 p.prev!=null
p.prev = q;
```

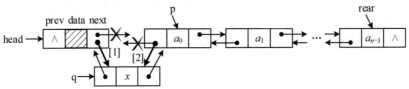

图 2-23 双链表在结点 p 前插入值为 x 的结点

【思考题 2-9】 <1> 图 2-23 中，如果[1]、[2]两个操作颠倒，会怎样？

<2> 在 p、rear 结点后插入值为 x 的结点，如何实现？

（3）双链表的删除操作

设 p 指向双链表中的某个结点，删除由 p 指向结点的语句如下，操作如图 2-24 所示。

```
p.prev.next = p.next;          // 因有 p.prev!=null
if(p.next!=null)               // 中间删除
    p.next.prev = p.prev;
```

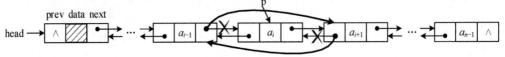

图 2-24 双链表删除 p 结点

3．循环双链表

（1）循环双链表定义

循环双链表（circular doubly linked list）如图 2-25 所示，其最后一个结点的 next 链指向头结点，头结点的 prev 链指向最后一个结点。

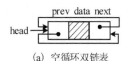

(a) 空循环双链表

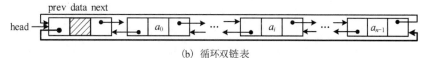

(b) 循环双链表

图 2-25　循环双链表

循环双链表改进了双链表，将头结点的 prev 域作为尾指针指向最后一个结点，省略 rear 变量。

（2）循环双链表类

声明 CirDoublyList<T>循环双链表类如下。

```
public class CirDoublyList<T>                    // 循环双链表类，T 表示数据元素的数据类型
{
    public DoubleNode<T> head;                   // 头指针
    public CirDoublyList()                       // 构造方法，构造空循环双链表
    {
        this.head = new DoubleNode<T>();         // 创建头结点，3 个域值均为 null
        this.head.prev = this.head;
        this.head.next = this.head;
    }
    public boolean isEmpty()                      // 判断循环双链表是否为空
    {
        return this.head.next==this.head;
    }
    public T remove(int i)                        // 删除第 i 个元素，0≤i<长度，返回被删除元素
    public String toPreviousString()             // 返回所有元素的描述字符串，元素次序从后向前
    ……                                            // 其他成员方法，省略
}
```

（3）循环双链表的插入操作

循环双链表的插入算法说明如下，算法描述如图 2-26 所示。

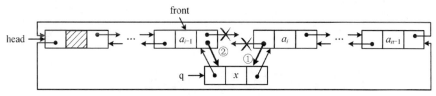

(a) insert(i, x)，在结点front后插入值为x结点，O(n)

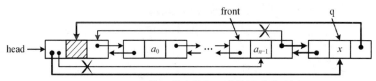

(b) insert(i, x)，若i≥链表长度，则尾插入值为x结点，O(n)

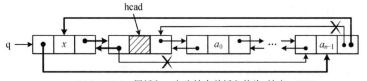

(c) insert(x)，尾插入，在头结点前插入值为x结点，O(1)

图 2-26　循环双链表的插入操作

① insert(i, x)方法插入 x 为第 i 个元素，$0 \leq i <$ 链表长度（设为 n）。算法同单链表插入结点。

算法首先遍历寻找到第 $i-1$ 个结点（由 front 指向），在 front 后插入值为 x 的结点，包含头插入、中间插入和尾插入，时间复杂度为 $O(n)$，如图 2-26(a) 所示。

对 i 容错，若 $i<0$，则头插入；若 $i>$ 链表长度，则尾插入，front 指向最后一个结点。因为遍历了循环双链表，所以尾插入的时间复杂度为 $O(n)$，如图 2-26(b) 所示。

② insert(x)方法尾插入 x。由于 head.prev 指向最后一个结点，算法在头结点前插入值为 x 的结点即可，时间复杂度为 $O(1)$，如图 2-26(c) 所示。

循环双链表类 CirDoublyList<T>声明以下重载的插入方法。

```
// 插入 x 作为第 i 个元素，x!=null，返回插入结点。对 i 容错，若 i<0，则头插入；若 i>长度，则尾插入。O(n)
public DoubleNode<T> insert(int i, T x)
{
    if(x==null)
        return null;
    DoubleNode<T> front=this.head;
    for(int j=0; front.next!=this.head && j<i; j++)     // 寻找第 i-1 个或最后一个结点（front 指向）
        front = front.next;
    // 以下在 front 后插入值为 x 结点，包括头插入（i≤0）、中间/尾插入（i>0）
    DoubleNode<T> q = new DoubleNode<T>(x, front, front.next);
    front.next.prev = q;
    front.next = q;
    return q;                                    // 返回插入结点
}
public DoubleNode<T> insert(T x)                 // 尾插入 x，返回插入结点。算法在头结点之前插入，O(1)
{
    if(x==null)
        return null;
    DoubleNode<T> q = new DoubleNode<T>(x, head.prev, head);
    head.prev.next = q;                          // 在头结点之前插入，相当于尾插入
    head.prev = q;
    return q;
}
```

2.4　排序线性表的存储和实现

排序线性表是一种特殊的线性表，各数据元素按照关键字大小递增或递减的次序排列。因此，声明排序线性表是线性表的子类，数据元素必须能够比较大小，约定排序次序。

本节目标：① 排序线性表的特性及实现；② Java 语言比较对象大小的方法；③ 面向对象程序设计中，类的继承和多态特性。

2.4.1　比较对象大小的方法

1. 引用数据类型不支持<、<=、>、>=关系运算

Java 语言的基本数据类型与引用数据类型的关系运算（==、!=、<、<=、>、>=）含义不同。

① 基本数据类型，使用关系运算符==、!=、<、<=、>、>=比较的是变量值是否相等与大

小，因为不需要比较变量的地址。

② 类（引用数据类型），使用==、!=运算符比较两个对象是否引用同一个实例，比较的是对象的引用信息，例如，图 2-8 顺序表浅拷贝和图 2-17 单链表浅拷贝产生错误。显然，比较两个实例引用信息的大小毫无意义，因此，Java 语言对引用数据类型没有定义<、<=、>、>=关系运算符。

Java 采用接口方式提供比较对象大小的方法，有两种接口：Comparable<T>可比较接口和Comparator<T>比较器接口。

2．Comparable<T>可比较接口

（1）Comparable<T>可比较接口声明

java.lang.Comparable<T>接口声明如下，提供 compareTo(T)方法比较 T 类对象大小。其中，泛型参数 T 通常是实现该接口的当前类，因为只有相同类的两个对象才具有可比性。

```
public interface Comparable<T>                    // 可比较接口，T 通常是实现该接口的当前类
{
    public abstract int compareTo(T obj);         // 比较对象大小，返回正、0、负整数分别表示小于、相等、大于
}
```

（2）实现 Comparable<T>接口的类

一个类 T 声明实现 Comparable<T>接口，表示该类的两个实例能够比较大小。例如，Integer类声明实现 Comparable<Integer>接口如下，按值比较对象大小。

```
public final class Integer extends Number implements Comparable<Integer>      // 整数类，实现可比较接口
{
    // 比较 this 与 iobj 引用实例值的大小，返回-1、0 或 1 分别表示小于、相等、大于
    public int compareTo(Integer iobj)
    {
        return this.value < iobj.value? -1 : (this.value== iobj.value ? 0:1);    // 按值比较对象大小
    }
}
```

String 类也实现了 Comparable<T>接口，compareTo()方法比较两个字符串大小，返回两者之间的差值，详见 3.2.2 节。

3．Comparator<T>比较器接口

java.util.Comparator<T>比较器接口声明如下，提供比较 T 类对象大小的规则，应用见例 4.2。

```
public interface Comparator<T>                        // 比较器接口，T 指定比较对象类型
{
    public abstract boolean equals(Object obj);       // 比较两个比较器对象是否相等
    public abstract int compare(T obj1, T obj2);      // 比较 T 类对象 obj1 与 obj2 的相等和大小
}
```

Comparator<T>比较器接口可用于为一个类提供多种比较对象大小的规则，应用见 5.2.2 节。

4．T extends Comparable<? super T>

泛型的类型参数声明格式如下，用于限定泛型的特性。其中，[]表示可选项，多个父类型以"&"分隔。

```
类型变量 [extends 父类型列表]
```

（1）T extends Comparable<T>

T extends Comparable<T>，声明 T 是实现 Comparable<T>接口的类，具有比较对象大小的
compareTo(T)方法。例如，以下声明 Person 类，满足 T extends Comparable<T>语法。

```
public class Person implements Comparable<Person>    // 实现可比较接口，满足 T extends Comparable<T>语法
{
    public String name;                              // 姓名
    public int compareTo(Person per)                 //按姓名比较对象大小，per 可引用 Student 实例
    {
        return this.name.compareTo(per.name);        // 比较姓名大小，调用 String 类的 compareTo()方法
    }
}
```

声明 Student 类继承 Person 类如下：

```
public class Student extends Person                  // Student 类继承 Person 类，实现 Comparable<Person>接口
{
    public int compareTo(Person per)                 // 继承，per 可引用 Student 实例
}
```

从语法上看，Student 类实现的是 Comparable<Person>接口，没有实现 Comparable<Student>
接口，所以 Student 类不满足 T extends Comparable<T>语法。但是，从语义上看，Student 类继
承了父类的 compareTo(Person)方法，Person 类型对象 per 可引用 Student 实例，因此 Student 类
具有比较对象大小的 compareTo(Student)方法。那么，如何解决 Student 类此处语法和语义上的
冲突？解决办法是，Java 将 T extends Comparable<T>语法限制放宽为 T extends Comparable<?
super T>。

（2）T extends Comparable<? super T>

泛型参数 T 的作用是限制一种类型，语法上的 T 不包括 T 的子类。所以，对 Comparable<T>
而言，Comparable<Person>和 Comparable<Student>是两种类型，Comparable<Student>不是
Comparable<Person>的子类。

Java 约定泛型的类型参数用"?"通配符表示通配类型，代表能够匹配任何类型。"?"有
以下两种限定通配符用法，表示泛型的继承性。

```
? extends T                                          // ?表示 T 及其任意一种子类型
? super T                                            // ?表示 T 及其任意一种父类型
```

T extends Comparable<? super T>表示将 T extends Comparable<T>的语法限制放宽，只要存
在 T 的某个父类"? super T"实现了 Comparable<?>接口，则 T 类继承了 compareTo(?)方法。

上述声明的 Student 类实现了 Comparable<Person>接口，满足 T extends Comparable<? super
T>语法，即存在 Student 的某个父类"?"实现了 Comparable<?>接口，此处的"?"是 Person，
则 Student 有 compareTo(Person)方法可用。

同理，使用比较器的参数类型必须是 Comparator<? super T>。

2.4.2 排序顺序表

排序线性表可以采用顺序表、单链表、循环双链表实现。以下以排序顺序表为例，讨论排
序线性表的存储和实现，同时回顾 Java 语言类的继承和多态原则。

1．排序顺序表类声明

排序顺序表是一种特殊的顺序表，所以声明 SortedSeqList<T>排序顺序表类继承顺序表类如下，其数据元素必须能够比较对象大小，约定排序次序，因此 T 必须声明实现 Comparable<? super T >接口，表示 T 或 T 的某个祖先类?声明实现 Comparable<?>接口。

```
// 排序顺序表（升序）类，继承顺序表类。
// T 或 T 的某个祖先类 "?" 实现 Comparable<?>接口，提供 compareTo()方法比较对象大小和相等
public class SortedSeqList<T extends Comparable<? super T>> extends SeqList<T>
```

2．类的继承原则

（1）子类继承父类除构造方法之外的成员

子类不能继承父类的构造方法，子类能够继承除构造方法之外的成员变量和成员方法，包括析构方法。

子类对从父类继承来的成员的访问权限，取决于父类成员声明的访问权限。子类能够访问父类的公有、保护成员和当前包中缺省权限的成员，不能访问父类的私有成员。

子类不能删除从父类继承来的成员。当从父类继承来的成员不能满足子类需要时，子类不能删除它们；可以重定义它们，修改或扩充父类成员方法的功能，使父类成员能够适应子类的需求。

（2）子类不能继承父类的构造方法

构造方法用于创建类的实例，使用类名区别属于不同类的实例。所以，子类不能继承父类的构造方法（包括拷贝构造方法），子类必须声明自己的构造方法。

由于父类的构造方法已经对成员变量进行了初始化，而子类继承了这些成员变量，因此子类构造方法必须执行父类的一个构造方法。至于执行父类的哪一个构造方法，由子类选择，默认调用父类无参数的构造方法。

在子类的构造方法体中，使用"<u>super 引用</u>"调用父类的构造方法。语法格式如下：

```
super([实际参数列表])              // 调用父类指定参数列表的构造方法，必须是第一条语句
```

若子类构造方法没有声明调用父类哪个构造方法，则 Java 自动执行父类无参数的构造方法。因此，父类必须提供无参数的构造方法，否则子类的默认构造方法将产生编译错。

SortedSeqList<T>类声明构造方法如下：

```
public SortedSeqList()                    // 构造空排序顺序表
{
    super();                              // 默认调用父类构造方法 SeqList()
}
public SortedSeqList(int length)          // 构造空排序顺序表，容量为 length
{
    super(length);                        // 调用 SeqList(length). 若省略，则默认调用 super()
}
public SortedSeqList(T[] values)          // 构造排序顺序表，由数组提供元素，O(n²)
{
    super(values.length);                 // 调用 SeqList(length). 也可调用 this(values.length)
    for(int i=0; i<values.length; i++)    // 直接插入排序，每趟插入 1 个元素
        this.insert(values[i]);           // 插入元素，根据对象大小确定插入位置，O(n)
}
```

3．类的多态原则

多态（polymorphism）意为一词多义，面向对象程序设计中指"一种定义，多种实现"。

（1）子类重定义父类成员

子类重定义父类成员表现出多态性。子类重定义父类成员包括：

① 重定义父类的成员变量，则隐藏父类的成员变量。

② 重定义父类的成员方法，如果参数列表相同，则覆盖（override）父类的成员方法，返回值类型必须与父类方法赋值相容；如果参数列表不同，则重载（overload）父类的成员方法。

（2）super 引用

在子类的实例成员方法中，可使用"super 引用"访问被子类隐藏的父类的成员变量，调用被子类覆盖的父类的成员方法，语法格式如下：

```
super.成员变量                    // 当子类隐藏父类成员变量时，引用父类的成员变量
super.成员方法([实际参数列表])      // 当子类覆盖父类成员方法时，调用父类的成员方法
```

super 将当前对象作为其父类的一个实例引用。🔔注意：静态方法中不能使用 super 引用。

例如，若子类声明与父类同名的实例成员变量 x，则子类有两个 x：super.x 和 this.x，x 默认指 this.x。若子类覆盖了父类的实例成员方法 f()，则子类有两个 f()：super.f()和 this.f()，f() 默认指 this.f()。

（3）多态方法执行

编译器或运行系统，何时确定执行多态方法中的哪一个？分为以下两种情况。

① 编译时多态，在编译时确定执行多态方法中的哪一个。

方法重载都是编译时多态。编译器根据调用方法的语法规则，即实际参数的数据类型、个数和次序，确定执行重载方法中的哪一个。

② 运行时多态，在运行时确定执行多态方法中的哪一个。

覆盖表现为父类与子类之间方法的多态性。运行系统根据调用方法的实例类型是父类还是子类，确定执行多态方法中的哪一个，父类对象调用父类方法，子类对象调用子类方法。

方法覆盖表现出两种多态性，当对象引用本类实例时，为编译时多态；当对象引用子类实例时，为运行时多态。

4．排序顺序表类覆盖父类成员方法

SortedSeqList<T>排序顺序表类继承了 SeqList<T>类除构造方法之外的所有成员方法，但继承的 set(i, x)、insert(i, x)、insert(x)、search(key)等成员方法不能满足需要，因此必须覆盖这些方法。

（1）不需要从父类继承来的方法，覆盖并抛出异常

SortedSeqList<T>类不支持从父类继承来的 set(i, x)和 insert(i, x)方法，但是不能删除它们，只能声明覆盖它们如下，通过抛出异常告知调用者不可操作。

```java
// 不支持父类的以下成员方法，将其覆盖并抛出异常
public void set(int i, T x)                    // 排序顺序表的数据元素具有只读特性，不支持
{
    throw new java.lang.UnsupportedOperationException("set(int i, T x)");
}
public int insert(int i, T x)                  // 不支持在指定位置插入
{
    throw new java.lang.UnsupportedOperationException("insert(int i, T x)");
}
```

（2）排序顺序表的插入操作

排序线性表插入操作的特点是，不能指定插入位置，由各数据元素的关键字大小确定插入位置，采用顺序查找算法寻找插入位置。

SortedSeqList<T>类声明以下插入方法，覆盖父类的方法。

```
// 插入 x, x!=null, 根据 x 对象大小顺序查找确定插入位置（升序），插入在等值元素之后，返回 x 序号
// 调用 T 的 compareTo()方法比较对象大小。覆盖父类 insert(x)，参数列表和返回值相同。O(n)
public int insert(T x)
{
    int i=0;
    if(this.isEmpty() || x.compareTo(this.get(this.n-1))>0)    // compareTo(T)比较大小
        i=this.n;                                              // 最大值尾插入，O(1)
    else
        while(i<this.n && x.compareTo(this.get(i))>=0)         // 循环寻找插入位置（升序），插入在等值结点后
            i++;
    super.insert(i, x);                                        // 调用被覆盖的父类 insert(i,x)方法，插入 x 作为第 i 个元素
    return i;
}
```

以下调用语句对顺序表和排序顺序表进行插入操作，都是编译时多态。

```
Integer[] values={70,20,80,30,60};                                 // Java 自动将 int 包装成 Integer 实例
SeqList<Integer> list1=new SeqList<Integer>(values);               // 顺序表
SortedSeqList<Integer> slist1=new SortedSeqList<Integer>(values);  // 子类，排序顺序表
list1.insert(50);                                                  // 父类对象调用父类方法，顺序表尾插入
slist1.insert(50);                                                 // 子类对象调用子类方法，排序顺序表按值插入，覆盖
list1.insert(0,10);                                                // 调用顺序表的 insert(i,x)方法
System.out.println("list1="+list1.toString()+"\nslist1="+slist1.toString());  //子类继承 toString()
slist1.insert(0,10);                                               // 排序顺序表插入，抛出异常
```

其中，list1 和 slist1 对象的类型与其引用实例的类型相同，调用 insert(50)等方法是编译时多态。运行结果如下：

```
list1=SeqList(10, 70, 20, 80, 30, 60, 50)           // 顺序表头插入 10，尾插入 50
slist1=SortedSeqList(20, 30, 50, 60, 70, 80)        // 排序顺序表按值插入 50
Exception in thread "main" java.lang.UnsupportedOperationException: insert(int i, T x)
```

（3）排序顺序表的查找操作

SortedSeqList<T>类声明以下查找方法，由 compareTo()方法比较对象大小和相等，覆盖父类的成员方法。

```
// 顺序查找首个与 key 相等的元素，由 key 的 compareTo()方法确定元素的大小和相等;
// 返回元素序号 i（0≤i<n），若查找不成功，则返回-1，O(n)。覆盖
public int search(T key)
{
    for (int i=start; i<this.n && key.compareTo(this.get(i))>=0; i++)
        if (key.compareTo(this.get(i))==0)            // 对象相等，运行时多态
            return i;
    return -1;                                        // 空表或未找到时
}
```

排序顺序表（升序），采用顺序查找，从第 0 个元素开始向后依次比较元素，第 i（$0 \leq i < n$）个元素查找成功的比较次数为 $i+1$；当遇到一个元素大于 key 时，即确定查找不成功，不需要比较后继元素。因此，查找不成功的平均比较次数也是 $n/2$，提高了查找不成功时的算法效率。

（4）排序顺序表的删除操作

SortedSeqList<T>类从 SeqList<T>父类继承的以下删除方法可以用，不需要覆盖，其中 this.search(key)方法体现运行时多态，当 this 引用子类对象时，执行子类覆盖的查找方法。

```java
public T remove(T key)      // 顺序查找并删除首个与 key 相等元素，返回被删除元素；若查找不成功，则返回 null
{   // 先查找，再调用 remove(i)。若查找不成功，则返回-1，不删除。其中 this.search(key)执行子类的查找方法
    return this.remove(this.search(key));
}
```

排序顺序表查找、插入、删除一个元素操作的时间复杂度都是 $O(n)$。

【思考题 2-10】 排序顺序表插入和删除元素 key 的算法都要先查找元素 key，确定操作位置。上述 remove(key)方法调用 search(key)方法确定了删除 key 的位置，那么 insert(x)方法能否调用 search(key)方法确定插入位置？为什么？

5．类型的多态，子类对象即是父类对象

（1）子类对象即是父类对象，赋值相容

类型的多态性指，子类的类型是多态的，即是子类，也是父类型，换言之，子类对象即是父类对象。因此，一个父类对象能够引用（赋值为）一个子类实例，称为赋值相容。例如：

```java
SeqList<Integer> list2 = new SortedSeqList<Integer>(values);  // 父类对象 list2 引用子类实例，赋值相容
list2 instanceof SeqList<?>              // 因为 list2 引用的是 SortedSeqList<T>子类实例，所以结果是 true
list2.insert(50);    // 运行时多态，运行时根据 list2 引用实例的类型，确定执行子类的方法实现，排序顺序表插入
```

其中，list.insert(50)语句能够通过编译器的语法检查，是因为 SeqList<T>类声明了 insert() 成员方法。该语句体现运行时多态，运行系统根据 list2 对象引用的是 SortedSeqList<T>子类实例，确定执行子类的 insert()方法实现，功能是排序顺序表按值插入。

💭注意：当一个父类对象引用一个子类实例时，父类对象只能执行那些在父类中声明、被子类覆盖了的子类方法，不能执行子类增加的成员方法。

在父类中约定的方法声明，让子类覆盖提供不同的方法实现，是为了能够实现运行时多态。即使父类型（抽象类和接口）无法提供方法实现仅约定方法声明（抽象方法），也是有意义的。抽象方法提供方法的声明与实现相分离的机制，声明提供方法实现的多个类具有共同的行为能力，能够实现运行时多态。这就是在抽象类和接口中声明抽象方法的作用。

对于子类继承的成员方法，当方法参数是父类时，都可传递子类实例，参数类型赋值相容。例如，SeqList<T>类声明 equals(Object)方法如下，子类继承可用。如果子类的比较相等规则与父类不同，则子类需要覆盖 equals(Object)方法。

```java
public boolean equals(Object obj)            // 比较两个顺序表是否相等
{
    if(obj instanceof SeqList<?>)            // 若 obj 引用 SortedSeqList<T>实例，则返回 true
        ……
}
```

方法参数和返回值的传递原则也是赋值相容，当形式参数或返回值声明为父类对象时，它获得的实际参数可为子类实例。例如，设前述 slist1 引用一个排序顺序表对象。

```java
// 调用 SeqList(SeqList<T> list)拷贝构造方法，参数传递 list=slist1 赋值相容，
// list 获得子类对象 slist1 引用的实例，由排序顺序表构造顺序表
SeqList<Integer> list3 = new SeqList<Integer>(slist1);
```

（2）排序顺序表重载拷贝构造方法

SortedSeqList<T>类声明以下重载的拷贝构造方法，当 list 引用子类实例时，两者功能相同，操作效率不同。

```
// 拷贝构造方法，深拷贝，O(n)。<? extends T>表示T及子类
public SortedSeqList(SortedSeqList<? extends T> slist)
{
    super(slist);              // 调用 SeqList(SeqList<T> list)，参数 list=slist 赋值相容，list 引用子类实例
}
// 由顺序表 list 构造排序顺序表 this，深拷贝，O(n²)；list 可引用子类实例；
// 参数类型 SeqList<T>中的 T，是 SortedSeqList<T>类声明的 T，可比较大小
public SortedSeqList(SeqList<? extends T> list)
{
    super(list.element.length);                    // 调用 SeqList(length)，创建空顺序表
    for(int i=0; i<list.n; i++)                    // 直接插入排序算法，每趟插入 1 个元素，O(n²)
        this.insert(list.get(i));                  // 调用子类覆盖的 insert(T)方法，按值插入，O(n)
}
```

以下语句调用 SortedSeqList(SeqList<? extends T> list)，由顺序表构造排序顺序表。因为重载是编译时多态，编译时由 list 参数的类型 SeqList<T>确定调用上述拷贝构造方法，即使 list2 引用子类实例。

```
SortedSeqList<Integer> slist2 = new SortedSeqList<Integer>(list2);
```

构造结果如图 2-27 所示，复制了数组，没有复制元素对象，循环体调用 insert()方法执行对象引用赋值，使得 this 数组元素仍引用 list 的对象，导致两个顺序表的数组元素共用一组对象。

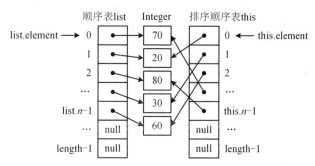

图 2-27　由顺序表 list 构造排序顺序表 this，共用 list 的元素对象

综上所述，SeqList<T>类与子类 SortedSeqList<T>成员方法的关系如图 2-28 所示。

2.4.3　排序单链表

1．排序单链表类声明

声明 SortedSinglyList<T>排序单链表类如下，继承单链表类，声明了构造方法和要覆盖的成员方法，方法体省略。

```
// 排序单链表类，继承单链表类；增加成员变量 asc 指定排序次序，升序或降序。
// T 或 T 的某个祖先类"?"实现 Comparable<>接口，提供 compareTo()方法比较对象大小和相等
public class SortedSinglyList<T extends Comparable<? super T>> extends SinglyList<T>
{
    protected boolean asc;                    // 排序次序，取值为 true（升序）或 false（降序）
```

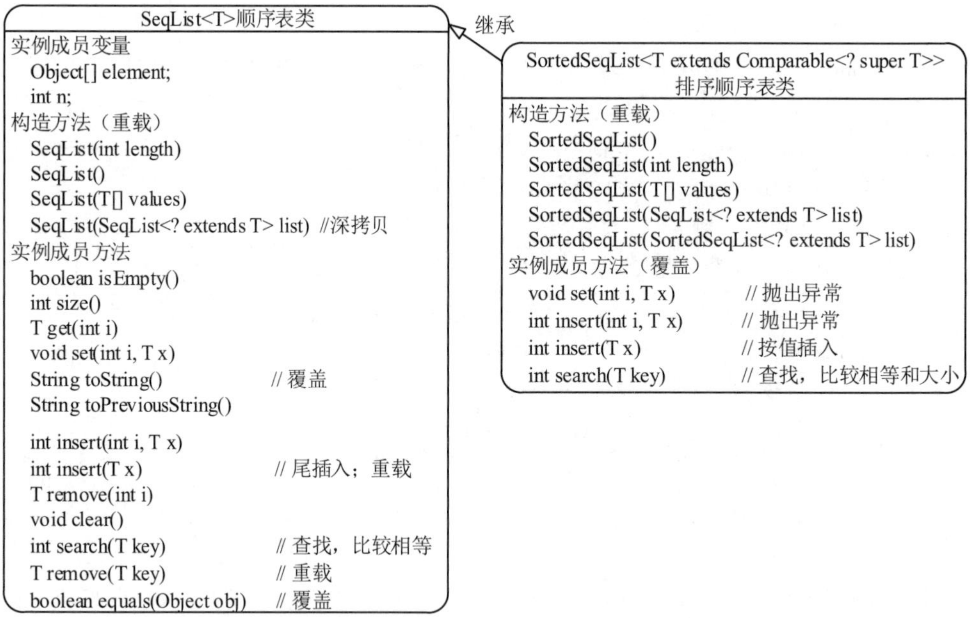

图 2-28 SeqList<T>类与子类 SortedSeqList<T>成员方法的关系

```
public SortedSinglyList(boolean asc)                    // 构造空排序单链表, asc 指定升/降序

public SortedSinglyList()                               // 构造空排序单链表, 默认升序

public SortedSinglyList(T[] values, boolean asc)        // 构造方法, 按值插入 values 数组元素

public SortedSinglyList(T[] values)                     // 构造方法, 按值插入 values 数组元素, 默认升序


// 以下拷贝构造方法, 由 list 构造, 深拷贝

public SortedSinglyList(SortedSinglyList<T> list)       // 算法调用父类的深拷贝, O(n); asc 属性同 list

public SortedSinglyList(SinglyList<T> list, boolean asc)    // 算法按值插入 list 所有元素, O(n²)

public SortedSinglyList(SinglyList<T> list)             // 由 list 单链表构造, 深拷贝, 默认升序


public void set(int i, T x)                             // 不支持, 覆盖并抛出异常

public Node<T> insert(int i, T x)                       // 不支持, 覆盖并抛出异常

public Node<T> insert(T x)      // 插入 x, 根据 x 对象大小顺序查找确定插入位置, 插入在等值结点之后

public Node<T> search(T key)                            // 顺序查找并返回首个与 key 相等的元素

public T remove(T key)                                  // 顺序查找, 删除并返回首个与 key 相等的元素


// 比较相等, 其中算法先比较 asc 是否相同, 再调用父类 equals(Obj)方法, 比较 this 与 obj 引用单链表是否相等
public boolean equals(Object obj)

public void concat(SinglyList<T> list)                  // 不支持直接首尾合并连接, 抛出异常
// 集合并, this+=list, 复制 list 所有结点按值插入元素到 this 排序单链表中; 不改变 list。O(n²)
public void addAll(SinglyList<T> list)

// 返回并集 (this+list), 返回复制 this 和 list 所有结点的排序单链表。覆盖, 返回值类型赋值相容
public SortedSinglyList<T> union(SinglyList<T> list)

}
```

2．排序单链表的插入操作，覆盖父类方法

将{70, 20, 80, 70}序列元素依次插入排序单链表（升序），算法描述如图 2-29 所示。

在排序单链表中插入一个元素值为 x 的结点，插入位置由 x 与各结点的 data 域值比较大小后确定。采用顺序查找算法寻找插入 x 位置，设 p 遍历单链表，front 指向 p 的前驱结点；若 x 小于 p.data，则将 x 插到 p 结点前、front 结点后，插入在等值结点后。

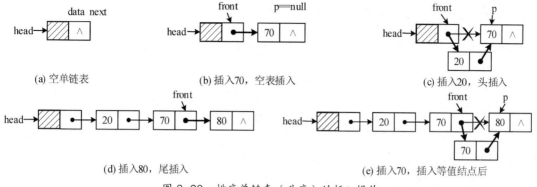

(a) 空单链表　　　　　(b) 插入70，空表插入　　　　　(c) 插入20，头插入

(d) 插入80，尾插入　　　　　(e) 插入70，插入等值结点后

图 2-29　排序单链表（升序）的插入操作

SortedSinglyList\<T\>类声明以下插入方法，覆盖父类 insert(x)方法，参数列表和返回值类型相同。

```
// 插入 x，x!=null，根据 x 对象大小顺序查找确定插入位置，插入在等值结点之后；返回插入结点。O(n)。
// 由 T 类的 compareTo()方法比较对象大小。覆盖父类 insert(x)方法，参数列表和返回值相同
public Node<T> insert(T x)
{
    if(x==null)
        return null;
    // 以下循环寻找插入位置，插入在等值结点之后
    Node<T> front=this.head, p=front.next;            // front 指向 p 的前驱结点
    while(p!=null &&  (this.asc ? x.compareTo(p.data)>=0 : x.compareTo(p.data)<=0))
    {
        front = p;
        p = p.next;
    }
    front.next = new Node<T>(x, p);                   // 在 front 后、p 前插入值为 x 的结点
    return front.next;                                // 返回插入的 x 结点
}
```

【思考题 2-11】 上述 SortedSinglyList\<T\>排序单链表类声明的成员方法，哪些方法实现能够继承父类的，哪些方法必须覆盖父类的？为什么？例如，addAll(SinglyList\<T\>)和 union(SinglyList\<T\>)方法能否继承 SinglyList\<T\>类？

2.5　线性表的应用：多项式的存储和运算

本节目标：① 以多项式的表示及运算为例，研究线性表及排序线性表的应用问题；② 类的继承、多态和抽象特性，以 Java 语言的接口描述抽象特性；③ 通过说明多项式相加算法，为第 5 章矩阵相加运算做准备。

2.5.1　一元多项式的存储和运算

数学中，$A_m(x) = a_0 + a_1 x + a_2 x^2 + \cdots + a_m x^m = \sum_{i=0}^{m} a_i x^i$ 被称为一元 m 次多项式（polynomial），其中 m 是最高阶数，$A_m(x)$ 最多有 $m+1$ 项，a_i 是指数（exponent）为 i（$0 \leqslant i \leqslant m$）项（term）的

系数（coefficient），各项按指数升序排列。

设 $B_n(x) = b_0 + b_1x + \cdots + b_nx^n = \sum_{i=0}^{n} b_ix^i$，多项式的加法、减法运算分别定义如下：

$$A_m(x) + B_n(x) = \sum_{i=0}^{\max(m,n)} (a_i + b_i)x^i$$

$$A_m(x) - B_n(x) = \sum_{i=0}^{\max(m,n)} (a_i - b_i)x^i$$

即 x 指数相同的项，其系数相加或相减。而多项式乘法运算定义如下：

$$A_m(x) \times B_n(x) = \sum_{i=0}^{m} (a_ix^i \times \sum_{i=0}^{n} b_ix^i)$$

每项由系数和 x 指数组成，项结构如下：

一元多项式的项(系数，x指数)

从数据结构的角度看，一元多项式 $A_m(x)$ 是数据元素为"项"的以下线性表：

$$((a_0,0),(a_1,1),(a_2,2),\cdots,(a_m,m))$$

例如，$A_m(x) = 2 - x + x^2 - 9x^3 + 2x^6$，由各项组成的线性表是 $((2,0),(-1,1),(1,2),(-9,3),(2,6))$。

1．一元多项式的存储结构

一元多项式可采用顺序存储结构和链式存储结构进行数据存储。

（1）一元多项式的顺序存储结构

采用排序顺序表存储多项式，各项按 x 指数升序顺序排列。

多项式 $A_n(x) = 2 - x + x^2 - 9x^3 + 2x^6$ 的顺序表存储结构如图 2-30 所示。

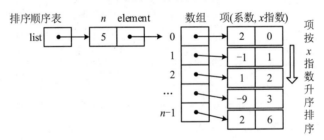

图 2-30　一元多项式排序顺序表

在排序顺序表中，按 x 指数查找项，插入和删除操作需要移动其他项，查找、插入和删除操作的时间复杂度为 $O(n)$。

（2）一元多项式的链式存储结构

采用链式存储结构存储多项式，可以克服排序顺序表存在的问题：多项式的项数可以动态地增长，没有数据溢出问题；插入和删除操作不需要移动元素。

采用排序单链表存储多项式，结点 data 数据域的数据类型是项类，各结点按项的 x 指数升序排序。$A_n(x) = 2 - x + x^2 - 9x^3 + 2x^6$ 的单链表存储结构如图 2-31 所示。

2．一元多项式排序单链表

（1）可相加接口

声明 Addible<T> 可相加接口如下，声明两个抽象方法，约定元素相加规则和删除元素的条件。

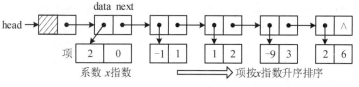

图 2-31　一元多项式排序单链表

```
public interface Addible<T>                      // 可相加接口，T 表示数据元素的数据类型
{
    public void add(T tobj);                     // +=相加，约定元素相加规则
    public boolean removable();                  // 约定删除元素的条件
}
```

（2）一元多项式的项类

声明 TermX 一元多项式的项类如下，默认变量名是 x，成员变量 coef、xexp 分别表示系数和 x 的指数。它实现可比较接口和可相加接口，约定按 x 的指数比较两项大小；约定两项相加的规则是当指数相同时，系数相加；约定删除元素的条件是系数为 0。方法实现省略。

```
// 一元多项式的项类，实现可比较接口和可相加接口
public class TermX  implements Comparable<TermX>, Addible<TermX>
{
    protected int coef, xexp;                    // 系数，x 指数（可为正、0）。系数也可 double

    public TermX(int coef, int xexp)             // 构造一项
    public TermX(TermX term)                     // 拷贝构造方法

    // 以"系数 x^指数"的省略形式构造一元多项式的一项
    // 省略形式说明：当系数为 1 或-1 且指数>0 时，省略 1，-1 只写负号"-"，如 x^2、-x^3
    // 当指数为 0 时，省略 x^0，只写系数；当指数为 1 时，省略^1，只写 x
    public TermX(String termstr)

    public String toString()                     // 返回项的"系数 x^指数"的省略形式字符串
    public boolean equals(Object obj)            // 按系数和指数比较两项是否相等
    public int compareTo(TermX term)             // 按 x 指数比较两项大小，实现 Comparable<T>接口
    public void add(TermX term)    // 相加，this+=term，若指数相同，则系数相加；实现 Addible<T>接口
    public boolean removable()                   // 若系数为 0，则删除元素；实现 Addible<T>接口
}
```

（3）多项式排序单链表类

声明 PolySinglyList<T>多项式排序单链表类如下，继承 SortedSinglyList<T>排序单链表类，提供多项式加法含义的排序单链表合并运算。排序单链表要求 T 或 T 的某个祖先类"?"实现 Comparable<T>可比较接口；多项式相加运算需要的元素相加规则，由 Addible<T>接口声明的 add(t)方法提供，因此，T 要实现 Comparable<? super T>和 Addible<? super T>接口。方法体省略。

```
// 多项式排序单链表类，继承排序单链表类，提供排序单链表结构的多项式加法运算
// T 或 T 的某个祖先类"?"必须实现 Comparable<T>接口；T 必须实现 Addible<T>可相加接口
public class PolySinglyList<T extends Comparable<? super T> & Addible<? super T>>
        extends SortedSinglyList<T>
{
    public PolySinglyList()                      // 构造方法
    public PolySinglyList(boolean asc)           // 构造方法，asc 指定升/降序
```

```
      public PolySinglyList(T[] terms, boolean asc)      // 构造方法，由项数组指定多项式各项值
      public PolySinglyList(PolySinglyList<T> list)       // 深拷贝，复制所有结点，没有复制对象
      // 多项式相加，this+=list，不改变 list。this、list 的升/降序属性必须一致。重载
      public void addAll(PolySinglyList<T> list)
   }
```

其中，addAll(list)方法实现多项式相加 $A(x) + B(x) \to A(x)$，算法描述如图 2-32 所示，设多项式 $A_n(x) = 2 - x + x^2 - 9x^3 + 2x^6$，$B(x) = -1 + x - x^2 + 10x^4 - 3x^5 + 5x^7 + 9x^8$，算法将 list($B(x)$)多项式单链表中各结点复制插到 this($A(x)$)多项式单链表，默认 this、list 两者升序。

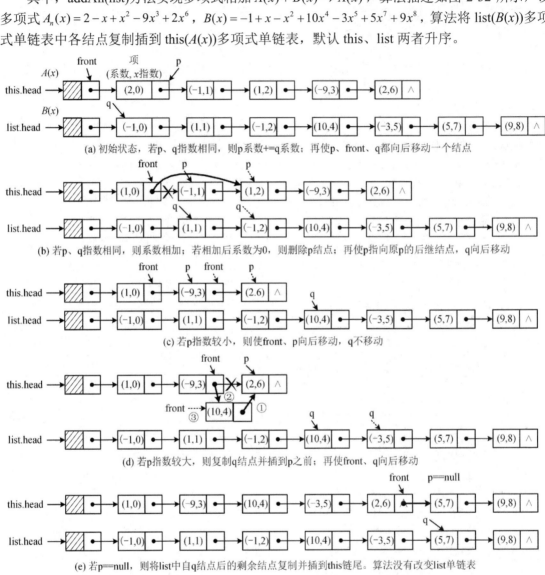

图 2-32　$A(x) + B(x) \to A(x)$ 多项式相加的算法描述

【思考题 2-12】PolySinglyList<T>类中有几个 addAll(list)方法？它们之间是什么关系？功能上有什么差别？各方法的参数类型是什么？分别被谁调用？

实现线性表 ADT 的类的层次关系，以及各类 addAll(list)方法的继承关系如图 2-33 所示。

（4）多项式类

声明多项式类 Polynomial 如下，用多项式排序单链表存储多项式，提供多项式加法等运算。

```
public class Polynomial                                 // 多项式类
```

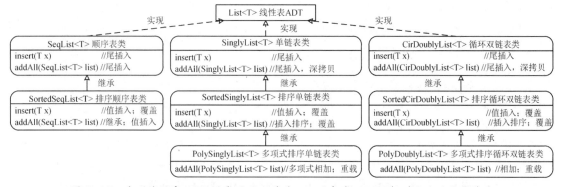

图 2-33 实现线性表 ADT 的类的层次关系，以及各类 addAll(list)方法的继承关系

```
{
    private PolySinglyList<TermX> list;              // 多项式排序单链表，元素是一元多项式的项
    public Polynomial(boolean asc)                   // 构造方法，asc 指定升/降序
    public Polynomial()                              // 构造方法，以下省略部分方法体
    public Polynomial(TermX[] terms, boolean asc)    // 构造方法，由项数组指定多项式各项值
    public Polynomial(String polystr)                // 构造方法，参数指定多项式表达式字符串，升序
    public Polynomial(Polynomial poly)               // 深拷贝，复制所有结点和对象
    {
        this(poly.list.asc);                         // 创建空单链表，复制升/降序属性
        Node<TermX> rear = this.list.head;           // 声明尾指针
        for(Node<TermX> p=poly.list.head.next; p!=null; p=p.next)    // p 遍历 poly 单链表
        {
            rear.next = new Node<TermX>(new TermX(p.data), null);    // 复制结点，复制对象
            rear = rear.next;
        }
    }
    public String toString()                         // 返回多项式的描述字符串，覆盖
    public boolean equals(Object obj)                // 比较两个多项式是否相等，覆盖
    public void addAll(Polynomial poly)              // 多项式相加，this+=poly
    public Polynomial union(Polynomial poly)         // 多项式加法，返回 this+poly 的多项式
    public void multi(Polynomial poly)               // 多项式相乘，this*=poly
}
```

【例 2.4】 多项式相加。

本例以两种方式构造一元多项式，并进行加法运算。程序如下。

```
public static void main(String args[])
{
    // 图 2-32 的 A(x)，不要求数组排序
    TermX[] atermx={new TermX(2,6), new TermX(-9,3), new TermX(1,2), new TermX(-1,1), new TermX(2,0)};
    Polynomial apoly = new Polynomial(atermx, true);                 // 指定升序
    Polynomial bpoly = new Polynomial("-1+x-x^2+10x^4-3x^5+5x^7+9x^8");  // 图 2-32 的 B(x)，默认升序
    Polynomial cpoly = apoly.union(bpoly);
    System.out.println("A="+apoly.toString()+"\nB="+bpoly.toString());
    System.out.println("C=A+B, C="+cpoly.toString());
    apoly.addAll(bpoly);
    System.out.println("A+=B,   A="+apoly.toString());
    System.out.println("C==A?  "+cpoly.equals(apoly));
}
```

程序运行结果如下：

```
A=+2-x+x^2-9x^3+2x^6，升序
B=-1+x-x^2+10x^4-3x^5+5x^7+9x^8，升序
C=A+B，C=+1-9x^3+10x^4-3x^5+2x^6+5x^7+9x^8，升序
A+=B；A=+1-9x^3+10x^4-3x^5+2x^6+5x^7+9x^8，升序
C==A? true
```

① 两种构造多项式方式

上述构造 $A(x)$ 由项数组提供初值；构造 $B(x)$ 由多项式字符串提供初值，多项式类的 Polynomial(polystr)构造方法将一个多项式表达式字符串分解成各项子串，各项子串再由项类的 TermX(termstr)构造方法以"系数 x^指数"形式分解出其中的系数和指数成员变量值。在分解过程中，两者各有严密的语法规则约定如何将指定字符串分解成各元素信息，既各有分工，又紧密配合，无缝衔接。Polynomial(polystr)将一个表达式分解成各项，表达式是由项组成的线性序列，项是表达式的最小单位；TermX(termstr)分解一项，获得系数和 x 指数值。

② 多项式深度拷贝及应用

Polynomial 类的拷贝构造方法，实现了图 2-19 复制对象的单链表深拷贝功能，不仅复制单链表的所有结点，还复制了所有对象。多项式 $A_n(x)=2-x+x^2-9x^3+2x^6$ 的复制结果如图 2-34 所示。当改变 this 或 poly 多项式中的一项时，不会影响另一个多项式中相应的项。

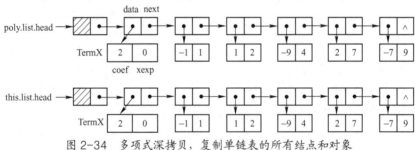

图 2-34　多项式深拷贝，复制单链表的所有结点和对象

③ 比较多项式相等，比较项相等和大小的规则不同

比较两个多项式是否相等，就是比较两条单链表是否相等，要调用 TermX 的 equals(obj)方法，比较两项是否相等，比较依据是，系数和 x 的指数分别对应相等。

这个相等规则与项的 compareTo()方法返回 0 时的条件不同，因为 compareTo()方法用于约定项的排序规则，多项式的各项按 x 的指数排序。因此，compareTo()方法只需要比较各项 x 的指数大小，与系数无关。

2.5.2　二元多项式的存储和运算

多元多项式有多个变量，二元多项式有 x、y 变量，三元多项式有 x、y、z 变量等。例如：

$$D(x,y)=2+3y^6-xy+x^2y^2-9x^4y+2x^4y^3-7x^9y^3$$

$$P(x,y,z)=21+5yz+3x^3y^3z+6x^3y^4z-6x^3y^4z^2+2x^6y^3z^2+x^{10}y^3z^2$$

二元多项式的项结构如下，由系数和 x、y 指数组成。

二元多项式的项(系数，x 指数，y 指数)

1．二元多项式的链式存储结构

创建二元多项式 $D(x,y)$ 的排序单链表如图 2-35 所示，排序单链表的元素是二元项类。

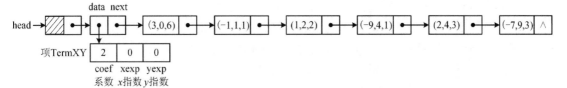

图 2-35　二元多项式 $D(x,y)$ 的排序单链表

2．二元多项式排序单链表

（1）二元多项式的项类

声明 TermXY 二元多项式的项类如下，继承一元多项式的项类 TermX，继承了 add(TermX) 和 removable()方法，需要覆盖 equals(Object)和 compareTo(TermX)方法。

```
public class TermXY  extends TermX              // 二元多项式的一项，继承 TermX 项类
{
    protected int yexp;                         // y 指数
    public TermXY(int coef, int xexp, int yexp)  // 构造二元多项式的一项
    public TermXY(String termstr)    // 以 "系数 x^指数 y^指数" 的省略形式构造一项，省略规则同 TermX 类
    public String toString()                    // 返回项的 "系数 x^指数 y^指数" 省略形式字符串
    public boolean equals(Object obj)           // 按系数、x 指数、y 指数比较相等。覆盖
    // 按 x、y 指数比较大小，先比较 x 指数，若 x 指数相同，则再比较 y 指数。覆盖
    public int compareTo(TermX term)
}
```

（2）PolySinglyList<TermX>可表示二元多项式

前述 Polynomial 多项式类声明以下成员变量存储一元多项式，<TermX>指 TermX 类及其子类。

```
PolySinglyList<TermX> list;                 // 多项式排序单链表，<TermX>指 TermX 类及其子类
```

当一个多项式的每项 TermX 对象 term 都引用 TermXY 子类实例时，即是一个二元多项式。相当于以下声明：

```
PolySinglyList<TermXY> list;                // 二元多项式排序单链表，元素是二元多项式的项
```

💬注意：如果一个一元多项式中包含有二元多项式的项，则调用 TermXY 类的 compareTo(TermX)方法，将抛出异常。

PolySinglyList<TermX>类的多项式相加算法也适用于二元多项式相加。例如：

```
TermXY[] dtermxy={new TermXY(-7,9,3), new TermXY(2,4,3), new TermXY(-9,4,1), new TermXY(3,0,6),
                new TermXY(1,2,2), new TermXY(-1,1,1), new TermXY(2,0,0)}, etermxy=…;
Polynomial dpoly = new Polynomial(dtermxy, true);
Polynomial epoly = new Polynomial(etermxy, true);
dpoly.addAll(epoly);                            // 多项式相加算法也适用于二元多项式相加
```

但是，union(poly)方法不适用于二元多项式。例如：

```
Polynomial fpoly = dpoly.union(epoly);          // 运行结果错误
```

因为在 Polynomial 类的深拷贝方法体中创建的是 TermX 对象，所以在 union(poly)方法体中，将 this（二元多项式）深拷贝为一元多项式，再进行一元多项式相加运算，产生错误。

Java 语言的简单性原则提倡，一个类为一个功能只需提供一种实现，至于是否返回对象，由调用者决定。因此，SinglyList<T>、PolySinglyList<T>类对于集合并操作的原则如下，"有所为，有所不为"。

① 声明 void addAll(list)方法，子类继承可用，运行时多态。

② 不声明 union(list)方法返回 SinglyList<T>或 PolySinglyList<T>对象，因为无法做到运行时多态，或有算法错误。union(list)方法功能可由调用者通过深拷贝和 addAll(list)方法得到。

三元等多元多项式表示类似，只要声明多元的项类。

（3）PolySinglyList<T>类和 Addible<T>接口的作用

就多项式的存储及运算问题而言，Polynomial 多项式类可直接使用 SortedSingly-List<TermX>排序单链表类作为成员变量，声明如下：

```
public class Polynomial                    // 一元多项式类
{
    private SortedSinglyList<TermX> list;  // 排序单链表，元素是一元多项式的项
    public void addAll(Polynomial poly)    // 多项式相加, this+=poly
}
```

这样声明的优点是没有 PolySinglyList<T>类，没有泛型，直接实现多项式相加等运算。缺点是，Polynomial 类只解决了多项式运算这一种功能，对于具有共性运算的其他问题没有提供处理能力。

多项式相加运算在很多场合被使用，如矩阵相加运算（见 5.2.2 节）。

本节设计 PolySinglyList<T>类和 Addible<T>接口的作用是，为排序单链表结构提供多项式相加运算的 addAll(list)方法及实现，其中元素加法的规则委托 Addible<T>接口约定。

习 题 2

1. 顺序表

2-1 什么是线性表？线性表主要采用哪两种存储结构？它们是如何存储数据元素的？各有什么优缺点？它们是否是随机存取结构？为什么？

2-2 数组有什么特点？"数据结构与算法"课程为什么要研究数组？

2-3 什么是随机存取结构？为什么一维数组是随机存取结构？请写出一维数组的地址计算公式。

2-4 顺序表采用一维数组存储数据元素，有什么特别要求？

2-5 泛型类有什么作用？在什么情况下需要使用泛型类？

2-6 为什么顺序表的插入和删除操作必须移动元素？平均需要移动多少元素？

2-7 顺序表类以下声明有什么错误？为什么？

```
// 比较两个顺序表是否相等
public boolean equals(Object obj) {  return  this.n==list.n && this.element==obj.element;  }
```

2. 单链表

2-8 线性表的链式存储结构有哪几种？它们是如何存储数据元素的？各有何特点？有什么优缺点？

2-9 Node<T>类是否需要声明拷贝构造方法和析构方法？为什么？

2-10 写出图 2-36 所示数据结构的声明。

2-11 SinglyList<T>单链表类能否声明以下重载方法？为什么？

```
public void insert(T x)
public void insert(SinglyList<T> list)
public void addAll(SinglyList<T> list)
```

```
public SinglyList<T> addAll(SinglyList<T> list)
```

2-12 在（循环）单/双链表中，头结点有什么作用？

2-13 单链表或双链表能否使用顺序表比较相等的算法？
运行效率如何？

3. 双链表

2-14 能否声明双链表结点类 DoubleNode<T>如下，继承
Node<T>类？为什么？

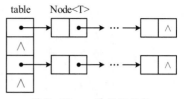

图 2-36 一种数据结构

```
public class DoubleNode<T> extends Node<T>          // 双链表结点类，继承单链表结点类
{
    public DoubleNode<T> prev;                       // prev 指向前驱结点
}
```

2-15 DoubleNode<T>类是否需要声明析构方法和拷贝构造方法？为什么？

2-16 循环双链表类能否声明如下，继承单链表类，继承 head 成员变量？为什么？

```
public class CirDoublyList<T> extends SinglyList<T>     // 循环双链表类，继承单链表类
```

实验2 线性表的基本操作

1. 实验目的和要求

目的：通过实现线性表的算法设计，掌握数据结构的研究方法、算法设计和分析方法。

要求：① 掌握线性表的顺序存储结构和链式存储结构实现，体会两者特点，分析算法效率；
② 掌握在 MyEclipse 等集成开发环境中程序的运行和调试技术。

重点：① 掌握单链表、循环双链表等线性表设计；② 排序线性表。

难点：线性表的链式存储结构，使用 Java 语言的对象引用方式，改变结点间的链接关系。

2. 实验题目

（1）单/双链表

2-1 实现 SinglyList<T>单链表类增加的以下成员方法，public 权限。

```
void removeAll(T key)                          // 查找并删除所有与 key 相等的元素结点
void replaceAll(T key, T x)                     // 查找并将所有与 key 相等的元素值替换为 x
boolean equals(Object obj)                      // 比较 this 与 obj 引用的单链表是否相等，算法不能比较长度
boolean containsAll(SinglyList<T> list)  // 判断 this 是否包含 list 所有元素，即 list 是否是 this 的子集
// 集合并，在 this 第 i 个结点前插入 list 单链表（深拷贝）。对 i 容错，若 i<0，则头插入；若 i>长度，则尾插入
void addAll(int i, SinglyList<T> list)
SinglyList<T> union(int i, SinglyList<T> list)// 返回并集，list 和返回值深拷贝
SinglyList<T> subList(int i, int n)             // 返回从第 i 个结点开始、长度为 n 的子表，深拷贝
SinglyList<T> remove(int i, int n)              // 返回删除的从第 i 个结点开始、长度为 n 的子表，改变 this
        // 上述两方法，若 0≤i<长度 && 1≤n，则进行操作，否则返回空表。对 n 容错，若 i+n>长度，则操作到链尾
void removeAll(SinglyList<T> list)              // 集合差，删除 this 中那些也属于 list 的元素
SinglyList<T> difference(SinglyList<T> list)   // 返回 this 与 list 的差集
void retainAll(SinglyList<T> list)              // 集合交，删除 this 中那些不属于 list 的元素
SinglyList<T> intersection(SinglyList<T> list)        // 返回 this 与 list 的交集，包含两者所有共同元素
Node<T> search(SinglyList<T> pattern)          // 查找返回首个与 pattern 相等子表的首结点，模式匹配算法
void removeAll(SinglyList<T> pattern)          // 查找并删除所有与 pattern 相等的子表，包含模式匹配
// 查找并替换所有与 pattern 相等子表为 list（深拷贝）
```

```
    void replaceAll(SinglyList<T> pattern, SinglyList<T> list)
```

2-2　单链表操作类 SinglyLists 声明如下方法。

```
public static <T> boolean isDifferent(SinglyList<T> list)         // 判断 list 是否互异，即元素不重复
// 判断 list 是否排序
public static <T extends Comparable<? super T>> boolean isSorted(SinglyList<T> list, boolean asc)
public static <T> void reverse(SinglyList<T> list)               // 将 list 单链表逆转
```

2-3　分别声明循环单链表类 CirSinglyList<T>、双链表类 DoublyList<T>、循环双链表类 CirDoublyList<T>实现 List<T>声明的操作、例 2.1～2.3 以及实验题 2-1～2-2。

2-4　声明以下元素互异（循环）单/双链表类，使用随机数序列（见例 1.4）构造，方法省略。

```
public class DifferentSinglyList<T> extends SinglyList<T>         // 互异单链表类，继承单链表类
{
    public DifferentSinglyList(SinglyList<T> list)               // 由单链表构造
    public void insert(int i, T x)       // 覆盖，插入不重复元素 x 作为第 i 个元素，x!=null; 对 i 容错
    public void insert(T x)                                       // 覆盖，尾插入不重复元素 x
}
public class DifferentDoublyList<T> extends CirDoublyList<T>      // 互异循环双链表类
```

（2）排序单/双链表

2-5　声明以下排序循环双链表类（升序）。

```
public class SortedCirDoublyList<T extends Comparable<? super T>> extends CirDoublyList<T>
```

2-6　计算单链表元素的平均值，输出计算公式和结果。

排序单链表操作类 SortedSinglyLists 声明如下方法。已知 list 单链表存储 Integer 元素集合，计算所有元素的平均值，输出计算公式和结果，每项格式为"值×值相同的元素个数"，各项按值升序排序。例如，{3,2,3,4,1,3,4,2,3,4}集合的输出结果为$(1×1+2×2+3×4+4×3)/10 = 29/10 = 2.9$。

```
// 返回 list 所有元素的平均值，输出计算公式和结果，每项格式为"值×值相同的元素个数"。
// 若 list 引用单链表实例，则先由 list 构造排序单链表实例，再计算
public static double average(SinglyList<Integer> list)
```

2-7　声明以下元素互异的（循环）单/双链表类，方法省略。

```
public class DifferentSortedSinglyList<T extends Comparable<? super T>>  extends SortedSinglyList<T>
public class DifferentSortedDoublyList<T extends Comparable<? super T>> extends SortedCirDoublyList<T>
```

3. 课程设计题目

*表示难度等级，全书同。

2-1*　实现 2.5 节 PolySinglyList<T>和 Polynomial 等类声明的方法，实现一/二元多项式的相加、相乘等运算。

2-2*　采用循环双链表结构实现一/二元多项式相加、相乘等运算，类声明如下。

```
// 多项式排序循环双链表类，继承排序循环双链表类，提供排序循环双链表结构的多项式加法运算
public class PolyDoublyList<T extends Comparable<? super T> & Addible<? super T>>
            extends SortedDoublyList<T>
public class Polynomial                          // 多项式类，使用 PolyDoublyList<T>存储多项式
{
    private PolyDoublyList<TermX> list;          // 多项式排序单链表，元素是一元多项式的项
}
```

第3章 字符串

字符串（string，简称串）是由字符组成的有限序列，是常用的一种非数值数据。串的逻辑结构是线性表，串是一种特殊的线性表，特殊之处在于其元素类型是字符。串的操作特点是主要研究对子串的操作，通常采用顺序存储结构存储。

本章目的： 字符串（特殊线性表）的实现与应用。

本章要求： ① 以 Java 语言的 String 和 StringBuffer 两种字符串类为例，掌握采用顺序存储结构的常量字符串类和变量字符串类设计；② 掌握两种串的模式匹配算法，即 Brute-Force 和 KMP 算法。

本章重点： ① 常量串和变量字符串类对子串的操作算法；② 串的模式匹配算法及应用。

本章难点： KMP 模式匹配算法，next 数组在 KMP 算法中的作用及产生过程。

实验要求： ① 常量串和变量字符串类对子串的操作算法；② 串的模式匹配算法及应用。

3.1 字符串抽象数据类型

1. 字符串的基本概念

（1）串定义

一个字符串（以下简称"串"）$s = "s_0 s_1 \cdots s_{n-1}"$ 是由 n（$n \geqslant 0$）个字符组成的有限序列，其中 s 是串名，一对""""括起来的字符序列 $s_0 s_1 \cdots s_{n-1}$ 是串值，s_i（$i = 0, 1, \cdots, n-1$）是特定字符集中的一个字符。一个串中包含的字符数称为串的**长度**。例如，串"data"的长度是 4，""""不计入长度。长度为 0 的串""称为**空串**。由多个空格字符构成的字符串" "称为空格串。

一个字符在串中的位置称为该字符在串中的**序号**（index），用一个整数表示。约定串中第一个字符的序号为 0，-1 表示该字符不在指定串中。

（2）子串

由串 s 中若干连续字符组成的一个子序列 sub 被称为 s 的**子串**（substring），s 称为 sub 的主串。例如，"at"是"data"的子串。特别地，空串是任何一个串的子串。串 s 是它自身的子串。除自身外，s 的其他子串称为 s 的**真子串**。

子串的序号是指该子串首字符在主串中的序号。例如，"at"在"data"中的序号是 1。

（3）串比较

串可以比较相等和大小。两个<u>串相等</u>是指，串长度相同且各对应位置上的字符也相同。

两个串的<u>大小</u>由对应位置的首个不同字符的大小决定，字符比较次序是从头开始依次向后。当两个串长度不等而对应位置的字符都相同时，较长的串定义为较"大"。

比较串相等和大小的算法都需要逐个比较字符，而比较字符相等和大小实际上比较的是其所属字符集的编码。通常，字符集中同一字母的大小写形式有不同的编码。

2．字符串抽象数据类型

字符串与线性表是不同的抽象数据类型，两者的操作不同。字符串的基本操作主要有：创建一个串、求串长度、读取/设置字符、求子串、插入、删除、连接、判断相等、查找、替换等。其中，求子串、插入、查找等操作以子串为单位，一次操作处理多个字符。

声明字符串抽象数据类型 SString 如下，其中序号 i、begin、end 的范围是 0～串长度-1。

```
ADT SString                                    // 字符串抽象数据类型
{
    int length()                               // 返回串长度
    char charAt(int i)                         // 返回第 i 个字符
    void setCharAt(int i, char ch)             // 设置第 i 个字符为 ch

    SString substring(int begin, int end)      // 返回序号从 begin 至 end-1 的子串
    SString concat(SString s)                  // 返回 this 与 s 连接生成的串
    SString insert(int i, SString s)           // 在第 i 个字符处插入 s 串
    SString delete(int begin, int end)         // 删除从 begin 到 end-1 的子串
    boolean equals(Object obj)                 // 比较 this 与 obj 引用的串是否相等
    int compareTo(SString s)                   // 比较 this 与 s 串的大小，返回两者差值

    int indexOf(SString pattern)               // 返回首个与模式串 pattern 匹配的子串序号
    void removeAll(SString pattern)            // 删除所有与 pattern 匹配的子串
    void replaceAll(SString pattern, SString s) // 替换所有与 pattern 匹配的子串为 s
}
```

3．字符串典型案例

字符串的应用非常广泛，如前两章中表示学生姓名、省份名等。

【典型案例 3-1】 从字符串到数值的转换方法。

在 C 语言中，调用 scanf("%d",&i)可从键盘输入一个整数到 i 变量。实际上，从键盘输入的是字符串，该语句默认将输入的整数字符串转换成整数值。

Java 语言也有标准输入函数 System.in.read()，从键盘输入的标准输入流中读取字符，但不能直接输入整数。java.lang.Integer 是 int 的包装类，提供 parseInt(String s)方法将整数字符串 s 转换成 int 整数值，声明如下：

```
public Integer(String s) throws NumberFormatException              // 由字符串 s 构造整数对象
// 将串 s 按十进制转换为整数，若不能转换，则抛出数值格式异常
public static int parseInt(String s) throws NumberFormatException
// 将 str 字符串按 radix 进制转换成整数，str 是 radix 进制字符串（带正负号），radix 取值为 2～16
public static int parseInt(String s, int radix) throws NumberFormatException
```

同理，java.lang.Double 是 double 的包装类，声明以下方法，将实数字符串 s 转换成 double 数值。

推而广之，一个类通常有 String 参数类型的构造方法，以串形式指定所构造实例的初值。例如，new Integer("123")，new Double("123.45")，new Complex("1+2i")复数，new TermX("-x^2")项，new Polynomial("-1+x-x^2+10x^4-3x^8+5x^10+9x^11")一元多项式。

3.2 字符串的顺序存储结构和实现

本节以 Java 语言的两种字符串类 String 和 StringBuffer 为例，来说明字符串的存储结构和实现方法。实际应用中通常采用顺序存储结构存储字符串。如果采用单链表存储串，每个结点的数据域只包含一个字符（1 或 2 字节），而存储一个地址需要 4 字节，占用存储空间太多。

3.2.1 常量字符串

1．设计字符串类的必要性

C/C++语言采用字符数组或 char*表示字符串，存在以下错误：

① 以 s[i]和字符指针形式对字符串 s 的第 i 个字符进行存取操作，极易产生更改字符串结束符'\0'的错误，导致 printf()函数输出乱码。printf()函数约定输出字符串以'\0'字符结束。

② string.h 库文件中提供的 strcpy()和 strcat()函数存在数组下标越界错误。

由于 C/C++语言没有对数组下标进行越界检查，strcpy(char *s1, char *s2)函数甚至能够将一个长字符串复制到一个容量较小的字符数组中，字符数组实际使用超出其范围的存储空间，导致更改了其他变量值的严重错误。Visual C++ 2008 编译 strcpy()函数时有警告："strcpy 函数不安全"。strcat(char *s1, char *s2)函数存在同样错误。因此，以字符数组方式表示字符串是不健壮、不安全的。

字符串不等同于字符数组，字符串只是采用字符数组作为其存储结构，它要实现字符串抽象数据类型所要求的操作。Java 语言将字符串及其操作封装成字符串类，实现字符串抽象数据类型，这正是数据结构的理论成果促进程序设计语言发展的体现。

Java 语言的字符串类主要有 String 常量字符串类、StringBuffer 变量字符串类等。这两种字符串类都采用顺序存储结构，能够存储任意长度的字符串，实现串的基本操作，并且能够识别序号越界等错误，对数组占用的存储空间进行控制，具有健壮性、安全性好等特点。

2．java.lang.String 常量字符串类

java.lang.String 表示常量字符串类，说明如下。

（1）String 类功能特点

① Java 的字符串常量表示形式同 C/C++，是由双引号括起来的字符序列，其中可包含转义字符，如"hello!"、"汉字\n"、""（空串）等。字符串只能在同一行内，不能换行。

字符常量采用单引号括号，如'a'、'汉'等，数据类型是 char，占用 2 字节存储字符的 Unicode 编码；无论字母或汉字，字符长度都是 1。🔊注意：只有空串""，没有''（两个连续的单引号）。

② String 字符串是一个类，属于引用数据类型。提供构造串对象、求串长度、取字符、求子串、连接串、比较相等、比较大小等操作。若 charAt(i)、substring(begin, end)方法参数的序号越界，则抛出 StringIndexOutOfBoundsException 字符串序号越界异常。

③ String 是 Java 的一个特殊类，Java 不仅为之约定了常量形式，还重载了"="赋值运算符和"+""+="连接运算符，使 String 变量能够像基本数据类型变量一样，进行赋值和运算，这是其他对象所没有的特性。例如：

```
String s = "abc";              // 重载 "="，字符串变量赋值为字符串常量
s = "abc" + "xyz";             // 重载 "+"，连接两个字符串，s 结果为"abcxyz"
s = "i=" + 10;                 // "+" 自动将其他类型值转换为字符串，s 结果为"i=10"
s += "xyz";                    // 重载 "+="，连接字符串并赋值
```

④ Java 的字符串对象不是字符数组，不能以数组下标格式 s[i]对指定 i 位置的字符进行操作。例如，以下语句有语法错：

```
s[1]='a';                      // 语法错，没有 s[1]表示方式
```

（2）String 类的特点

图 3-1　常量串的顺序存储结构

① String 类是最终类，不能被继承。

② String 类以常量串方式存储和实现字符串操作，采用字符数组存储字符序列，存储结构如图 3-1 所示，数组容量 length 等于串长度，串尾没有'\0'作为串结束符。

③ 声明字符数组是最终变量，串中各字符是只读的。当构造串对象时，对字符数组进行一次赋值，其后不能更改。String 类只提供了取字符操作 charAt(i)，不提供修改字符、插入串、删除子串操作。

④ 构造串、求子串和连接串的操作都是深拷贝，重新申请字符串占用的字符数组，复制字符数组，不会改变原串。

3. MyString 常量字符串类

以下模拟 java.lang.String 类实现，不能实现 String 类的重载=、+、+=运算符功能。

（1）构造常量字符串

声明 MyString 常量字符串类如下，最终类，实现可比较接口和序列化接口。

```
// 常量字符串类，最终类，实现可比较接口和序列化接口
public final class MyString  implements Comparable<MyString>, java.io.Serializable
{
    private final char[] value;                    // 字符数组，私有最终变量，只能赋值一次

    public MyString()                              // 构造空串""，串长度为 0
    {
        this.value = new char[0];
    }
    public MyString(java.lang.String s)            // 由字符串常量构造串
    {
        this.value = new char[s.length()];         // 申请字符数组并复制 s 串的所有字符
        for(int i=0;  i<this.value.length;  i++)
            this.value[i] = s.charAt(i);
    }
    // 以 value 数组从 i 开始的 n 个字符构造串，i≥0，n≥0，i+n≤value.length。
    // 若 i 或 n 指定序号越界，则抛出字符串序号越界异常
    public MyString(char[] value, int i, int n)
    {
```

```
        if(i>=0 && n>=0 && i+n<=value.length)
        {
            this.value = new char[n];                    // 申请字符数组并复制所有字符
            for(int j=0;  j<n;  j++)
                this.value[j] = value[i+j];
        }
        else
            throw new StringIndexOutOfBoundsException("i="+i+", n="+n+", i+n="+(i+n));
    }
    public MyString(char[] value)                        // 以字符数组构造串
    {
        this(value, 0, value.length);
    }
    public MyString(MyString s)                          // 拷贝构造方法，深度拷贝，复制字符
    {
        this(s.value);
    }
    public int length()                                  // 返回串长度，即字符数组容量
    {
        return this.value.length;
    }
    public java.lang.String toString()
    {
        return new String(this.value);
    }
    public char charAt(int i)   // 返回第 i 个字符，0≤i<length()。若 i 越界，则抛出字符串序号越界异常
    {
        if(i>=0 && i<this.value.length)
            return this.value[i];
        throw new StringIndexOutOfBoundsException(i);
    }
    ……                                                   // 稍后给出其他成员方法的声明和实现
}
```

MyString 类提供以下 4 种构造方法构造串对象：

```
MyString s1 = new MyString();                        // 构造空串""
MyString s2 = new MyString("abc");                   // 以 java.lang.String 字符串常量构造串对象
char[] letters={'a','b','c','d'};                    // 字符数组，只能在声明时赋值，不能赋值为"abcd"
MyString s3 = new MyString(letters);                 // 以字符数组构造串对象
MyString s4 = new MyString(s3);                      // 拷贝构造方法
```

MyString 类不能实现 java.lang.String 类的赋值功能，因为 Java 语言不能重载运算符。

```
String s = "abc";                                    // 字符串对象赋值为字符串常量
```

（2）求子串

将串 s 中序号从 begin 至 end-1 的子串组成另一个串后返回，不改变 s，算法描述如图 3-2 所示。

MyString 类声明重载的 substring(begin, end)方法如下：

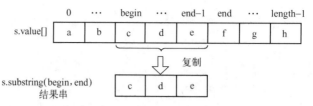

图 3-2 　s.substring(begin, end)返回 s 串从 begin 至 end-1 的子串

```
// 返回序号从 begin 至 end-1 的子串，0≤begin<length()，0≤end≤length()，begin<end
public MyString substring(int begin, int end)
{
    if(begin==0 && end==this.value.length)
        return this;
    return new MyString(this.value, begin, end-begin); // 以字符数组构造串，若 begin、end 越界，则抛出异常
}
public MyString substring(int begin)                    // 返回序号从 begin 至串尾的子串
{
    return substring(begin, this.value.length);
}
```

（3）连接串

MyString 类声明 concat(s)方法如下，返回 this 与 s 连接生成的串，不改变 this 串和 s 串，算法描述如图 3-3 所示。

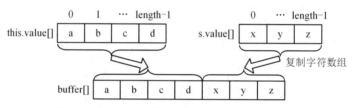

图 3-3 　concat(s)返回 this 与 s 连接生成的串

```
public MyString concat(MyString s)      // 返回 this 与 s 串连接生成的串。若 s==null 或""，则返回深拷贝的 this
{
    if(s==null || s.equals(""))
        s = new MyString(this.value);              // 深拷贝 this
    char[] buffer = new char[this.value.length+s.length()];
    int i;
    for(i=0; i<this.value.length; i++)             // 复制 this 串
        buffer[i] = this.value[i];
    for(int j=0; j<s.value.length; j++)            // 复制指定串 s
        buffer[i+j] = s.value[j];
    return new MyString(buffer);                   // 以字符数组构造串对象
}
```

java.lang.String 也有 concat(s)方法，但使用更多的是 "+" 连接运算，而且 "+" 比 concat(s) 方法功能强，它可自动进行类型转换，能够连接其他类型的数据。MyString 类无法重载 "+" "+=" 运算符。

求子串算法也可采用由 concat(s)方法经过多次连接而成，但执行效率较低。

（4）比较串相等

两个串相等是指，长度相同且各对应位置上的字符也相同。

MyString 类声明以下方法，方法体省略，算法同顺序表。

```
public boolean equals(Object obj)          // 比较 this 与 obj 引用的串是否相等，覆盖 Object 类方法
```

（5）比较串大小

java.lang.String 类声明 compareTo()方法比较两个字符串大小，返回两者之间的差值，分为以下 3 种情况：

① 若两字符串 s1、s2 相等，则 s1.compareTo(s2)返回 0。

② 若两字符串 s1、s2 不等，则从头开始依次将两串中的对应字符进行比较，当首次遇到两个不同字符时，s1.compareTo(s2)返回这两个不同字符的差值，即

```
s1.charAt(i) - s2.charAt(i)                // i 为首次遇到两个不同字符的位置
```

例如，"aaa".compareTo("acx")返回−2。

③ 两个字符串 s1 和 s2,若 s1 是 s2 的前缀子串，或 s2 是 s1 的前缀子串，则 s1.compareTo(s2)返回两者长度的差值，即

```
s1.length() - s2.length()
```

例如，"abcde".compareTo("ab")返回 3。

MyString 声明实现 Comparable<MyString>接口，实现 compareTo()方法如下，比较两个字符串大小，返回两者之间的差值，含义同 java.lang.String 类约定。

```
public int compareTo(MyString s)                    // 比较 this 与 s 串的大小，返回两者差值
{
    for(int i=0; i<this.value.length && i<s.value.length; i++)
        if(this.value[i]!=s.value[i])
            return this.value[i] - s.value[i];       // 返回两串第一个不同字符的差值
    return this.value.length - s.value.length;       // 前缀子串，返回两串长度的差值
}
```

【思考题 3-1】 实现 MyString 类声明的以下成员方法。

```
public MyString trim()                       // 返回 this 串删除所有空格的字符串
public int compareToIgnoreCase(MyString s)   // 比较 this 与 s 串的大小，返回两者差值，忽略字母大小写
```

4．使用 String 串

【例 3.1】 使用 String 串的求子串和连接串操作，实现串的插入、删除功能。

本例目的：java.lang.String 类不提供修改、插入和删除操作，这些功能可由连接和求子串操作实现。

① 插入串

设有 String 串 s1、s2，在 s1 的 i 位置插入 s2 串，返回插入后的串，调用语句如下：

```
String s1="abcdef", s2="xyz";                         // 没有增加'\0'
int i=3;
String s3 = s1.substring(0,i)+s2+s1.substring(i);     // 返回在 s1 串的 i 处插入 s2 后的串
```

算法描述如图 3-4 所示，以 i 为界将 s1 串分成两个子串 "$s_0 \cdots s_i$" 和 "$s_i \cdots s_{\text{length}-1}$"，用 substring()方法分别求得这两个子串，再用"+"运算将串 s2 连接在它们两者之间，构成串 s3，串 s1 和 s2 不变。

② 删除子串

设有串 s，删除串 s 中序号从 begin 至 end−1 的子串，返回删除后的串，调用语句如下：

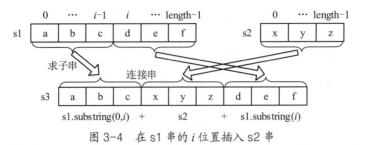

图 3-4　在 s1 串的 i 位置插入 s2 串

```
int begin=3, end=6;
String s4 = s.substring(0, begin)+s.substring(end);    // 删除 s 串中从 begin 到 end-1 处的子串
```

算法描述如图 3-5 所示，以 begin、end 为界将 s 串分成 3 个子串 "$s_0 \cdots s_{begin-1}$"、"$s_{begin} \cdots s_{end-1}$" 和 "$s_{end} \cdots s_{length-1}$"，用 substring() 方法分别求得首尾两个子串，再将它们连接起来，实现了删除子串 "$s_{begin} \cdots s_{end-1}$" 功能，没有改变 s 串。

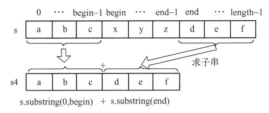

图 3-5　删除 s 串中序号从 begin 至 end-1 的子串

【思考题 3-2】　实现以下静态方法，对 String 串操作，分析算法效率。

```
public static String reverse(String s)                 // 返回将 s 串逆转的串
```

【例 3.2】整数类。

本例目的： 展示 java.lang.Integer 类的实现，以此说明 String 字符串的应用。

（1）声明 MyInteger 类

声明 MyInteger 整数类如下，使用 int 类型最终成员变量 value 存储整数。

```
public final class MyInteger implements Comparable<MyInteger>     // 整数类，最终类，实现可比较接口
{
    public static final int MIN_VALUE = 0x80000000;               // 最小值常量，-2³¹=-2147483648
    public static final int MAX_VALUE = 0x7fffffff;               // 最大值常量，2³¹-1=2147483647
    private final int value;                                      // 私有最终变量，存储整数，赋值一次

    public MyInteger(int value)                                   // 由 int 整数 value 构造整数对象
    {
        this.value = value;
    }
    // 由十进制整数数字符串 s 构造整数对象。构造方法只支持十进制，s 包含正负号
    public MyInteger(String s) throws NumberFormatException
    {
        this.value = MyInteger.parseInt(s, 10);
    }
    public int intValue()                                         // 返回整数值
    {
        return this.value;
    }
```

```
public String toString()                              // 返回当前整数的十进制字符串。覆盖
{
    return this.value+"";                             // "+" 自动将整数转换为十进制整数字符串
}
public boolean equals(Object obj)                     // 比较对象是否相等。覆盖
{
    return obj instanceof Integer && this.value==((Integer)obj).intValue();
}
// 比较 this 与 iobj 引用实例值的大小，返回-1、0 或 1，分别表示小于、相等、大于
public int compareTo(MyInteger iobj)
{
    return this.value<iobj.value? -1 : (this.value==iobj.value ? 0 : 1);
}
}
```

（2）将整数字符串转换为整数

整数语法图如图 3-6 所示，radix 进制的数字范围为 0～
radix-1（默认为十进制）。先识别符号，再通过 radix 进制幂的
展开式获得整数字符串表示的整数值。例如：

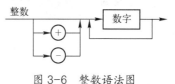

图 3-6　整数语法图

$$(123)_{10} = 1 \times 10^2 + 2 \times 10^1 + 3 \times 10^0$$

$$(0 \cdots 011101000)_2 = 1 \times 2^7 + 1 \times 2^6 + 1 \times 2^5 + 1 \times 2^3$$

$$(03E8)_{16} = 3 \times 16^2 + 14 \times 16^1 + 8 \times 16^0$$

MyInteger 类声明重载的 parseInt(s, radix)方法如下，将整数字符串 s 按 radix 进制转换为
整数，2≤radix≤16；若省略 radix，则默认为十进制。

```
public static int parseInt(String s) throws NumberFormatException      // 将串 s 按十进制转换为整数
{
    return MyInteger.parseInt(s, 10);
}
// 将串 s 按 radix 进制转换为整数，s 指定整数的 radix 进制原码字符串，包含正负号，2≤radix≤16
// 默认十进制。若不能将 s 转换成整数，则抛出数值格式异常
public static int parseInt(String s, int radix) throws NumberFormatException
{
    if(s==null)
        throw new NumberFormatException("null");
    if(radix<2 || radix>16)
        throw new NumberFormatException("radix="+radix+", 进制超出 2~16 范围。");
    int value=0, i=0;
    int sign = s.charAt(0)=='-' ? -1 : 1;                 // 符号位，记住正负数标记
    if(s.charAt(0)=='+' || s.charAt(0)=='-')              // 跳过符号位
    {
        i++;                                             // i 记住当前字符序号
        if(s.length()==1)                                // 只有"+"和"-"
            throw new NumberFormatException("\""+s+"\"");
    }
    while(i<s.length())                                   // 获得无符号的整数绝对值
    {
```

```
        char ch=s.charAt(i++);
        if(ch>='0' && ch-'0'<radix)          // 当 2≤radix≤10 时, radix 进制要识别 0～radix-1 数字
            value = value*radix+ch-'0';      // value 记住 this 获得的整数值
        else {          // 当 11≤radix≤16 时, radix 进制还要识别从'a'/'A'开始的 radix-10 个字母表示的整数
            if(radix>10 && radix<=16 && ch>='a' && ch-'a'<radix-10)
                value = value*radix+ch-'a'+10;
            else {
                if(radix>10 && radix<=16 && ch>='A' && ch-'A'<radix-10)
                    value = value*radix+ch-'A'+10;
                else
                    throw new NumberFormatException(radix+"进制整数不能识别\""+ch+"\"");
            }
        }
    }
    return value*sign;                       // 返回有符号的整数值
}
```

算法首先识别+、−符号位；再逐位获得 radix 进制数字表示的整数值，根据 radix 进制幂的展开式，最终获得整数字符串表示的整数值。其中，当 2≤radix≤10 时，数字范围是从'0'开始的 radix 个数字，如十进制的数字范围是'0'～'9'；当 11≤radix≤16 时，数字范围增加从'a'/'A'开始的 radix-10 个小/大写字母，如十六进制的字母范围是'a'～'f'和'A'～'F'。

（3）将整数转换为 radix 进制字符串

计算机采用二进制补码存储整数并进行运算。Integer 类提供多种进制的原码和补码字符串显示整数值。

整数的二进制补码以最高位表示符号，0 表示正数，1 表示负数。获得整数的十六进制补码字符串，采用移位运算（除 16 取余法）的算法描述如下，如图 3-7 所示。

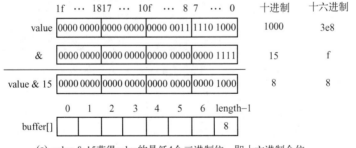

(a) value & 15 获得 value 的最低 4 个二进制位，即十六进制个位

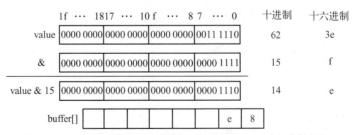

(b) value>>>4, value 右移 4 个二进制位，高位补 0；再取十六进制个位

图 3-7　采用位运算获得 1000 的十六进制补码字符串算法的前两步

① 采用字符数组 buffer[]存储各位数字字符，避免频繁的字符串连接运算，提高算法效率。

② 设 int value 存储整数，由于十六进制的最大数字是 $2^4-1=15$，将 value & 15 运算获得 value 的十六进制个位（即二进制最低 4 位），存储在 buffer 字符数组的最后一位 buffer[i]，i=buffer.length-1，i--。

③ value>>>4 表示将 value 右移二进制 4 位，即 1 个十六进制位，高位补 0；重复执行② 操作，再取十六进制个位存储在 buffer[i]。由于一个 int 整数有 32 个二进制位，即 8 个十六进制位，因此重复执行②操作 8 次，可获得一个整数的十六进制补码字符串。

上述算法适用于二、四、八、十六进制，每次 value & radix-1 获得个位，再分别右移 1、2、3、4 位二进制。

java.lang.Integer 类声明静态方法 toBinaryString(i)、toOctalString(i)、toHexString(i)分别返回整数 i 的二、八、十六进制补码字符串，正数省略高位 0。

MyInteger 类声明以下静态成员方法，返回整数 value 的十六进制补码字符串，正数和 0 的高位以 0 填满至 32 个二进制位。

```java
public static String toHexString(int value)          // 返回整数 value 的十六进制补码字符串，正数高位补 0
{
    char[] buffer = new char[8];                     // int 变量有 8 个十六进制位
    for(int i=buffer.length-1; i>=0; i--)            // 循环执行 8 次，高位补 0
    {
        int bit = value & 15;                        // 获得十六进制的个位
        buffer[i]=(char)(bit<=9 ? bit+'0' : bit+'a'-10);  // 将 0~9、10~15 转换为'0'~'9'、'a'~'f'
        value>>>=4;                                  // 右移 4 位，高位填充 0，即 value 除以 16
    }
    return new String(buffer);                        // 返回由字符数组构造的字符串
}
```

调用语句如下：

```java
String[] str16={"-80", "-1", "+7f", "3e8"};          // 整数十六进制原码
for(int i=0; i<str16.length; i++)
{
    int value = MyInteger.parseInt(str16[i],16);
    System.out.print(value+", 0x"+MyInteger.toHexString(value)+"; ");
}
```

程序运行结果如下：

```
-128, 0xffffff80; -1, 0xffffffff; 127, 0x0000007f; 1000, 0x000003e8
```

【思考题 3-3】 MyInteger 类声明以下静态成员方法。

```java
public static String toBinaryString(int value)       // 返回 value 的二进制补码字符串，正数高位补 0
public static String toOctalString(int value)        // 返回 value 的八进制补码字符串，正数高位补 0
// 返回 value 的 radix 进制原码字符串，2≤radix≤16，正数省略+. 除 radix 取余法
public static String toString(int value, int radix)
```

3.2.2 变量字符串

前述 String 类存储常量字符串，一旦创建实例，就不能修改它，这是线程安全的；但是，每次连接等运算结果都将创建新的实例，频繁进行连接等操作将增加使用空间并降低运算效率。因此，Java 还声明 StringBuffer 类，采用缓冲区存储可变长的字符串，避免在运算时频繁

地申请内存。

1．java.lang.StringBuffer 变量字符串类

java.lang.StringBuffer 表示变量字符串类，说明如下。

① 提供构造串对象、求串长度、取字符、求子串等操作；提供修改字符、插入串、删除子串操作。若序号越界，则抛出字符串序号越界异常。

② StringBuffer 类是最终类，不能被继承。

③ StringBuffer 类以变量串方式存储和实现字符串操作，存储结构如图 3-8 所示，数组容量 length>串长度 n，串尾没有'\0'作为串结束符。当数组容量不能满足要求时，将扩充容量。

图 3-8　变量串的顺序存储结构

④ StringBuffer 类的插入、删除等方法是线程互斥的，通过加互斥锁的方式，控制多个线程修改同一个共享字符串变量的次序是串行的，不能并行交替地进行修改，否则将产生与时间有关的错误，不能保证运行结果的正确性。

2．MyStringBuffer 变量字符串类

以下模拟 java.lang.StringBuffer 类实现。

（1）构造变量字符串

声明 MyStringBuffer 类如下，成员变量有字符数组 value 和串长度 n（$0 \leqslant n <$ value.length）。其中，使用关键字 synchronized 声明方法为线程互斥的。

```java
public final class MyStringBuffer implements java.io.Serializable // 变量字符串类，最终类，实现序列化接口
{
    private char[] value;                      // 字符数组，私有成员变量
    private int n;                             // 串长度

    public MyStringBuffer(int capacity)        // 构造容量为 capacity 的空串
    {
        this.value = new char[capacity];
        this.n = 0;
    }
    public MyStringBuffer()                    // 以默认容量构造空串
    {
        this(16);
    }
    public MyStringBuffer(String s)            // 以字符串常量构造串
    {
        this(s.length()+16);
        this.n = s.length();
        for(int i=0;  i<this.n;  i++)          // 复制 s 串所有字符
            this.value[i] = s.charAt(i);
    }
    public int length()                        // 返回字符串长度
    {
        return this.n;
```

```
        }
        public int capacity()                          // 返回字符数组容量
        {
            return this.value.length;
        }
        public synchronized String toString()
        {
            return new String(this.value, 0, this.n);  // 以 value 数组从 0 至 n 字符构造 String 串
        }
        public synchronized char charAt(int i)          // 返回第 i 个字符, 0≤i<length(), 方法体省略
        public void setCharAt(int i, char ch)           // 设置第 i 个字符为 ch, 0≤i<length(), 方法体省略
        ……                                              // 稍后给出其他成员方法的声明和实现
    }
```

（2）插入串

在 this 串第 i（$0 \leq i < length()$）个字符处插入串 s，算法描述如下，如图 3-9 所示。

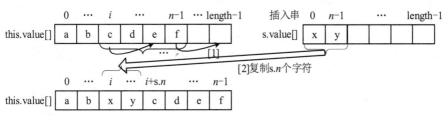

(a) 先从 i 开始至串尾的子串向后移动 s.n 个字符，次序从后向前；再在当前串的 i 位置插入 s 串

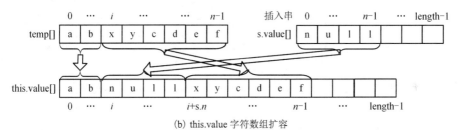

(b) this.value 字符数组扩容

图 3-9　在变量串第 i 个字符处插入串 s

① 先将 this 串中从 i 至串尾的子串 "$s_i \cdots s_{n-1}$" 向后移动，移动距离是 s 串长度 s.n，移动次序从后向前；空出 s.n 个字符位置。再将串 s 中的所有字符复制到 this 串的 $i \sim i+s.n-1$ 处，改变了 this 串，不改变插入串 s。

② 如果 this 串字符数组空间不足，则必须扩充串容量，申请一个更大容量的字符数组，并复制 this 串的原字符数组。

MyStringBuffer 类声明重载 insert( )方法如下，插入元素类型不同；声明 append( )方法为尾插入。

```
// 在第 i 个字符处插入 s 串, 0≤i<length(). 若 i 序号越界, 则抛出异常; 若 s==null, 则插入""
public synchronized MyStringBuffer insert(int i, String s)
{
    if(this.n==0 && i==0  ||  this.n>0 && i>=0 && i<=this.n)
    {
        if(s==null)
            s = "";
```

```
            char[] temp=this.value;
            if(this.value.length < this.n+s.length())                    // 若数组空间不足，则扩充
            {
                this.value = new char[(this.value.length+s.length())*2];  // 重新申请字符数组空间
                for(int j=0;  j<i;  j++)                                   // 复制 this 串前 i-1 个字符
                    this.value[j] = temp[j];
            }
            for(int j=this.n-1;  j>=i;  j--)                              // 从 i 开始至串尾的子串向后移动，次序从后向前
                this.value[j+s.length()] = temp[j];

            for(int j=0;  j<s.length();  j++)                            // 插入 s 串
                this.value[i+j] = s.charAt(j);
            this.n += s.length();
            return this;
        }
        else
            throw new StringIndexOutOfBoundsException("i="+i);            // 抛出字符串序号越界异常
    }
    public synchronized MyStringBuffer insert(int i, MyStringBuffer sbuf)  // 算法同上，方法体省略
    public synchronized MyStringBuffer insert(int i, boolean b)           // 在 i 处插入变量值转换成的串
    {
        return this.insert(i, b ? "true" : "false");
    }
    public synchronized MyStringBuffer append(String s)                   // 添加 s 串
    {
        return this.insert(this.n, s);
    }
```

（3）删除子串

删除变量串 s 中序号从 begin 至 end-1 的子串，算法描述如图 3-10 所示。以 begin、end 为界将串分成 3 个子串"$s_0 \cdots s_{begin-1}$"、"$s_{begin} \cdots s_{end-1}$"和"$s_{end} \cdots s_{n-1}$"，将"$s_{end} \cdots s_{n-1}$"子串向前移动到 begin 处，移动距离为 end-begin 个字符，即实现删除子串功能。

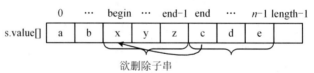

（a）从 end 处开始至串尾的字符向前移动，移动距离是 end-begin

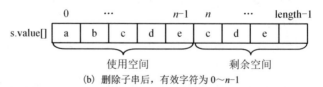

（b）删除子串后，有效字符为 0~$n-1$

图 3-10　删除变量串 s 中序号从 begin 至 end-1 的子串

MyStringBuffer 类声明以下 delete(begin, end)方法，删除子串。

```
// 删除从 begin 到 end-1 的子串，0≤begin<length(), end≥0, begin≤end;
// 若 end≥length()，则删除到串尾；若 begin 越界或 begin>end，则抛出字符串序号越界异常
public synchronized MyStringBuffer delete(int begin, int end)
```

```
{
    if(begin>=0 && begin<this.n  &&  end>=0 && begin<=end)
    {
        if(end>this.n)                                    // end 超长容错
            end=this.n;
        for(int i=0;  i<this.n-end;  i++)                 // 从 end 开始至串尾的子串向前移动
            this.value[begin+i] = this.value[end+i];
        this.n -= end-begin;
        return this;
    }
    else
        throw new StringIndexOutOfBoundsException("begin="+begin+", end="+end+", end-begin="+(end-begin));
}
```

⌂注意：上述两方法返回的是修改过的 this 对象。

【思考题 3-4】 实现以下对 StringBuffer 字符串操作的方法，要求每个字符一次移动到位。

```
public static StringBuffer trim(StringBuffer s)                // 将 s 中所有空格删除，返回操作后的 s 串
```

3.3 字符串的模式匹配

设有两个串：目标串 target 和模式串 pattern，在 target 目标串中查找与 pattern 模式串相等的一个子串并确定该子串位置的操作称为<u>串的模式匹配</u>（pattern matching）。两个子串相等是指，各对应字符相同且长度相同。匹配结果有两种：如果 target 中存在与 pattern 相等的子串，则匹配成功，获得该匹配子串在 target 中的位置；否则匹配失败，给出匹配失败信息。

【典型案例 3-2】 文本中字符串的查找与替换。

具有文本编辑功能的应用程序，如 Word、Excel、Java 语言编辑器等，都有查找和替换操作。Word 应用程序的"查找和替换"对话框如图 3-11 所示。

图 3-11 "查找和替换"对话框

在一个文档（目标串 target）的范围内，查找一个指定单词（模式串 pattern）的位置（串的模式匹配），用另一个单词（str）替换。替换操作的前提是查找，如果查找到 pattern 指定单词，则确定了操作位置，可以将 pattern 指定单词用 str 指定单词替换掉，否则不进行替换操作。每进行一次替换操作，都要执行一次查找操作。那么，如何快速查找指定单词在文档中的位置，就是串的模式匹配算法需要解决的问题。

本节介绍两种模式匹配算法：Brute-Force 算法和 KMP 算法，以及应用模式匹配的替换子串和删除子串操作。

3.3.1 Brute-Force 模式匹配算法

1．Brute-Force 算法描述与实现

已知目标串 target=" $t_0t_1\cdots t_{n-1}$ "，模式串 pattern=" $p_0p_1\cdots p_{m-1}$ "（ $0<m\leqslant n$ ），Brute-Force 算法将目标串中每个长度为 m 的子串" $t_0\cdots t_{m-1}$ "，" $t_1\cdots t_m$ "，$\cdots$，" $t_{n-m}\cdots t_{n-1}$ "依次与模式串进行匹配操作，每次匹配依次比较 t_i 与 p_j（ $0\leqslant i<n$ ， $0\leqslant j<m$ ）。设 target="aababcde"，pattern="abcd"，匹配过程如图 3-12 所示。匹配 4 次，匹配成功返回子串序号 3，字符比较 10 次。

(a) 若 $t_0=p_0$ ， $t_1\neq p_1$ ，则匹配失败；下次匹配 t_1 与 p_0 比较 　　(b) 若" $t_{i-j}\cdots t_{i-1}$ "=" $p_0\cdots p_{j-1}$ "， $t_i\neq p_j$ ，则匹配失败；下次匹配 t_{i-j+1} 与 p_0 比较

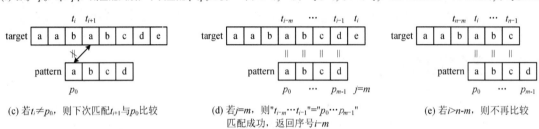

(c) 若 $t_i\neq p_0$ ，则下次匹配 t_{i+1} 与 p_0 比较　　(d) 若 $j=m$ ，则" $t_{i-m}\cdots t_{i-1}$ "=" $p_0\cdots p_{m-1}$ " 匹配成功，返回序号 $i-m$ 　　(e) 若 $i>n-m$ ，则不再比较

图 3-12　Brute-Force 模式匹配算法描述

Brute-Force 算法的子串匹配过程是，将目标串中的字符 t_i（ $0\leqslant i<n$ ）与模式串中的字符 p_j（ $0\leqslant j<m$ ）进行比较：

① 若 $t_i=p_j$ ，则继续比较 t_{i+1} 与 p_{j+1} ，直到 $j=m$ ，则" $t_{i-m}\cdots t_{i-1}$ "=" $p_0\cdots p_{m-1}$ "匹配成功，返回模式串在目标串中匹配子串的序号 $i-m$ 。

② 若 $t_i\neq p_0$ ，则下次匹配比较 t_{i+1} 与 p_0 。

③ 若" $t_{i-j}\cdots t_{i-1}$ "=" $p_0\cdots p_{j-1}$ "， $t_i\neq p_j$ ，则匹配失败；目标串下次从 t_{i-j+1} 与 p_0 开始比较，此时，目标串回溯，从 t_i 退回到 t_{i-j+1} 。

④ 若 $i>n-m$ ，表示目标串剩余子串的长度不够，则不需要再比较。

MyString 类声明以下重载 indexOf(pattern, begin)方法，采用 Brute-Force 模式匹配算法，在 this 串（目标串 target）中查找与模式串 pattern 匹配的子串。

```java
// 在 this 串（目标串）中查找首个与模式串 pattern 匹配的子串并返回序号，匹配失败时返回-1
public int indexOf(MyString pattern)
{
    return this.indexOf(pattern, 0);
}
// 返回 this 串（目标串）从 begin 开始首个与模式串 pattern 匹配的子串序号，匹配失败时返回-1。
// 0≤begin<this.length()。对 begin 容错，若 begin<0，则从 0 开始；若 begin 序号越界，则查找不成功。
// 若 pattern==null，则抛出空对象异常
public int indexOf(MyString pattern, int begin)
{
    int n=this.length(), m=pattern.length();
    if(begin<0)                                  // 对 begin 容错，若 begin<0，则从 0 开始
```

```
        begin = 0;
    if(n==0 || n<m || begin>=n)                    // 若目标串空、较短或begin越界，则不需比较
        return -1;
    int i=begin, j=0;                              // i、j分别为目标串和模式串this字符下标
    while(i<n && j<m)
    {
        if(this.charAt(i)==pattern.charAt(j))      // 若this两字符相等，则继续比较后续字符
        {
            i++;
            j++;
        }
        else                                       // 否则i、j回溯，进行下次匹配
        {
            i=i-j+1;                               // 目标串下标i，退回到下个待匹配子串序号
            j=0;                                   // 模式串下标j，退回到0
            if(i>n-m)                              // 若目标串剩余子串的长度不够，则不再比较
                break;
        }
    }
    return  j==m ? i-m : -1;                       // 若匹配成功，则返回匹配子串序号，否则返回-1
}
```

调用语句如下：

```
MyString target=new MyString("aababcd"), pattern=new MyString("abcd");        // 见图 3-12
System.out.println("\""+target+"\".indexOf(\""+pattern+"\")="+target.indexOf(pattern));
```

【思考题 3-5】 target="aaabaaaba"，pattern="aaaa"，画出 Brute-Force 算法匹配的过程。

2．Brute-Force 算法分析

Brute-Force 算法简单，易于理解，但时间效率不高，算法分析如图 3-13 所示。

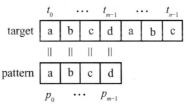

(a) 最好情况，"$t_0 t_1 \cdots t_{m-1}$"="$p_0 p_1 \cdots p_{m-1}$"，比较次数为模式串长度m，时间复杂度为$O(m)$

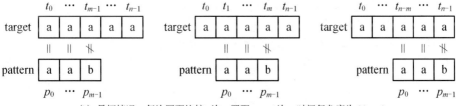

(b) 最坏情况，每次匹配比较m次，匹配$n-m+1$次，时间复杂度为$O(n \times m)$

图 3-13　Brute-Force 算法分析

模式匹配操作花费的时间主要用于比较字符。

① 最好情况，第一次匹配即成功，目标串的"$t_0 t_1 \cdots t_{m-1}$"子串与模式串匹配，比较次数为模式串长度 m，时间复杂度为 $O(m)$。

② 最坏情况，每次匹配比较至模式串的最后一个字符，并且比较了目标串中所有长度为 m 的子串，字符比较总数是 $m \times (n-m+1)$，因为 $m \ll n$，所以时间复杂度为 $O(n \times m)$。例如，target="aaaaa"，pattern="aab"，匹配 3 次，字符比较 9 次。

Brute-Force 算法是一种带回溯的模式匹配算法，它将目标串中所有长度为 m 的子串依次与模式串匹配，这样虽然没有丢失任何匹配可能，但是每次匹配没有利用前一次匹配的比较结果，使算法中存在较多的重复比较，降低了算法效率。

3.3.2 模式匹配应用

要对目标串 target 中与模式串 pattern 匹配的子串进行删除或替换操作，因为不知道 target 是否包含与 pattern 匹配的子串及子串的位置，所以必须先执行串的模式匹配算法，在 target 中查找到与 pattern 匹配的子串序号，确定删除或替换操作的起始位置。如果匹配失败，则不进行替换或删除操作。因此，串的模式匹配算法是删除子串和替换子串等操作的基础。

String 和 StringBuffer 类声明以下串的模式匹配操作：

```
public int indexOf(String pattern)              // 返回首个与 pattern 串匹配的子串序号
public int indexOf(String pattern, int begin)   // 返回从 begin 开始首个与 pattern 匹配的子串序号
```

String 类声明以下方法，将首个/所有与 pattern 匹配的子串替换为串 s，当 s 为空串时，意为删除与 pattern 匹配的子串。

```
public String replaceFirst(String pattern, String s)   // 将首个与 pattern 匹配的子串替换为 s
public String replaceAll(String pattern, String s)      // 将所有与 pattern 匹配的子串替换为 s
```

【例 3.3】 对 StringBuffer 字符串进行替换和删除子串操作。

本例目的：java.lang.StringBuffer 类没有声明替换子串和删除子串操作，本例增加此功能。

（1）替换子串

声明 replaceAll()方法如下，替换全部子串。算法首先在 target 串中查找与 pattern 匹配的子串，如果查找成功，则删除匹配子串，再插入 s 替换串；否则不执行操作。

```java
// 将 target 串中所有与 pattern 匹配的子串全部替换成 s，返回替换后的 target 串
public static StringBuffer replaceAll(StringBuffer target, String pattern, String s)
{
    int i=target.indexOf(pattern);
    while(i!=-1)
    {
        target.delete(i, i+pattern.length());
        target.insert(i, s);
        i=target.indexOf(pattern, i+s.length());
    }
    return target;
}
```

调用语句如下：

```java
StringBuffer target = new StringBuffer("aaaa");
String pattern="a", s="ab";
System.out.println("replaceAll(\""+target+"\", \""+pattern+"\", \""+s+"\")=\""+replaceAll(target, pattern, s)+"\"");
```

程序运行结果如下：

```
replaceAll("aaaa", "a", "ab")="abab8ab"
```

replaceAll("aaaa", "a", "ab")="abab8ab"

 replaceAll("aaaa", "a", "ab")="abababab"

（2）删除子串

上述 replaceAll(target, pattern, s)方法，当 s 为空串时，意为删除所有与 pattern 匹配的子串。如果 target 串中有多个匹配子串，则需要多次调用 delete(begin, end)方法，一个字符将被移动多次才能到达其最终位置，算法效率较低。

以下 removeAll(target, pattern)方法删除 target 串中所有与 pattern 匹配的子串，算法使字符一次移动到位，提高了效率。设 target="ababccdefabcabcgh"，pattern="abc"，n=target.length( )，m=pattern.length( )，算法描述如下，如图 3-14 所示。

(a) 查找两个匹配子串序号 empty、next，move=empty+m，将 empty～next-1 之间子串向前移到 empty 开始处

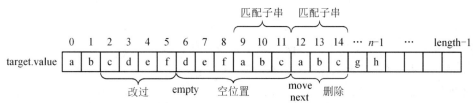

(b) 查找从 move 开始的下一个匹配子串序号 next，若 move=next，则表示有两个连续的匹配子串，没有字符移动

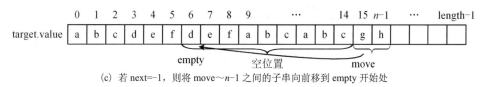

(c) 若 next=-1，则将 move～n-1 之间的子串向前移到 empty 开始处

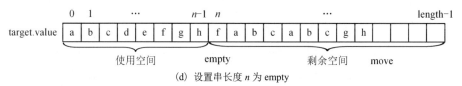

(d) 设置串长度 n 为 empty

图 3-14　removeAll(target, pattern)方法删除所有匹配子串，每字符移动一次

① 设 empty 表示 target 串中删除子串后的空位置，是待移动字符的最终位置，初值是首个匹配子串序号；move 表示匹配子串之后待移动子串序号，初值是 empty+m；next 表示从 move 开始下个匹配子串序号。

② 将 move～next-1 之间的子串向前移到 empty 开始处，完成删除一个匹配子串操作。若 move=next，表示有两个连续的匹配子串，则没有字符移动。

③ 更新 empty、move、next，重复②操作，直到 next=-1，表示其后没有匹配子串，最后将从 move 至串尾的子串全部向前移到 empty 处。

④ 设置串长度为 empty。

声明 removeAll(target, pattern)方法如下。

```
// 删除 target 串中所有与 pattern 匹配的子串，返回删除后的 target 串
```

```java
public static StringBuffer removeAll(StringBuffer target, String pattern)
{
    int n=target.length(),  m=pattern.length();
    int empty=target.indexOf(pattern), next=empty;        // empty 为首个与 pattern 匹配子串序号
    while(next!=-1)                                        // 循环每次删除一个匹配子串
    {
        int move=next+m;                                  // move 为待移动子串序号
        next = target.indexOf(pattern, move);             // next 为从 move 开始的下个匹配子串序号
        while(next>0 && move<next || next<0 && move<n)    // 将 move ～ next-1 之间的子串向前移动
            target.setCharAt(empty++, target.charAt(move++));
    }
    if(empty!=-1)
        target.setLength(empty);                          // 设置 target 串长度为 empty
    return target;
}
```

3.3.3 KMP 模式匹配算法

1．目标串不回溯

Brute-Force 算法的目标串存在回溯，两个串逐个比较字符，若 $t_i \neq p_j$ $(0 \leqslant i < n, 0 \leqslant j < m)$，则下次匹配目标串从 t_i 退回到 t_{i-j+1} 开始与模式串 p_0 比较。实际上，目标串的回溯是不必要的，t_{i-j+1} 与 p_0 的比较结果可由前一次匹配结果得到。如图 3-15 所示，设比较 $"t_0 t_1"="p_0 p_1"$，$t_2 \neq p_2$：

① 若 $p_1 \neq p_0$，则 $t_1 \neq p_0$，匹配失败，下次匹配 t_2 与 p_0 比较。

② 若 $p_1 = p_0$，则 $t_1 = p_0$，则继续 t_2 与 p_1 比较。

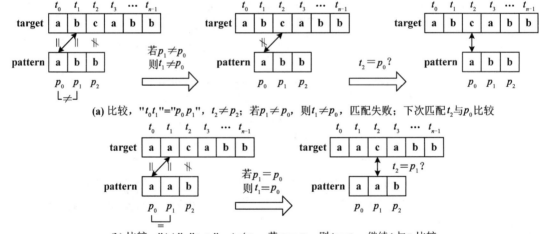

(a) 比较，$"t_0 t_1"="p_0 p_1"$，$t_2 \neq p_2$；若 $p_1 \neq p_0$，则 $t_1 \neq p_0$，匹配失败；下次匹配 t_2 与 p_0 比较

(b) 比较，$"t_0 t_1"="p_0 p_1"$，$t_2 \neq p_2$；若 $p_1 = p_0$，则 $t_1 = p_0$，继续 t_2 与 p_1 比较

图 3-15 KMP 算法目标串不回溯

总之，当 $t_2 \neq p_2$ 时，无论 p_1 与 p_0 是否相同，目标串下次匹配都从 t_2 开始比较，不回溯；而模式串根据 p_1 与 p_0 是否相同，确定从 p_0 或 p_1 开始比较。同理，可推导多个字符。

【思考题 3-6】 target="abaccd"，pattern="abab"，画出匹配的推导过程。

2．KMP 算法描述

KMP 算法是一种无回溯的模式匹配算法，改进了 Brute-Force 算法，目标串不回溯。

设 target="dabcabbabcabc"，pattern="abcabc"，KMP 算法的匹配过程如图 3-16 所示。已知目标串 target="$t_0t_1\cdots t_{n-1}$"，模式串 pattern="$p_0p_1\cdots p_{m-1}$"，$0<m\leqslant n$，KMP 算法描述如下，每次匹配依次比较 t_i 与 p_j（$0\leqslant i<n, 0\leqslant j<m$）。

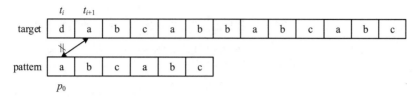

(a) 若 $t_i\neq p_0$，则下次匹配 t_{i+1} 与 p_0 比较，next[0]=-1

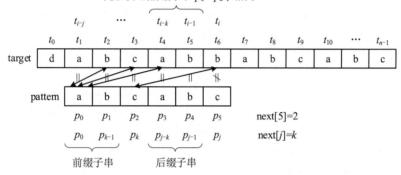

(b) "$t_1\cdots t_5$"="$p_0\cdots p_4$"，$t_6\neq p_5$；因 $p_1\neq p_0$，则 $t_2\neq p_0$；因 $p_2\neq p_0$，则 $t_3\neq p_0$；因 $p_3=p_0$，则 $t_4=p_0$；因 $p_4=p_1$，则 $t_5=p_1$ 继续比较 t_6 与 p_2。通式，若"$t_{i-j}\cdots t_{i-1}$"="$p_0\cdots p_{j-1}$"，$t_i\neq p_j$，因"$p_0\cdots p_{j-1}$"中存在相同的前缀子串"$p_0\cdots p_{k-1}$"（长度为 k）和后缀子串"$p_{j-k}\cdots p_{j-1}$"，即"$p_0\cdots p_{k-1}$"="$p_{j-k}\cdots p_{j-1}$"="$t_{i-k}\cdots t_{i-1}$"，则下次匹配从 t_i 与 p_k 开始比较，next[j]=k，目标串不回溯

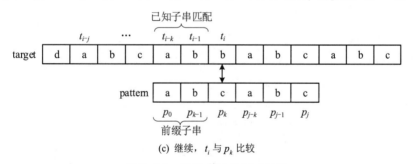

(c) 继续，t_i 与 p_k 比较

图 3-16　KMP 算法的匹配过程

① 当 $t_i=p_j$ 时，则继续比较 t_{i+1} 与 p_{j+1}，直到 j=m，则"$t_{i-m}\cdots t_{i-1}$"="$p_0\cdots p_{m-1}$"匹配成功，返回模式串在目标串中匹配子串的序号 i-m。

② 当 $t_i\neq p_0$ 时，则下次匹配比较 t_{i+1} 与 p_0，见图 3-16(a)。

③ 当"$t_{i-j}\cdots t_{i-1}$"="$p_0\cdots p_{j-1}$"，$t_i\neq p_j$ 时，则匹配失败，见图 3-16(b)；若"$p_0\cdots p_{j-1}$"串中存在相同的前缀子串"$p_0\cdots p_{k-1}$"（长度为 k）与后缀子串"$p_{j-k}\cdots p_{j-1}$"，即"$p_0\cdots p_{k-1}$"="$p_{j-k}\cdots p_{j-1}$"="$t_{i-k}\cdots t_{i-1}$"，则下次匹配 t_i 将与模式串的 p_k（$0\leqslant k<j$）比较，目标串不回溯，见图 3-16(c)。

至此，问题转化为对模式串中每一个字符 p_j，找出"$p_0p_1\cdots p_{j-1}$"串中相同的最长前缀子串和后缀子串的长度 k，对于每个 p_j，k 取值不同。k 取值只与模式串有关，与目标串无关。因此，如何求得这个 k，就成为 KMP 算法的核心问题。

④ 当 i-k>n-m 时，表示目标串剩余子串的长度不够，则不需要再比较。

3. next 数组定义

由于模式串中每个字符 p_j 的 k 不同，将每个 p_j 对应 k 值保存在一个 next 数组中，根据上述分析，next 数组定义如下：

$$\text{next}[j]=\begin{cases} -1, & j=0 \\ k, & 0\leqslant k<j \text{ 且使 "} p_0\cdots p_{k-1}\text{"="}p_{j-k}\cdots p_{j-1}\text{"的最大整数} \end{cases}$$

① 当 $j=0$，$t_i\neq p_0$ 时，则接着从 t_{i+1} 与 p_0 开始比较，取 $k=-1$，见图 3-16(a)。

② 当 $j>0$，$t_i\neq p_j$ 时，则对模式串中某些字符 p_j，若 "$p_0\cdots p_{j-1}$" 串中有多个相同的前缀子串和后缀子串时，则 k 取这些前后缀子串长度的较大值。例如，模式串 "aaab"，$j=3$，"aaa" 中相同的前后缀子串有 "a" 和 "aa"，长度分别为 1 和 2，即当 $t_i\neq p_3$ 时，t_i 可与 p_1 或 p_2 继续比较，k 取较大值 2。

对模式串中某些字符 p_j，当 "$p_0\cdots p_{j-1}$" 串中有多个相同的前缀子串和后缀子串时，k 取较大值。例如，模式串 "aaab"，$j=3$，"aaa" 中相同的前缀子串和后缀子串有 "a" 和 "aa"，长度分别为 1 和 2，即当 $t_i\neq p_3$ 时，t_i 可与 p_1 或 p_2 继续比较，k 取较大值 2。

模式串 "abcabc" 的 next 数组如表 3-1 所示。

表 3-1　模式串 "abcabc" 的 next 数组

j	0	1	2	3	4	5
模式串	a	b	c	a	b	c
"$p_0 p_1\cdots p_{j-1}$" 中最长相同前后缀子串的长度 k	-1	0	0	0	1	2

当 $j=0$ 时，next[0]$=-1$；当 $j=1, 2, 3$ 时，"a"、"ab"、"abc" 都没有相同的前后缀子串，next[j]$=k=0$；当 $j=4$ 时，"abca" 中相同的前后缀子串是 "a"，next[4]$=k=1$；当 $j=5$ 时，"abcab" 中相同的前后缀子串是 "ab"，next[5]$=k=2$，见图 3-16(b)。

【思考题 3-7】　求 "ababcababc" 的 next 数组。

4. KMP 算法实现

声明采用 KMP 算法的 indexOf() 方法如下，其中求模式串 next 数组的 getNext() 方法实现稍后给出。

```java
// 返回 target 目标串中首个与 pattern 模式串匹配的子串序号，匹配失败时返回-1
public static int indexOf(String target, String pattern)
{
    return indexOf(target, pattern, 0);
}

// 返回 target 从 begin 开始首个与 pattern 匹配的子串序号，匹配失败时返回-1
// 0≤begin<target.length()。对 begin 容错，若 begin<0，则从 0 开始；若 begin 越界，则查找不成功
public static int indexOf(String target, String pattern, int begin)
{
    int n=target.length(), m=pattern.length();
    if(begin<0)                            // 对 begin 容错，若 begin<0，则从 0 开始
        begin = 0;
    if(n==0 || n<m || begin>=n)            // 若目标串空、较短或 begin 越界，则不需比较
        return -1;
    next = getNext(pattern);               // 返回模式串 pattern 的 next 数组，稍后给出
    int i=begin, j=0;                      // i、j 分别为目标串、模式串比较字符下标
    while(i<n && j<m)
    {
```

```
        if(j==-1 || target.charAt(i)==pattern.charAt(j))        // 若this两字符相等，则继续比较后续字符
        {
            i++;
            j++;
        }
        else                                                      // 否则，下次匹配，目标串下标i不回溯
        {
            j=next[j];                                            // 模式串下标j退回到下次比较字符序号
            if(n-i+1<m-j+1)                                       // 若目标串剩余子串的长度不够，则不再比较
                break;
        }
    }
    return  j==m ? i-m : -1;                                      // 若匹配成功，则返回匹配子串序号，否则返回-1
}
```

【思考题 3-8】 target="aaabaaaba"，pattern="aaaa"，写出 next 数组，画出 KMP 算法的匹配过程。

5．计算 next 数组

对于任意一个字符串，如何比较其中有没有相同的前缀子串和后缀子串？如果有，长度是多少？如何找出最长的前后缀子串？例如，"ab"、"abc"、"abca"串，通过比较首尾字符 p_0 与 p_{n-1} 是否相等，可知 $k=0$ 或 $k=1$；"abcab"串，由"a"≠"b"得到 $k=0$，如何知道 p_0 应该与谁比？因此，逐个字符比较的算法行不通。

采用逐个比较前后缀子串的算法，设 $k=1, 2, 3, \cdots$，可比较串中长度为 k 的前后缀子串是否相等，这是穷举法也称蛮力法，效率较低。

KMP 算法充分利用前一次匹配的比较结果，由 next[j]逐个递推，计算得到 next[j+1]。说明如下。

（1）约定 next[0]=-1，-1 表示下次匹配从 t_{i+1} 与 p_0 开始比较；有 next[1]=0。

（2）对模式串中的字符 p_j，设 next[j]=k，表示在" $p_0\cdots p_{j-1}$ "串中存在长度为 k 的相同前后缀子串，即" $p_0\cdots p_{k-1}$ "=" $p_{j-k}\cdots p_{j-1}$ "，$0\leqslant k<j$ 且 k 取最大值。

（3）对 next[j+1]而言，求" $p_0\cdots p_{j-1}p_j$ "串中相同前后缀子串的长度 k，需要比较前缀子串 " $p_0\cdots p_k$ "与后缀子串" $p_{j-k}\cdots p_j$ "是否匹配，这又是一个模式匹配问题。

KMP 算法增加一次字符比较，即可确定。此时，已知" $p_0\cdots p_{k-1}$ "=" $p_{j-k}\cdots p_{j-1}$ "，所以只需比较 p_k 与 p_j 是否相同。递推通式如下：

① 如果 $p_k = p_j$，即" $p_0\cdots p_{k-1}p_k$ "=" $p_{j-k}\cdots p_{j-1}p_j$ "，存在相同的前后缀子串，长度为 $k+1$，则下一个字符 p_{j+1} 的 next[j+1]=k+1=next[j]+1。

例如，在表 3-1 中，计算"abcabc"串的 next 数组，递推算法描述如下：

➤ next[0]=-1，next[1]=0，next[2]=0，next[3]=0。

➤ "abca"，因 $p_3 = p_0$ ='a'，则 next[4]=next[3]+1=1。

➤ "abcab"，因 $p_4 = p_1$ ='b'，即" p_0p_1 "=" p_3p_4 "="ab"，则 next[5]=next[4]+1=2。

② 如果 $p_j \neq p_k$，在" $p_0\cdots p_j$ "串中寻找较短的相同前后缀子串，较短前后缀子串长度为 next[k]，则 k=next[k]；再比较 p_j 与 p_k，继续执行，寻找相同的前后缀子串。

例如，计算"abcabdabcabcaa"串的 next 数组如表 3-2 所示。

表 3-2　模式串"abcabdabcabcaa"的 next 数组

j	0	1	2	3	4	5	6	7	8	9	10	11	12	13
模式串	a	b	c	a	b	d	a	b	c	a	b	c	a	a
"$p_0 p_1 \cdots p_{j-1}$"中最长相同的前后缀子串长度 k	−1	0	0	0	1	2	0	1	2	3	4	5	3	4

当 $j=11$，$k=5$ 时，"$p_0 \cdots p_{10}$"（"abcabdabcab"）串中有"$p_0 \cdots p_4$"="$p_6 \cdots p_{10}$"="abcab"，因 $p_{11} \ne p_5$，需要寻找"$p_0 \cdots p_{10}$"中是否有较短的相同前后缀子串；而 next[5]=2，表示"abcab"串中有"$p_0 p_1$"="$p_3 p_4$"="ab"，导致"$p_0 p_1$"="$p_9 p_{10}$"="ab"，表示"$p_0 \cdots p_{10}$"中有较短的相同前后缀子串"ab"，因此 k=next[5]=2，如图 3-17 所示。再比较 $p_{11} = p_2$ ='c'，表示"$p_0 \cdots p_{10} p_{11}$"（"abcabdabcabc"）串中有"$p_0 p_1 p_2$"="$p_9 p_{10} p_{11}$"="abc"，则 next[12]=next[5]+1=3。

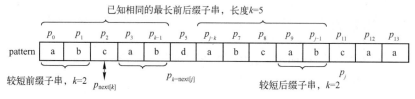

图 3-17　寻找较短的相同前后缀子串

计算 next 数组的 getNext(pattern)方法实现如下：

```java
private static int[] getNext(String pattern)      // 返回模式串 pattern 的 next 数组
{
    int j=0, k=-1, next[]=new int[pattern.length()];
    next[0]=-1;
    while(j<pattern.length()-1)
    {
        if(k==-1 || pattern.charAt(j)==pattern.charAt(k))
        {
            j++;
            k++;
            next[j]=k;                            // 有待改进
        }
        else
            k=next[k];
    }
    return next;
}
```

例如，对表 3-2，当 $j=1$，$k=0$ 时，因 $p_1 \ne p_0$，k=next[0]=−1，再次循环，j++，k++，有 next[1]=0；当 $j=11$，$k=5$ 时，因 $p_{11} \ne p_5$，k=next[5]=2，再次循环，因 $p_{11} = p_2$，则 j++，k++，有 next[12]=3。

6. 改进 next 数组

KMP 算法的 next 数组可改进，减少一些不必要的比较。再看图 3-16(b)，如图 3-18 所示，当 $t_i \ne p_j$ 时，next[j]=k 表示下次匹配 t_i 与 $p_{k=\text{next}[j]}$ 比较；若 $p_k = p_j$，可知 $t_i \ne p_k$，则下次匹配 t_i 将与 $p_{\text{next}[k]}$ 比较，next[j]=next[k]。显然，next[k]<next[j]，next[j]越小，模式串向右移动的距离越远，比较次数也越少。

模式串"abcabc"改进的 next 数组如表 3-3 所示，因 $p_3 = p_0$ ='a'，则 next[3]=next[0]=−1。如此求出的 next 数组，不仅 next[0]值为−1，其他元素值也可能为−1。

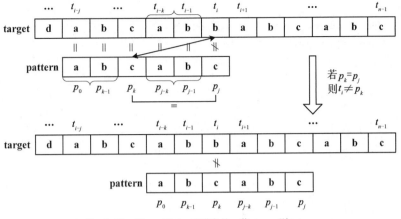

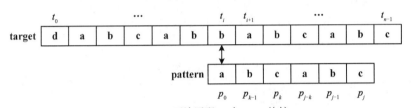

(a) 当 $t_i \neq p_j$ 时，有 next[j]=k，改进之处，若 $p_k=p_j$，则 $t_i \neq p_{k=next[j]}$

(b) 下次匹配，t_i 与 $p_{\text{next}[k]}$ 比较

图 3-18 KMP 算法的 next 数组可改进

表 3-3 模式串"abcabc"改进的 next 数组

j	0	1	2	3	4	5
模式串	a	b	c	a	b	c
" $p_0 p_1 \cdots p_{j-1}$ "中最长相同的前后缀子串长度 k	-1	0	0	0	1	2
p_k 与 p_j 比较		≠	≠	=	=	=
改进的 next[j]	-1	0	0	-1	0	0

模式串"abcabdabcabcaa"改进的 next 数组如表 3-4 所示。

表 3-4 模式串"abcabdabcabcaa"改进的 next 数组

j	0	1	2	3	4	5	6	7	8	9	10	11	12	13
模式串	a	b	c	a	b	d	a	b	c	a	b	c	a	a
" $p_0 p_1 \cdots p_{j-1}$ "中最长相同的前后缀子串长度 k	-1	0	0	0	1	2	0	1	2	3	4	5	3	4
p_k 与 p_j 比较		≠	≠	=	=	≠	=	=	=	=	=	≠	=	≠
改进的 next[j]	-1	0	0	-1	0	2	-1	0	0	-1	0	5	-1	4

计算改进 next 数组的 getNext(pattern)方法实现如下：

```java
private static int[] getNext(String pattern)        // 返回模式串 pattern 改进的 next 数组
{
    int j=0, k=-1, next[]=new int[pattern.length()];
    next[0]=-1;
    while(j<pattern.length()-1)
    {
        if(k==-1 || pattern.charAt(j)==pattern.charAt(k))
        {
            j++;
```

```
            k++;
            if(pattern.charAt(j)==pattern.charAt(k))          // 改进之处
                next[j]=next[k];
            else
                next[j]=k;
        }
        else
            k = next[k];
    }
    return next;
}
```

7. KMP 算法分析

KMP 算法的最好情况同 Brute-Force 算法，比较次数为 m，见图 3-13(a)。最坏情况下，比较次数是 $n+m$，时间复杂度为 $O(n)$。例如，设 target="aaabaaaba"，pattern="aaaa"（见思考题 3-7），则"aaaa"的 next 数组如表 3-5 所示。

表 3-5　模式串"aaaa"的 next 数组

j		0	1	2	3
模式串		a	a	a	a
"$p_0 p_1 \cdots p_{j-1}$"中最长相同的前后缀子串长度 k		-1	0	1	2
p_k 与 p_j 比较			=	=	=
next[j]		-1	-1	-1	-1

KMP 算法匹配过程如图 3-19 所示。

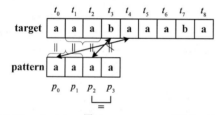

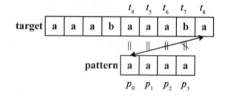

(a) "$t_0 t_1 t_2$"="$p_0 p_1 p_2$"，$t_3 \neq p_3$，因 $t_1 t_2 = p_1 p_2 = p_0 p_1$，next[3]=2，且 $p_2 = p_3$，则 $t_3 \neq p_2$，next[3]=next[2]；$t_3 \neq p_2$，因 $p_0 = p_1$，next[2]=1，且 $p_1 = p_2$，则 $t_3 \neq p_1$，next[2]=next[1]；$t_3 \neq p_1$，next[1]=0；且 $p_0 = p_1$，则 $t_3 \neq p_0$，next[1]=next[0]=-1；所以，next[3]=-1

(b) "$t_4 t_5 t_6$"="$p_0 p_1 p_2$"，$t_7 \neq p_3$，next[3]=-1；下次匹配应该 t_8 与 p_0 比较，但是 $i > n-m$，所以，不再比较

图 3-19　模式串"aaaa"的 KMP 算法模式匹配过程

习 题 3

1. 字符串的概念、存储结构和实现

3-1　什么是串？串和线性表在概念上有何差别？串操作的主要特点有哪些？

3-2　""和" "是否相同？为什么？

3-3　串和字符的存储结构有什么不同？它们的存储结构有什么不同？

3-4　java.lang.String 和 java.lang.StringBuffer 类分别表示具有什么特点的字符串？存储结构分别是怎样的？对子串的操作各有哪些？哪些操作会改变串的长度？当串的存储空间不够时，各类是如何处理的？

3-5　Java 语言怎样将整数转换成以二进制、八进制或十六进制形式字符串？

3-6　Java 语言怎样将数值字符串转换成其所表示的整数或浮点数数值？

2．字符串的模式匹配

3-7　什么是串的模式匹配？有哪些场合需要使用串的模式匹配？

3-8　Brute-Force 模式匹配算法的主要特点是什么？算法思路是怎样的？

3-9　KMP 算法模式匹配的主要特点是什么？算法思路是怎样的？next 数组有什么作用？求 next 数组的算法有什么特点？

3-10　分别求出以下各模式串的 next 数组，画出下列目标串和模式串的 KMP 算法模式匹配过程，并给出比较次数。

① target="ababaab"，pattern="aab"；target="aaaaa"，pattern="aab"；

② target="aaabaaaab"，pattern="aaaab"；

③ target="acabbabbabc"，pattern="abbabc"；

④ target="acabcabbabcabc"，pattern="abcabaa"；

⑤ target="aabcbabcaabcaababc"，pattern="abcaababc"；

⑥ target="abcababcabababcababc"，pattern="ababcababc"。

实验 3　字符串的基本操作和模式匹配算法

1．实验目的和要求

目的：掌握常量字符串和变量字符串类设计；理解 Brute-Force 和 KMP 模式匹配算法，理解 next 数组在 KMP 算法中的作用。

重点：使用数组实现字符串类的各种操作算法，数组容量不足时扩充容量的方法。

难点：KMP 模式匹配算法。

2．实验题目

（1）常量字符串

3-1　MyString 类声明以下成员方法（含义同 String 类），分析算法的时间复杂度。

```
public MyString toUpperCase()                            // 返回将 this 中所有小写字母转换成大写的串
public MyString toLowerCase()                            // 返回将 this 中所有大写字母转换成小写的串
public boolean startsWith(MyString prefix)               // 判断 prefix 是否是 this 的前缀子串
public boolean endsWith(MyString suffix)                 // 判断 suffix 是否是 this 的后缀子串
public boolean equals(Object obj)                        // 比较 this 与 obj 引用的串是否相等
public boolean equalsIgnoreCase(MyString s)              // 比较 this 与 s 串是否相等，忽略字母大小写
public MyString replaceFirst(MyString pattern, MyString s)  // 将 this 中首个与 pattern 匹配的子串替换为 s
public MyString replaceAll(MyString pattern, MyString s)    // 将 this 中所有与 pattern 匹配的子串替换为 s
public MyString[] split(MyString regex)                     // 将 this 以 regex 为分隔符拆分成子串，返回拆分的子串数组
```

3-2　模拟实现 java.lang 包的 Byte、Double 等基本数据类型包装类，使用 String 类。

声明浮点数类 MyDouble 如下，语法图如图 3-20 所示。

```
public final class MyDouble implements Comparable<MyDouble>  // 浮点数类，最终类
{
```

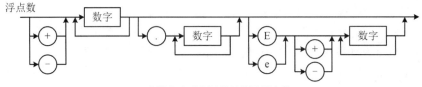

(a) 由数字序列和运算符构造浮点数

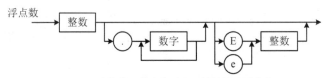

(b) 由整数、数字序列和运算符构造浮点数

图 3-20　浮点数语法图

```
private final double value;                                // 最终变量，存储浮点数

public MyDouble(double value)                              // 由 double 值构造浮点数对象
public MyDouble(String s) throws NumberFormatException     // 由字符串 s 构造浮点数对象

public double doubleValue()                                // 返回浮点数值
public String toString()                                   // 返回浮点数值的字符串
public int compareTo(MyDouble dobj)                        // 比较两个对象值大小
// 返回实数字符串 s 表示的浮点数，构造语法见图 3-20，两种均可
public static double parseDouble(String s) throws NumberFormatException
}
```

（2）变量字符串

3-3　MyStringBuffer 类声明以下成员方法（含义同 StringBuffer 类）。

```
public MyStringBuffer deleteCharAt(int i)                  // 删除 this 的第 i 个字符，返回 this 串
public MyStringBuffer reverse()                            // 将 this 串逆转，返回 this 串
public MyStringBuffer replace(int begin, int end, String s) //将 this 从 begin 到 end-1 子串替换为 s 串
```

3-4　以下方法有什么错误？运行结果是怎样的？为什么？如何改正？

```
public static StringBuffer trim(StringBuffer s)            // 将 s 中所有空格删除，返回操作后的 s 串
{
    int n=s.length();
    for(int i=0; i<n; i++)
        if(s.charAt(i)==' ')
            s.delete(i,i+1);
    return s;
}
```

（3）串的模式匹配

3-5　MyString 类声明以下成员方法，算法在什么情况会出现怎样的错误？举例说明。该算法效率如何？怎样修改才能提高算法效率？

```
// 返回将 this 串中所有与 pattern 匹配的子串全部替换成 s 的字符串
public MyString replaceAll(MyString pattern, MyString s)
{
    MyString temp = new MyString(this);                    // 拷贝构造方法，复制 this 串
    int i=this.indexOf(pattern, 0);
    while (i!=-1)
```

```
        {
            temp=temp.substring(0,i).concat(s).concat(temp.substring(i+pattern.length()));
            i=temp.indexOf(pattern, i+1);                    // 从下个字符开始再次查找匹配子串
        }
        return temp;
    }
```

3-6 实现以下对 String 字符串操作的方法，public 权限。

```
// 返回将 target 串中首个与 pattern 匹配的子串删除后的字符串，不改变 target 串
public static String removeFirst(String target, String pattern)
// 返回将 target 串中所有与 pattern 匹配的子串删除后的字符串，不改变 target 串
public static String removeAll(String target, String pattern)
```

3-7* MyString 类增加以下查找、替换字符串的操作。

实现文本文件的查找和替换字符串功能，设置区分大小写、全字匹配、使用通配符等选项。说明如下：

① "区分大小写（case sensitive）"和"全字匹配（whole word）"选项，两者仅对英文字符串，全字匹配的单词以字母以外的字符作为分隔符。声明查找字符串方法如下：

```
int search(MyString pattern, int start, boolean case, boolean whole)
```

② 使用 "?" "*" 作为通配符，"?" 代替 1 个字符，"*" 代替多个字符。中英文字符串均可。

③ 替换字符串操作增加限制，如果查找到的与 pattern 匹配的子串包含在 str 串中，则不替换。例如，将"运算"替换为"运算符"，但不包括"运算符"中的"运算"。替换字符串方法声明如下：

```
void replaceAll(MyString pattern, MyString s, boolean include)
```

第4章 栈、队列和递归

栈和队列是两种特殊的线性表，特殊之处在于插入和删除操作的位置受到限制，若插入和删除操作只允许在线性表的一端进行，则为栈，特点是后进先出；若插入和删除操作分别在线性表的两端进行，则为队列，特点是先进先出。栈和队列在软件设计中应用广泛。

本章目的： ① 栈和队列的实现和应用；② 递归定义问题及求解的递归算法设计。

本章要求： ① 理解栈和队列，掌握栈和队列的顺序和链式存储结构实现，理解对于什么应用问题需要使用栈或队列，以及怎样使用；② 熟悉优先队列；③ 理解递归定义，掌握递归算法设计。

本章重点和难点： ① 栈和队列设计，使用栈或队列求解复杂应用问题；② 递归算法设计。

实验要求： ① 栈和队列设计，使用栈或队列求解复杂应用问题；② 递归算法设计。

4.1 栈

4.1.1 栈的定义及抽象数据类型

1. 栈的定义

栈（stack）是一种特殊的线性表，其插入和删除操作只允许在线性表的一端进行。允许操作的一端称为栈顶（top），不允许操作的一端称为栈底（bottom）。栈中插入元素的操作称为入栈（push），删除元素的操作称为出栈（pop）。没有元素的栈称为空栈。

例如，对数据序列{A, B, C, D}，执行操作序列{入栈, 入栈, 出栈, 入栈, 入栈, 出栈, 出栈, 出栈}后，出栈序列为{B, D, C, A}，栈及其状态变化如图4-1所示。

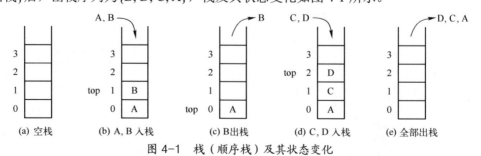

图 4-1　栈（顺序栈）及其状态变化

【思考题 4-1】 当入栈次序为{A, B, C, D}时，能否得到出栈序列{A, B, C, D}、{D, C, B, A}？操作序列是怎样的？还有哪些出栈序列？有哪些不可能得到的出栈序列？为什么？

由于栈的插入和删除操作只允许在栈顶进行，每次入栈元素即成为栈顶元素，每次出栈元素总是最后一个入栈元素，因此栈的特点是后进先出（Last In First Out）、先进后出。就像一摞盘子，每次将一只盘子摆在最上面，从最上面取一只盘子，不能从中间插进或抽出。

2．栈的抽象数据类型

栈的基本操作有创建栈、判断栈是否空、入栈、出栈和取栈顶元素等。栈不支持对指定位置的插入、删除等操作。声明栈接口 Stack<T>如下，描述栈抽象数据类型。

```
public interface Stack<T>              // 栈接口，描述栈抽象数据类型，T表示数据元素的数据类型
{
    public abstract boolean isEmpty();     // 判断栈是否空
    public abstract void push(T x);        // 元素 x 入栈
    public abstract T peek();              // 返回栈顶元素，未出栈
    public abstract T pop();               // 出栈，返回栈顶元素
}
```

4.1.2 栈的存储结构和实现

栈的存储结构有顺序存储结构和链式存储结构，分别称为顺序栈（sequential stack）和链式栈（linked stack）。顺序栈类和链式栈类实现 Stack<T>栈接口，继承关系如图 4-2 所示。

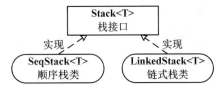

图 4-2 栈接口和实现栈接口类的继承关系

对入栈、出栈操作的时间复杂度要求是 $O(1)$，如何才能做到？

1．顺序栈

声明 SeqStack<T>顺序栈类如下，实现栈接口，使用顺序表存储栈元素，入栈和出栈操作实现为顺序表尾插入和尾删除，时间复杂度是 $O(1)$；当顺序表扩充容量时，入栈的时间复杂度是 $O(n)$。

```
// 顺序栈类，最终类，实现栈接口，T表示数据元素的数据类型
public final class SeqStack<T>  implements Stack<T>
{
    private SeqList<T> list;                    // 使用顺序表（2.2.2节）存储栈元素
    public SeqStack(int length)                 // 构造容量为 length 的空栈
    {
        this.list = new SeqList<T>(length);     // 执行顺序表构造方法
    }
    public SeqStack()                           // 构造默认容量的空栈
    {
        this(64);
    }
    public boolean isEmpty()                    // 判断栈是否为空，若为空，则返回 true
    {
        return this.list.isEmpty();
```

```
    }
    public void push(T x)                                    // 元素 x 入栈，空对象不能入栈
    {
        this.list.insert(x);                                 // 顺序表尾插入元素 x，自动扩充容量
    }
    public T peek()                                          // 返回栈顶元素（未出栈），若栈为空，则返回 null
    {
        return this.list.get(list.size()-1);                // 若栈为空，则 get(i)返回 null
    }
    public T pop()                                           // 出栈，返回栈顶元素；若栈为空，则返回 null
    {
        return list.remove(list.size()-1);                  // 若栈不空，则顺序表尾删除，返回删除元素
    }
    public String toString()                                // 返回所有元素的描述字符串，方法体省略
    public String toPreviousString()                        // 反序输出顺序栈，方法体省略
}
```

注意：栈和线性表是不同的数据结构，栈不依赖于线性表而存在。上述 SeqStack 类只是使用已有的顺序表进行设计，也可声明数组作为成员变量实现栈。

2．链式栈

声明 LinkedStack<T>链式栈类如下，实现栈接口，使用单链表存储栈元素，入栈和出栈操作实现为单链表头插入和头删除，时间复杂度是 $O(1)$。

```
// 链式栈类，最终类，实现栈接口，T 表示数据元素的数据类型
public final class LinkedStack<T> implements Stack<T>
{
    private SinglyList<T> list;                             // 使用单链表（2.3.2 节）存储栈元素

    public LinkedStack()                                    // 构造空栈
    {
        this.list = new SinglyList<T>();                    // 构造空单链表
    }
    public boolean isEmpty()                                // 判断栈是否为空，若为空，则返回 true
    {
        return this.list.isEmpty();
    }
    public void push(T x)                                   // 元素 x 入栈，空对象不能入栈
    {
        this.list.insert(0, x);                             // 单链表头插入元素 x
    }
    public T peek()                                         // 返回栈顶元素（未出栈），若栈为空，则返回 null
    {
        return this.list.get(0);
    }
    public T pop()                                          // 出栈，返回栈顶元素，若栈为空，则返回 null
    {
        return this.list.remove(0);                         // 若栈不空，则单链表头删除，返回删除元素
    }
```

```
    public String toString()                      // 返回所有元素的描述字符串，方法体省略
}
```

4.1.3 栈的应用

在实现嵌套调用或递归调用、实现非线性结构的深度遍历算法、以非递归方式实现递归算法等软件系统设计中，栈都是必不可少的数据结构。

1．栈是嵌套调用机制的实现基础

在一个函数体中调用另一个函数，称为函数的嵌套调用。例如，在 main()函数中调用 LinkedStack<T>()，其中再调用 SinglyList<T>()，此时 3 个函数均在执行中，仍然占用系统资源。根据嵌套调用规则，每个函数在执行完后返回调用语句。那么，操作系统怎样做到返回调用的函数？它如何知道该返回哪个函数？

由于函数返回次序与调用次序正好相反，如果借助一个栈"记住"函数从何而来，就能获得函数返回的路径。当函数被调用时，操作系统将该函数的有关信息（地址、参数、局部变量值等）入栈，称为保护现场；一个函数执行完返回时，出栈，获得调用函数信息，称为恢复现场，程序返回调用函数继续运行。函数嵌套调用及系统栈如图 4-3 所示。因此，栈是操作系统实现嵌套调用机制的基础。

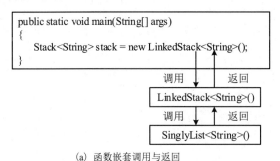

(a) 函数嵌套调用与返回

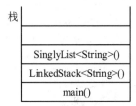

(b) 执行函数调用的系统栈

图 4-3　函数嵌套调用及系统栈

2．使用栈以非递归方式实现递归算法

编译系统对源程序要进行语法检查，包括标识符是否声明过，参加运算的两个操作数类型是否匹配，变量赋值时变量类型与表达式类型是否匹配，括号是否匹配，if-else 是否匹配等。

【例 4.1】 语法检查中的括号等匹配问题，使用栈。

本例目的： 演示编译系统检查语法时使用栈。

题意解释： 程序中出现的圆括号()、方括号[]、花括号{}等，都应该是左右匹配的。所谓<u>括号匹配</u>，是指一对左右括号不但个数相等，而且必须先左后右依次出现，以此界定一个范围的起始和结束位置。例如，"( )"是匹配的，")("是不匹配的。括号匹配的语法检查由编译系统进行，如果不匹配，则不能通过编译，编译系统将给出错误信息。

括号可以嵌套，嵌套括号的匹配原则是，一个右括号与其前面最近的一个左括号匹配。因此，编译系统检查括号是否匹配问题，需要使用一个栈，保存多个嵌套的左括号。

算法描述： 以判断表达式中的圆括号是否匹配为例，使用栈判断括号匹配问题的算法描述如下，设 target 是一个表达式字符串，target="((1+2)*3+4)"，如图 4-4 所示。

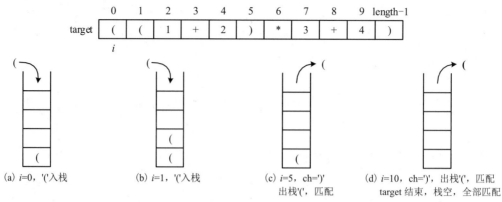

图 4-4 表达式中圆括号匹配的语法检查

① 从左向右依次对 target 中的每个字符 ch 进行语法检查。若 ch 是左括号'(', 则 ch 入栈; 若 ch 是右括号')', 则出栈, 若出栈字符为'(', 则表示这一对括号匹配; 若栈为空或出栈字符不是'(', 则表示缺少与 ch 匹配的'('。

② 重复执行①, 当 target 检查结束时, 若栈为空, 则全部括号匹配; 否则, 栈中仍有'(', 表示缺少')'。

程序设计: 使用 SeqStack<T>顺序栈或 LinkedStack<T>链式栈均可, 算法不变。由此可知, 调用者只需调用栈接口约定的基本操作, 不必关注栈的存储结构及其实现细节。

```java
public class Match
{
    // 检查 target 字符串中 left、right 表示的成份是否左右匹配, 返回匹配结果字符串
    public static String check(String target, String left, String right)
    {
        // 声明接口对象 stack, 引用实现 Stack<T>接口的顺序栈类的实例, 创建空栈
        Stack<String> stack = new SeqStack<String>();
        int i=0;
        char ch=' ';
        while(i<target.length())
        {   // 从 target 串第 i 个字符开始, 查找与 left 或 right 首字符相等的字符序号
            while(i<target.length() && (ch=target.charAt(i))!=left.charAt(0) && ch!=right.charAt(0))
                i++;
            if(target.indexOf(left, i)==i)                      // 若与 left 匹配, 则入栈
            {
                stack.push(left);
                i+=left.length();
            }
            else if(target.startsWith(right, i))                // 若与 right 匹配, 则出栈, 检查是否匹配
            {
                if(stack.isEmpty() || !stack.pop().equals(left))
                    return "语法错误, i="+i+", 多余"+right;
                i+=right.length();
            }
        }
        return (stack.isEmpty()) ? "匹配" : "语法错误, i="+i+", 缺少"+right;
    }
```

```
public static void main(String args[])
{
    String target=" ( (1+2)*3+4) (", left="(", right=")";
    // 或者 target="if () if ()  else else else"; left="if"; right="else";
    System.out.println("\""+target+"\", "+Match.check(target, left, right));
}
}
```

程序运行结果如下，其他运行结果以及 if-else 的匹配结果省略。

" ((1+2)*3+4) (", 语法错误, i=15, 缺少)

【例 4.2】 算术表达式求值，使用栈。

本例目的：① 演示运行系统如何使用栈实现递归算法。设表达式通过编译系统的语法检查。② 使用 Java 语言的比较器接口比较对象大小。③ 一题三解，4.3 节采用递归算法、6.3.2 节采用二叉树计算算术表达式值。④ 如何存储运算符及其优先级的对应关系？已知运算符，如何能够快速查找到其优先级，查找操作的时间复杂度能否达到 $O(1)$？

（1）表达式及其运算规则

表达式（expression）用于描述计算规则，它是用运算符将操作数连接起来的符合语法规则的运算式。通常，双目运算符写在两个操作数中间，称为中缀表达式（infix expression），它具有以下两个特性：① 运算符具有不同的优先级，按照运算符优先级从高到低、同级运算符从左到右的次序进行计算；② 表达式是递归定义的，使用一对圆括号 "( )" 表示其中包含子表达式，子表达式先计算，计算规则与表达式相同，计算结果再参与括号外的其他运算。

这两个特性使得运算规则复杂，求值过程不能直接从左到右按顺序地进行，必须具备人的抽象思维能力才能计算出表达式值，因此不便于机器计算，机器计算使用后缀表达式。

将运算符写在两个操作数之前/后的表达式，分别称为前/后缀表达式（prefix/postfix expression）。例如，将中缀表达式 "1+2*(3-4)+5" 转换如下：前缀表达式，"++1 *2 -3 4 5"；后缀表达式，"1 2 3 4 -*+5 +"。

后缀表达式中没有括号，运算符没有优先级，遇到运算符时，对它前面的两个操作数进行计算。后缀表达式 "1 2 3 4 -*+5 +" 的计算过程如图 4-5 所示，求值过程中，运算符能够从左到右按顺序地进行运算，符合运算器的求值规律。

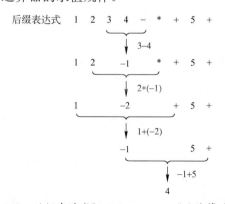

图 4-5 后缀表达式 "1 2 3 4 -*+5 +" 的计算过程

因此，表达式求值算法分两步进行：① 将中缀表达式转换为后缀表达式；② 后缀表达式求值。

（2）将中缀表达式转换为后缀表达式

在中缀表达式中，'*'、'/'的运算优先级高，'+'、'-'次之，同级运算从左到右顺序进行。由于运算符在两个操作数之间，当前运算符不能立即参与运算。例如，从左到右对"1+2*(3-4)+5"中的每个字符进行检查，遇到第一个运算符'+'，此时没有遇到另一个操作数，并且其后出现运算符'*'的优先级较高，所以不能进行'+'运算。再者，'('还将改变运算符原先约定的次序，使"()"中的子表达式先计算。

将中缀表达式转换为后缀表达式时，运算符的次序将改变，后出现运算符'*'先计算，而先出现的'+'运算符后计算。因此必须设置一个栈来存放运算符。

将中缀表达式字符串 infix 转换为后缀表达式字符串 postfix，设置一个运算符栈，算法从左到右依次对中缀表达式中的每个字符 ch 进行以下处理，运算符栈的变化如图 4-6 所示。

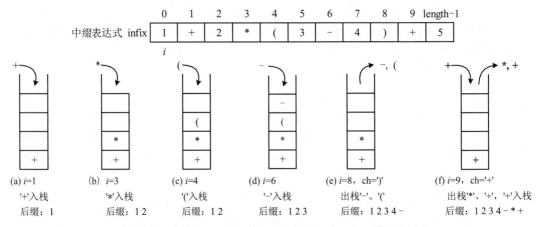

图 4-6　将中缀表达式 infix 转换为后缀表达式过程中运算符栈的变化

①　若 ch 是数字，则将其后数字序列添加到 postfix，添加空格作为分割符。

②　若 ch 是运算符，将 ch 入栈。入栈之前，需将 ch 与栈顶运算符比较，如果栈顶运算符优先级较高，则出栈，添加到 postfix，比较多次，当'('运算符在栈中时，它的优先级最低。

③　若 ch 是左括号'('，则入栈。

④　若 ch 是右括号')'，则若干运算符出栈，直到出栈的是左括号，表示一对括号匹配。

⑤　表达式结束时，将栈中运算符全部出栈，添加到 postfix。

（3）后缀表达式求值

由于后缀表达式中没有括号，运算符的次序就是实际计算的次序。在求值过程中，当遇到运算符时，只要取得前两个操作数就可以立即进行运算。而当操作数出现时，却不能立即求值，必须先保存，等待运算符。对于等待中的多个操作数而言，参加运算的次序是，后出现的操作数先运算。因此，必须设置一个栈，用于存放操作数。

后缀表达式求值算法描述如下，设置一个操作数栈，从左到右依次对后缀表达式字符串 postfix 中每个字符 ch 进行处理。操作数栈的变化情况如图 4-7 所示。

①　若 ch 是数字，则先将其后数字序列转化为整数，再将该整数入栈。

②　若 ch 是运算符，则出栈两个操作数进行运算，运算结果再入栈。

③　重复以上步骤，直至后缀表达式结束，栈中最后一个元素就是所求表达式的结果。

（4）表达式求值算法

程序设计：①　声明 Operators 运算符集合类如下。

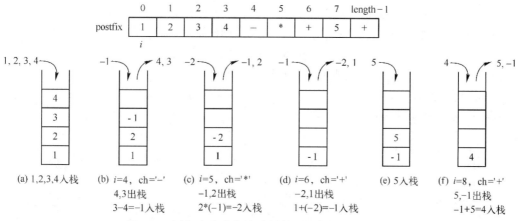

图 4-7　后缀表达式求值过程中的操作数栈及其变化

```java
// 运算符集合类，包括算术和位运算符，约定每个运算符的优先级；
// 实现Comparator<T>比较器接口（见2.4.1节），提供compare(oper1, oper2)方法比较运算符的优先级大小。
// 分别使用顺序表、数组存储运算符集合及其优先级，通过下标关联
public class Operators  implements java.util.Comparator<String>
{
    private String[] operator={"*","/","%", "+","-", "&","^","|"};  // 运算符集合，包含算术和位运算符
    private int[] priority={3,3,3,4,4,8,9,10};  // operator[]中相同下标运算符的优先级，值小的优先级高，见附录D
    private SeqList<String> operlist;                        // 使用顺序表存储运算符集合，调用查找算法
    public Operators()                                       // 构造方法
    {
        this.operlist = new SeqList<String>(this.operator);
    }
    public int compare(String oper1, String oper2)           // 比较 oper1、oper2 运算符的优先级大小
    {
        int i=operlist.search(oper1),  j=operlist.search(oper2);
        return this.priority[i] - this.priority[j];
    }
    public int operate(int x, int y, String oper)            // 返回 x、y 操作数进行 oper 运算结果
    {
        int value=0;
        switch(oper)                                         // 根据运算符分别计算
        {
            case "+":  value=x+y;  break;
            case "-":  value=x-y;   break;
            case "*":  value=x*y;  break;
            case "/":  value=x/y;   break;                  // 整除。若除数为 0，则抛出算术异常
            case "%": value=x%y;  break;                    // 取余。若除数为 0，则抛出算术异常
            case "&": value=x&y;  break;                    // 位与
            case "^": value=x^y;  break;                    // 位异或
            case "|":  value=x|y;   break;                  // 位或
        }
        return value;
    }
}
```

② 声明 ArithExpression 算术表达式类如下，约定操作数是整型。求解过程是：先调用 toPostfix()方法，将中缀表达式转换为后缀表达式，创建运算符栈，栈中元素的数据类型是字符串；再调用 toValue()方法计算后缀表达式的值，创建操作数栈，栈中元素的数据类型是 int 的包装类 Integer 对象。使用顺序栈和链式栈均可，算法不变。

```java
// 算术表达式求值。整数；算术运算和位运算，双目、单字符运算符，没有正负号，忽略空格
public class ArithExpression
{
    private static Operators operators;                 // 运算符集合
    static
    {
        operators = new Operators();
    }
    public ArithExpression(String infix)                // 由 infix 中缀表达式构造
    {
        StringBuffer postfix = toPostfix(infix);        // 转换成后缀表达式
        System.out.println("postfix=\""+postfix+"\"\nvalue="+toValue(postfix));
    }
    public StringBuffer toPostfix(String infix)         // 返回将 infix 中缀表达式转换成的后缀表达式
    {
        Stack<String> stack = new SeqStack<String>(infix.length());    // 运算符栈，顺序栈
        StringBuffer postfix = new StringBuffer(infix.length()*2);     // 后缀表达式字符串
        int i=0;
        while(i<infix.length())
        {
            char ch=infix.charAt(i);
            if(ch>='0' && ch<='9')                      // 数字，添加到后缀表达式，没有正负符号
            {
                while(i<infix.length() && (ch=infix.charAt(i))>='0' && ch<='9')
                {
                    postfix.append(ch+"");
                    i++;
                }
                postfix.append(" ");                    // 添加空格作为数值之间的分隔符
            }
            else
            {
                switch(ch)
                {
                case ' ':                               // 跳过空格
                    i++;  break;
                case '(':                               // 左括号，入栈
                    stack.push(ch+"");
                    i++;  break;
                case ')':                               // 右括号，出栈，直到出栈运算符为左括号，匹配
                    String out="";
                    while((out=stack.pop())!=null && !out.equals("("))
                        postfix.append(out);
```

```java
                                i++;   break;
            default:        // 遇到所有运算符{"*","/","%","+","-","&","^","|"}，将 ch 运算符的优先级
                            // 与栈顶运算符优先级比较大小，若栈顶运算符优先级相等或高，则出栈。
                            // 使用 Comparator<T>比较器的 compare()方法比较对象大小
                while(!stack.isEmpty() && !stack.peek().equals("(")
                                    && operators.compare(ch+"", stack.peek())>=0)
                    postfix.append(stack.pop());            // 出栈运算符添加到后缀表达式串
                stack.push(ch+"");                          // 当前运算符入栈
                i++;
            }
        }
    }
    while(!stack.isEmpty())                          // 所有运算符出栈
        postfix.append(stack.pop());                 // 添加到 postfix 串之后
    return postfix;
}
public int toValue(StringBuffer postfix)             // 计算后缀表达式的值
{
    Stack<Integer> stack = new LinkedStack<Integer>();   // 操作数栈，链式栈
    int value=0;
    for(int i=0; i<postfix.length(); i++)            // 逐个检查后缀表达式中的字符
    {
        char ch=postfix.charAt(i);
        if(ch>='0' && ch<='9')                       // 遇到数字字符
        {
            value=0;
            while(ch>='0' && ch<='9')                // 将整数字符串转换为整数值，没有符号，以空格结束
            {
                value = value*10 + ch-'0';
                ch = postfix.charAt(++i);
            }
            stack.push(value);    // new Integer(value)整数对象入栈，Java 自动将 int 整数封装成 Integer 对象
        }
        else
        {
            if(ch!=' ')                              // 约定操作数后有一个空格分隔
            {   // 出栈两个操作数，注意出栈次序。Java 自动调用 intValue()方法将 Integer 对象转换成 int 整数
                int y=stack.pop(), x=stack.pop();
                value=operators.operate(x,y,ch+"");  // 根据运算符分别计算
                System.out.print(x+(ch+"")+y+"="+value+", ");  // 显示运算过程
                stack.push(value);                   // 运算结果入栈
            }
        }
    }
    return stack.pop();                              // 返回运算结果
}
public static void main(String[] args)
{   // 中缀表达式，整数；算术运算和位运算，双目、单字符运算符，没有正负号，忽略空格
    String infix="123+20*(3|12^15&4+6)/((35-20)%10+5)-11";
```

```
        new ArithExpression(infix);
    }
}
```

程序运行结果如下：

```
postfix="123 20 3 12 15 4 6 +&^|*35 20 -10 %5 +/+11 -"
4+6=10, 15&10=10, 12^10=6, 3|6=7, 20*7=140, 35-20=15, 15%10=5, 5+5=10, 140/10=14, 123+14=137,
137-11=126, value=126
```

其中，位运算符（优先级从高到低）是&、^、|，位运算符的优先级低于+、-运算符。位运算过程如图 4-8 所示。

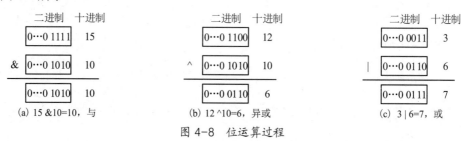

图 4-8　位运算过程

🔔**注意**：java.lang.StringBuffer 类声明 append(str)方法将 str 串添加到当前串之后，即连接两串，不支持串连接运算符"+"。

总结：① Operators 运算符集合类为什么不能声明实现 Comparable<T>可比较接口？因为 Operators 类并不是比较运算符集合的大小，而是提供按优先级比较运算符大小的方法。

② 用两个数组存储运算符及其优先级的对应关系，用顺序表的查找算法查找优先级，时间复杂度是 $O(n)$，没有达到 $O(1)$ 的要求。能够达到 $O(1)$ 要求的技术是散列映射，见 8.5.1 节。

3．栈的典型案例

以下介绍两个使用栈解决复杂应用问题的典型案例：走迷宫和骑士游历。

【典型案例 4-1】　走迷宫。

题目：一个迷宫由 $n×n$ 个单元格组成（如图 4-9(a)所示），有一个入口和一个出口，其中白色单元格表示可通路，阴影单元格表示不通路。指定迷宫大小、初始状态、入口和出口位置等，约定每格有上下左右 4 个方向可走，每步只能从一个白色单元格走到相邻的白色单元格，求解从入口到出口的一条路径（如图 4-9(b)所示），进一步求解多条路径，或最短路径。

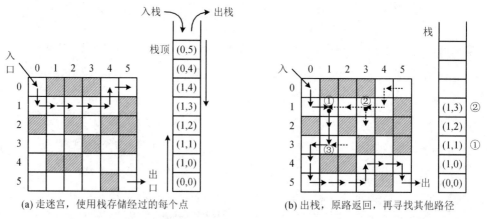

(a) 走迷宫，使用栈存储经过的每个点　　　　(b) 出栈，原路返回，再寻找其他路径

图 4-9　一个 6×6 迷宫，使用栈可原路返回，求解走迷宫的一条路径

题意分析：沿着可通路选择一个方向走，若一条子路走不通，则需要原路返回。如何返回？必须记得来时的路径。使用一种数据结构存储走迷宫一条路径经过的每个点，而原路返回点的次序与来时经过点的次序正好相反，因此需要使用栈。

算法描述：设一个 6×6 迷宫，见图 4-9(a)，入口是(0, 0)，出口是(5, 5)，约定方向优先次序是右、下、左、上。使用一个栈存储一条路径经过的每个点，见图 4-9(a)；当一条子路走不通时，栈顶元素是前一个点，出栈即可原路返回，再寻找其他可通路径，见图 4-9(b)。

【典型案例 4-2】 骑士游历。

题目：在国际象棋的棋盘（8 行×8 列）上，求一个马从(x_0, y_0)开始遍历棋盘的一条或多条路径，该题也称为马踏棋盘。遍历棋盘指马到达棋盘上的每一格仅一次。按照"马走日"的规则，在棋盘(x, y)的一个马有 8 个方向可到达下一格，如图 4-10(a)所示；从(0, 0)开始的一次骑士游历过程如图 4-10(b)所示，每格的值是到达该格的第几步，一次遍历路径是一个解。

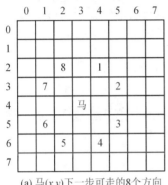

(a) 马(x,y)下一步可走的8个方向

	0	1	2	3	4	5	6	7
0	1	16	27	22	3	18	47	56
1	26	23	2	17	46	57	4	19
2	15	28	25	62	21	48	55	58
3	24	35	30	45	60	63	20	5
4	29	14	61	34	49	44	59	54
5	36	31	38	41	64	53	6	9
6	13	40	33	50	11	8	43	52
7	32	37	12	39	42	51	10	7

(b) 从(0,0)开始的一次骑士游历

	0	1	2	3	4
0	18	1	14	7	16
1	11	6	17	2	13
2	22	19	12	15	8
3	5	10	23	20	3
4		21	4	9	24

(c) 5×5棋盘，从(0,1)
开始至24步，走不通

图 4-10　骑士游历

存在遍历不成功的情况。例如，5×5 棋盘，从(0, 1)开始至 24 步，走不通，如图 4-10(c)所示。当遍历到某一格，发现无路可通时，解决问题的办法是回退到前一步，再寻找其他可通路径。因此，本例也需要使用栈存储一条路径经过的点，以便原路返回。

4.2　队列

4.2.1　队列的定义及抽象数据类型

1. 队列的定义

<u>队列</u>（queue）是一种特殊的线性表，其插入和删除操作分别在线性表的两端进行。向队列中插入元素的过程称为<u>入队</u>（enqueue），删除元素的过程称为<u>出队</u>（dequeue）。允许入队的一端称为<u>队尾</u>（rear），允许出队的一端称为<u>队头</u>（front）。没有元素的队列称为空队列。队列如图 4-11 所示。

由于插入和删除操作分别在队尾和队头进行，最先入队的元素总是最先出队，因此队列的特点是<u>先进先出</u>（First In First Out）、后进后出。

队头　　　　　　队尾
出队 ← a_0　a_1　a_2　…　a_{n-1} ← 入队

图 4-11　队列

2. 队列的典型案例

生活中，如果等待某种服务的人数较多，如买东西、乘车等，可以采用排队的办法解决，先来先服务。医院、银行等地采用的叫号系统代替了人的排队。

　　按照"先来先服务"的原则，队列提供了解决这种问题的有效方式。前述走迷宫、骑士游历等典型案例也可采用队列实现。许多应用软件也需要处理排队等待问题，如进程管理和调度，多个就绪进程排队等待调度执行。

3．队列的抽象数据类型

　　队列的基本操作有创建队列、判断队列是否空、入队和出队。队列不支持对指定位置的插入、删除等操作。声明队列接口 Queue<T>如下，描述队列抽象数据类型。

```
public interface Queue<T>            // 队列接口，描述队列抽象数据类型，T表示数据元素的数据类型
{
    public abstract boolean isEmpty();     // 判断队列是否空
    public abstract boolean add(T x);      // 元素 x 入队，若添加成功，则返回 true；否则返回 false
    public abstract T peek();              // 返回队头元素，没有删除。若队列空，则返回 null
    public abstract T poll();              // 出队，返回队头元素。若队列空，则返回 null
}
```

4.2.2　队列的存储结构和实现

　　同栈一样，队列也有顺序和链式两种存储结构，分别称为顺序队列和链式队列。实现 Queue<T>队列接口的类有顺序循环队列、链式队列和优先队列，继承关系如图 4-12 所示。

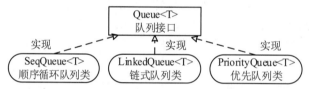

图 4-12　队列接口和实现队列接口类的继承关系

　　对入队、出队操作的时间复杂度要求是 $O(1)$，如何才能做到？队列的存储结构经历以下演变过程。

1．顺序循环队列

（1）使用顺序表，出队效率低

　　如果使用一个顺序表作为队列的成员变量，如图 4-13 所示，那么入队操作执行顺序表尾插入，时间复杂度为 $O(1)$；出队操作执行顺序表头删除，时间复杂度都为 $O(n)$，效率较低。希望出队操作效率也是 $O(1)$，因此不使用一个顺序表作为队列的成员变量。

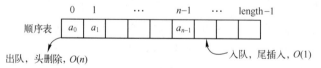

图 4-13　使用顺序表作为队列的成员变量，入队、出队操作的效率分析

（2）使用数组，存在假溢出

　　顺序队列使用数组存储数据元素，用 front、rear 记住队列头、尾元素下标，入队、出队时，改变 front、rear 值，则不需要移动元素。操作说明如下，如图 4-14 所示。

　　① 当队列空时，设置队头、队尾下标 front=rear=−1。

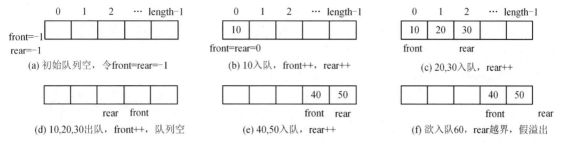

图 4-14　顺序队列存在假溢出现象

② 第一个元素入队，front=rear=0，同时改变了两个下标。

③ 入队操作，rear++，元素存入 rear 位置。

④ 出队操作，返回 front 队头元素，front++。

⑤ 当入队的元素个数（包括已出队元素）超过数组容量时，rear 下标越界，数据溢出，此时，由于之前已有若干元素出队，数组前部已空出许多存储单元，因此这种溢出并不是因存储空间不够而产生的，被称为<u>假溢出</u>。

上述顺序队列存在以下缺点：

① 第一个元素入队时，同时改变 front、rear 下标。

② 无法约定队列空的条件，如图 4-14(a)和(d)都是队列空，但是 front、rear 两者关系不同。

③ 假溢出。

顺序队列之所以会产生假溢出现象，是因为顺序队列的存储单元没有重复使用机制。解决办法是将顺序队列设计成循环结构。

（3）顺序循环队列

顺序循环队列是指，将顺序队列设计成在逻辑上首尾相接的循环结构，则可循环使用顺序队列的连续存储单元。设 front 是队头元素下标，rear 是下一个入队元素下标，操作如下（如图 4-15 所示）。

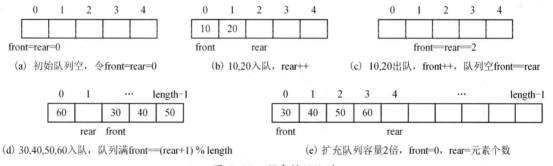

图 4-15　顺序循环队列

① 设置初始空队列为 front=rear=0，约定队列空条件是 front==rear。

② 入队操作改变 rear，出队操作改变 front，变化规律如下，其中 length 表示数组容量。

```
front=(front+1) % length;
rear=(rear+1) % length;
```

front、rear 下标的取值范围是 0～length-1，不会出现假溢出现象。

③ 约定队列满的条件是 front==(rear+1)％length，此时队列中仍有一个空位置。因为如果不留一个空位置，则队列满的条件也是 front==rear，与队列空条件相同。

④ 当队列满时再入队，将数组容量扩充一倍，按照队列元素次序复制数组元素。

声明 SeqQueue\<T\>顺序循环队列类如下，实现队列接口；使用数组存储队列元素，入队和出队操作的时间复杂度是 $O(1)$。

```java
// 顺序循环队列类，最终类，实现队列接口，T 表示数据元素的数据类型
public final class SeqQueue<T>  implements Queue<T>
{
    private Object element[];                          // 存储队列数据元素的数组
    private int front, rear;                           // front、rear 分别为队列头尾下标
    private static final int MIN_CAPACITY=16;          // 常量，指定 element 数组容量的最小值
    public SeqQueue(int length)                        // 构造空队列，length 指定数组容量
    {
        if(length<MIN_CAPACITY)
            length=MIN_CAPACITY;                       // 设置队列数组容量最小值
        this.element = new Object[length];
        this.front = this.rear = 0;                    // 设置空队列
    }
    public SeqQueue()                                  // 构造空队列，默认容量
    {
        this(MIN_CAPACITY);                            // 默认队列数组容量取最小值
    }
    public boolean isEmpty()                           // 判断队列是否空，若空返回 true
    {
        return this.front==this.rear;
    }
    public boolean add(T x)                            // 元素 x 入队，空对象不能入队
    {
        if(x==null)
            return false;
        if(this.front==(this.rear+1)%this.element.length)  // 若队列满，则扩充数组
        {
            Object[] temp = this.element;
            this.element = new Object[temp.length*2];  // 重新申请一个容量更大的数组
            int j=0;
            for(int i=this.front;  i!=this.rear;  i=(i+1) % temp.length)
                this.element[j++] = temp[i];           // 按照队列元素次序复制数组元素
            this.front = 0;
            this.rear = j;
        }
        this.element[this.rear] = x;
        this.rear = (this.rear+1) % this.element.length;
        return true;
    }
    public T peek()                                    // 返回队头元素，没有删除。若队列空，则返回 null
    {
        return this.isEmpty() ? null : (T)this.element[this.front];
    }
    public T poll()                                    // 出队，返回队头元素。若队列空，则返回 null
```

```
{
    if(this.isEmpty())
        return null;
    T temp = (T)this.element[this.front];
    this.front = (this.front+1) % this.element.length;
    return temp;
}
public String toString()              // 返回所有元素的描述字符串，方法体省略
}
```

2．链式队列

（1）使用单链表，入队效率低

使用一个单链表或循环双链表作为队列的成员变量，入队、出队操作的效率分析如图 4-16 所示。

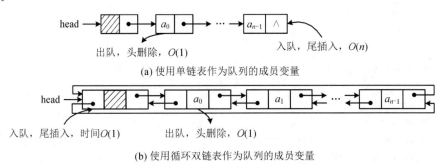

(a) 使用单链表作为队列的成员变量

(b) 使用循环双链表作为队列的成员变量

图 4-16　使用单链表、循环双链表作为队列的成员变量，入队、出队操作的效率分析

① 使用一个单链表作为队列的成员变量，入队操作执行单链表尾插入，时间复杂度为 $O(n)$，效率较低；出队操作执行单链表头删除，时间复杂度为 $O(1)$。所以，不能使用一个单链表作为队列的成员变量，因为入队操作达不到 $O(1)$。

② 使用一个循环双链表作为队列的成员变量，入队操作执行循环双链表尾插入，出队操作执行循环双链表头删除，时间复杂度都是 $O(1)$，但占用较多的存储空间。

（2）单链表设计，增加尾指针

链式队列的最好结构是，采用单链表（不带头结点），增加一个尾指针可使入队时间为 $O(1)$，如图 4-17 所示，设 front 和 rear 分别指向队头和队尾结点。

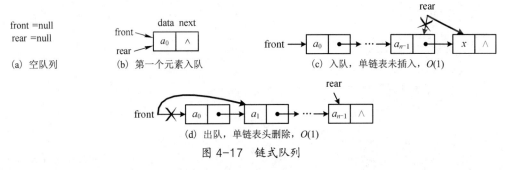

图 4-17　链式队列

① 设置初始空队列，front=rear=null，队列空条件是 front==null && rear==null。

② 入队操作，将值为 x 的结点链在 rear 后，使 rear 指向值为 x 的结点成为新的队尾。

③ 出队操作，当队列不空时，取得队头结点元素，删除队头结点，使 front 指向后继结点。

④ 当第一个元素入队或最后一个元素出队时，同时改变 front 和 rear。

声明 LinkedQueue<T>链式队列类如下，实现队列接口，其中成员变量 front、rear 分别是指向队头、队尾结点，数据类型都是 Node<T>单链表结点类。

```java
// 链式队列类，最终类，实现队列接口，T 表示数据元素的数据类型
public final class LinkedQueue<T>  implements Queue<T>
{
    private Node<T> front, rear;                          // front 和 rear 分别指向队头和队尾结点
    public LinkedQueue()                                  // 构造空队列
    {
        this.front=this.rear=null;
    }
    public boolean isEmpty()                              // 判断队列是否空，若为空，则返回 true
    {
        return this.front==null && this.rear==null;
    }
    public boolean add(T x)                               // 元素 x 入队，空对象不能入队
    {
        if(x==null)
            return false;
        Node<T> q = new Node<T>(x, null);
        if(this.front==null)
            this.front=q;                                 // 空队插入
        else
            this.rear.next=q;                             // 队列尾插入
        this.rear=q;
        return true;
    }
    public T peek()                                       // 返回队头元素，没有删除。若队列为空，则返回 null
    {
        return this.isEmpty() ? null : this.front.data;
    }
    public T poll()                                       // 出队，返回队头元素，若队列为空，则返回 null
    {
        if(isEmpty())
            return null;
        T x = this.front.data;                            // 取得队头元素
        this.front = this.front.next;                     // 删除队头结点
        if(this.front==null)
            this.rear=null;
        return x;
    }
    public String toString()                             // 返回所有元素的描述字符串，方法体省略
}
```

4.2.3 队列的应用

【例 4.3】 求解素数环问题，使用队列。

本例目的：① 队列的应用；② 线性表的应用，使用单链表存储素数环和素数表（见例 2.2），也可使用顺序表或循环双链表。

例题解释：将 n 个自然数（$1 \sim n$）排列成环形，使得每相邻两数之和为素数，构成一个素数环。

算法思路：先将 1 放入素数环，last=1，记得素数环最后一个元素；对 $2 \sim n$ 的自然数 key，测试 last+key 是否是素数，若是，则将 key 添加到素数环，否则说明 key 暂时无法处理，必须等待再次测试。因此，需要设置一个队列用于存放等待测试的自然数。

算法描述：设 $n=10$，values 数组存储 $1 \sim n$ 的初始序列，那么素数环及队列的变化过程如图 4-18 所示。

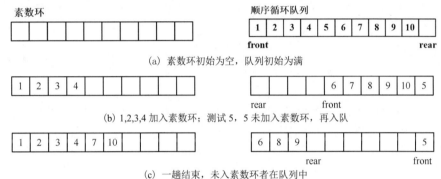

图 4-18　素数环及队列的变化过程

① 将 values 数组元素全部入队。last 记录素数环最后一个元素。

② 出队一个元素 key，测试 last+key 是否是素数，若是，则将 key 添加到素数环，last 为 key；否则，key 再次入队等待。

③ 重复②，直到队列为空。

程序设计：使用单链表存储素数环，其中 PrimeList 类见例 2.2，使用单链表存储素数表。

```java
public class PrimeRing                              // 求解素数环问题
{
    // 求解 1~n 素数环问题，n=values.length，values[]提供 1~n 初始序列
    public PrimeRing(Integer[] values)
    {
        Queue<Integer> que = new SeqQueue<Integer>(values.length+1); // 创建空队列，顺序队列或链式队列
        for(int i=0; i<values.length; i++)          // values[]元素全部入队
            que.add(values[i]);
        System.out.println("初始队列: "+que.toString());

        PrimeList prime = new PrimeList(values.length*2);   // 创建素数表，见例 2.2，使用单链表
        System.out.println(prime.toString());
        // 使用单链表存储素数环，顺序表、循环双链表均可
        SinglyList<Integer> ring = new SinglyList<Integer>();
        int last=que.poll().intValue();             // 出队一个元素
        ring.insert(last);                          // 素数环尾插入
```

```
            while(!que.isEmpty())
            {
                int key = que.poll().intValue();                // 出队一个元素
                if(prime.isPrime(last+key))                      // 若 last+key 是素数
                {
                    ring.insert(key);                            // 则素数环尾插入 Integer(key)，O(1)
                    last = key;
                }
                else
                    que.add(key);                                // 否则，key 再次入队
            }
            System.out.println("1~"+values.length+"素数环: "+ring.toString());
        }
        public static void main(String args[])
        {
            Integer[] values={1,2,3,4,5,6,7,8,9,10};
            new PrimeRing(values);
        }
    }
```

程序运行结果如下：

```
    初始队列: SeqQueue(1,2,3,4,5,6,7,8,9,10)，front=0, rear=10
    2~20 素数表: SinglyList(2,3,5,7,11,13,17,19)，8 个元素
    1~10 素数环: SeqList(1,2,3,4,7,10,9,8,5,6)
```

本例目的是演示队列使用方法，求解素数环问题的算法不全，没有判断素数环最后一个元素与第一个元素之和是否为素数。本例有多种解，当初始序列变化时，结果有多种。

4.2.4　优先队列

有些应用系统中的排队等待问题，仅按照"先来先服务"原则不能满足要求，还需要将任务的重要（或紧急）程度作为排队的依据。例如，操作系统中的进程调度管理，每个进程有一个优先级值表示进程的紧急程度，优先级高的进程先执行，同级进程按照先进先出原则排队等待。因此，操作系统需要使用优先队列来管理和调度进程。

<u>优先队列</u>（priority queue）是指，一个队列中的每个元素都有一个优先级，每次出队的是具有最高优先级的元素，元素优先级的含义由具体应用指定。优先队列的操作同队列，主要有判断队列是否空、入队和出队等。

设优先队列的元素由"（元素名,优先级）"表示，元素按优先级比较大小。例如，一个入队元素序列{(A,4), (B,5), (C,5), (D,1), (E,10), (F,4)}，使用排序单链表存储优先队列，优先队列按元素优先级的降序排列，如图 4-19 所示，入队操作实现为排序单链表按值插入，相同优先级元素按入队次序排队，时间复杂度是 $O(n)$；出队操作实现为单链表头删除，时间复杂度是 $O(1)$。

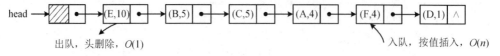

图 4-19　使用排序单链表（降序）存储优先队列，入队、出队操作的效率分析

声明 PriorityQueue<T>优先队列类如下，实现队列接口，使用排序单链表存储队列元素。

```java
// 优先队列类，最终类，实现队列接口。使用排序单链表存储，元素可比较大小
public final class PriorityQueue<T extends Comparable<? super T>>  implements Queue<T>
{
    private SortedSinglyList<T> list;                  // 排序单链表，存储队列元素，按升/降序排序

    public PriorityQueue(boolean asc)                  // 构造空队列，asc 指定升序（true）或降序（false）
    {
        this.list = new SortedSinglyList<T>(asc);
    }
    public PriorityQueue()                             // 构造空队列，默认升序
    {
        this(true);
    }
    public PriorityQueue(T[] objs, boolean asc)        // 构造优先队列，asc 指定升/降序
    {
        this(asc);
        for(int i=0;  i<objs.length;  i++)
            this.add(objs[i]);                         // 元素入队
    }
    public boolean isEmpty()                           // 判断队列是否空，若为空，则返回 true
    {
        return this.list.isEmpty();
    }
    public boolean add(T x)                            // 元素 x 入队，空对象不能入队
    {
        return this.list.insert(x);                    // 排序单链表按值插入，比较元素大小，O(n)
    }
    public T peek()                                    // 返回队头元素，没有删除。若队列为空，则返回 null
    {
        return this.list.get(0);
    }
    public T poll()                                    // 出队，返回队头元素，若队列为空，则返回 null
    {
        return this.list.remove(0);                    // 返回队头元素，删除队头结点
    }
    public String toString()                           // 返回队列所有元素的描述字符串，方法体省略
}
```

【例 4.4】 进程按优先级调度管理，使用优先队列。

本例目的： ① 优先队列的应用；② 排序单链表的应用，排序单链表必须声明 asc 属性，指定升序或降序，且关键字相等元素必须插入在单链表中等值结点之后，才能排队。

题意说明： 操作系统采用优先队列对进程进行管理和调度，各进程在优先队列中按优先级降序排队，由操作系统的调度程序控制进程何时出队。

程序设计： ① 声明 Process 进程类如下，一个进程由进程名和优先级组成，按优先级比较大小。

```java
// 进程类，由 "(进程名,优先级)" 组成，按优先级比较大小
public class Process  implements Comparable<Process>
```

```
{
    private String name;                            // 进程名
    private int priority;                           // 优先级
    private static int MAX_PRIORITY=10;             // 优先级最大值，优先级范围为 1～MAX_PRIORITY
    // 构造进程，参数 name、priority 分别指定进程名和优先级，优先级超出范围时抛出无效参数异常
    public Process(String name, int priority)
    {
        this.name = name;
        if(priority>=1 && priority<=MAX_PRIORITY)
            this.priority = priority;
        else
            throw new IllegalArgumentException("priority="+priority);
    }
    public String toString()
    {
        return "("+this.name+","+this.priority+")";
    }
    public int compareTo(Process process)           // 进程按优先级比较大小
    {
        return this.priority - process.priority;
    }
}
```

② 声明 ProcessDispatch 进程调度管理类如下，用优先队列存储进程，进程按优先级排队。

```
public class ProcessDispatch                        // 进程调度管理类，使用优先队列，进程按优先级排队
{
    public static void main(String args[])
    {
        Process[] process={new Process("A",4), new Process("B"), new Process("C"),
                        new Process("D",1), new Process("E",10), new Process("F",4)};
        PriorityQueue<Process> que=new PriorityQueue<Process>(process,false); // 优先队列按优先级降序排列
        System.out.print("出队元素: ");
        while(!que.isEmpty())
            System.out.print(que.poll().toString()+" ");        // 元素出队
        System.out.println();
    }
}
```

程序运行结果如下，构造的优先队列见图4-19，降序，优先级相同元素按入队次序排队。

```
出队元素: (E,10) (B,5) (C,5) (A,4) (F,4) (D,1)
```

4.3 递归

递归（recursion）是数学中一种重要的概念定义方式，递归算法是软件设计中求解递归问题的主要方法。

1. 递归定义

递归定义是指，用一个概念本身直接或间接地定义它自己。数学中的许多概念是递归定义的。例如，阶乘函数 $f(n)=n!$ 定义为

$$n! = \begin{cases} 1, & n = 0, 1 \\ n \times (n-1)!, & n \geq 2 \end{cases}$$

递归定义必须满足以下两个条件。

① 边界条件：至少有一条初始定义是非递归的，如 1!=1。

② 递推通式：由已知函数值逐步递推计算出未知函数值，如用$(n-1)!$定义$n!$。

边界条件与递推通式是递归定义的两个基本要素，缺一不可，并且递推通式必须在经过有限次运算后到达边界条件，从而能够结束递归，得到运算结果。

2．递归算法

存在直接或间接调用自身的算法称为<u>递归算法</u>（recursive arithmetic）。递归定义的问题可用递归算法求解，按照递归定义将问题简化，逐步递推，直到获得一个确定值。例如，设用$f(n)$方法求$n!$，递推通式是$f(n)=n \times f(n-1)$，将$f(n)$递推到$f(n-1)$，算法不变，最终递推到$f(1)=1$，获得确定值；再在返回过程中，计算出每个$f(n)$的结果值返回给调用者，最终获得$n!$结果值，递归结束。5!的递归求值过程如图 4-20 所示，设置一个栈，其中存放递归调用的函数信息。

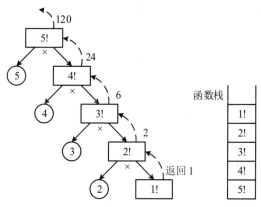

图 4-20 5!的递归求值过程

【思考题 4-2】 实现以下求阶乘的递归函数。

```
public static int factorial(int n)                    // 求阶乘 n!，递归方法
```

【例 4.5】 求 Fibonacci 数列，递归算法。

本例目的：理解递归的数学定义，设计递归算法的过程就是将递归定义用程序设计语言描述。

定义解释：Fibonacci 数列的第 n 项 $f(n)$ 递归定义为

$$f(n) = \begin{cases} n & n = 0, 1 \\ f(n-1) + f(n-2) & n \geq 2 \end{cases}$$

Fibonacci 数列定义为首两项是 0 和 1，以后各项是其前两项值之和，即{0, 1, 1, 2, 3, 5, 8, 13, 21, 34, …}。fib(4)递归求值过程如图 4-21 所示。

程序设计：求 Fibonacci 数列第 n 项的递归函数声明如下。

```
public static int fib(int n)                        // 返回 Fibonacci 数列第 n 项，递归方法
{
    if(n<0)
        throw new java.lang.IllegalArgumentException("n="+n);  // 抛出无效参数异常
    if(n==0 || n==1)                                // 边界条件，递归结束条件
        return n;
```

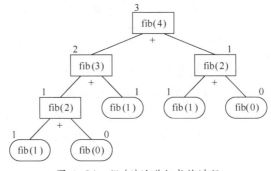

图 4-21　fib(4)的递归求值过程

```
    return fib(n-2)+fib(n-1);                                    // 递归调用，递推通式
}
```

【例4.6】 算术表达式求值，递归算法。

本例目的： ① 用 BNF 范式和语法图理解递归定义；② 表达式是间接的递归定义；③ 展示复杂递归算法设计的基本原则。

概念定义： 表达式的数学定义是递归定义，允许表达式中包含子表达式，子表达式的定义和运算规则与表达式相同。算术表达式的 BNF（巴科斯-瑙尔范式）语法定义如下：

〈**算术表达式**〉::=〈项〉|〈项〉〈加减运算符〉〈项〉

〈**加减运算符**〉::= + | −

〈**项**〉::=〈因子〉|〈因子〉〈乘除运算符〉〈因子〉

〈**乘除运算符**〉::= × | / | %

〈**因子**〉::=〈常数〉|（〈算术表达式〉）

〈**常数**〉::=〈整数〉|〈浮点数〉|〈变量取值〉|〈函数返回值〉

〈**整数**〉::=〈数字〉|〈符号〉〈数字〉|〈**整数**〉〈数字〉

〈**符号**〉::= + | −

〈**数字**〉::= 0 | 1 | 2 | 3 | 4 | 5 | 6 | 7 | 8 | 9

其中，"::="表示"定义为"，"〈〉"中是定义的概念，"|"表示"或者"。

算术表达式语法图如图 4-22 所示，操作数类型是整数。

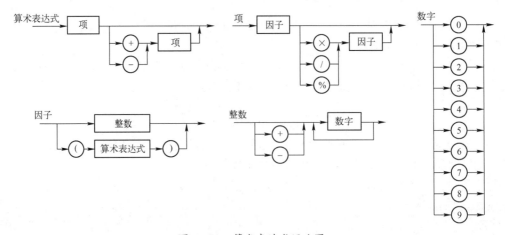

图 4-22　算术表达式语法图

其中，"算术表达式"由"项"进行加、减运算组成，"项"由"因子"进行乘、除运算组成，"因子"由带括号的"子表达式"组成。因此，表达式是间接的递归定义。

算法描述： 将一个概念用一个方法表示，递推通式中的递归定义，用递归的方法调用实现。

程序设计：声明 ArithmeticExpression 算术表达式类如下，提供以中缀表达式字符串构造对象并求值功能，所求表达式结果值为整数类型。

```java
public class ArithmeticExpression              // 算术表达式（整数、不包括位运算）
{
    private String infix;                      // 中缀算术表达式字符串
    private int index;                         // 当前字符序号
    public ArithmeticExpression(String infix)  // 构造方法，infix 指定中缀表达式
    {
        this.infix = infix;
        this.index = 0;
    }
    // 计算从 index 开始的一个（子）算术表达式，返回整数值，其中进行多〈项〉加减运算
    public int intValue()
    {
        int value1 = term();                   // 计算〈项〉获得操作数 1
        while(this.index < this.infix.length())  // 进行多〈项〉的加减运算
        {
            char op = this.infix.charAt(this.index);
            if(op=='+' || op=='-')             // 记住加减运算符
            {
                this.index++;
                int value2 = term();           // 计算〈项〉获得操作数 2
                switch(op)                     // 两〈项〉进行加减运算
                {
                    case '+': value1 += value2; break;   // value1 存储运算结果
                    case '-': value1 -= value2; break;
                }
            }
            else
                break;                         // 遇到')'时,〈项〉结束
        }
        return value1;
    }
    private int term()             // 计算从 index 开始的一〈项〉,其中进行多〈因子〉的乘除运算
    {
        int value1 = factor();                 // 计算〈因子〉获得操作数 1
        while(this.index < this.infix.length())  // 进行多〈因子〉的乘除运算
        {
            char op = this.infix.charAt(this.index);
            if(op=='*' || op=='/' || op=='%')  // 记住乘、除、取余运算符
            {
                this.index++;
                int value2 = factor();         // 计算〈因子〉获得操作数 2
                switch(op)                     // 两〈因子〉进行乘除运算
                {
                    case '*': value1 *= value2; break;   // value1 存储运算结果
                    case '/': value1 /= value2; break;   // 除数为 0 时，Java 抛出算术异常
```

```java
                case '%': value1 %= value2; break;
            }
        }
        else
            break;                                          // 遇到')'、'+'、'-'时,〈因子〉结束
    }
    return value1;
}
private int factor()        // 计算从 index 开始的一个〈因子〉,其中包含以()为界的子表达式,间接递归调用
{
    if(this.infix.charAt(this.index)=='(')
    {
        this.index++;                                       // 跳过'('
        int value = intValue();                             // 计算()中的子表达式,间接递归调用
        this.index++;                                       // 跳过')'
        return value;
    }
    return constant();
}
private int constant()                                      // 返回从 index 开始的一个〈常数〉
{
    if(this.index < this.infix.length())
    {
        char op= this.infix.charAt(this.index);
        int sign=1, value=0;
        if(op=='+' || op=='-')                              // 记住正、负符号位
        {
            sign = op=='-' ? -1 : 1;                        // 符号位,记住正、负数标记
            this.index++;                                   // 跳过符号位
        }
        while(this.index < this.infix.length())
        {
            char ch = this.infix.charAt(this.index);
            if(ch>='0' && ch<='9')
            {
                value = value*10+ch-'0';                    // value 记住当前获得的整数值
                this.index++;
            }
            else
                break;
        }
        return value*sign;                                  // 返回有符号的整数值
    }
    throw new NumberFormatException("\""+infix.substring(this.index-1)+"\"不能转换成整数");
}
public static void main(String args[])
{
    String infix="+123+10*(-50+45+20)/((-25+35)%2+10)+(-11)+0";        // 能够识别+、-作为符号
    System.out.println(infix+"="+new ArithmeticExpression(infix).intValue());
```

```
        }
    }
```

程序运行结果如下：

```
+123+10*(-50+45+20)/((-25+35)%2+10)+(-11)+0=127
```

3. 单链表的递归算法

单链表可以看成如下递归定义的，每个结点的 next 域指向从其后继结点开始的一条子单链表，最后一个结点的 next 域指向空单链表。

| 单链表(当前元素结点，从后继结点开始的一条子单链表) |

以下采用递归算法实现遍历和构造单链表，目的是理解和练习递归算法，为后续的树结构做准备。对单链表操作的递归算法，其时间效率和空间效率均较低。

（1）遍历单链表的递归算法

采用递归算法实现 toString()方法如下，其他基于单链表遍历算法类似。

```
public String toString()                        // 返回单链表所有元素的描述字符串，形式为 "(,)"
{
    return this.getClass().getName()+"("+ this.toString(this.head.next) +")";
}
private String toString(Node<T> p)              // 返回从 p 结点开始的子单链表描述串，递归方法
{
    if(p==null)                                 // 递归结束条件：空单链表返回空串
        return "";
    String str=p.data.toString()+(p.next!=null?", ":"");    // 访问当前结点
    return str+toString(p.next);                // 递归调用，递归通式：连接从 p 后继开始的子表串
}
```

（2）构造单链表的递归算法

采用递归算法实现单链表构造方法如下，构造过程如图 4-23 所示。

```
public SinglyList(T[] values)                   // 由 values 数组元素构造单链表
{
    this();                                     // 创建空单链表，只有头结点
    this.head.next = create(values, 0);
}
// 返回从 value 数组第 i 个元素开始构造的子单链表，即返回第 i 个结点。递归算法
private Node<T> create(T[] values, int i)
{
    Node<T> p=null;
    if(i<values.length)                         // 递归执行条件：存在第 i 个元素
    {
        p = new Node<T>(values[i], null);       // 创建第 i 个结点
        // 递归调用，递归通式：创建从第 i+1 个元素开始的子单链表，作为 p 的后继
        p.next = create(values, i+1);
    }
    return p;
}
```

【思考题 4-3】 用递归算法实现单链表求长度、查找、替换、比较相等、深拷贝等操作，成员方法声明见 2.3 节和实验题 2-1。

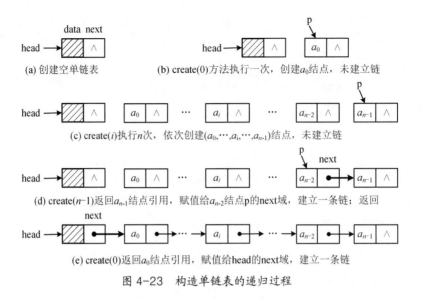

(a) 创建空单链表   (b) create(0)方法执行一次，创建a_0结点，未建立链

(c) create(i)执行n次，依次创建$(a_0,\cdots,a_i,\cdots,a_{n-1})$结点，未建立链

(d) create(n-1)返回a_{n-1}结点引用，赋值给a_{n-2}结点p的next域，建立一条链；返回

(e) create(0)返回a_0结点引用，赋值给head的next域，建立一条链

图 4-23　构造单链表的递归过程

习 题 4

1．栈

4-1　什么是栈？栈有何特点？在什么情况下需要使用栈？

4-2　栈采用什么存储结构？如何保证栈执行插入、删除操作的效率是 $O(1)$？

4-3　能否使用一个线性表作为栈，或将栈声明为继承线性表？为什么？

4-4　使用一个线性表作为栈的成员变量，分析入栈、出栈操作的时间效率。

4-5　写出中缀表达式 A+B*(C-D*(E+F)/G+H)-(I+J)*K 对应的后缀表达式。

2．队列

4-6　什么是队列？队列有何特点？在什么情况下需要使用队列？

4-7　已知入队序列为{A, B, C, D}，有几种出队序列？

4-8　队列采用什么存储结构？如何保证队列执行插入、删除操作的效率是 $O(1)$？

4-9　能否使用一个线性表作为队列，或将队列声明为继承线性表？为什么？

4-10　什么是队列的假溢出？为什么顺序队列会出现假溢出？怎样解决队列的假溢出问题？顺序栈会出现假溢出吗？链式队列会出现假溢出吗？为什么？

4-11　什么是优先队列？

4-12　设一个优先队列的入队元素序列为{(A,4), (B,5), (C,5), (D,1), (E,10), (F,4)}，分别画出使用各种存储结构线性表构造的优先队列，分析入队和出队操作的效率。

3．递归

4-13　什么是递归？递归算法的特点是什么？如何确定递归算法何时调用结束？

实验 4　栈、队列和递归算法

1．实验目的和要求

目的： 熟悉栈和队列设计，使用栈或队列解决算法设计问题；理解栈和队列的作用；掌握递归算法设计方法。

重点：栈和队列的设计和应用；递归算法设计。

难点：① 需要使用栈或队列的算法通常较复杂，理解对于什么应用问题需要使用栈或队列，以及怎样使用；② 递归算法设计。

2．实验题目

（1）队列

4-1　使用排序循环双链表存储队列元素，实现 PriorityQueue<T>优先队列类。

（2）递归算法

4-2　调用以下方法 line(1, 9)，运行结果是什么？递归执行过程是怎样的？

```
public static void line(int i, int n)
{
    System.out.print(String.format("%3d", i));
    if(i<n)
    {
        line(i+1, n);
        System.out.print(String.format("%3d", i));
    }
}
```

4-3　用递归算法实现字符串的逆转操作。

4-4　输出一个集合（n 个元素）的所有子集。

4-5　输出一个集合（n 个元素）的 C_n^m 组合。

4-6　输出一个集合（n 个元素）的全排列。例如，集合{A, B, C}的全排列如下：ABC，ACB，BAC，BCA，CAB，CBA。

4-7　判断标识符。

Java 标识符是由字母开头的字母数字串，字母包含下画线_和符号$，此定义包含关键字。以 BNF（巴科斯-瑙尔范式）语法定义标识符（递归）如下，标识符语法图如图 4-24 所示。

〈标识符〉∷＝〈字母〉|〈标识符〉〈字母〉|〈标识符〉〈数字〉

分别采用循环方式和递归算法实现以下方法。

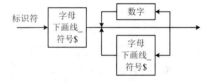

图 4-24　Java 标识符语法图

```
public static boolean isIdentifier(String str)        // 判断字符串 str 是否为标识符
public static String[] toIdentifier(String str)       // 返回在字符串 str 中识别出的所有标识符
```

3．课程设计题目

深刻理解栈、队列和递归算法并具备设计能力需要一段时间，因此，将以下复杂应用题作为课程设计题目。

4-1**　算术表达式求值，例 4.2 增加以下功能，使用栈。

① 识别+、–作为符号位。

② 同时使用运算符栈和操作数栈计算表达式值，省略转换成后缀表达式过程。

③ 识别浮点数类型常数，浮点数类 MyDouble 声明见实验题 3-2。

④ 使用散列映射（见图 8-26(b)）存储运算符集合，建立从运算符到优先级的映射，快速查找指定运算符的优先级。

⑤* 增加变量，识别变量标识符（见图 4-24）；为变量赋值，使用散列映射（见 8.5.2 节）存储变量取值表（见图 6-40(b)），建立从变量到其取值的映射，快速查找指定变量的取值。

⑥* 增加关系运算符、逻辑运算符、字符串连接运算符等，各运算符的优先级见附录 D。

4-2*** 算术表达式求值，例 4.6 增加实验题 4-1③～⑥及以下功能，递归算法。

① 例 4.6 增加位运算符&、|、^，进行位运算。

②* 表达式的 BNF 语法定义如下，包含逻辑表达式、字符表达式和字符串表达式，"算术表达式"定义见例 4.6。

```
〈表达式〉∷= 〈算术表达式〉|〈逻辑表达式〉|〈字符表达式〉|〈字符串表达式〉
〈字符串运算符〉∷= +
〈逻辑表达式〉∷= true | false |〈算术表达式〉〈关系运算符〉〈算术表达式〉|〈逻辑表达式〉〈逻辑运算符〉〈逻辑表达式〉
〈关系运算符〉∷= == | != | < | <= | > | >=
〈逻辑运算符〉∷= & | |                      // 注意：&比 | 的优先级高
〈条件运算符〉∷= && | ||                     // 注意：有短路计算功能
```

4-3*** 给定初始序列，求解素数环问题（见例 4.3）的所有解，采用回溯法（见 10.3.4 节），画出解空间树。

4-4** 走迷宫（见 4.1 节的典型案例 4-1）。

指定迷宫大小、入口和出口位置，设置多种难度级别的初始状态，存在多条路径；求解一条、多条直至所有路径，演示走迷宫过程。分别使用栈或递归算法实现。研究并解决以下问题。

（1）使用栈，存储一条路径经过的每个点，也可只存储每个分支点（即一条路径的起点）。例如，图 4-9(b)的栈只存储一条路径经过的分支点①、②，返回的次序是②①。

（2）根据入口和出口位置的相对关系，动态调整上下左右 4 个方向的优先次序。如图 4-25(a)所示的约定方向次序为：右下左上，也可以是下右上左。

（3）* 求解所有路径。如图 4-25(a)中有 3 条可通路径：①、②、③。如何寻找不同的路径？如何寻找到所有路径？采用回溯法（见 10.3.4 节），画出解空间树。

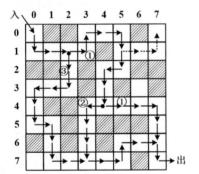

(a) 3 条路径：①、②、③，路径互通。方向次序：右下左上

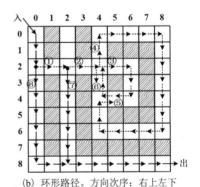

(b) 环形路径。方向次序：右上左下

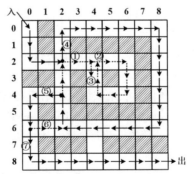

(c) 环形路径共边，经过的点再次经过。方向次序：右上左下。两条最短路径⑦、⑧

图 4-25 走迷宫，求解所有路径，求解所有最短路径

（4）* 解决回路等复杂路径问题。

如何标记已走过但不通的路径？如何识别环形路径？如图 4-25(b) 所示，②处环形路径返回②，向下③环形路径再走一遍？

前次返回路径经过的点是否要再走？如图 4-25(c) 所示，环形路径③、④共边，环形路径④要经过环形路径③已返回的边⑤或⑥。

（5）* 求解所有最短路径。如图 4-25(c) 所示，路径⑦、⑧是两条最短路径。

4-5 **　骑士游历（见 4.1 节的典型案例 4-2）。

（1）使用栈，寻找图 4-10(c) 的解。

（2）* 求多个（所有）解，采用回溯法（见 10.3.4 节），画出解空间树。

第 5 章　数组和广义表

本章目的： 扩展线性表，介绍两种包含子结构的线性结构，即数组和广义表。

本章要求： ① 理解多维数组的存储结构，掌握动态二维数组的使用方法；② 实现两种存储结构的矩阵类及矩阵运算，为第 7 章图的存储结构做准备；③ 以特殊矩阵（包括稀疏矩阵）为例，研究数据压缩存储方法；④ 理解广义表概念，熟悉广义表的存储结构和实现。

本章重点： 稀疏矩阵采用行的单链表压缩存储，有效组合了顺序和链式存储结构。

本章难点： ① 行的单链表存储结构程；② 广义表的存储结构和实现，递归定义及递归算法设计。

实验要求： 采用行的单链表存储的稀疏矩阵及运算。

5.1　数组

数组是顺序存储的随机存取结构，是其他数据结构实现顺序存储结构的基础。一维数组的特点和随机存取特性详见 2.2.1 节。一维数组的逻辑结构是线性表，<u>多维数组</u>（multi-array）是线性表的扩展。

在程序设计语言中，数组已被实现为一种数据类型。特别地，Java 语言已将二维数组实现为动态的、功能完善的数据类型，这种实现正是数据结构研究成果的体现。而且，不同的语言采用不同的存储结构表示多维数组，导致功能也有差异。因此，本章仍有必要介绍多维数组的各种实现机制，介绍静态数组向动态数组的演变过程，说明链式存储结构的作用。

本节目标：以二维数组为例，说明多维数组的逻辑结构、遍历和存储结构。

1．二维数组的逻辑结构

<u>二维数组</u>是一维数组的扩展，是"元素为一维数组"的一维数组。一个 m 行 n 列（$m>0$，$n>0$）的二维数组，既可以看成由 m 个一维数组（行）所组成的线性表，也可以看成 n 个一维数组（列）所组成的线性表，如图 5-1 所示。其中，每个元素 $a_{i,j}$（$0 \leq i<m$，$0 \leq j<n$）同时属于两个线性表：第 i 行的线性表和第 j 列的线性表。具体分析如下：

① $a_{0,0}$ 是起点，没有前驱；$a_{m-1,n-1}$ 是终点，没有后继。

② 边界元素：$a_{0,j}$ 和 $a_{i,0}$（$1 \leq i<m$，$1 \leq j<n$）只有一个前驱，$a_{m-1,j}$ 和 $a_{i,n-1}$（$0 \leq i<m-1$，$0 \leq j<n-1$）只有一个后继。

③ $a_{i,j}$（$1 \leq i<m-1$，$1 \leq j<n-1$）有两个前驱（行前驱 $a_{i-1,j}$ 和列前驱 $a_{i,j-1}$）和两个后继（行后继 $a_{i+1,j}$ 和列后继 $a_{i,j+1}$）。

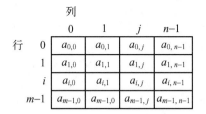
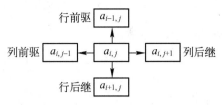

图 5-1　二维数组的逻辑结构

同样，三维数组（$m \times n \times l$）中的每个元素 $a_{i,j,k}$ 最多可以有 3 个前驱和 3 个后继。推而广之，m 维数组的元素可以有 m 个前驱和 m 个后继。

按"行主序"对二维数组进行遍历操作的规则是，按行序递增访问数组每行，同一行按列序递增访问数组元素。

2. 二维数组的存储结构

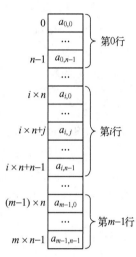

二维数组的存储结构是由多个一维数组组合而成的，组合方式有以下两种。

（1）二维数组的顺序存储结构

采用一维数组连续存储二维数组的所有元素，将若干连续的存储单元在逻辑上划分成多个行/列，按"行主序"将二维数组元素映射成线性关系的顺序存储结构如图 5-2 所示。

设二维数组有 m 行 n 列，$\text{Loc}(a_{0,0})$ 为二维数组的首地址，每个元素占 c 字节，元素 $a_{i,j}$ 的地址计算公式如下：

$$\text{Loc}(a_{i,j}) = \text{Loc}(a_{0,0}) + (i \times n + j) \times c \quad \text{（行主序）}$$

由此可知，二维数组元素地址是两个下标的线性函数，给定一对下标，计算元素地址花费的时间都是 $O(1)$。因此，二维数组也是随机存取结构。

图 5-2　二维数组的顺序存储结构（行主序）

也可按列主序对二维数组进行遍历操作，按列主序存储的二维数组及地址计算省略。

C/C++语言采用行主序存储静态二维数组，如以下声明。Java 语言不支持该语法。

```
const int M=3, N=4;                        // 常量
int mat[M][N]={1,2,3,4,5,6,7,8,9};         // 静态二维数组，声明时可赋初值，初值不足时补0
```

（2）二维数组的动态存储结构

二维数组所包含的多个一维数组可以分散存储，存储结构如图 5-3 所示。这也是随机存取结构，计算元素地址花费的时间是 $O(1)$。

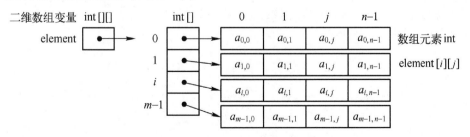

图 5-3　二维数组的动态存储结构

无论采用哪种存储结构，多维数组都是基于一维数组存储的，因此也只能进行赋值、取值

两种随机存取操作，不能进行插入、删除操作。

3．Java 语言的二维数组

Java 语言的二维数组都是动态的，采用的引用模型见图 5-3，不支持类似 C/C++的静态二维数组。

（1）声明和使用二维数组

声明二维数组变量并动态申请二维数组的存储空间，语句如下：

```
int[][] element;                        // 声明二维数组变量，不能指定长度
element = new int[4][5];                // 动态申请二维数组的存储空间，元素已初始化
```

声明时可为二维数组赋初值，将值用多层花括号（不能省略）括起来。例如：

```
int element[][] = { {1,2,3}, {4,5,6} };
```

二维数组 element 由若干一维数组 element[0]等组成，所以 element 和 element[0]均可使用 length 属性表示数组长度，但含义不同。例如：

```
element.length                          // 返回二维数组的长度，即二维数组的行数
element[0].length                       // 返回一维数组的长度，即二维数组的列数
```

二维数组第 *i* 行第 *j* 列元素表示为 element[*i*][*j*]，*i* 的取值范围是 0～element.length-1，*j* 的取值范围是 0～element[*i*].length-1。

（2）不规则的二维数组

动态数组的存储结构比静态数组更灵活，所包含的多个一维数组可多次分别申请获得，还可以是不等长的。例如，多次申请二维数组存储空间过程如图 5-4 所示。

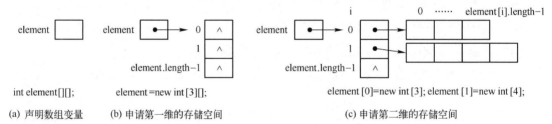

int element[][];	element =new int [3][];	element [0]=new int [3]; element [1]=new int [4];
(a) 声明数组变量	(b) 申请第一维的存储空间	(c) 申请第二维的存储空间

图 5-4　多次申请二维数组存储空间

（3）二维数组可作为方法的参数和返回值

二维数组可以作为方法的参数和返回值，参数传递规则同赋值，即传递数组引用。例如：

```
void print(int[][] element)             // 输出二维数组元素，二维数组作为方法的参数
int[][] yanghui(int n)                  // 计算 n 行杨辉三角（实验题 5-1），返回 n 行下三角二维数组
```

【典型案例 5-1】　矩阵运算。

矩阵及其运算是工程数学的重要内容。设 $A_{m\times n}=[a_{i,j}]$ 是由 $m\times n$（$m>0$，$n>0$）个元素 $a_{i,j}$（$0\leqslant i<m, 0\leqslant j<n$）组成的矩阵：

$$A_{m\times n} = \begin{bmatrix} a_{0,0} & a_{0,1} & \cdots & a_{0,n-1} \\ a_{1,0} & a_{1,1} & \cdots & a_{1,n-1} \\ \vdots & \vdots & & \vdots \\ a_{m-1,0} & a_{m-1,1} & \cdots & a_{m-1,n-1} \end{bmatrix}$$

矩阵运算有矩阵加、矩阵减、矩阵乘、矩阵转置等。设 $B=[b_{i,j}]$，$C=[c_{i,j}]$，$T=[t_{i,j}]$，矩阵加、减、乘、转置运算的定义如下：

❖ 设 $C_{m×n} = A_{m×n} + B_{m×n}$ ，有 $c_{i,j} = a_{i,j} + b_{i,j}$ 。

❖ 设 $C_{m×n} = A_{m×n} - B_{m×n}$ ，有 $c_{i,j} = a_{i,j} - b_{i,j}$ 。

❖ 设 $C_{m×l} = A_{m×n} × B_{n×l}$ ，有 $c_{i,j} = \sum_{k=0}^{n-1} (a_{i,k} × b_{k,j})$ 。

❖ 设 $T_{n×m} = A_{m×n}$ 的矩阵转置，有 $t_{i,j} = a_{j,i}$ 。

本章通过实现矩阵（稀疏矩阵）的存储及运算，展示如何使用程序设计语言和面向对象方法表示数学概念并实现相应运算，根据特殊要求，采用多种方法实现，不断改进存储结构，以提高时间效率和空间效率。由于表示的数学概念较线性表复杂，因此本章采用的存储结构较复杂，是顺序存储结构和链式存储结构的有机结合。在复杂存储结构上实现运算是本章的难点。

【例5.1】 矩阵类，使用二维数组。

声明 Matrix 矩阵类如下，其中成员变量 rows、columns 表示矩阵的行数和列数；二维数组 element 存储矩阵元素，element[i][j] 存储 $a_{i,j}$ 。

```java
public class Matrix                                  // 矩阵类
{
    private int rows, columns;                       // 矩阵行数、列数
    private int[][] element;                          // 二维数组，存储矩阵元素
    private static final int MIN_CAPACITY=6;          // 常量，指定 element 数组容量的最小值
    public Matrix(int m, int n)     // 构造 m×n 矩阵，元素为 0。若 m<0 或 n<0，则参数错，抛出无效参数异常
    {
        if(m>=0 && n>=0)
        {
            this.rows = m;
            this.columns = n;
            // 若 0≤m,n<MIN_CAPACITY，则 element 数组容量取最小值
            if(m<MIN_CAPACITY)
                m=MIN_CAPACITY;
            if(n<MIN_CAPACITY)
                n=MIN_CAPACITY;
            this.element = new int[m][n];             // 数组元素初值为 0
        }
        else
            throw new IllegalArgumentException("矩阵行列数不能<0, m="+m+", n="+n);
    }
    public Matrix(int n)                              // 构造 n×n 矩阵，元素为 0
    {
        this(n, n);
    }
    public Matrix()                                   // 构造 0×0 矩阵；存储容量为最小值
    {
        this(0, 0);
    }
    public Matrix(int m, int n, int[][] values)       // 构造 m×n 矩阵，由 values[][] 提供元素
    {
        this(m, n);
        for(int i=0; i<values.length && i<m; i++)     // values 元素不足时补 0，忽略多余元素
            for(int j=0; j<values[i].length && j<n; j++)
```

```java
                this.element[i][j] = values[i][j];
    }
    public int getRows()                                    // 返回矩阵行数
    {
        return this.rows;
    }
    public int getColumns()                                 // 返回矩阵列数
    {
        return this.columns;
    }
    public int get(int i, int j)              // 返回第 i 行第 j 列元素。若 i、j 序号越界, 则抛出序号越界异常
    {
        if(i>=0 && i<this.rows && j>=0 && j<this.columns)
            return this.element[i][j];
        throw new IndexOutOfBoundsException("i="+i+", j="+j);
    }
    public void set(int i, int j, int x) // 设置第 i 行 j 列元素为 x。若 i、j 序号越界, 则抛出序号越界异常
    {
        if(i>=0 && i<this.rows && j>=0 && j<this.columns)
            this.element[i][j]=x;
        else
            throw new IndexOutOfBoundsException("i="+i+", j="+j);
    }
    public String toString()                                // 返回矩阵元素描述字符串, 行主序遍历
    {
        String str=" 矩阵"+this.getClass().getName()+" ("+this.rows+"×"+this.columns+"): \n";
        for(int i=0;  i<this.rows;  i++)
        {
            for(int j=0;  j<this.columns;  j++)
                str+=String.format("%6d", this.element[i][j]);      // "%6d"格式表示十进制整数占 6 列
            str += "\n";
        }
        return str;
    }
    // 设置矩阵为 m 行 n 列。若参数指定行列数较大, 则将矩阵扩容, 并复制原矩阵元素。用于 7.2.1 节图的邻接矩阵存储结构
    public void setRowsColumns(int m, int n)
    {
        if(m>0 && n>0)
        {   // 参数指定的行数或列数较大时, 扩充二维数组容量
            if(m>this.element.length || n>this.element[0].length)
            {
                int[][] source = this.element;
                this.element = new int[m*2][n*2];             // 重新申请二维数组空间, 元素初值为 0
                for(int i=0;  i<this.rows;  i++)              // 复制原二维数组元素
                    for(int j=0;  j<this.columns;  j++)
                        this.element[i][j] = source[i][j];
            }
            this.rows = m;
            this.columns = n;
        }
```

```
        else
            throw new IllegalArgumentException("矩阵行列数不能<0, m="+m+", n="+n);
    }
}
```

调用程序如下：

```
int[][] value={{1,2,3},{4,5,6,7,8},{9}};      // 各一维数组的长度不同，由元素个数确定
Matrix mata=new Matrix(3, 4, value);          // 矩阵对象，初值不足时自动补0，忽略多余元素
mata.set(2,3,10);
System.out.print("A "+mata.toString());
```

程序运行结果如下，其中 value 数组和 mata 矩阵的存储结构如图 5-5 所示。

```
    A 矩阵 Matrix（3×4）
    1    2    3    0
    4    5    6    7
    9    0    0    10
```

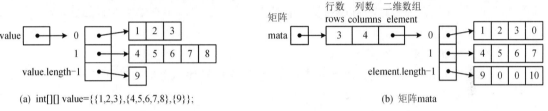

(a) int[][] value={{1,2,3},{4,5,6,7,8},{9}};   (b) 矩阵mata

图 5-5 value 数组和 mata 矩阵的存储结构

【思考题 5-1】 实现 Matrix 类声明的以下方法。

```
public void addAll(Matrix mat)                // 矩阵相加，this+=mat，不改变 mat
```

5.2 特殊矩阵的压缩存储

数据压缩技术是计算机软件领域研究的一个重要问题，目前常用的图像、音频、视频等多媒体信息都需要进行数据压缩存储。那么，哪些数据需要压缩存储？如何进行压缩存储？压缩存储的数据结构会发生怎样的变化？

本节目标：以三角矩阵、对称矩阵、稀疏矩阵等特殊矩阵为例，介绍矩阵的压缩存储方法。

矩阵 $A_{m×n}$ 采用二维数组存储，至少占用 $m×n$ 个存储单元。当矩阵阶数很大时，矩阵占用的存储空间容量巨大，因此需要研究矩阵的压缩存储问题，根据不同矩阵的特点设计不同的压缩存储方法，节省存储空间，并保证采用压缩存储的矩阵仍然能够正确地进行各种矩阵运算。

本节讨论两类特殊矩阵的压缩存储方法，① 对于零元素分布有规律的特殊矩阵，如对称矩阵、三角矩阵、对角矩阵等，按照各自特点，采用线性压缩存储或三角形的二维数组，只存储有规律的部分元素；② 对于零元素分布没有规律的稀疏矩阵，只存储非零元素。

5.2.1 三角矩阵、对称矩阵和对角矩阵的压缩存储

1．三角矩阵的压缩存储

三角矩阵包括上三角矩阵和下三角矩阵。设 $A_n=[a_{i,j}]$ 是一个 n（$n>0$）阶矩阵，由 $n×n$ 个元素 $a_{i,j}$（$0≤i,j<n$）组成。当 $i<j$ 时，有 $a_{i,j}=0$，则 A_n 是下三角矩阵；当 $i>j$ 时，有 $a_{i,j}=0$，则 A_n

是上三角矩阵，如图 5-6 所示。

$$A_{n \times n} = \begin{bmatrix} a_{0,0} & 0 & \cdots & 0 & 0 \\ a_{1,0} & a_{1,1} & \cdots & 0 & 0 \\ \vdots & \vdots & & \vdots & \vdots \\ a_{n-2,0} & a_{n-2,1} & \cdots & a_{n-2,n-2} & 0 \\ a_{n-1,0} & a_{n-1,1} & \cdots & a_{n-1,n-2} & a_{n-1,n-1} \end{bmatrix} \qquad A_{n \times n} = \begin{bmatrix} a_{0,0} & a_{0,1} & \cdots & a_{0,n-2} & a_{0,n-1} \\ 0 & a_{1,1} & \cdots & a_{1,n-2} & a_{1,n-1} \\ \vdots & \vdots & & \vdots & \vdots \\ 0 & 0 & \cdots & a_{n-2,n-2} & a_{n-2,n-1} \\ 0 & 0 & \cdots & 0 & a_{n-1,n-1} \end{bmatrix}$$

(a) n 阶下三角矩阵   (b) n 阶上三角矩阵

图 5-6　三角矩阵

下/上三角矩阵的特点是，主对角线之上/下都是零元素，这些零元素的总数计算如下：

$$(n-1)+(n-2)+\cdots+1 = \sum_{i=1}^{n-1} i = \frac{n \times (n-1)}{2}$$

三角矩阵中有近一半的零元素，并且这些零元素分布有规律。下/上三角矩阵压缩存储的通用方法是，只存储主对角线及以下/上三角部分的矩阵元素，不存储主对角线之上/下的零元素。压缩存储方法有以下两种。

（1）线性压缩存储三角矩阵

将下三角矩阵主对角线及其以下元素 $a_{i,j}$，按行主序顺序压缩成线性存储结构，如图 5-7 所示，存储元素个数为 $n \times (n+1)/2$。

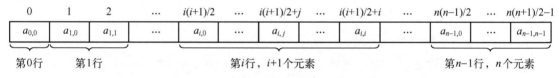

图 5-7　下三角矩阵的行主序线性压缩存储

其中，下三角矩阵主对角线及其以下元素 $a_{i,j}$ 按行主序的线性压缩存储地址为

$$\text{Loc}(a_{i,j}) = \text{Loc}(a_{0,0}) + 1 + 2 + \cdots + i + j = \text{Loc}(a_{0,0}) + \frac{i(i+1)}{2} + j \qquad (0 \leqslant j \leqslant i < n)$$

计算各元素地址时间为 $O(1)$，因此下三角矩阵的线性压缩存储结构是随机存取结构。

（2）使用三角形的二维数组压缩存储三角矩阵

使用二维数组存储下三角矩阵主对角线及其以下元素 $a_{i,j}$，结构如图 5-8 所示，第 i 行一维数组长度为 $i+1$，$a_{i,j}$ 存储在 mat[i][j] 处，计算地址时间为 $O(1)$，因此此存储结构也是随机存取结构。

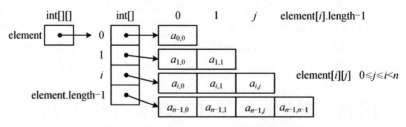

图 5-8　下三角矩阵的三角形二维数组压缩存储

🗨注意：采用压缩存储的上/下三角矩阵，某些矩阵运算将受到限制，如不能直接求得其转置矩阵，不能与非上/下三角矩阵进行矩阵相加运算等。

程序设计语言中，二维数组的存储结构是从静态数组逐步发展变化到动态数组结构的。早期程序设计语言不支持动态数组，只能将三角矩阵压缩成线性存储，实现了数学概念中的矩阵运算。

虽然数学概念中矩阵的行列数是不能动态增减的，但计算机中采用矩阵存储数据，数据量是随时变化的，有些算法问题（如第 7 章图的邻接矩阵存储结构）需要使用可变矩阵存储数据，即矩阵的行数和列数可动态增减。而矩阵线性压缩存储方式在增加或删除一行一列时效率很低。因此，随着程序设计语言支持动态数组，矩阵也采用二维数组的动态压缩存储。

2．对称矩阵的压缩存储

n 阶对称矩阵（symmetrical matrix）是指一个 n 阶矩阵 A_n 中的元素 $a_{i,j}$（$0 \leqslant i,j < n$）满足 $a_{i,j} = a_{j,i}$。对称矩阵的压缩存储原则是，只存储其中下（或上）三角部分元素。例如，将对称矩阵主对角线及其以下部分元素按行主序顺序压缩成线性存储，见图 5-7，存储 $n \times (n+1)/2$ 个元素，矩阵元素 $a_{i,j}$ 的线性压缩存储地址为

$$\text{Loc}(a_{i,j}) = \begin{cases} \text{Loc}(a_{0,0}) + \dfrac{i(i+1)}{2} + j, & 0 \leqslant j \leqslant i < n \\ \text{Loc}(a_{0,0}) + \dfrac{j(j+1)}{2} + i, & 0 < i < j < n \end{cases}$$

使用三角形二维数组压缩存储对称矩阵中的下（上）三角部分元素，结构类似图 5-8。

3．对角矩阵的压缩存储

一个矩阵如果其所有的非零元素都集中在以主对角线为中心的带状区域中，则称该矩阵为对角矩阵（diagonal matrix）。有 n 阶矩阵，当 $i \neq j$（$0 \leqslant i,j < n$）时，有 $a_{i,j} = 0$，则它是主对角矩阵；当 $|i-j| > 1$ 时，有 $a_{i,j} = 0$，则它是三对角矩阵，如图 5-9 所示。

$$A_{n \times n} = \begin{bmatrix} a_{0,0} & 0 & \cdots & 0 \\ 0 & a_{1,1} & \cdots & 0 \\ \vdots & \vdots & & \vdots \\ 0 & 0 & \cdots & a_{n-1,n-1} \end{bmatrix} \qquad A_{n \times n} = \begin{bmatrix} a_{0,0} & a_{0,1} & 0 & \cdots & 0 & 0 \\ a_{1,0} & a_{1,1} & a_{1,2} & \cdots & 0 & 0 \\ 0 & a_{2,1} & a_{2,2} & \cdots & 0 & 0 \\ \vdots & \vdots & \vdots & & \vdots & \vdots \\ 0 & 0 & 0 & \cdots & a_{n-2,n-2} & a_{n-2,n-1} \\ 0 & 0 & 0 & \cdots & a_{n-1,n-2} & a_{n-1,n-1} \end{bmatrix}$$

(a) n 阶主对角矩阵   (b) n 阶三对角矩阵

图 5-9　对角矩阵

多对角矩阵的压缩存储原则是，只存储主对角线及其两侧部分元素。例如，将主对角矩阵中主对角线元素顺序压缩成线性存储，存储元素个数为 n，矩阵元素 $a_{i,i}$ 的线性压缩存储地址为 $\text{Loc}(a_{i,i}) = \text{Loc}(a_{0,0}) + i$。

总之，对这些零元素分布有规律的特殊矩阵，采用线性压缩存储，重点是找到矩阵元素与其存储地址的线性映射公式，使 get() 和 set() 方法的时间复杂度是 $O(1)$，这样既压缩了存储空间，又不会增加存取元素花费的时间，在没有降低效率的前提下实现各种矩阵运算。

5.2.2　稀疏矩阵的压缩存储

稀疏矩阵（sparse matrix）是指矩阵中非零元素个数远远小于矩阵元素个数，且非零元素分布没有规律。设矩阵 $A_{m \times n}$ 中有 t 个非零元素，称 $\delta = t/(m \times n)$ 为矩阵的稀疏因子，通常 $\delta \leqslant 0.05$ 的

矩阵称为稀疏矩阵。例如，以下 $A_{5×6}$、$B_{5×6}$ 可看作稀疏矩阵（虽然不够稀疏）。

$$A_{5×6}=\begin{bmatrix} 0 & 0 & 11 & 0 & 17 & 0 \\ 0 & 20 & 0 & 0 & 0 & 0 \\ 0 & 0 & 0 & 0 & 0 & 0 \\ 19 & 0 & 36 & 0 & 0 & 28 \\ 0 & 0 & 50 & 0 & 0 & 0 \end{bmatrix} \qquad B_{5×6}=\begin{bmatrix} 0 & 0 & -11 & 0 & -17 & 0 \\ 0 & 0 & 0 & 0 & 0 & 0 \\ 0 & 0 & 0 & 51 & 0 & 0 \\ 10 & 0 & 0 & 0 & 0 & 0 \\ 0 & 23 & 0 & 0 & 16 & 0 \end{bmatrix}$$

1. 稀疏矩阵非零元素三元组

由于稀疏矩阵中的零元素非常多，且分布没有规律，因此稀疏矩阵的压缩存储原则是只存储矩阵中的非零元素。而仅存储非零元素值本身显然是不够的，还必须记住该元素的位置。所以，采用以下结构的三元组表示一个矩阵元素的行号、列号和元素值。

稀疏矩阵非零元素三元组(row 行号, column 列号, value 元素值)

一个三元组(i, j, v)能够唯一确定一个矩阵元素 $a_{i,j}$。一个稀疏矩阵所有非零元素的三元组构成一个线性表。例如，上述稀疏矩阵 $A_{5×6}$ 所有非零元素的三元组按行主序构成的线性表如下：$((0, 2, 11), (0, 4, 17), (1, 1, 20), (3, 0, 19), (3, 2, 36), (3, 5, 28), (4, 2, 50))$。

一个稀疏矩阵可由其非零元素的三元组线性表及行列数唯一确定。至此，稀疏矩阵的压缩存储问题转化为三元组线性表的存储问题。三元组线性表可采用顺序存储结构和链式存储结构存储。

（1）三元组类

声明描述稀疏矩阵非零元素的三元组类 Triple 如下，实现 java.lang.Comparable<T>接口，提供比较三元组对象大小的 compareTo()方法。

```java
public class Triple implements Comparable<Triple>    // 稀疏矩阵非零元素三元组类，实现可比较接口
{
    int row, column, value;                          // 行号、列号、元素值，默认访问权限
    // 构造方法，参数依次指定行号、列号、元素值。若行号、列号为负，则抛出无效参数异常
    public Triple(int row, int column, int value)
    {
        if(row>=0 && column>=0)
        {
            this.row = row;
            this.column = column;
            this.value = value;
        }
        else
            throw new IllegalArgumentException("行、列号不能为负数: row="+row+", column="+column);
    }
    public Triple(String triple)                     // 以字符串构造，形式为 "(,,)"，没有空格
    {
        int i=triple.indexOf(','), j=triple.indexOf(',', i+1);   // 查找两个','字符的序号
        this.row = Integer.parseInt(triple.substring(1, i));     // 未处理数值格式异常
        this.column=Integer.parseInt(triple.substring(i+1, j));
        this.value=Integer.parseInt(triple.substring(j+1, triple.length()-1));
        if(this.row<0 || this.column<0)
            throw new IllegalArgumentException("行、列号错误: row="+row+", column="+column);
```

```
    }
    public Triple(Triple triple)                          // 拷贝构造方法，复制一个三元组
    {
        this(triple.row, triple.column, triple.value);
    }
    public String toString()                              // 返回三元组描述字符串
    {
        return "("+row+","+column+","+value+")";
    }
    public Triple toSymmetry()                            // 返回矩阵对称位置元素的三元组
    {
        return new Triple(this.column, this.row, this.value);
    }
    public boolean equals(Object obj)            // 比较 this 与 obj 三元组是否相等，比较其位置和元素值
    {
        if(this==obj)
            return true;
        if(obj instanceof Triple)
        {
            Triple triple = (Triple)obj;
            return this.row==triple.row && this.column==triple.column && this.value==triple.value;
        }
        return false;
    }
    // 根据行列位置（行主序）比较三元组对象大小，与元素值无关，约定三元组排序次序
    public int compareTo(Triple triple)
    {
        if(this.row==triple.row && this.column==triple.column)    // 相等条件，与 equals()方法含义不同
            return 0;
        return (this.row<triple.row || this.row==triple.row && this.column<triple.column)?-1:1;
    }
}
```

⚠注意：Triple 类 equals()、compareTo()方法的比较规则不同。equals()方法用于识别三元组对象，比较三元组的行号、列号和元素值。compareTo()方法用于约定三元组的排序次序，只需要比较三元组行列号的大小，与元素值无关。

（2）三元组的比较器类

声明 TripleComparator 比较器类如下，实现 Comparator<T>比较器接口（见 2.4.1 节），提供三元组按值比较大小的 compare()方法。

```
// 三元组的比较器类，按值比较 Triple 对象大小
public class TripleComparator  implements java.util.Comparator<Triple>
{
    public int compare(Triple triple1, Triple triple2)          // 比较 Triple 类对象相等和大小
    {
        return (int)(triple1.value - triple2.value);            // 三元组按值比较大小
    }
}
```

2．稀疏矩阵三元组顺序表

采用顺序存储结构存储稀疏矩阵三元组线性表，称为三元组顺序表。类声明如下，使用排序顺序表对象作为成员变量。

```
public class SeqMatrix                   // 稀疏矩阵类，采用三元组顺序表存储
{
    int rows, columns;                   // 矩阵行数、列数
    SortedSeqList<Triple> list;          // 排序顺序表，存储稀疏矩阵三元组线性表
}
```

上述稀疏矩阵 $A_{5\times6}$ 的三元组顺序表存储结构如图 5-10 所示。其中，整型变量 rows、columns 分别表示矩阵的行数和列数；顺序表 list 存储稀疏矩阵的所有非零元素三元组 Triple 对象。为了能够按矩阵形式输出，list 必须是排序顺序表，按行主序排序存储。

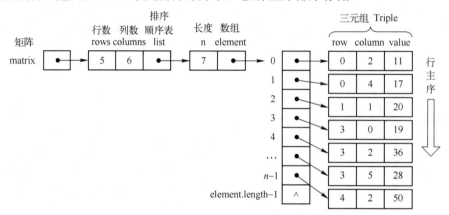

图 5-10　稀疏矩阵 $A_{5\times6}$ 的三元组顺序表

顺序表能够存储矩阵元素并实现矩阵运算，但是若矩阵元素的值发生变化，一个零元素变成非零元素，就要向顺序表中插入一个三元组；若非零元素变成零元素，就要从顺序表中删除一个三元组。三元组顺序表的插入、删除操作很频繁，数据移动量较大，算法效率较低；而且，存取第 i 行的一个元素需要遍历前 i 行中的所有元素，get( )、set( )方法的时间复杂度为 $O(n)$，n 为顺序表长度。因此，采用三元组顺序表压缩存储的矩阵失去了随机存取特性。

3．稀疏矩阵三元组单链表

采用链式存储结构的稀疏矩阵的三元组线性表称为三元组链表，主要有三种：单链表、行的单链表、十字链表，通常使用行的单链表和十字链表，它们的存储结构是顺序和链式存储结构的有效组合，具有两者的优点。

上述稀疏矩阵 $A_{5\times6}$ 的三元组单链表存储结构如图 5-11 所示。其中，rows、columns 分别表示矩阵的行数和列数；排序单链表 list 存储稀疏矩阵的所有非零元素三元组 Triple 对象，按行主序排序存储，未画单链表头结点。

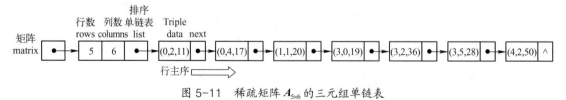

图 5-11　稀疏矩阵 $A_{5\times6}$ 的三元组单链表

在三元组单链表中，存取第 i 行元素 $a_{i,j}$ 需要遍历前 i 行的所有元素，因此时间效率较低。

4．稀疏矩阵行的单链表

如果将上述三元组单链表分散成多条较短的单链表，则将缩小查找范围。

稀疏矩阵行的单链表是指，将稀疏矩阵每行的非零元素三元组组成一条单链表，一个稀疏矩阵由多行单链表组成；使用一个行指针顺序表记住每行的单链表，行指针顺序表的元素为排序单链表，长度是矩阵行数。例如，前述稀疏矩阵 $A_{5×6}$ 行的单链表如图 5-12 所示，未画单链表头结点。

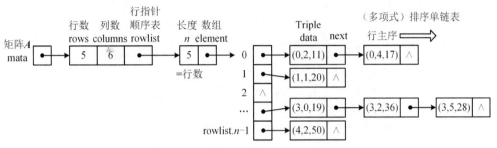

图 5-12　稀疏矩阵 $A_{5×6}$ 的行的单链表

在矩阵行的单链表中，存取第 i 行元素 $a_{i,j}$ 只要遍历第 i 行单链表即可，时间效率较高。

（1）声明行的单链表矩阵类

声明 LinkedMatrix 矩阵类如下，采用行的单链表存储，成员变量 rows、columns 分别表示矩阵行数和列数；list 表示行指针顺序表，元素类型是 SortedSinglyList<Triple> 排序单链表。

```java
public class LinkedMatrix                          // 行的单链表存储的矩阵类
{
    private int rows, columns;                     // 矩阵行数、列数
    SeqList<SortedSinglyList<Triple>> rowlist;     // 行指针顺序表，元素是排序单链表，默认权限
    // 构造 m×n 矩阵，元素为 0。若 m<0 或 n<0，则参数错，抛出无效参数异常
    public LinkedMatrix(int m, int n)
    {
        if(m>=0 && n>=0)
        {
            this.rows = m;
            this.columns = n;
            this.rowlist=new SeqList<SortedSinglyList<Triple>>(m);  // 构造顺序表，元素初值为 null
            for(int i=0; i<m; i++)                  // 顺序表增加 m 个空单链表
                // 顺序表尾插入，自动扩容；排序单链表默认升序
                this.rowlist.insert(new SortedSinglyList<Triple>());
        }
        else
            throw new IllegalArgumentException("矩阵行列数不能<0, m="+m+", n="+n);
    }
    public LinkedMatrix(int n)                      // 构造 n×n 矩阵，元素为 0
    {
        this(n, n);
    }
    public LinkedMatrix()                           // 构造 0×0 矩阵；存储容量为最小值
```

```
{
    this(0, 0);
}
public LinkedMatrix(int m,int n, Triple[] tris)  // 构造 m×n 矩阵, 由 tris 三元组数组提供元素值
{
    this(m, n);
    for(int i=0; i<tris.length; i++)
        this.set(tris[i]);                       // 按行主序插入一个元素的三元组
}
// 构造 m×n 矩阵, tris 字符串指定三元组形式的元素序列, ","分隔, 没有空格
public LinkedMatrix(int m, int n, String tris)
{
    this(m, n);
    int start=0, end=0;
    while(start<tris.length() && (end=tris.indexOf(')', start))!=-1)
    {
        this.set(new Triple(tris.substring(start, end+1)));     // start~end 子串是一个三元组
        start=end+2;
    }
}
public int getRows()                             // 返回矩阵行数。方法体省略
public int getColumns()                          // 返回矩阵列数。方法体省略
……                                              // 稍后给出其他成员方法的声明和实现
}
```

（2）返回矩阵元素

LinkedMatrix 类声明以下 get()成员方法，返回矩阵元素 $a_{i,j}$。算法在第 i 行排序单链表中顺序查找三元组对象$(i,j,0)$，比较三元组大小；若查找成功，则返回元素值，否则返回 0。

```
public int get(int i, int j)            // 返回矩阵第 i 行第 j 列元素。若 i、j 序号越界, 则抛出序号越界异常
{
    if(i>=0 && i<this.rows && j>=0 && j<this.columns)
    {
        // 在第 i 行排序单链表中顺序查找三元组(i,j,0), 按位置比较三元组大小
        Node<Triple> find = this.rowlist.get(i).search(new Triple(i, j, 0));
        return (find!=null) ? find.data.value : 0;      // 若查找成功, 则返回元素值, 否则返回 0
    }
    throw new IndexOutOfBoundsException("i="+i+", j="+j);
}
```

（3）设置矩阵元素

在矩阵行的单链表中，设置矩阵第 i 行第 j 列元素为 x，算法先在第 i 行排序单链表中顺序查找三元组对象$(i,j,?)$，根据查找结果，再分别执行以下操作：

① 查找成功，若 $x=0$，则删除该三元组$(i,j,?)$结点，否则将该三元组$(i,j,?)$的值替换为 x。

② 查找不成功，插入三元组(i,j,x)结点。

LinkedMatrix 类声明以下重载的成员方法，设置矩阵元素值。其中，查找、插入和删除都需要调用 Triple 类的 compareTo()方法按行主序比较三元组对象相等和大小。

```
public void set(int i, int j, int x)    // 设置矩阵第 i 行第 j 列元素为 x。查找、插入、删除算法均比较三元组大小
```

```
{
    if(i>=0 && i<this.rows && j>=0 && j<this.columns)
    {
        SortedSinglyList<Triple> link = this.rowlist.get(i);          // 获得第 i 行排序单链表
        if(x==0)
            link.remove(new Triple(i,j,0));              // 若查找成功，则删除(i,j,?)结点
        else
        {   // 查找再插入或替换元素操作，遍历 link 排序单链表二次
            Triple tri = new Triple(i,j,x);
            Node<Triple> find=link.search(tri);          // 顺序查找 tri，若元素>tri，查找不成功
            if(find!=null)
                find.data.value = x;                     // 查找成功，修改 find 引用对象的成员变量值
            else
                link.insert(tri);                // 查找不成功，排序单链表 link 按(i,j)次序插入三元组 tri
        }
    }
    else
        throw new IndexOutOfBoundsException("i="+i+", j="+j);        // 抛出序号越界异常
}
public void set(Triple tri)                          // 以三元组 tri 设置矩阵元素
{
    this.set(tri.row, tri.column, tri.value);
}
```

（4）输出矩阵

LinkedMatrix 类声明以下成员方法，输出矩阵。

```
public String toString()                                // 返回稀疏矩阵三元组行的单链表描述字符串
{
    String str="";
    for(int i=0; i<this.rowlist.size(); i++)            // 循环次数为行指针顺序表长度
        str += i+" -> "+this.rowlist.get(i).toString()+"\n";  // 获得第 i 行排序单链表描述字符串
    return str;
}
public void printMatrix()                               // 输出矩阵
{
    System.out.println("矩阵"+this.getClass().getName()+" ("+rows+"x"+columns+" ): ");
    for(int i=0; i<this.rows; i++)
    {
        Node<Triple> p = this.rowlist.get(i).head.next;   // 遍历第 i 行排序单链表
        for(int j=0; j<this.columns; j++)
        {
            if(p!=null && j==p.data.column)               // 有 i==p.data.row
            {
                System.out.print(String.format("%4d", p.data.value));
                p = p.next;
            }
            else
                System.out.print(String.format("%4d", 0));
        }
```

```
            System.out.println();
        }
    }
```

（5）设置矩阵行列数

LinkedMatrix 类声明以下成员方法设置矩阵行列数，用于 7.2.2 节图的邻接表存储结构。

```
// 设置矩阵为 m 行 n 列。若 m 指定行数较大，则将行指针顺序表扩容，使用原各行单链表
public void setRowsColumns(int m, int n)
{
    if(m>=0 && n>=0)
    {
        if(m > this.rows)                                        // 若 m 参数指定行数较大
            for(int i=this.rows; i<m; i++)
                this.rowlist.insert(new SortedSinglyList<Triple>());    // 顺序表尾插入，自动扩容
        this.rows = m;
        this.columns = n;
    }
    else
        throw new IllegalArgumentException("矩阵行列数不能<0, m="+m+", n="+n);
}
```

【思考题 5-2】 实现 LinkedMatrix 类声明的以下方法。

```
public Triple minValue()    // 求矩阵非 0 元素最小值三元组，使用 TripleComparator 比较器比较 Triple 对象大小
```

【例 5.2】 稀疏矩阵的压缩存储及运算。

本例采用行的单链表存储稀疏矩阵。构造矩阵 $A_{5×6}$ 的调用方法如下，矩阵 $A_{5×6}$ 的存储结构见图 5-12。

```
Triple[] elema={new Triple(0,2,11), new Triple(0,4,17), new Triple(1,1,20),
                new Triple(3,0,19), new Triple(3,2,36), new Triple(3,5,28), new Triple(4,2,50)};
LinkedMatrix mata = new LinkedMatrix(5,6,elema);
System.out.print("A 矩阵三元组行的单链表: \n"+mata.toString());
mata.printMatrix();
```

【思考题 5-3】 画出前述 $B_{5×6}$ 行的单链表存储结构，写出构造矩阵 B 的调用语句。

（6）比较矩阵相等

两个矩阵相等的条件是，矩阵行数和列数相同，并且所有位置相同的对应元素值相同。
在 LinkedMatrix 类中增加以下方法，比较矩阵是否相等。

```
public boolean equals(Object obj)                      // 比较 this 与 obj 矩阵是否相等
{
    if(this==obj)
        return true;
    if(obj instanceof LinkedMatrix)
    {
        LinkedMatrix mat=(LinkedMatrix)obj;
        return this.rows==mat.rows && this.columns==mat.columns && this.rowlist.equals(mat.rowlist);
    }
    return false;
}
```

其中，this.rowlist.equals(mat.rowlist)的调用过程如图 5-13 所示，先调用 SeqList<T>类的 equals(obj)方法，比较两个顺序表是否相等；由于顺序表元素是单链表，再调用 SinglyList<T> 类的 equals(obj)方法；最后调用 Triple 类的 equals(obj)方法，比较两个三元组的行号、列号和元素值是否相等。

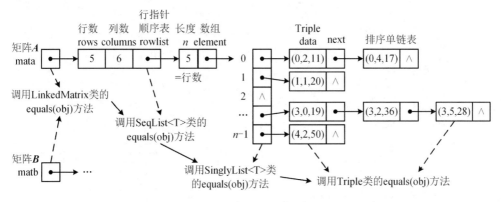

图 5-13　LinkedMatrix 类 equals(obj)方法的调用过程

（7）矩阵相加

矩阵加法运算定义见典型案例 5-1，数学中约定，只有相同阶数的两个矩阵才能相加。

对于采用行的单链表存储的矩阵，其矩阵相加算法分别将两个矩阵的第 i 行排序单链表相加合并，此时矩阵相加的合并算法同多项式相加算法（见 2.5.1 节），一个三元组就是多项式中的一项。因此，Triple 类和 LinkedMatrix 类都要增加功能。

① Triple 三元组类声明实现 Addible<T>接口（见 2.5.1 节）如下。

```
public class Triple implements Comparable<Triple>, Addible<Triple>    // 稀疏矩阵非零元素三元组类
{
    ……                                    // 前述成员变量、成员方法
    public void add(Triple term)           // 相加，this+=tri，实现 Addible<T>接口
    {
        this.value += term.value;
    }
    public boolean removable()             // 约定删除元素条件，实现 Addible<T>接口
    {
        return this.value==0;              // 不存储值为 0 的元素
    }
}
```

② LinkedMatrix 矩阵类，声明行指针顺序表的元素类型是 PolySinglyList<Triple>多项式排序单链表（见 2.5.1 节）如下，并增加 addAll(mat)方法实现矩阵相加运算。

```
public class LinkedMatrix                            // 行的单链表存储的矩阵类
{
    private int rows, columns;                       // 矩阵行数、列数
    SeqList<PolySinglyList<Triple>> rowlist;         // 行指针顺序表，元素是多项式排序单链表
    ……                  // 将各处 SortedSinglyList<Triple>替换为 PolySinglyList<Triple>
    public void addAll(LinkedMatrix mat)  // 矩阵相加，this+=mat，合并两行排序单链表的算法同多项式相加
    {
        if(this.rows==mat.rows && this.columns==mat.columns)
```

```
            for(int i=0; i<this.rows; i++)
                this.rowlist.get(i).addAll(mat.rowlist.get(i));        // 调用多项式单链表相加算法
        else
            throw new IllegalArgumentException("两个矩阵阶数不同，不能相加");
    }
}
```

例 5.2 继续，调用语句如下，创建前述稀疏矩阵 $B_{5\times6}$，并进行 $A+=B$，结果如图 5-14 所示。

```
String elemb="(0,2,-11),(0,4,-17),(2,3,51),(3,0,10),(4,1,23),(4,4,16)";
LinkedMatrix matb = new LinkedMatrix(5,6,elemb);
System.out.print("\nB 矩阵三元组行的单链表: \n"+matb.toString());
mata.addAll(matb);
System.out.println("\nA+=B 矩阵三元组行的单链表: \n"+mata.toString());
```

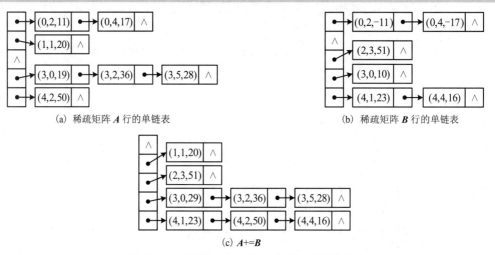

(a) 稀疏矩阵 A 行的单链表   (b) 稀疏矩阵 B 行的单链表

(c) $A+=B$

图 5-14　矩阵相加 $A+=B$，采用行的单链表

LinkedMatrix 类的矩阵相加 addAll()方法中，调用 PolySinglyList<T>类的 addAll()方法实现多项式相加，元素是 Triple 三元组。算法逐个比较第 i 行单链表中对应的三元组，如果两个三元组表示相同位置的矩阵元素，则矩阵元素相加，不存储相加结果为 0 的元素；否则，将 mat 矩阵第 i 行单链表中的三元组结点，按行列号插入 this 矩阵第 i 行单链表。

PolySinglyList<T>类的 addAll()方法中与元素 T 有关的运算，委托 Addible<T>接口约定了 add()和 removable()方法声明。而多项式的 TermX 项类和 Triple 三元组类声明实现 Addible<T>接口，两者为 add()和 removable()方法提供自己类所需的实现，运行时多态。

这就是 2.5.1 节为什么要声明 PolySinglyList<T>类带泛型参数的原因，当表示多项式时，T 的实际参数类型是多项式的一项 TermX；当表示稀疏矩阵时，T 的实际参数类型是三元组类 Triple。多项式相加算法 addAll(rowlist)适用于两者。

5．稀疏矩阵十字链表

按行的单链表存储的稀疏矩阵，可以很快地找到同一行的后继非零元素，但很难找到同一列的后继非零元素。如果需要快速找到元素的行后继和列后继，那么可用十字链表。

稀疏矩阵的十字链表存储结构，将各行的非零元素和各列的非零元素分别链接成三元组单链表。每个非零元素结点，除了存储三元组，还要指向行后继和列后继，结点结构如下：

稀疏矩阵十字链表结点(data 数据域，down 行后继结点地址域，next 列后继结点地址域)

从行的角度看，需要一个"行指针数组"保存行的单链表，行指针数组长度是矩阵行数；同样，从列的角度看，也需要一个"列指针数组"保存列的单链表，列指针数组长度是矩阵列数。例如，稀疏矩阵 $A_{5 \times 6}$ 的十字链表如图 5-15 所示。

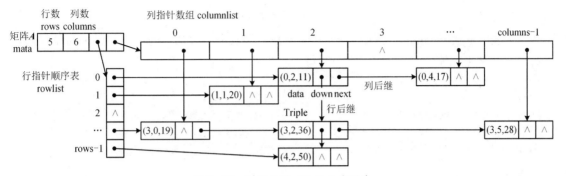

图 5-15　稀疏矩阵 $A_{5 \times 6}$ 的十字链表

存取一个元素，既可以在指定行的单链表中查找，也可以在指定列的单链表中查找。查找一个元素的时间最多为 $O(s)$，其中 s 为某行或某列上非零元素个数。

声明稀疏矩阵十字链表的结点类和矩阵类如下：

```
public class CrossNode                          // 矩阵十字链表结点类
{
    Triple data;                                // 数据域表示三元组
    CrossNode down, next;                        // down、next 分别指向行后继和列后继结点
}
public class CrossLinkedMatrix                   // 十字链表存储的矩阵类
{
    private int rows, columns;                   // 矩阵行数、列数
    private CrossNode rowheads[], columnheads[]; // 行指针数组和列指针数组
}
```

5.3　广义表

在前几章讨论的线性结构中，数据元素都是非结构的原子类型，不可分解。如果放宽对表中元素的限制，允许表中元素自身具有某种结构，这就引入广义表概念。

广义表是数据元素可以是子结构的线性结构，能够表示树结构、图结构和递归表。广义表在文本处理、人工智能和计算机图形学等领域有着广泛的应用。

5.3.1　广义表定义及抽象数据类型

1. 广义表定义

广义表（generalized list）$(a_0, a_1, \cdots, a_{n-1})$ 是 n（$n \geqslant 0$）个数据元素 $a_0, a_1, \cdots, a_{n-1}$ 组成的有限序列。其中，a_i（$0 \leqslant i < n$）是原子或子广义表，原子是不可分解的数据元素，n 称为广义表长度，当 $n=0$ 时，为空表。广义表语法图如图 5-16 所示，其中"（"和"）"是开始和结束标记，","是元素的分隔符，也可以省略"表名"。

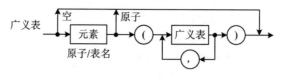

图 5-16 广义表语法图

广义表的<u>深度</u>（depth）是指子表嵌套的层数，即表中所含括号的层数，原子的深度为 0，空表的深度为 1。例如，以下约定大写字母表示表名，小写字母表示原子。

```
E()                                           // 空表 E，长度 0，深度 1
L(a, b)                                        // 线性表 L，元素全部是原子，长度 2，深度 1
T(c, L) = T(c, L(a,b))                         // 树 T，元素包含子表 L，长度 2，深度 2
G(d, L, T) = G(d, L(a,b), T(c, L(a,b)))        // 图 G，元素包含子表 L、T，长度 3，深度 3
Z(e, Z) = Z(e, Z(e, Z(e, Z(…))))              // 递归表 Z，元素包含自身表 Z，长度 2，深度无穷
```

2．广义表的特性

广义表的特性说明如下，其中涉及的树和图概念详见第 6、7 章。

（1）线性结构

广义表是一种线性结构，数据元素之间是线性关系，如 $L(a, b)$、$T(c, L)$。广义表是线性表的扩展，线性表是广义表的特例。若广义表的元素全部是原子，则它是线性表，如 $L(a, b)$ 是线性表。

（2）子表嵌套，层次结构

广义表中的子表可嵌套多层，若广义表中有子表但没有共享和递归成分，则构成具有层次结构的<u>树</u>，如 $T(c, L(a, b))$ 是树。广义表中的原子对应树中的叶子结点，子表对应子树。

（3）包含共享元素

若广义表中有子表且包含共享元素，则构成图结构。例如，$G(d, L, T(c, L))$ 是图，其中图 G 中的 L 与 T 中的 L 是同一个子表，L 就是共享子表。

（4）可递归

若广义表中有子表且广义表或子表是自身的元素，则构成图结构，也称为递归表。递归表的长度有限，深度无穷。例如，$Z(e, Z)$ 是递归表，包含 Z 到 Z 的自身环。

广义表是递归定义的，能够表示所有基本数据结构（线性表、树、图、递归表），这些数据结构之间的包含关系是：递归表 $\supseteq$ 图 $\supseteq$ 树 $\supseteq$ 线性表。

3．广义表的典型案例

【典型案例 5-2】 省市间隶属关系的广义表表示，树。

一棵省市树的广义表表示如下，表示国家、省份、城市、区县间的隶属关系，它是包含子表的树结构。

中国(北京, 上海, 江苏(南京, 苏州), 浙江(杭州), 广东(广州))

一棵专业树的广义表表示如下，表示高等学校系别、专业、班级间的隶属关系，也是树。

大学(数学, 物理, 化学, 天文, 地理, 历史, 生物(动物, 植物, 生物化学), 地质, 经济,
     计算机(计算机科学与技术, 软件工程, 网络工程))

4．广义表的抽象数据类型

广义表的操作主要有：创建广义表、判断是否空表、遍历、求长度和深度、插入和删除元

素、查找原子、比较相等、复制等。

声明 GenLList<T>接口如下，表示广义表抽象数据类型，其中 GenNode<T>是广义表结点。

```
// 广义表接口，广义表抽象数据类型，T 表示数据元素的数据类型，其中方法修饰符默认 public abstract
public interface GenLList<T>
{
    boolean isEmpty();                              // 判断是否空表，若为空，则返回 true
    int size();                                     // 返回广义表长度
    int depth();                                    // 返回广义表深度
    GenNode<T> get(int i);                          // 返回第 i 个结点，0≤i<表长度
    GenNode<T> insert(int i, T x);                  // 插入原子 x 作为第 i 个结点，返回插入结点
    GenNode<T> insert(int i, GenList<T> genlist);   // 插入子表 genlist 作为第 i 个结点，返回插入结点
    GenNode<T> remove(int i);                       // 删除第 i 个结点，0≤i<表长度，返回被删除结点
    void clear();                                   // 删除所有结点，头结点和表名仍在
    GenNode<T> search(T key);                       // 查找并返回首个与 key 相等的原子结点
    GenNode<T> remove(T key);                       // 查找并删除首个与 key 相等的原子结点，返回被删除结点
}
```

5.3.2 广义表的存储结构和实现

1. 广义表的存储结构

由于广义表中可以包含子表，因此不能用顺序存储结构表示，通常采用链式存储结构。一个结点表示一个元素，既要有指向后继结点的链，也要有指向子表的链，结构如下：

广义表结点(data 数据域，child 子表地址域，next 后继结点地址域)

将原子结点的 child 域值设置为 null。因此，child 域是否为 null 成为区分原子和子表的标志。前述图 G 和递归表 Z 的存储结构如图 5-17 所示，图 G 中的 L 与 T 中的 L 是共享子表，只存储一条链表。

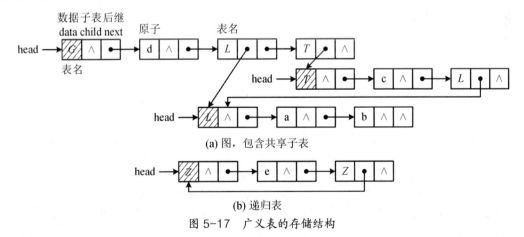

图 5-17　广义表的存储结构

广义表的存储结构必须带头结点。child 域指向的是子表的头结点，当对共享子表进行头插入或头删除操作时，头结点的地址没有改变，因此对其他多个指向该子表的链没有影响。

如果广义表的存储结构没有头结点，则对共享子表进行头插入和头删除操作将产生错误。例如，图 G 不带头结点的存储结构如图 5-18(a)所示，此时 child 域指向子表的首个结点。通过 G 访问子表 L 并删除 L 首个结点 a 后，G 中 L 结点的 child 指向原 a 结点的后继结点 b，如

图 5-18(b)所示；该删除操作并没有影响表 T 中 L 结点的 child 域，它仍然指向 L 的原首个结点 a（已被删除），这样的操作结果显然是错误的。类似地，对共享子表进行头插入操作，存在同样错误。

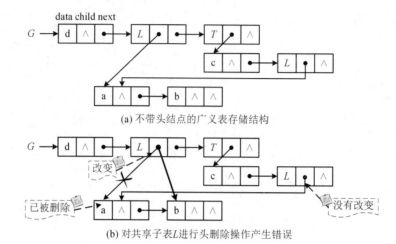

(a) 不带头结点的广义表存储结构

(b) 对共享子表 L 进行头删除操作产生错误

图 5-18 不带头结点的广义表存储结构，对共享子表 L 进行头删除操作产生错误

2. 广义表结点类

声明 GenNode<T>广义表结点类如下。其中，成员变量 child 指向 GenList<T>子表，GenList<T>是广义表类，稍后给出声明；next 指向后继结点。方法体省略。

```
public class GenNode<T>                                  // 广义表结点类，T 表示数据元素的数据类型
{
    public T data;                                        // 数据域
    public GenList<T> child;                              // 地址域，指向子表
    public GenNode<T> next;                               // 地址域，指向后继结点
    public GenNode(T data, GenList<T> child, GenNode<T> next)    // 构造方法
    public GenNode()
    public String toString()                             // 返回结点数据域的描述字符串
}
```

3. 广义表类

声明 GenList<T>广义表类如下，实现广义表抽象数据类型声明的操作，其中 head 是头指针。GenNode<T>结点类与 GenList<T>广义表类是间接递归引用关系。方法体省略。

```
// 广义表类，带表名，使用头结点的 data 域存储表名；可插入共享子表，不能构造共享子表；不是递归表
public class GenList<T> implements GenLList<T>
{
    public GenNode<T> head;                              // 头指针，指向头结点
    public GenList()                                     // 构造空广义表，表名为 null
    {
        this.head = new GenNode<T>(null, null, null);   // 创建头结点
    }
    public GenList(T data)                               // 构造空广义表，data 指定表名
    {
        this.head = new GenNode<T>(data, null, null);   // 头结点的 data 域存储表名
    }
```

```
// 构造广义表, data 指定表名, atoms[]指定原子初值, 构造的是线性表。算法同单链表, 方法体省略
public GenList(T data, T[] atoms)
public String toString()                              // 返回 this 广义表的描述字符串
{
    return this.toString(this);
}
public String toString(GenList<T> genlist)    // 返回 genlist 广义表的描述字符串, 遍历算法, 间接递归方法
{
    String str=(genlist.head.data==null?"":genlist.head.data.toString())+"(";  // 无/有名表
    for(GenNode<T> p=genlist.head.next; p!=null; p=p.next)    // 遍历 genlist 广义表, 不能是递归表
        str += toString(p)+(p.next!=null?",":"");         // 调用访问 p 结点
    return str+")";                                      // 空表返回()
}
public String toString(GenNode<T> p)                  // 返回 p 结点的广义表字符串, 间接递归方法
{
    if(p==null)
        return null;
    return  p.child==null ? p.data.toString() : toString(p.child);  // 若有子表, 则递归调用 p.child 子表
}
public int depth()                                    // 返回广义表深度, 递归方法, 方法体省略

// 插入原子 x 作为第 i 个结点, x!=null, 返回插入的原子结点。
// 对 i 容错, 若 i<0, 则头插入; 若 i>长度, 则尾插入。算法同单链表, 方法体省略
public GenNode<T> insert(int i, T x)
public GenNode<T> insert(T x)                          // 尾插入原子 x

// 插入子表 glist 作为第 i 个结点, genlist!=null, 返回插入的子表结点。算法同单链表。
// 在插入的子表结点中, datad 存储 genlist 子表表名, child 引用 genlist 子表对象,
// 若 genlist 是 this 中的子表, 则 genlist 成为共享子表。genlist!=this, 不使 this 成为递归表
public GenNode<T> insert(int i, GenList<T> genlist)
{
    if(genlist==null || this==genlist)                 // 不插入结点
        return null;
    GenNode<T> front=this.head;                        // front 指向头结点
    for(int j=0; front.next!=null && j<i; j++)         // 寻找第 i-1 个或最后一个结点 (front 指向)
        front = front.next;
    // 在 front 之后插入子表结点, 有表名, child 指向 (引用) genlist 子表, 可共享
    front.next = new GenNode<T>(genlist.head.data, genlist, front.next);
    return front.next;                                 // 返回插入的子表结点
}
public GenNode<T> insert(GenList<T> genlist)           // 尾插入子表 genlist
......                                                  // 实现 GenLList<T>接口声明的方法, 方法体省略
}
```

4. 由广义表表示构造广义表

GenList<T>广义表类声明带泛型参数 T, 元素类型是 T。由于任何一个类的对象都能调用 toString()方法返回其描述字符串, 因此 GenList<T>类提供 toString()方法可返回广义表描述字符串。

而 GenList<T>类无法提供按照图 5-16 语法定义的广义表的构造方法。因为在图 5-16 定义的广义表语法图中，采用"("、")"等字符作为语法成分的分隔符，所以广义表的元素类型是字符串，构造的广义表是 GenList<String>对象，不是 GenList<T>对象。因此，GenList<T>类不能提供字符串作为参数的构造方法。

以下声明 GenList 类，给出由广义表表示字符串构造广义表的方法，算法描述如下，递归算法，由两个静态方法完成。

```java
public class GenLists                                        // 广义表操作类
{
    private static int i=0;                                  // 静态成员变量
    // 返回以 gliststr 表示创建的广义表，gliststr 语法正确，不是 null、空串""
    public static GenList<String> create(String gliststr)
    {
        i=0;
        return createsub(gliststr, null);                    // 构造树，没有共享子表
    }
    // 返回从 gliststr[i]开始的子串创建的子广义表，data 指定表名；原子和表名都是字符串，递归方法。不能创
    // 建共享子表。由于 i 从 0 开始线性递增，所有递归方法共用一个 i，因此只能声明 i 是成员变量，不能是局部变量
    private static GenList<String> createsub(String gliststr, String data)
    {
        if(data==null)
        {
            i = gliststr.indexOf('(');                       // 返回指定字符在串中位置
            data = gliststr.substring(0,i);                  // '('前的字符串是表名
        }
        GenList<String> genlist = new GenList<String>(data);        // 构造空表，data 指定表名
        GenNode<String> p = genlist.head;                    // 指向头结点
        i++;                                                 // 跳过'('
        while(i<gliststr.length())
        {
            switch(gliststr.charAt(i))
            {
                case ',':  i++; break;
                case ')':  i++; return genlist;
                default :                                    // 字符
                {   // 以下循环从第 i 个字符开始寻找原子/表名子串，以'('或')'之一作为分割符
                    int end=i;
                    while(end<gliststr.length() && "(,)".indexOf(gliststr.charAt(end))==-1)
                        end++;
                    data = gliststr.substring(i, end);       // i~end-1 的子串是原子/表名
                    i=end;                                   // 改变 i 到下个分割符的位置
                    // 创建原子/子表结点；子表结点有表名，无表名时为空串
                    p.next = new GenNode<String>(data, null, null);
                    p = p.next;
                    if(i<gliststr.length() && gliststr.charAt(i)=='(')
                        p.child = createsub(gliststr, data);  // 创建子表，递归调用
                }
            }
        }
```

```
        }
        return genlist;
    }
}
```

【例 5.3】 广义表的构造算法和基本操作。

本例目的： ① 执行构造、遍历、插入和删除等广义表操作，研究遍历和构造的递归算法。
② 研究广义表的共享子表问题，执行插入子表成为共享子表；对共享子表执行插入、删除操作，证明它们是共享子表。

调用语句如下。

```
String gliststr="G(d,L(a,b),T(c,L(a,b)))";              // 带表名的广义表表示
GenList<String> graph = GenLists.create(gliststr);      // 构造广义表，没有共享子表
System.out.println("构造，\t\t"+graph.toString()+"，size="+graph.size()+"，depth="+graph.depth());
// 以下执行插入、删除操作，说明是否共享子表
GenList<String> list = graph.get(1).child;              // 返回子表 L(a,b)
graph.insert(0,list);                                   // G 头插入子表 list，list 成为共享子表
System.out.println(graph.getName()+"头插入"+list.toString()+"，\t"+graph.toString());
GenNode<String> p = list.remove(0);                     // 共享子表 list 头删除原子
System.out.println(list.getName()+"头删除"+(p!=null ? list.toString(p) : "")+"，\t"+graph.toString());
```

程序运行结果如下：

```
构造，G(d,L(a,b),T(c,L(a,b)))，size=3，depth=3
G 头插入 L(a,b)，G(L(a,b),d,L(a,b),T(c,L(a,b)))
L 头删除 a，G(L(b),d,L(b),T(c,L(a,b)))
```

上述构造和插入广义表的存储结构如图 5-19 所示。

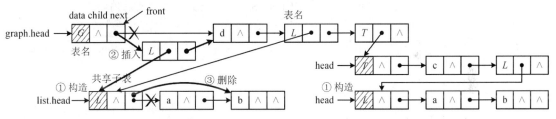

图 5-19 构造广义表 G(d, L(a, b), T(c, L(a, b)))，插入 L(a, b)子表，删除元素

① 构造。由 "G(d, L(a, b), T(c, L(a, b)))" 构造广义表，其中包含两个 "L(a, b)" 子表。
② 插入子表。GenList<T>类 insert(int i, GenList<T> genlist)方法中插入子表结点语句如下：

```
// 在 front 后插入子表结点，有表名，child 指向（引用）list 子表，可共享
front.next = new GenNode<T>(genlist.head.data, list, front.next);
```

图 5-19 中，设 list 引用 G 中的 L(a, b)子表，要在 G 中头插入 list 引用的 L(a, b)子表，调用 graph.insert(0, list)，插入子表结点 L，使 L.child 指向 list 子表，引用赋值，建立链表，使得这个 L(a, b)子表成为 G 的共享子表。
③ 删除。头删除 list 中的 a，对 T 中的 L(a, b)子表没有影响。

5．广义表的应用

【典型案例 5-3】 m 元多项式的广义表表示。

2.5.1 节采用多项式排序单链表实现了一元多项式的存储及运算，但是在实现二元多项式时存在很多问题，故可以采用广义表表示 m 元多项式。例如，将以下二元多项式 $P(x, y)$ 表示

成以 y 为变量的一元多项式，而 y 各项的系数是以 x 为变量的一元多项式，则构成子表嵌套的结构。

$$P(x,y) = 15 + 8y^5 - 6x^2y - 6x^2y^3 + 2x^3y + 2x^3y^3 - 3x^4$$
$$= 15 - 3x^4 - 6x^2y + 2x^3y - 6x^2y^3 + 2x^3y^3 + 8y^5$$
$$= (15 - 3x^4)y^0 + (-6x^2 + 2x^3)y + (-6x^2 + 2x^3)y^3 + 8y^5$$

$P(x,y)$ 的广义表存储结构如图 5-20 所示。

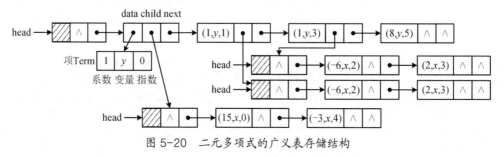

图 5-20　二元多项式的广义表存储结构

同理，可采用广义表表示三元及 m 元多项式。

习 题 5

1. 数组

5-1　二维数组的逻辑结构是怎样的？每个元素几个前驱、几个后继元素？

5-2　二维数组有哪些存储结构？各存储结构的特点是什么？是否随机存取结构？

5-3　画出下列程序段表示的 mat 存储结构示意图，并写出其中各元素的值。

```java
int[][] mat = new int[4][];
for(int i=0; i<mat.length; i++)
    mat[i]=new int[i+1];
```

2. 特殊矩阵的压缩存储

5-4　采用二维数组存储矩阵是否具有随机存取特性？有哪些矩阵需要压缩存储？为什么要压缩？各采用怎样的压缩存储方式？各种压缩存储方式是否具有随机存取特性？

5-5　上三角矩阵的压缩存储原则是怎样的？有哪些压缩存储方式？画出示意图，写出元素的地址计算公式。

5-6　什么是稀疏矩阵？为什么要对稀疏矩阵进行压缩存储？稀疏矩阵压缩存储的基本思想是什么？

5-7　什么是稀疏矩阵的三元组？稀疏矩阵的压缩存储结构有哪些？各有什么特点？

5-8　对于如下稀疏矩阵，分别画出其非零元素三元组行的单链表和十字链表存储结构，以及两个矩阵相加后的矩阵的存储结构。

$$C_{5\times6} = \begin{bmatrix} 0 & 0 & 32 & 0 & 0 & 15 \\ 0 & 0 & 0 & 0 & 0 & 0 \\ 59 & 0 & 86 & 0 & 0 & 43 \\ 0 & 0 & 0 & 0 & 0 & 0 \\ 18 & 0 & 65 & 0 & 0 & 0 \end{bmatrix} \qquad D_{5\times6} = \begin{bmatrix} 0 & 0 & 27 & 0 & 0 & -5 \\ 0 & 0 & 0 & 0 & 0 & 0 \\ 0 & 0 & -86 & 51 & 0 & -43 \\ 0 & 0 & 0 & 0 & 0 & 0 \\ 30 & 0 & -20 & 0 & 0 & 0 \end{bmatrix}$$

3. 广义表

5-9 什么是广义表？举例说明广义表表示的线性表、树、图和递归表。

5-10 广义表是递归定义的，递归定义的广义表都是递归表吗？

5-11 典型案例5-2中，省市树和专业树的长度和深度各是多少？画出其存储结构。

5-12 广义表的存储结构是怎样的？为什么要带头结点？

5-13 画出以下三元多项式的广义表存储结构。

$$P(x,y,z) = 21 + 5yz + 6x^3y^4z + 3x^4y^3z - 6x^4y^3z^2 + 2x^6y^3z^2 + x^6y^3z^3$$

实验5　矩阵和广义表的存储和运算

1. 实验目的和要求

目的： ① 实现矩阵存储和运算，采用行的单链表、十字链表，研究由顺序存储结构和链式存储结构有效组合的存储结构；② 熟悉广义表的存储结构和实现。

重点： ① 实现矩阵相加等运算，采用行的单链表压缩存储稀疏矩阵；② 实现广义表。

难点： ① 稀疏矩阵的十字链表存储结构实现；② 广义表，共享子表和递归表设计。

2. 实验题目

5-1 杨辉三角。

中国南宋数学家杨辉在《详解九章算法》（1261年）中定义了以下三角形（n=5），其中每行数值个数为其行序号（大于等于1），各行两端数值为1，其他数值等于它肩膀上的两个数值之和，后世称为杨辉三角。

```
              1
            1   1
          1   2   1
        1   3   3   1
      1   4   6   4   1
    1   5   10  10   5   1
```

杨辉三角的重要意义在于，其各行是二项式 $(a+b)^n$ 展开式（n=0, 1, 2, 3,…）的系数表。n=2 和 3 的展开式为：$(a+b)^2 = a^2 + 2ab + b^2$，$(a+b)^3 = a^3 + 3a^2b + 3ab^2 + b^3$。

采用二维数组存储杨辉三角，输出二维数组元素，声明方法如下。

```
void print(int[][] element)        // 输出二维数组元素，二维数组作为方法的参数
int[][] yanghui(int n)             // 计算n行杨辉三角，返回n行下三角二维数组
```

3. 课程设计题目

（1）稀疏矩阵的压缩存储

5-1 行的单链表存储的稀疏矩阵类 LinkedMatrix，增加以下成员方法。

```
public LinkedMatrix(LinkedMatrix mat)        // 拷贝构造方法，深拷贝，复制所有元素对象
public boolean equals(Object obj)            // 比较两个同阶矩阵是否相等
public LinkedMatrix transpose()              // 返回当前矩阵的转置矩阵
public boolean isSymmetric()                 // 判断是否为对称矩阵
public int saddlePoint()                     // 返回矩阵的鞍点值
public void addAll(LinkedMatrix mat)         // 矩阵相加，this+=mat，合并两行排序单链表的算法同多项式相加
public LinkedMatrix union(LinkedMatrix mat)  // 返回this+mat相加的矩阵，不改变this和mat
```

```
public void multi(LinkedMatrix mat)               // 矩阵相乘, this*=mat, 不改变 mat
```

矩阵 A 中若存在一个元素 $a_{i,j}$ 满足：$a_{i,j}$ 是第 i 行元素中最小值，且是第 j 列元素中最大值，则称元素 $a_{i,j}$ 是矩阵 A 的<u>鞍点</u>（saddle point）。一个矩阵可能没有鞍点；如果有鞍点，则只有一个。

5-2   分别采用以下存储结构压缩存储稀疏矩阵，实现矩阵运算，功能要求同课程设计题 5-1。

①* 行的排序循环双链表。

②*** 十字链表。

③*** 十字双链表。

（2）广义表

5-3***   广义表类 GenList<T>实现 GenLLList<T>接口声明的方法，增加以下成员方法，public 权限。

```
public GenList(GenList<T> genlist)           // 拷贝构造方法, 深拷贝, 将共享子表复制成多条不共享子表
boolean equals(Object obj)                   // 比较 this 和 obj 引用的广义表是否相等
GenNode<T> search(GenList<T> pattern)        // 查找首个与 pattern 相等的子表, 返回子表结点
GenNode<T> remove(GenList<T> pattern)        // 查找并删除首个与 pattern 相等的子表, 返回被删除子表结点
void removeAll(GenList<T> pattern)                          // 查找并删除所有与 pattern 相等的子表
// 查找所有与 pattern 相等的子表, 将它们替换 (引用) 为 genlist 子表
void replaceAll(GenList<T> pattern, GenList<T> genlist)
```

5-4****   改进广义表类 GenList<T>的构造方法和拷贝构造方法，共享子表只构造（复制）一次。

5-5   改进广义表类 GenList<T>，能够构造递归表，并实现递归表的遍历算法。

5-6*****   采用广义表存储结构，实现 m 元多项式的相加、相乘等运算。

第6章 二叉树和树

树结构是数据元素（结点）之间具有层次关系的数据结构。树结构从自然界中的树抽象而来，有树根、从根发源的类似枝杈的分支关系和作为终点的叶子等。

本章是"数据结构与算法"课程的重点内容，研究树结构及其应用，也是课程的难点所在。

本章目的： ① 两种树结构，二叉树和树；② 二叉树应用，Huffman 树和表达式二叉树。

本章要求： ① 理解二叉树的递归定义、性质和存储结构，掌握二叉链表存储的二叉树类设计，理解和掌握递归算法设计；② 理解树的递归定义，掌握父母孩子兄弟存储的树类设计；③ 熟悉 Huffman 树和表达式二叉树等二叉树应用。

本章重点： 二叉树和树的递归定义，链式存储结构和实现，递归算法。

本章难点： 二叉树和树的递归定义，链式存储结构，递归算法，使用栈和队列设计。

实验要求： 二叉树和树的递归定义，链式存储结构和实现，递归算法。

6.1 二叉树

6.1.1 二叉树的定义、性质及抽象数据类型

1．二叉树的递归定义

二叉树（binary tree）是 n（$n \geq 0$）个结点（数据元素）组成的有限集合，递归定义如下：① $n=0$，则为空二叉树；② $n>0$，二叉树由 3 部分组成：根结点、左子树和右子树（互不相交），子树也是一棵二叉树。

一棵二叉树如图 6-1 所示，它由根结点 A、以 B 为根的左子树和以 C 为根的右子树组成。结点与其子树的根结点之间的连线表示结点之间的层次关系，图中用"∧"表示空子树。

二叉树是递归定义的。结点是二叉树的基本单位，若干结点组成一棵子树，两棵互不相交的子树和根结点组成一棵二叉树。二叉树的 5 种基本形态如图 6-2 所示。

【思考题 6-1】 画出 3 个结点二叉树的基本形态。

二叉树的典型案例见图 1.2 淘汰赛的比赛结果是一棵二叉树，一棵满二叉树（稍后定义）。

2．二叉树的术语

下面以图 6-1 为例介绍二叉树的术语。

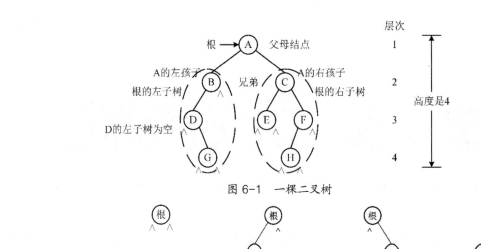

图 6-1　一棵二叉树

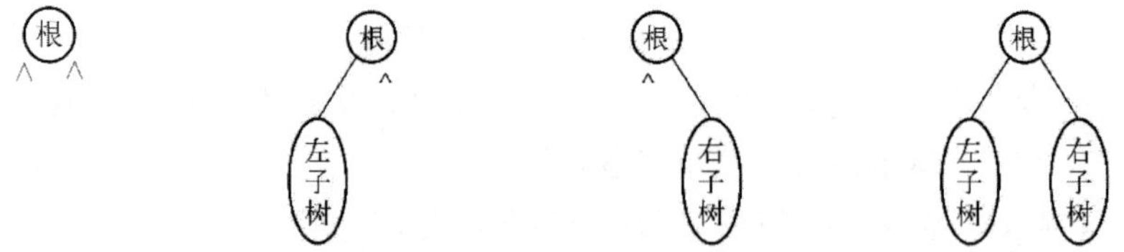

图 6-2　二叉树的 5 种基本形态

(a) 零个结点　　　(b) 1 个结点　　(c) 由根结点和左子树组　　(d) 由根结点和右子树组　　(e) 由根结点、左子树
　　空二叉树　　　　根结点　　　　成，根的右子树为空　　　成，根的左子树为空　　　和右子树组成

（1）父母、孩子与兄弟结点

一棵二叉树中，一个结点的子树的根结点称为其<u>孩子</u>（child）结点；相对地，该结点是其孩子结点的<u>父母</u>（parent）结点。只有根结点没有父母结点，其他结点有且仅有一个父母结点。例如，根结点 A 没有父母结点，A 是 B、C 的父母结点，B、C 是 A 的孩子结点。

拥有同一个父母结点的多个结点，互相称为<u>兄弟</u>（sibling）结点。例如，B、C 是兄弟结点，E、F 也是兄弟结点，但 D 和 E 不是兄弟结点。

结点的<u>祖先</u>（ancestor）是指其父母结点及父母的父母结点等，直至根结点。结点的<u>子孙</u>（descendant）是指其所有孩子结点及孩子的孩子结点等。例如，G 的祖先结点有 D、B、A，而 H 是 A、C、F 的子孙结点。

（2）结点层次和二叉树的高度

结点的<u>层次</u>（level）属性反映结点处于二叉树中的层次位置，递归定义如下：

$$
结点的层次 = \begin{cases} 1, & 根结点 \\ 父母结点的层次 + 1, & 其他结点 \end{cases}
$$

显然，兄弟结点的层次相同。例如，A 的层次是 1，B 的层次是 2，E 的层次是 3。D、E 不是兄弟，而是同一层上的结点。

二叉树的<u>高度</u>（height）是二叉树中结点的最大层次数。例如，图 6-1 二叉树的高度是 4。

（3）结点的度

结点的<u>度</u>（degree）是结点的子树棵数。例如，A 的度是 2，E 的度是 0。度为 0 的结点称为<u>叶子</u>（leaf）结点；除叶子结点之外的其他结点被称为<u>分支结点</u>。例如，E 是叶子结点，C 是分支结点。

（4）边、路径、直径

设二叉树中 X 结点是 Y 结点的父母结点，有序对(X, Y)称为连接这两个结点的<u>边</u>（edge）。例如，A、B 结点之间的边是(A, B)。

设 $(X_0, X_1, \cdots, X_k)$（$0 \le k < n$）是由二叉树中结点组成的一个序列，且 (X_i, X_{i+1})（$0 \le i < k$）都

是二叉树中的边，则称该序列为从 X_0 到 X_k 的一条**路径**（path）。**路径长度**（path length）是路径上的边数。例如，从 A 到 G 的路径是(A, B, D, G)，路径长度是 3。

二叉树**直径**（diameter）是指从根到叶子结点的最长路径，直径的路径长度=二叉树高度-1。

3．二叉树的性质

（1）性质 1：若根结点的层次为 1，则二叉树第 i 层最多有 2^{i-1}（$i\geqslant 1$）个结点。

证明：（归纳法）

① 根是 $i=1$ 层上的唯一结点，故 $2^{i-1}=2^0=1$，命题成立。

② 设第 $i-1$ 层最多有 2^{i-2} 个结点，由于二叉树中每个结点的度最多为 2，因此第 i 层最多有 $2\times 2^{i-2}=2^{i-1}$ 个结点，命题成立。

（2）性质 2：在高度为 h 的二叉树中，最多有 2^h-1 个结点（$h\geqslant 0$）。

证明：由性质 1 可知，在高度为 h 的二叉树中，结点数最多为 $\sum_{i=1}^{h} 2^{i-1}=2^h-1$。

（3）性质 3：设一棵二叉树的叶子结点数为 n_0，2 度结点数为 n_2，则 $n_0=n_2+1$。

证明：① 设二叉树结点数为 n，1 度结点数为 n_1，则有 $n=n_0+n_1+n_2$。

② 因 1 度结点有 1 个孩子，2 度结点有 2 个孩子，叶子结点没有孩子，根结点不是任何结点的孩子，则有 $n=0\times n_0+1\times n_1+2\times n_2+1$。

综合上述两式，可得 $n_0=n_2+1$。

【满二叉树】 一棵高度为 h 的**满二叉树**（full binary tree）是具有 2^h-1（$h\geqslant 0$）个结点的二叉树。从定义知，满二叉树中每层的结点数目都达到最大值。对满二叉树的结点进行连续编号，约定根结点的序号为 0，从根结点开始，自上而下，逐层深入，每层自左至右编号，如图 6-3（a）所示。

【完全二叉树】 一棵具有 n 个结点高度为 h 的二叉树，如果它的每个结点都与高度为 h 的满二叉树中序号为 0～$n-1$ 的结点一一对应，则被称为**完全二叉树**（complete binary tree），如图 6-3（b）所示。

完全二叉树是为了具有满二叉树形态但结点个数不满的情况下而设计的。满二叉树是完全二叉树，而完全二叉树通常是不满的。完全二叉树的第 1～$h-1$ 层是满二叉树；第 h 层不满，并且该层所有结点都必须集中在该层左边的若干位置上。图 6-3（c）不是一棵完全二叉树。

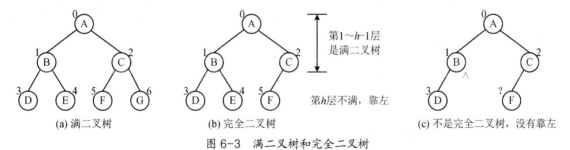

(a) 满二叉树　　　　　(b) 完全二叉树　　　　　(c) 不是完全二叉树，没有靠左

图 6-3　满二叉树和完全二叉树

（4）性质 4：一棵具有 n 个结点的完全二叉树，其高度 $h=\lfloor \log_2 n\rfloor +1$。

证明：对于一棵有 n 个结点高度为 h 的完全二叉树，有 $2^{h-1}-1<n\leqslant 2^h-1$，对不等式移项并求对数，有 $h-1<\log_2(n+1)\leqslant h$，由于二叉树的高度 h 只能是整数，故取 $h=\lfloor \log_2 n\rfloor +1$。

（5）性质 5：一棵具有 n 个结点的完全二叉树，对序号为 i（$0\leqslant i<n$）的结点，有：

① 若 $i=0$，则 i 为根结点，无父母结点；若 $i>0$，则 i 的父母结点序号为 $\lfloor (i-1)/2\rfloor$。

② 若 $2×i+1<n$，则 i 的左孩子结点序号为 $2×i+1$；否则，i 无左孩子。

③ 若 $2×i+2<n$，则 i 的右孩子结点序号为 $2×i+2$；否则，i 无右孩子。

例如，在图 6-3(b) 中，$i=0$ 时为根结点 A，其左孩子结点 B 的序号为 $2×i+1=1$，右孩子结点 C 的序号为 $2×i+2=2$。

4．二叉树的抽象数据类型

二叉树操作主要有创建二叉树、获得父母或孩子结点、遍历、插入和删除等。二叉树的抽象数据类型 BinaryTTree<T> 声明如下，其中 BinaryNode<T> 是二叉树结点类（见 6.1.3 节）。

```
ADT BinaryTTree<T>                                    // 二叉树抽象数据类型，T 表示数据元素的数据类型
{
    boolean isEmpty();                                // 判断是否空，若空返回 true
    void insert(T x);                                 // 插入 x 元素作为根结点
    BinaryNode<T> insert(BinaryNode<T> p, boolean left, T x);   // 插入 x 作为 p 结点的左/右孩子并返回
    void remove(BinaryNode<T> p, boolean left);       // 删除 p 结点的左/右子树
    void clear();                                     // 删除二叉树的所有结点
    void preorder();                                  // 先根次序遍历二叉树
    void inorder();                                   // 中根次序遍历二叉树
    void postorder();                                 // 后根次序遍历二叉树
    void levelorder();                                // 层次遍历二叉树
    int size();                                       // 返回元素个数
    int height();                                     // 返回二叉树的高度
    BinaryNode<T> search(T key);                      // 查找并返回首个与 key 相等元素结点
    int level(T key);                                 // 返回首个与 key 相等元素结点所在的层次
    void remove(T key);                               // 查找并删除首个以与 key 相等元素为根的子树
}
```

6.1.2 二叉树的存储结构

二叉树主要采用链式存储结构，顺序存储结构仅适用于完全二叉树（满二叉树）。

1．二叉树的顺序存储结构

将一棵完全二叉树的所有结点按结点序号进行顺序存储，根据二叉树的性质 5，由结点序号 i 可知其父母结点、左孩子结点和右孩子结点的序号。一棵 n 个结点的完全二叉树及其顺序存储结构如图 6-4 所示。

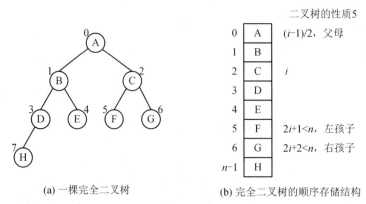

(a) 一棵完全二叉树　　　　　　(b) 完全二叉树的顺序存储结构

图 6-4　完全二叉树及其顺序存储结构

由于具有 *n* 个结点的完全二叉树只有一种形态，一棵完全二叉树与其结点序号是一对一的映射，二叉树的性质 5 将完全二叉树的结点序号所表达的线性关系映射到树结构的层次关系，唯一确定一棵完全二叉树。因此，完全二叉树能够采用顺序存储结构存储，依靠数组元素的相邻位置反映完全二叉树的逻辑结构。

由于顺序存储结构没有特别存储元素间的关系，不存在一棵二叉树与一种线性序列是一对一的映射，因此非完全二叉树不能采用顺序存储结构存储。

2．二叉树的链式存储结构

二叉树通常采用链式存储结构，每个结点至少有两条链分别连接左、右孩子结点，才能表达二叉树的层次关系。二叉树的链式存储结构主要有二叉链表和三叉链表。

（1）二叉链表

二叉树的二叉链表存储结构，结点结构如下，除了数据域，采用两个地址域分别指向左、右孩子结点。

> 二叉树的二叉链表结点(data 数据域，left 左孩子结点地址域，right 右孩子结点地址域)

图 6-1 所示二叉树的二叉链表存储结构如图 6-5 所示，采用根指针 root 指向二叉树的根结点。

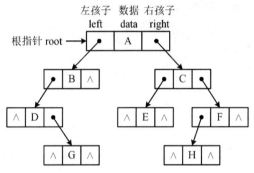

图 6-5 二叉树的二叉链表存储结构

采用二叉链表存储二叉树，每个结点只存储了到其孩子结点的单向关系，没有存储到其父母结点的关系，如果需要仅用 $O(1)$ 时间访问父母结点，建议使用三叉链表存储二叉树。

（2）三叉链表

二叉树的三叉链表存储结构是在二叉链表结点的基础上，增加一个地址域 parent 指向其父母结点，结点结构如下，这样存储了父母结点与孩子结点的双向关系。

> 二叉树的三叉链表结点(data 数据域，parent 父母结点，left 左孩子结点，right 右孩子结点)

也可采用一个结点数组存储二叉树的所有结点，称为静态二叉链表/三叉链表，每个结点存储其（父母）左、右孩子结点下标，通过下标表示结点间的关系，-1 表示无此结点。

图 6-1 所示二叉树的三叉链表和静态三叉链表如图 6-6 所示。

6.1.3　二叉树的二叉链表实现

对二叉树的操作由二叉树结点类和二叉树类共同完成。采用二叉链表的二叉树结点类和二叉树类设计如下。

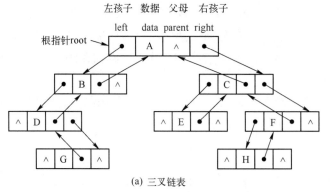
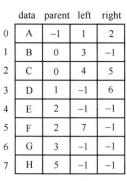

	data	parent	left	right
0	A	−1	1	2
1	B	0	3	−1
2	C	0	4	5
3	D	1	−1	6
4	E	2	−1	−1
5	F	2	7	−1
6	G	3	−1	−1
7	H	5	−1	−1

(a) 三叉链表　　　　　　　　　　　　　　　　(b) 静态三叉链表

图 6-6　二叉树的三叉链表存储结构

1. 二叉链表结点类

声明二叉树的 BinaryNode<T>二叉链表结点类如下，T 指定结点的元素类型。方法体省略。

```
public class BinaryNode<T>                                    // 二叉树的二叉链表结点类，T 指定结点的元素类型
{
    public T data;                                           // 数据域，存储数据元素
    public BinaryNode<T> left, right;                        // 地址域，分别指向左、右孩子结点

    public BinaryNode(T data, BinaryNode<T> left, BinaryNode<T> right)    // 构造结点
    public BinaryNode(T data)                                // 构造元素为 data 的叶子结点
    public String toString()                                 // 返回结点数据域的描述字符串
    public boolean isLeaf()                                  // 判断是否叶子结点
}
```

2. 二叉树类

声明 BinaryTree<T>二叉树类如下，采用二叉链表存储，其中成员变量 root 指向二叉树根结点。

```
public class BinaryTree<T>                                    // 二叉树类，T 指定结点的元素类型，二叉链表存储
{
    public BinaryNode<T> root;                               // 根结点，二叉链表结点结构

    public BinaryTree()                                      // 构造空二叉树
    {
        this.root = null;
    }
    public boolean isEmpty()                                 // 判断是否空二叉树
    {
        return this.root==null;
    }
    ……                                                       // 稍后给出其他成员方法的声明和实现
}
```

3. 二叉树插入结点

在二叉树的二叉链表中插入一个结点，分为以下两种情况：

① 插入结点 X 作为根结点，原根结点作为 X 的左孩子，如图 6-7(a) 所示。

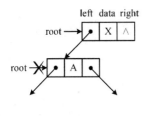

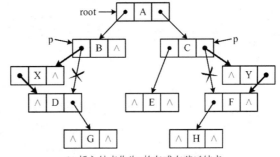

(a) 插入X结点作为根结点
原根结点作为X的左孩子

(b) 插入结点作为p的左或右孩子结点

图 6-7　二叉树插入结点

② 插入一个结点（X 或 Y）作为指定结点 p 的左或右孩子，原结点的左或右孩子将作为插入结点的左或右孩子，如图 6-7(b)所示，改变原结点的 left 或 right 域。

BinaryTree<T>类声明以下成员方法，插入根结点，插入值为 x 的结点作为孩子结点。

```
public void insert(T x)                     // 插入 x 元素作为根结点，x!=null，原根结点作为 x 的左孩子
{
    if(x!=null)
        this.root = new BinaryNode<T>(x, this.root, null);
}
// 插入 x 元素作为 p 结点的左/右孩子，x!=null 且 p!=null，left 指定左/右孩子，取值为 true（左）、false（右）;
// p 原左/右孩子成为 x 结点的左/右孩子；返回插入的 x 元素结点。若 x==null 或 p==null，则不插入，返回 null
public BinaryNode<T> insert(BinaryNode<T> p, boolean left, T x)
{
    if(x==null || p==null)
        return null;
    if(left)                                // 插入 x 为 p 结点的左/右孩子，返回插入结点
        return p.left = new BinaryNode<T>(x, p.left, null);
    return p.right = new BinaryNode<T>(x, null, p.right);
}
```

4. 二叉树删除子树

在二叉树中删除一个结点，不仅要修改其父母结点的 left 或 right 域，还要约定如何调整子树结构的规则，即删除一个结点，原先以该结点为根的子树则变成由原左子树和右子树组成的森林，约定一种规则使这个森林组成一棵子树。此处，因为无法约定左右子树的合并规则，只能删除以一个结点为根的一棵子树。

BinaryTree<T>类声明以下成员方法，删除子树，Java 虚拟机稍后将释放被删除子树的所有结点占用的存储空间。

```
// 删除 p 结点的左/右子树，left 指定左/右子树，取值为 true（左）、false（右）
public void remove(BinaryNode<T> p, boolean left)
{
    if(p!=null)
    {
        if(left)
            p.left = null;
        else
            p.right = null;
    }
}
```

```
public void clear()                    // 删除二叉树的所有结点，删除根结点
{
    this.root = null;
}
```

5. 遍历二叉树

<u>遍历二叉树</u>是指，按照一定规则和次序访问二叉树中的所有结点，并且每个结点仅被访问一次。虽然二叉树是非线性结构，但遍历二叉树访问结点的次序是线性的，而且访问的规则和次序不止一种。二叉树的遍历规则有孩子优先次序和兄弟优先次序，这里先介绍前者，本节稍后将介绍后者。

（1）孩子优先次序的遍历规则

已知 3 个元素有 6 种排列，由 3 个元素 A、B、C 构成的一棵二叉树，其所有遍历次序有 6 种：ABC、BAC、BCA、CBA、CAB、ACB，如图 6-8 所示。

先遍历左子树，后遍历右子树　　先遍历右子树，后遍历左子树
① 先根次序遍历：ABC　　　　　　　ACB
② 中根次序遍历：BAC　　　　　　　CAB
③ 后根次序遍历：BCA　　　　　　　CBA

图 6-8　二叉树孩子优先的遍历规则

观察上述序列可知，后 3 个序列分别与前 3 个序列的次序相反。前 3 个次序的共同特点是，B 在 C 之前，即先遍历左子树，后遍历右子树。由于先遍历左子树还是右子树在算法设计上没有本质区别，因此，约定遍历子树的次序是，先左子树，后右子树。

二叉树孩子优先次序的遍历有以下 3 种。

① 先根次序（preorder）遍历：访问根结点，遍历左子树，遍历右子树。
② 中根次序（inorder）遍历：遍历左子树，访问根结点，遍历右子树。
③ 后根次序（postorder）遍历：遍历左子树，遍历右子树，访问根结点。

遍历规则也是递归的，先遍历左子树，再遍历右子树，三者之间的差别仅在于访问结点的时机不同。说明如下。

图 6-1 所示二叉树孩子优先次序的 3 种遍历及特点如下，先根次序遍历过程如图 6-9 所示。

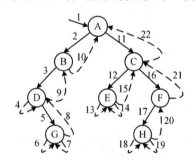

图 6-9　二叉树的先根次序遍历过程

❖ 先根次序遍历：ABDGCEFH，最先访问根结点 A，再访问以 B 为根的左子树，再访问以 C 为根的右子树。
❖ 中根次序遍历：DGBAECHF，访问以 B 为根的左子树，访问根结点 A，访问以 C 为根的右子树。
❖ 后根次序遍历：GDBEHFCA，先访问以 B 为根的左子树，再访问以 C 为根的右子树，最后访问根结点 A。

（2）先根次序遍历二叉树算法

由于先根次序遍历规则是递归的，因此采用递归算法实现的递归方法必须有参数，通过不同的实际参数区别递归调用执行中的多个方法。而二叉树类必须提供从根结点开始遍历的成员方法，所以每种递归的遍历算法由两个重载的成员方法实现。

BinaryTree\<T\>类声明以下重载的成员方法，采用递归算法实现递归的先根次序遍历规则（见图 6-9）。

```
public void preorder()                          // 先根次序遍历二叉树
{
    preorder(this.root);                        // 先根次序遍历以 root 结点为根的二叉树
    System.out.println();
}
public void preorder(BinaryNode<T> p)           // 先根次序遍历以 p 结点为根的子树，递归方法
{
    if(p!=null)                                 // 若二叉树不空
    {
        System.out.print(p.data.toString()+" ");  // 则先访问当前结点元素
        preorder(p.left);                       // 按先根次序遍历 p 的左子树，递归调用，参数为左孩子
        preorder(p.right);                      // 按先根次序遍历 p 的右子树，递归调用，参数为右孩子
    }
}
```

一棵二叉树由多棵子树组成，一个结点也是一棵子树的根。二叉树基于遍历的递归方法，必须以某个结点 p 为参数，表示遍历以结点 p 为根的子树。preorder(p)算法说明如下。

① 结点变量 p（指针含义）从 root 根结点开始执行，表示遍历一棵二叉树。

② 当 p 指向某个结点时，按先根次序访问结点元素后，再分别遍历其左子树、右子树。由于遍历子树的规则相同，只是子树的根结点不同，因此递归调用当前 preorder( )方法，参数分别是结点 p 的左孩子 p.left 和右孩子 p.right。

③ 当 p 为空时，当前递归方法执行结束，返回调用方法。

（3）中根、后根次序遍历二叉树算法

BinaryTree\<T\>类声明以下重载的成员方法，分别以中根和后根次序遍历二叉树，都是递归算法，与先根次序遍历的差别仅在于访问结点的时机不同。

```
public void inorder()                           // 中根次序遍历二叉树
{
    inorder(this.root);
    System.out.println();
}
public void inorder(BinaryNode<T> p)            // 中根次序遍历以 p 结点为根的子树，递归方法
{
    if(p!=null)
    {
        inorder(p.left);                        // 中根次序遍历 p 的左子树，递归调用
        System.out.print(p.data.toString()+" ");
        inorder(p.right);                       // 中根次序遍历 p 的右子树，递归调用
    }
}
```

```
public void postorder()                                    // 后根次序遍历二叉树
{
    postorder(this.root);
    System.out.println();
}
public void postorder(BinaryNode<T> p)                     // 后根次序遍历以 p 结点为根的子树，递归方法
{
    if(p!=null)
    {
        postorder(p.left);
        postorder(p.right);
        System.out.print(p.data.toString()+" ");           // 后访问当前结点元素
    }
}
```

【思考题 6-2】实现 BinaryTree<T>类声明的以下成员方法，其他 size()、height()等方法声明见 ADT BinaryTTree（6.1.1 节），基于遍历算法的操作，采用合适的次序遍历。

```
public String toString()                     // 返回先根次序遍历二叉树所有结点的描述字符串，包含空子树标记
```

6．构造二叉树

图示法能够直观描述二叉树的逻辑结构，但不便作为计算机输入的表达方式。

由二叉树的特性可知，构造一棵二叉树必须明确以下两种关系：① 结点与其父母结点及孩子结点之间的层次关系；② 兄弟结点间左或右的次序关系。

以下讨论能够唯一确定一棵二叉树的多种表示法。

（1）由二叉树的一种遍历序列不能唯一确定一棵二叉树

已知一棵二叉树，可唯一确定其先根、中根、后根次序遍历序列；反之，已知二叉树的一种遍历序列却不能唯一确定一棵二叉树。例如，已知一棵二叉树的先根遍历序列为 AB，则能够确定 A 是根结点，并且 B 是 A 的孩子结点，但不能确定是哪个孩子，可能是左孩子，也可能是右孩子。因此，得到如图 6-10 所示的两棵二叉树。这是因为先根遍历序列只反映父母与孩子结点之间的层次关系，没有反映兄弟结点间的左右次序。兄弟结点间的左右次序由中根遍历序列表示，而图 6-10 中的两棵二叉树的中根遍历序列不同。

(a) 中根次序遍历：BA   (b) 中根次序遍历：AB

图 6-10　由先根遍历序列 AB 或后根遍历序列 BA 构造的两棵二叉树

同理，由后根遍历序列 BA 构造的也是图 6-10 所示的两棵二叉树。

（2）由先根和中根两种遍历序列能够唯一确定一棵二叉树

由于先根或后根次序遍历序列反映父母与孩子结点的层次关系，中根次序反映兄弟结点间的左右次序，因此，已知先根和中根两种遍历序列，或中根和后根两种遍历序列，能够唯一确定一棵二叉树。已知先根和后根两种遍历序列仍然无法唯一确定一棵二叉树。例如，图 6-10 的两棵二叉树，它们的先根遍历序列都是 AB，后根遍历序列都是 BA。

命题：已知二叉树的先根和中根两种次序的遍历序列，可唯一确定一棵二叉树。

证明：设数组 prelist[]和 inlist[]分别表示一棵二叉树的先根和中根次序遍历序列，两者长

度均为 n。

① 由先根遍历序列知，该二叉树的根为 prelist[0]；该根结点必定在中根序列中，设根结点在中根序列 inlist 中的位置为 i（$0 \leq i < n$），即 inlist[i] = prelist[0]。

② 由中根遍历序列知，inlist[i]前的结点在根的左子树上，inlist[i]后的结点在根的右子树上。因此，根的左子树由 i 个结点组成，子序列为：左子树的先根序列，prelist[1]，…，prelist[i]；左子树的中根序列，inlist[0]，…，inlist[i-1]。

同样，根的右子树由 $n-i-1$ 个结点组成，子序列为：右子树的先根序列，prelist[i+1]，…，prelist[n-1]；右子树的中根序列，inlist[i+1]，…，inlist[n-1]。

③ 以此递归，可唯一确定一棵二叉树。

例如，已知先根序列 prelist=ABDGCEFH，中根序列 inlist=DGBAECHF，确定一棵二叉树的过程如图 6-11 所示，先确定根的位置，再分别确定左右子树范围。

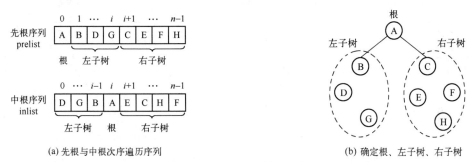

(a) 先根与中根次序遍历序列　　　　(b) 确定根、左子树、右子树

图 6-11　已知先根和中根次序遍历序列确定一棵二叉树的第一趟递推分解

同理可证明：中根与后根次序遍历序列可唯一确定一棵二叉树。

（3）标明空子树的先根遍历序列表示

是否有更简单的方法用一种遍历序列构造一棵二叉树？答：有。由前述讨论可知，二叉树的先根遍历序列明确了父母与孩子结点之间的层次关系，但没有反映兄弟结点间的左右次序。如果在先根遍历序列中标明空子树（∧），通过空子树位置反映兄弟结点之间的左右次序，则明确了二叉树中每个结点与其父母、孩子及兄弟间的关系，因此可唯一确定一棵二叉树。标明空子树的二叉树及其先根次序遍历序列如图 6-12 所示，(a)、(b)两棵二叉树的表示不同。

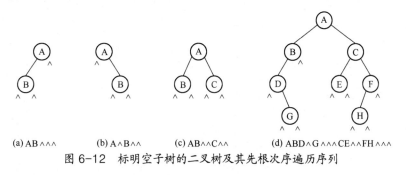

(a) AB∧∧∧　　(b) A∧B∧∧　　(c) AB∧∧C∧∧　　(d) ABD∧G∧∧∧CE∧∧FH∧∧∧

图 6-12　标明空子树的二叉树及其先根次序遍历序列

设 prelist 表示一棵二叉树标明空子树的先根次序遍历序列，构造二叉树的递归算法描述如下，先创建根结点，再分别创建左右子树，构造过程如图 6-13 所示。

① prelist[0]一定是二叉树的根，创建根结点；prelist[1]一定是根的左孩子。

② 若 prelist[i]是空子树，则当前子树为空，返回上一层结点；否则创建一个结点，该结点的左孩子结点元素是 prelist[i+1]，但父母与孩子之间的链还未建立。

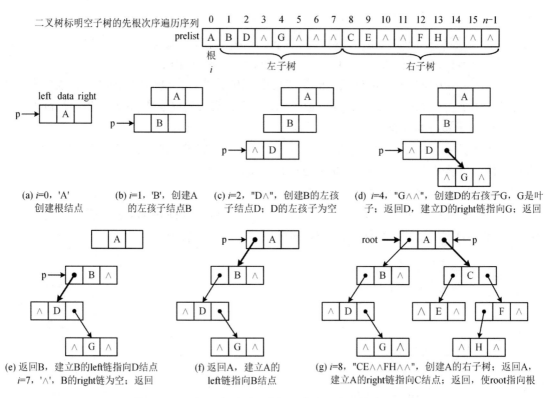

二叉树标明空子树的先根次序遍历序列

	0	1	2	3	4	5	6	7	8	9	10	11	12	13	14	15	$n-1$
prelist	A	B	D	∧	G	∧	∧	∧	C	E	∧	∧	F	H	∧	∧	

根
i　　　　　　左子树　　　　　　　　　右子树

left data right

(a) i=0, 'A'
创建根结点

(b) i=1, 'B', 创建A
的左孩子结点B

(c) i=2, "D∧", 创建B的左孩
子结点D; D的左孩子为空

(d) i=4, "G∧∧", 创建D的右孩子G, G是叶
子; 返回D, 建立D的right链指向G; 返回

(e) 返回B, 建立B的left链指向D结点
i=7, '∧', B的right链为空; 返回

(f) 返回A, 建立A的
left链指向B结点

(g) i=8, "CE∧∧FH∧∧", 创建A的右子树; 返回A,
建立A的right链指向C结点; 返回, 使root指向根

图 6-13　以标明空子树的先根次序遍历序列构造二叉树

③ 返回到当前结点时, 下一个元素 prelist[i+1]是当前结点的右孩子结点; 若一个结点的左右孩子链都已建立, 则以当前结点为根的一棵子树已建好, 返回上一层结点。

④ 重复执行②～③, 直到返回根结点, 则二叉树建成, 使 root 指向根结点。

构造二叉树的规则是按先根遍历次序的递归规则。在构造过程中, 创建结点的次序是先根遍历次序, 而建立链的次序则是后根遍历次序。因为只有先创建结点(这是先根遍历次序), 先准备好指向孩子结点链的存储空间, 当创建了子树, 确定了孩子结点, 再返回到父母结点时, 才能建立父母结点指向孩子结点的链(这是后根遍历次序)。

BinaryTree<T>类声明以下构造方法, 以标明空子树的先根次序遍历序列构造一棵二叉树。

```java
public BinaryTree(T[] prelist)          // 构造二叉树, prelist 数组指定二叉树标明空子树的先根次序遍历序列
{
    this.root = create(prelist);
}
// 以从 i 开始的标明空子树的先根序列, 创建一棵以 prelist[i]为根的子树, 返回子树的根结点。
// 递归算法先创建根结点, 再创建左子树、右子树
private int i=0;
private BinaryNode<T> create(T[] prelist)
{
    BinaryNode<T> p = null;
    if(i<prelist.length)
    {
        T elem=prelist[i++];
        if(elem!=null)                              // 不能 elem!="∧", 因为 T 不一定是 String
        {
```

```
        p = new BinaryNode<T>(elem);               // 创建叶子结点
        p.left = create(prelist);                  // 创建 p 的左子树，递归调用
        p.right = create(prelist);                 // 创建 p 的右子树，递归调用
    }
  }
  return p;
}
```

上述 create(prelist)方法体中两次递归调用 create(prelist)，调用方法的实际参数与声明的形式参数相同，是否会导致递归无法结束？为什么？答：不会。因为，i 在变，依次递增。

create()方法每次执行创建一棵以 p 为根的子树，需要的是 p.data 值（prelist[i]）。构造二叉树的递归执行过程是，p 按层次变化，从根开始逐层深入，从父母结点调用到孩子结点再依次返回。而由先根遍历序列 prelist[]提供结点值，i 是 prelist 数组下标，需要按 i 自增的线性关系变化，i 不能作为方法的参数，也不能作为方法的局部变量。因此，上述声明 i 为 BinaryTree<T>类的私有成员变量，相对于 create()方法是全局变量，相当于 create()方法的参数是 prelist[i]。

【例 6.1】 二叉树的构造、遍历及插入。

本例以标明空子树的先根次序遍历序列构造如图 6-1 所示的一棵二叉树，并以先根、中根和后根三种次序遍历该棵二叉树。调用语句如下。

```
String[] prelist = {"A","B","D",null,"G",null,null,null,"C","E",null,null,"F","H"};  // null 表示空子树
BinaryTree<String> bitree = new BinaryTree<String>(prelist);
System.out.println("先根次序遍历二叉树:   "+bitree.toString());               // 标明空子树
System.out.print("中根次序遍历二叉树:   ");  bitree.inorder();
System.out.print("后根次序遍历二叉树:   ");  bitree.postorder();
bitree.insert(bitree.root.left, "X", true);    // 插入 X 结点作为 B 结点的左孩子，见图 6-7(b)
bitree.insert(bitree.root.right, "Y", false);  // 插入 Y 结点作为 C 结点的右孩子，见图 6-7(b)
bitree.insert("Z");                            // 插入根
```

【思考题 6-3】 ① 以下声明有什么错误？

```
private BinaryNode<T> create(T[] prelist, int &i)   // 创建一棵以 prelist[i]为根的子树
```

② 能否采用以标明空子树的中根或后根遍历序列构造一棵二叉树？为什么？

③ 实现 BinaryTree<T>二叉树类声明的以下拷贝构造方法：

```
BinaryTree(BinaryTree<T> bitree)      // 拷贝构造方法，深拷贝
```

7. 二叉树的广义表表示

二叉树的广义表表示语法图如图 6-14 所示，以"∧"标明空子树，确定左右子树。

图 6-14　二叉树的广义表表示语法图

二叉树的广义表表示是递归定义的。一棵二叉树与其广义表表示是一对一的映射。已知一棵二叉树的广义表表示，能够唯一确定这棵二叉树。二叉树及其广义表表示如图 6-15 所示。

（1）输出二叉树的广义表表示

对于元素类型为 T 的任何一棵二叉树，都可以遍历获得二叉树的广义表表示字符串，所以 BinaryTree<T>类声明以下 toGenListString()成员方法，返回二叉树的广义表表示字符串。

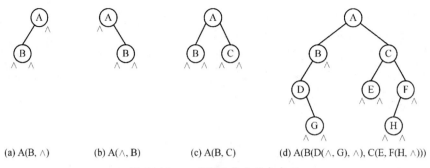

| (a) A(B, ∧) | (b) A(∧, B) | (c) A(B, C) | (d) A(B(D(∧, G), ∧), C(E, F(H, ∧))) |

图 6-15　二叉树及其广义表表示

```
public String toGenListString()                    // 返回二叉树的广义表表示字符串
{
    return "二叉树的广义表表示: "+toGenListString(this.root);
}
// 返回以 p 结点为根的一棵子树的广义表表示字符串，先根次序遍历，递归算法
public String toGenListString(BinaryNode<T> p)
{
    if(p==null)
        return "∧";                                // 返回空子树标记
    if(p.left==null && p.right==null)              // p 是叶子结点
        return p.data.toString();
    return p.data.toString() + "(" + toGenListString(p.left) + "," + toGenListString(p.right) + ")";
}
```

（2）以广义表表示构造二叉树

以"A(B(D(∧, G), ∧), C(E, F(H, ∧)))"广义表表示构造一棵二叉树，算法描述如下，先创建根结点，再分别创建左右子树（如图 6-16 所示），将每个结点元素简化为一个大写字母。

① 遇到大写字母，如 A，创建结点，作为该二叉树（子树）的根结点。

② 遇到'('，表示其后是左子树，如"(B(D(∧"，创建左孩子结点。

③ 遇到','，表示其后是右子树，如",G"，创建右孩子结点。

④ 遇到')'，表示一棵子树创建完成，返回所创建结点引用给调用者，建立 left 链或 right 链，直到遇到与其匹配的'('。

构造一棵二叉树，无论是以广义表表示，还是以标明空子树的先根遍历序列表示，还是之后的其他表示方式，都具有共同特性和差异之处，说明如下。

① 共同特性：要求已知条件的元素之间是先根遍历次序。因此，构造过程（见图 6-13、图 6-16）是相同的，都是先创建根结点，再分别递归调用创建左右子树，在递归方法返回时建立从父母结点到孩子结点的链。

② 差异之处：采用不同的分隔符标记元素之间的层次和兄弟关系。因此，算法差异就在于如何识别元素之间的父母孩子以及兄弟关系。

【例 6.2】　二叉树的广义表表示。

由广义表表示字符串构造的是 BinaryTree<String>二叉树对象，不能构造 BinaryTree<T>对象。因此，只能在 BinaryTree<T>类之外给出补充方法。声明 BinaryTrees 类如下。

```
public class BinaryTrees                            // 二叉树操作类，声明特定对二叉树操作的静态方法
{
    private static int i=0;
```

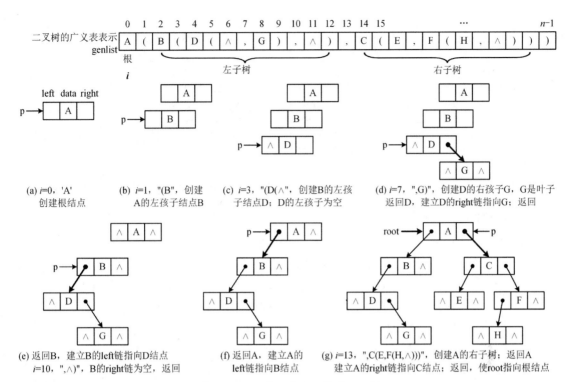

图 6-16 以广义表表示构造二叉树

```
// 返回以广义表表示字符串 genlist 构造的二叉树
public static BinaryTree<String> createByGenList(String genlist)
{
    BinaryTree<String> bitree = new BinaryTree<String>();
    i=0;
    bitree.root = create(genlist);                    // 创建以 genlist[0] 为根的二叉树
    return bitree;
}
// 以从 i 开始的广义表表示字符串创建一棵以 genlist[i] 为根的子树，返回子树的根结点。
// 递归算法先创建根结点，再创建左子树、右子树
private static BinaryNode<String> create(String genlist)
{
    BinaryNode<String> p = null;
    if(i<genlist.length())
    {
        char ch=genlist.charAt(i);
        i++;
        if(ch=='^')                                   // 跳过 '^'
            return null;
        p = new BinaryNode<String>(ch+"");            // 创建叶子结点
        if(i<genlist.length() && genlist.charAt(i)=='(')
        {
            i++;                                      // 跳过 '('
            p.left = create(genlist);                 // 创建左子树，递归调用
            i++;                                      // 跳过 ','
            p.right = create(genlist);                // 创建右子树，递归调用
            i++;                                      // 跳过 ')'
        }
```

```
    }
    return p;                                           // 空串返回 null
  }
  public static void main(String args[])
  {
    String genlist = "A(B(D(^,G),^),C(E,F(H,^)))";    // 图 6-16 所示二叉树的广义表表示
    BinaryTree<String> bitree = BinaryTrees.createByGenList(genlist);
    System.out.println("二叉树的广义表表示: "+bitree.toGenListString());
  }
}
```

【思考题 6-4】修改以广义表表示构造二叉树算法, 结点元素是 String 字符串, 如"AA(BB, CC)"。

8. 使用栈遍历二叉树

对于先根、中根和后根次序遍历二叉树的递归算法, 通过设立一个栈, 可以用非递归算法实现。下述以先根次序遍历为例讨论二叉树的非递归遍历算法。

采用先根次序遍历二叉树, 以图 6-17(a)所示二叉树为例, p 从根结点 A 开始, 沿着 left 链到达 A 左子树上的结点 B、D, 再沿着 right 链到达叶子结点 G, 遍历了 A 的左子树, 此时需要返回根结点 A, 继续遍历 A 的右子树, 但从 G 没有到达 A 的链。

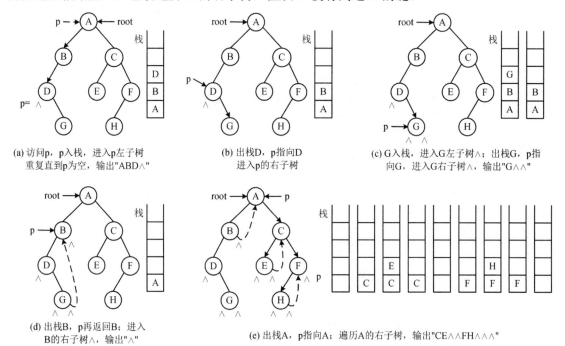

图 6-17 先根次序遍历二叉树的非递归算法描述及栈变化

采用二叉链表存储二叉树, 结点的两条链均是指向孩子结点的, 没有指向父母结点的链。所以, 从根结点开始, 沿着链前行可到达一个叶子结点, 经过从根到叶子结点的一条路径。而遍历二叉树必须访问所有结点, 经过所有路径。按照先根次序遍历规则, 在每个结点处, 访问该结点后, 先遍历左子树, 完成后, 必须返回该结点, 才能再遍历右子树。但是在二叉树中的任何结点均无法直接返回其父母结点。这说明二叉树本身的链已无法满足需要, 必须设立辅助的数据结构, 记住下一个访问结点是谁。

在从根到叶子结点的一条路径上, 所经过结点的次序与返回结点的次序正好相反。如果能

够依次保存路径上所经过的结点，只要按照相反次序就能找到返回的路径。因此，辅助结构应该选择具有"后进先出"特点的栈。

先根次序遍历二叉树的非递归算法描述如下，遍历过程及栈变化如图 6-17 所示。设置一个空栈；p 从二叉树的根结点开始，当 p 不空或栈不空时，循环执行以下操作，直到走完二叉树且栈为空。"

① 若 p 不空，表示刚刚到达 p 结点，访问 p 结点，再将 p 结点入栈，进入 p 的左子树。

② 若 p 为空但栈不空，表示已走完一条路径，则需返回寻找另一条路径。而返回的结点就是刚才经过的最后一个结点，它已保存在栈顶，所以出栈一个结点，使 p 指向它，再进入 p 的右子树。

BinaryTree<T>类声明以下成员方法，实现先根次序遍历二叉树的非递归算法，其中使用顺序栈或链式栈均可，栈的元素类型是 BinaryNode<T>二叉树结点。

```java
public void preorderTraverse()                              // 先根次序遍历二叉树的非递归算法
{
    Stack<BinaryNode<T>> stack = new LinkedStack<BinaryNode<T>>();        // 创建空栈
    BinaryNode<T> p = this.root;
    while(p!=null || !stack.isEmpty())                      // p 非空或栈非空时
    {
        if(p!=null)
        {
            System.out.print(p.data+" ");                   // 访问结点
            stack.push(p);                                  // p 结点入栈
            p=p.left;                                       // 进入左子树
        }
        else                                                // p 为空且栈非空时
        {
            System.out.print("∧ ");
            p=stack.pop();                                  // p 指向出栈结点
            p=p.right;                                      // 进入右子树
        }
    }
    System.out.println("∧");
}
```

【思考题 6-5】 怎样修改上述算法，得到中根和后根次序遍历的非递归算法？

9．二叉树的层次遍历

二叉树的层次遍历是按层次次序进行的，遍历规则是，从根结点开始，逐层深入，从左至右依次访问完当前层的所有结点，再遍历下一层。图 6-18(a)所示二叉树的层次遍历次序为 ABCDEFGH。二叉树层次遍历的特点是兄弟优先次序。对于任意一个结点（如 B），其兄弟结点（C）在其孩子结点（D）之前访问。两个兄弟结点的访问次序是先左后右，连续访问；它们子孙结点的访问次序是，左兄弟的所有孩子一定在右兄弟的所有孩子之前访问，左兄弟的子孙结点一定在右兄弟的同层子孙结点之前访问。

对采用二叉链表存储的二叉树进行层次遍历，设 p 指向某个结点，如图 6-18(a)所示，算法要解决的核心问题是：

① p 如何到达它的右兄弟结点？如从 B 到 C。

② p 如何到达它的同层下一个结点（非右兄弟）？如从 D 到 E。

③ 当访问完一层的最后一个结点时，p 如何到达下一层的第一个结点？如从 C 到 D。

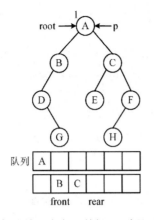

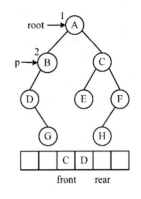

(a) 根结点A入队；出队A，访问 A，孩子B、C入队

(b) 出队B，访问B，D入队

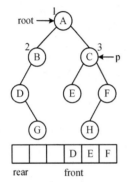

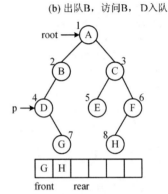

(c) 出队C，访问C，E、F入队

(d) 出队D，G入队；出队E；出队F，H入队；出队G、H

图 6-18   二叉树的层次遍历过程及顺序循环队列变化

从 B 到 C、从 C 到 D、从 D 到 E 都没有链。此时，二叉树本身的链无法满足需要，必须设立辅助的数据结构，指出下一个访问结点是谁。由层次遍历规则可知，如果 B 在 C 之前访问，则 B 的孩子结点均在 C 的孩子结点之前访问。因此，辅助结构应该选择具有"先进先出"特点的队列。

二叉树的层次遍历算法描述如下，设置一个空队列，顺序循环队列或链式队列均可。层次遍历过程及队列变化见图 6-18，为了演示顺序循环队列，设其容量为 6。

① 根结点入队。

② 当队列不空时，重复执行以下操作：使 p 指向一个出队结点，访问 p 结点，将 p 结点的左、右孩子（如果有）入队。

BinaryTree<T>类声明以下成员方法，按层次遍历二叉树。

```java
public void levelorder()                                 // 按层次遍历二叉树
{
    if(this.root==null)
        return;
    // 创建空队列，其中队列的元素类型是二叉树结点 BinaryNode<T>
    Queue<BinaryNode<T>> que=new LinkedQueue<BinaryNode<T>>();   // 链式队列
    que.add(this.root);                                  // 根结点入队
    while(!que.isEmpty())                                // 当队列不空时循环
    {
```

```
        BinaryNode<T> p=que.poll();                        // p 指向出队结点
        System.out.print(p.data+ " ");                     // 访问出队结点 p
        if(p.left!=null)
            que.add(p.left);                               // p 的左孩子结点入队
        if(p.right!=null)
            que.add(p.right);                              // p 的右孩子结点入队
    }
    System.out.println();
}
```

10．以层次遍历序列构造完全二叉树

由二叉树的层次遍历序列不能唯一确定一棵二叉树，能够唯一确定一棵完全二叉树。例如，图 6-10 两棵二叉树的层次遍历序列都是 AB；层次遍历序列是 AB 的完全二叉树只有一棵，见图 6-10(a)。

将完全二叉树的结点按次序进行编号，实际上是对完全二叉树的一次层次遍历。已知一棵完全二叉树的层次遍历序列，由二叉树性质 5 能够确定唯一一棵完全二叉树，第 0 个元素为根结点，第 i 个结点的左孩子（若有）是第 $2i+1$ 个结点，右孩子（若有）是第 $2i+2$ 个结点。

BinaryTree<T>二叉树类声明以下成员方法，采用递归算法或使用队列实现。

```
public static<T> BinaryTree<T> createComplete(T[] levellist) // 返回以层次遍历序列 levellist 构造完全二叉树
```

6.2 树

6.2.1 树的定义及抽象数据类型

1．树的典型案例

【典型案例 6-1】 树结构举例，家谱树、目录树、城市树、专业树等。

生活中所见的家谱、Windows 的文件系统、城市树、专业树等，如图 6-19 所示，表现形式各异，但本质上都是树结构，其中，图(c)和(d)是以 Java 的 JTree 树组件展示数据元素的。

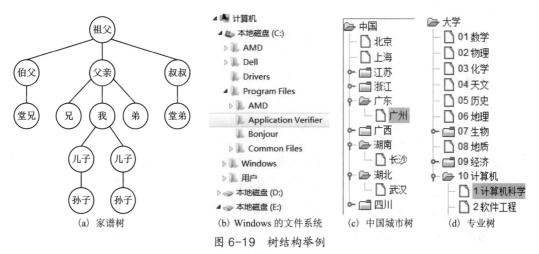

图 6-19　树结构举例

【典型案例 6-2】 假币的称重策略，以树结构描述测试。

设有 8 枚硬币，其中有一枚假币，假币比真币轻。试用一架天平称出假币，使称重的次数尽可能地少。只要称两次便可测出假币，称重策略描述如图 6-20 所示，8 个数字表示 8 枚硬币，结点处标记的两个集合为一次称量中两盘所放的硬币，假币一定在称量中较轻的盘中。

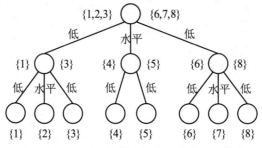

图 6-20　以树结构描述测试假币的称重策略

2．树的递归定义

树（tree）是由 n（$n \geq 0$）个结点组成的有限集合，树中元素通常称为结点。$n=0$ 的树被称为空树；$n>0$ 的树 T 由以下两个条件约定构成：

① 有一个特殊的结点称为根（root）结点，它没有父母结点。

② 除根结点之外的其他结点分为 m（$0 \leq m < n$）个互不相交的子集 $T_0, T_1, \cdots, T_{m-1}$，其中每个子集 T_i（$0 \leq i < m$）也具有树结构，称为根的子树（subtree）。

树是递归定义的。结点是树的基本单位，若干结点组成一棵子树，根结点和若干棵互不相交的子树组成一棵树。树中每个结点都是该树中某一棵子树的根。因此，树是由结点组成的、结点之间具有层次关系的数据结构。森林（forest）是树的集合。

由 2 棵树组成的森林如图 6-21 所示，A 是一棵树 T 的根结点，其他结点组成 3 个互不相交的子集 T_0、T_1、T_2 作为 A 的子树，$T_0=[B, E, F]$，$T_1=[C]$，$T_2=[D, G]$，3 棵子树的根结点分别是 A 的孩子结点 B、C、D。

3．树的术语

在二叉树中定义的父母、孩子、兄弟结点，以及度、高度、层次等术语，适用于树。

（1）单枝树

如果每个结点只有一个孩子结点，称为单枝树，见图 6-21 的 H、I、J。单枝树也是线性表，因此，线性表是树的特例。

（2）树的度

树的度是指树中各结点度的最大值。例如，图 6-21 中，以 A 为根的树的度是 3。

（3）无序树、有序树

在树的定义中，结点的子树 $T_0, T_1, \cdots, T_{m-1}$ 之间没有次序（order），可以交换位置，称为无序树，简称树。如果结点的子树 $T_0, T_1, \cdots, T_{m-1}$ 从左至右是有次序的，不能交换位置，则称该树为有序树（ordered tree）。例如，图 6-22（a）和（b）表示同一棵无序树，也可表示两棵有序树。

4．树的抽象数据类型

树的操作主要有创建树、获得父母/孩子/兄弟结点、遍历、插入和删除等。声明 Tree<T> 树抽象数据类型如下。其中，TreeNode<T>是树结点类，声明见 6.2.3 节。

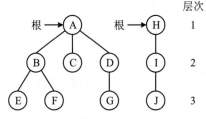

图 6-21　由两棵树组成的森林

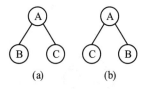

图 6-22　无序树和有序树

```
ADT Tree<T>                                    // 树抽象数据类型，T 表示结点元素类型
{
    boolean isEmpty();                         // 判断是否空树
    int childCount(TreeNode<T> p);             // 返回 p 结点的孩子结点个数
    TreeNode<T> child(TreeNode<T> p, int i);   // 返回 p 结点的第 i (i≥0) 个孩子结点
    void insert(T x);                          // 插入 x 作为根结点
    TreeNode<T> insert(TreeNode<T> p, int i, T x);  // 插入 x 作为 p 结点的第 i (i≥0) 个孩子
    void remove(TreeNode<T> p, int i);         // 删除 p 结点的第 i (i≥0) 棵子树
    void clear();                              // 删除树的所有结点

    void preorder();                           // 先根次序遍历树
    void postorder();                          // 后根次序遍历树
    void levelorder();                         // 层次遍历树
    int size();                                // 返回树的结点数
    int height();                              // 返回树的高度
    TreeNode<T> search(T key);                 // 查找并返回首个与 key 相等元素结点
    int level(T key);                          // 返回首个与 key 相等元素结点所在的层次
    void remove(T key);                        // 查找并删除首个以与 key 相等元素为根的子树
}
```

虽然无序树没有为孩子结点约定次序，但是一旦存储，各孩子结点就是有次序的。因此，获得、插入、删除等对孩子结点的操作采用序号 i（$0 \leq i <$ 孩子结点数）作为识别各孩子结点的标记，若 i 指定结点序号超出范围，则抛出序号越界异常。

6.2.2　树的存储结构

一棵树包含各结点间的层次关系与兄弟关系，两种关系的存储结构不同。

① 树的层次关系必须采用链式存储结构存储，通过链连接父母结点与孩子结点。

② 一个结点的多个孩子结点（互称兄弟）之间是线性关系，可以采用顺序或链式存储结构。

1. 树的父母孩子链表

树的父母孩子链表存储结构，采用顺序表存储多个孩子结点。结点结构如下，其中 children 顺序表存储多个孩子结点。

树的父母孩子链表结点(data 数据域，parent 父母结点，children 孩子结点顺序表)

一棵度为 3 的树及其树的父母孩子链表存储结构如图 6-23 所示，各结点的 children 顺序表长度不同，为孩子个数。children 顺序表可以扩充容量。

树的父母孩子链表存储结构存在一些问题，如无法表示森林等。

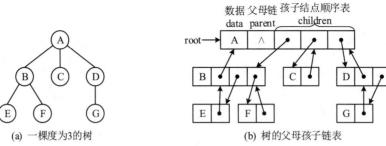

(a) 一棵度为3的树   (b) 树的父母孩子链表

图 6-23   树的父母孩子链表存储结构

2．树/森林的父母孩子兄弟链表

通常采用父母孩子兄弟链表存储树/森林，采用单链表存储多个孩子结点。结点结构如下，其中 child 链指向一个孩子结点，sibling 链指向下一个兄弟结点。

树/森林的父母孩子兄弟链表结点(data 数据域，parent 父母结点，child 孩子结点，sibling 兄弟结点)

树/森林的父母孩子兄弟链表存储结构如图 6-24 所示。

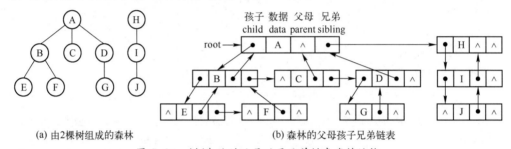

(a) 由2棵树组成的森林   (b) 森林的父母孩子兄弟链表

图 6-24   树/森林的父母孩子兄弟链表存储结构

这种存储结构实际上是将一棵树转换成一棵二叉树存储，可存储森林。存储规则如下。

① 每个结点采用 child 链指向其中一个孩子结点，多个孩子结点之间由 sibling 链连接组成一条具有兄弟结点关系的单链表。

② 将每棵树采用树的父母孩子兄弟链表存储。

③ 森林中的多棵树之间是兄弟关系，将若干树通过根的 sibling 链连接起来。

6.2.3   树/森林的父母孩子兄弟链表实现

1．树结点类

声明树结点类 TreeNode<T>如下，包含父母、孩子、兄弟链，方法类似二叉树结点，省略。

```
public class TreeNode<T>                          // 树结点类，父母孩子兄弟链表结构，T 指定结点的元素类型
{
    public T data;                                // 数据域
    public TreeNode<T> parent, child, sibling;    // 父母结点链、孩子结点链、兄弟结点链
}
```

2．树/森林类

声明 Tree<T>树/森林类如下，采用父母孩子兄弟链表存储，实现树抽象数据类型声明的方法，其他方法类似二叉树，省略。

```
{
    public TreeNode<T> root;                    // 根结点，树的父母孩子兄弟链表结点类型
    public Tree()                               // 构造空树，方法体省略
}
```

3. 树/森林的遍历

（1）树/森林的遍历规则

树的孩子优先次序遍历规则主要有先根和后根次序遍历两种，说明如下，也是递归的。

❖ 先根次序遍历树：① 访问根结点；② 按从左到右次序遍历根的每一棵子树。
❖ 后根次序遍历树：① 按从左到右次序遍历根的每一棵子树；② 访问根结点。

树的层次遍历规则同二叉树。

森林的遍历规则是，依次遍历每棵树。图 6-21 所示森林的遍历序列如下。

❖ 先根次序遍历树/森林：A B E F C D G H I J。
❖ 后根次序遍历树/森林：E F B C G D A J I H。
❖ 层次次序遍历树/森林：A B C D E F G H I J。

（2）先根次序遍历树/森林算法

Tree<T>树类可采用二叉树的先根次序遍历算法，省略。以下方法采用循环遍历兄弟链。

```
public void preorder()                          // 先根次序遍历树/森林，算法先根次序递归遍历子树，循环遍历兄弟链
{
    for(TreeNode<T> p=this.root;  p!=null;  p=p.sibling)    // p 循环遍历根的兄弟链，森林
        preorder(p);                            // 遍历以 p 结点为根的一棵树
    System.out.println();
}
public void preorder(TreeNode<T> p)             // 先根次序遍历以 p 为根的子树，递归算法
{
    if(p!=null)
    {
        System.out.print(p.data+" ");
        for(TreeNode<T> q=p.child;  q!=null;  q=q.sibling)   // q 循环遍历 p.child 的兄弟链
            preorder(q);                        // 先根次序遍历 p 的一棵子树，递归调用
    }
}
```

（3）后根次序遍历树算法

按后根次序遍历一棵树，设 p 指向一棵子树的根结点，在遍历 p.child 指向的 p 的所有子树之后、遍历 p.sibling 指向的所有兄弟子树之前，访问 p 结点，因此树的后根次序遍历算法与二叉树的中根次序遍历算法相同，方法体省略。

```
public void postorder()                         // 后根次序遍历树，递归算法同二叉树的中根次序遍历
```

4. 树/森林的横向凹入表示法

用图示法描述树的逻辑结构，虽然直观，但不能用于树的输入和输出。

（1）树/森林的横向凹入表示法

树/森林的横向凹入表示法是树的一种线性表示法，采用逐层缩进形式表示结点之间的层次关系。每行表示一个结点，孩子结点相对于父母结点缩进一个制表符 Tab 位置，图 6-21 所示森林的横向凹入表示法如图 6-25 所示。

树/森林的横向凹入表示法，实现了树结构与线性关系一对一的映射，能够将树结构存储在按行呈现线性关系的文本中，为树的输入和输出提供了线性表示，主要用于树的屏幕显示和打印输出，见图 6-19 所示的 Windows 文件系统、城市树、专业树等。

```
A
  B
    E
    F
  C
  D
    G
      H
        I
          J
```

图 6-25　树/森林的横向凹入表示法

（2）先根次序遍历树，输出树的横向凹入表示

Tree<T>类声明以下成员方法，以先根次序遍历树，输出树的横向凹入表示。

```java
public String toString()        // 返回树的横向凹入表示字符串，以先根次序遍历树
{
    return "树的横向凹入表示: \n "+toString(root, "");
}
// 先根次序遍历以 p 为根的子树，tab 指定缩进量，返回子树的横向凹入表示字符串，递归算法
public String toString(TreeNode<T> p, String tab)
{
    if(p==null)
        return "";
    return tab+p.data.toString()+"\n" + toString(p.child, tab+"\t") + toString(p.sibling, tab);
}
```

（3）以横向凹入表示构造树/森林

Tree<T>类能够提供 toString()方法返回树的横向凹入表示字符串，却不能提供以横向凹入表示树/森林的构造方法。因为，以树的横向凹入表示法构造的是 Tree<String>类型的树/森林，只能在类之外给出补充方法，见例 6.3。

```
中国
    北京
    江苏
        南京
        苏州
韩国
    首尔
```

图 6-26　城市树/森林

【例 6.3】　城市树/森林，以横向凹入表示构造树/森林。

本例目的： 树/森林的横向凹入表示法的构造算法及输出。

一棵城市树/森林的横向凹入表示法如图 6-26 所示。

设 prelist 数组表示上述树/森林的横向凹入表示的结点序列，元素是各国及其城市名字符串，字符串的"\t"前缀表示该结点的层次关系。

```java
String[] prelist={"中国", "\t 北京", "\t 江苏", "\t\t 南京", "\t\t 苏州", "韩国", "\t 首尔"};
```

算法描述： 以横向凹入表示构造树（森林）算法描述如下，将 prelist 数组元素依次插入一棵父母孩子兄弟链表存储的树中，从根结点开始，逐层深入地插入结点。

依次创建元素为 prelist[i]（0≤i<prelist.length）的结点，设 p 指向 prelist[i-1]元素结点，p 结点、prelist[i]的"\t"前缀个数分别为 len、n。比较 len、n，根据不同的"\t"前缀个数确定结点的插入位置，分以下 4 种情况，结点值是去除了所有"\t"前缀的子串。构造过程如图 6-27 所示。

① 若 prelist[i]元素没有"\t"前缀，n=0，表示这是森林中一棵树的根结点，则将其存储为根结点或根的兄弟结点，如"中国"是树的根结点，"韩国"是根的兄弟结点。

② 若 prelist[i]比结点 p 多一个"\t"前缀，n=len+1，则将其存储为 p 的孩子结点，如"\t 北京"是"中国"的孩子，"\t\t 南京"是"\t 江苏"的孩子。

③ 若 prelist[i]与结点 p 的"\t"前缀数相同，n=len，表示两者同层，则创建值为 prelist[i]结点作为 p 的兄弟结点，如"\t 江苏"是"\t 北京"的兄弟，"\t\t 苏州"是"\t\t 南京"的兄弟。

④ 若 prelist[i]比结点 p 的"\t"前缀数少，n<len，则 p 沿着 parent 链逐层向上寻找插入位置，直到同层结点，插入其作为 p 的兄弟结点。例如，"韩国"是"\t\t 苏州"的下一个数组元素，从"苏州"结点向上找到"江苏"再到"中国"结点，将"韩国"插入作为"中国"的兄弟。

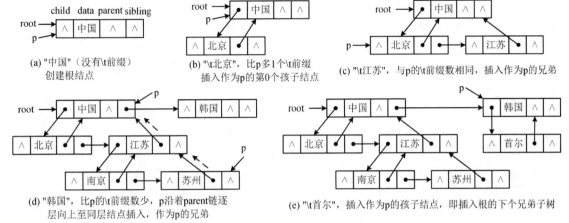

(a) "中国"（没有\t前缀）
创建根结点

(b) "\t北京"，比p多1个\t前缀
插入作为p的第0个孩子结点

(c) "\t江苏"，与p的\t前缀数相同，插入作为p的兄弟

(d) "韩国"，比p的\t前缀数少，p沿着parent链逐
层向上至同层结点插入，作为p的兄弟

(e) "\t首尔"，插入作为p的孩子结点，即插入根的下个兄弟子树

图 6-27　以树的横向凹入表示构造一棵父母孩子兄弟链表存储的树

从"苏州"结点向上找到"江苏"再到"中国"结点，将"韩国"插入作为"中国"的兄弟。

程序设计：声明 Trees 类如下，包含构造树的 create(prelist[])方法，在父母孩子兄弟链表存储的树/森林中，每个结点能够直接找到其父母结点，因此以树/森林的横向凹入表示构造一棵树/森林的算法是不使用栈的非递归算法。

```java
public class Trees                                   // 树操作类，声明特定对树操作的静态方法
{
    // 以横向凹入表示法构造树，prelist 数组存储树（森林）的横向凹入表示字符串序列
    public static Tree<String> create(String[] prelist)
    {
        Tree<String> tree = new Tree<String>();          // 创建空树
        if (prelist.length==0)
            return tree;                                 // 返回空树
        tree.root = new TreeNode<String>(prelist[0]);    // 创建根结点，层次为1
        TreeNode<String> p = tree.root;
        int len=0;                                       // len是 p 结点的"\t"个数
        for(int i=1; i<prelist.length; i++)              // 将 prelist[i]插入作为森林最后一棵子树的最后一个孩子
        {
            int n=0;
            while(n<prelist[i].length() && prelist[i].charAt(n)=='\t')
                n++;                                     // 统计 prelist[i]串中"\t"前缀个数
            String str = prelist[i].substring(n);        // 结点元素，去除 prelist[i]串中所有"\t"前缀
            if(n==len+1)                                 // prelist[i]比 p 多一个"\t"前缀，插入作为 p 的孩子
            {
                p.child = new TreeNode<String>(str, p);  // 构造 p 的孩子结点（叶子）
                p = p.child;
                len++;
            }
            else
            {
                while(n<len)                             // prelist[i]比 p 的'\t'少，p 向上寻找插入位置
                {
                    p = p.parent;
                    len--;
                }
```

```
                p.sibling=new TreeNode<String>(str, p.parent);        // 同一层，插入作为 p 结点的下个兄弟
                p = p.sibling;
            }
        }
        return tree;
    }
}
```

调用语句如下：

```
String[] prelist={"中国","\t北京","\t江苏","\t\t南京","\t\t苏州","韩国","\t首尔"};        //图 6-26
Tree<String> tree = Trees.create(prelist);              // 以树的横向凹入表示法构造树（森林）
System.out.print(tree.toString());                      // 先根次序遍历树并输出树的横向凹入表示字符串
```

5. 树的广义表表示法

树的广义表表示语法图如图 6-28 所示。从广义表角度看，这个语法图就是带表名的再入表。图 6-21 所示森林的广义表表示是 A(B(E, F), C, D(G)), H(I(J))。

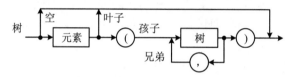

图 6-28　树的广义表表示语法图

6.3　二叉树应用

本节目标：以 Huffman 树和表达式二叉树为例，讨论二叉树的应用。

6.3.1　Huffman 树

目前常用的图像、音频、视频等多媒体信息，由于数据量大，必须对它们采用数据压缩技术来存储和传输。数据压缩（data compression）技术通过对数据重新编码（encode）进行压缩存储，减少数据占用的存储空间；使用时，再进行解压缩（decompression），恢复数据原有特性。压缩方法主要有无损压缩和有损压缩。无损压缩是指，压缩存储数据的全部信息，确保解压后的数据不失真。有损压缩是指，压缩过程中可能丢失数据某些信息。例如，将 BMP 位图压缩成 JPEG 格式图像，会有精度损失，没有原图像清楚。

Huffman 编码是数据压缩技术中的一种无损压缩方法，在图像处理等领域应用广泛。

1. 编码二叉树

一种编码方案可用一棵编码二叉树表示。例如，四进制编码二叉树如图 6-29 所示，每条边表示一个二进制位 0 或 1，左子树的边表示 0，右子树的边表示 1。每个叶子结点表示一个数字，该数字的编码由从根到该叶子结点一条路径上所有边的值组成。

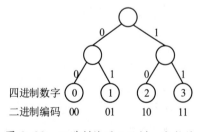

图 6-29　四进制编码二叉树，定长编码，满二叉树

任何一种编码方案必须满足的基本要求是：任何一个编码都不是另一个编码的前缀。这样才能保证译码的唯一性，因此只需计算编码二叉树中叶子结点的编码。编码二叉树只有 2 度结点和叶子结点，没有 1 度结点。

四、八、十六等 radix 进制编码二叉树是满二叉树。其中，radix 个叶子结点对应数字 0～radix-1，每个数字的二进制编码长度相同，编码长度=二叉树高度-1。编码总长度指所有编码的长度之和，四进制编码总长度为 8。

【思考题 6-6】 分别画出八进制、十六进制编码二叉树。

2．Huffman 编码

【典型案例 6-3】 文本数据压缩和解压缩，采用 Huffman 编码。

本题目的：以字符串为例，说明采用 Huffman 编码的数据压缩和解压缩过程。

题意说明：设有 text="AAAABBBCDDBBAAA"字符串。

（1）采用 ASCII 存储 text，15 个字符占用 15 字节，共 120 位。

目前所有程序设计语言支持 ASCII，字符能够以 ASCII 编码形式显示和输出。ASCII 是一种定长编码方案，一个字符由 8 位二进制数表示，每个字符编码与字符的使用频率无关。

（2）采用 Huffman 编码压缩存储和解压缩。

① Huffman 编码。

对上述字符串 text 进行字符使用频率统计，字符集合为{A, B, C, D}，各字符的出现次数分别为{7, 5, 1, 2}（称为权值集合），据此构造的 Huffman 树和 Huffman 编码如图 6-30 所示。

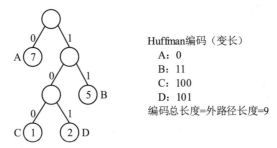

图 6-30　由字符集{A,B,C,D}和权值集{7,5,1,2}构造的 Huffman 树与 Huffman 编码

上述产生 Huffman 编码过程对原始数据扫描了两遍，第一遍是精确统计原始数据中每个符号出现的频率；第二遍是建立 Huffman 树，获得 Huffman 编码。

Huffman 编码是一种变长的编码方案，数据的编码因其使用频率不同而长短不一。为了使所有数据的编码总长度最短，则令使用频率高的数据其编码较短，反之使用频率低的数据其编码较长。

② 数据压缩，编码。

压缩上述字符串 text 的过程如下，Huffman 编码方案为 A→0，B→11，C→100，D→101。

A	A	A	A	B	B	B	C	D	D	B	B	A	A	A
0	0	0	0	11	11	11	100	101	101	11	11	0	0	0

将 text 串压缩为 00001111111001011011111000，共 26 位，压缩比为 120:26≈4.6:1。

③ 数据解压缩，译码。

将一个编码恢复成原数据的过程称为<u>译码</u>（decode）。对于上述压缩数据 00001111 11100101 10111110 00，采用相同 Huffman 编码方案的解压缩过程如下：

0	0	0	0	11	11	11	100	101	101	11	11	0	0	0
A	A	A	A	B	B	B	C	D	D	B	B	A	A	A

采用 Huffman 编码压缩后，数据信息没有损失，能够恢复到原数据，因此 Huffman 编码是一种无损压缩。

3．构造 Huffman 树获得 Huffman 编码

为了得到一种 Huffman 编码方案，必须建立一棵 Huffman 树。那么，Huffman 树是怎样的二叉树？具有哪些特性？怎样获得 Huffman 编码？以下从二叉树的路径长度说起。

（1）二叉树的路径长度

在二叉树中，从结点 X 到 Y 的一条路径(X,…,Y)是指从结点 X 到 Y 所经过的结点序列，路径长度为路径上的边数。二叉树的路径长度（Path Length，PL）是指从根结点到其他所有结点的路径长度之和，$PL = \sum_{i=0}^{n-1} l_i$，$l_i$ 为从根到第 i 个结点的路径长度。

从根结点到结点 X 有且仅有一条路径，路径长度=结点 X 的层次-1。n 个结点的不同形态的二叉树，其路径长度也不同，完全二叉树的路径长度最短。8 个结点多棵二叉树的路径长度如图 6-31 所示。

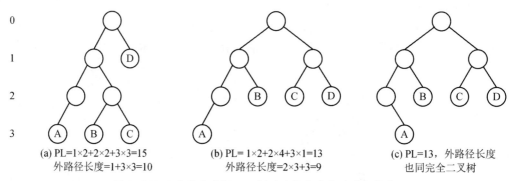

(a) PL=1×2+2×2+3×3=15
外路径长度=1+3×3=10

(b) PL= 1×2+2×4+3×1=13
外路径长度=2×3+3=9

(c) PL=13，外路径长度
也同完全二叉树

图 6-31　8 个结点多棵二叉树的路径长度和外路径长度

n 个结点的完全二叉树的路径长度，是以下序列的前 n 项之和：0, 1, 1, 2, 2, 2, 2, 3, 3, 3, 3, 3, 3, 3, 3, 4, …

（2）二叉树的外路径长度，编码二叉树

二叉树的外路径长度是从根结点到所有叶子结点的路径长度之和，见图 6-31。完全二叉树的外路径长度最短。

对于一棵编码二叉树，我们需要计算的是从根结点到叶子结点的路径长度。一种编码方案的编码总长度是其对应编码二叉树的外路径长度。例如，图 6-29 中四进制编码的总长度是 8（最短），图 6-30 所示 Huffman 树的编码总长度是 9。

（3）二叉树的带权外路径长度

在字符的使用频率各不相同的情况下，将字符的使用频率作为二叉树中叶子结点的值，称为权（weight），则设计编码方案转换为构造带权外路径长度最短的二叉树问题。

二叉树的带权外路径长度（Weighted external Path Length，WPL）是指所有叶子结点的带权路径长度之和，$WPL = \sum_{i=0}^{n-1} (w_i \times l_i)$。其中，$n$ 是叶子结点个数，w_i 是第 i 个叶子结点的权

值，l_i 是从根到第 i 个叶子结点的路径长度；$w_i \times l_i$ 是从根结点到结点 X 的带权路径长度。

已知字符集合 {A, B, C, D}，权值集合 {7, 5, 1, 2}，将各字符作为叶子结点，由此可构造多棵编码二叉树，带权外路径长度不同，如图 6-32 所示，结点中的值表示该结点的权值。

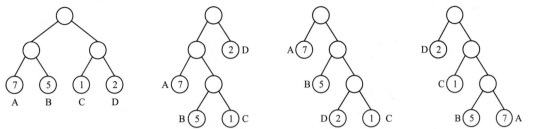

(a) WPL=7×2+5×2+1×2+2×2=30　(b) WPL=7×2+5×3+1×3+2×1=34　(c) WPL=7×1+5×2+2×3+1×3=26　(d) WPL=2×1+1×2+5×3+7×3=40

图 6-32　具有 4 个叶子结点的多棵编码二叉树及其带权外路径长度

（4）Huffman 树

<u>Huffman 树</u>是带权外路径长度最小的二叉树。为了使所构造二叉树的带权外路径长度最小，应该尽量使权值较大结点的外路径长度较小。由 n 个权值作为 n 个叶子结点可构造出多棵 Huffman 树，因为没有明确约定左右子树。例如，上述 4 个叶子结点的多棵 Huffman 树如图 6-33 所示，WPL=26。由不同的 Huffman 树获得的 Huffman 编码不同，将导致编码和译码不同。因此，构造 Huffman 树时必须明确约定左、右子树。

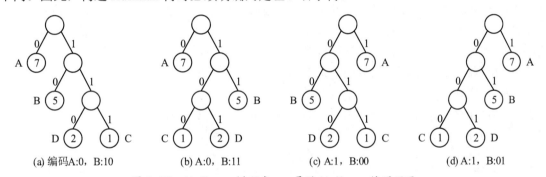

(a) 编码A:0，B:10　　　(b) A:0，B:11　　　(c) A:1，B:00　　　(d) A:1，B:01

图 6-33　Huffman 树不唯一，导致 Huffman 编码不同

4．采用 Huffman 算法构造 Huffman 树

（1）Huffman 算法描述

已知一棵二叉树所有叶子结点的权值集合 $\{w_0, w_1, \cdots, w_{n-1}\}$（$n>0$），$w_i$（$0 \leqslant i < n$）是第 i 个叶子结点的权值，Huffman 算法描述如下，构造一棵 Huffman 树，使其带权外路径长度 WPL 最小。设字符集 {A, B, C, D} 的权值集合是 {7, 5, 1, 2}，构造 Huffman 树的过程如图 6-34 所示。

① 初始状态，构造具有 n 棵二叉树的森林 $F=\{T_0, T_1, \cdots, T_{n-1}\}$，其中每棵二叉树 T_i 只有一个权值为 w_i 的结点，该结点既是根结点也是叶子结点。

② 采取不断合并二叉树的策略。在 F 中选择当前根结点权值最小的两棵二叉树合并，左孩子结点权值较小，合并后的根结点权值是其孩子结点的权值之和。

③ 重复执行②，合并二叉树，直到 F 中只剩下一棵二叉树，就是所构造的 Huffman 树。

Huffman 算法在合并二叉树时，约定左孩子结点权值较小，右孩子结点权值较大，因此构造了唯一的一棵 Huffman 树。

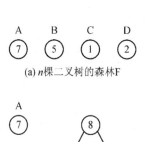

(a) n 棵二叉树的森林 F

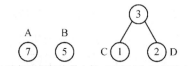

(b) 选择两棵权值最小的二叉树 {1}{2} 作为左、
　　右子树合并，根结点权值为两者之和 3

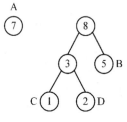

(c) 合并 {3}{5}，根结点权值为 8

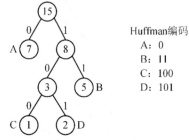

(d) 合并 {7}{8}，Huffman 树，即图 6-30

图 6-34　采用 Huffman 算法构造 Huffman 树

在 Huffman 树中，字符（叶子结点）的 Huffman 编码是由从根到该叶子结点路径上的 0 和 1 组成的二进制位序列。由于每个字符结点都是叶子结点，而叶子结点不可能在根到其他叶子结点的路径上，因此任何一个字符的 Huffman 编码都不是另一个字符 Huffman 编码的前缀。

（2）采用静态三叉链表存储 Huffman 树

Huffman 树中只有 2 度结点和叶子结点，没有 1 度结点。由二叉树性质 3 的 $n_0 = n_2 + 1$ 可知，具有 n 个叶子结点的 Huffman 树共 $2n-1$ 个结点。在已知结点总数且没有插入删除操作的情况下，可采用静态链表存储 Huffman 树。在构造 Huffman 树并获得 Huffman 编码时，需要使用从父母结点到孩子结点的双向关系，因此采用静态三叉链表。

声明二叉树的静态三叉链表结点类 TriElement 如下，每个结点存储其父母、左或右孩子结点下标，用于表示结点之间的关系，-1 表示无此结点。方法体省略。

```
public class TriElement                                    // 二叉树的静态三叉链表结点类
{
    int data;                                              // 数据域
    int parent, left, right;                               // 父母结点和左、右孩子结点下标
    public TriElement(int data, int parent, int left, int right)    // 构造元素值为 data 的结点
    public TriElement(int data)                            // 构造无父母的叶子结点
    public String toString()                               // 返回结点的描述字符串，形式为 "(,)"
    public boolean isLeaf()                                // 判断是否叶子结点
}
```

（3）构造 Huffman 树

采用静态三叉链表存储的 Huffman 树，TriElement 结点数组存储二叉树的所有结点，结点 data 数据域存储权值。数组长度为 $2n-1$，前 n 个元素存储叶子结点，后 $n-1$ 个元素存储 2 度结点。由字符集合 {A,…, H} 和权值集合 {5, 29, 7, 8, 14, 23, 3, 11} 构造一棵 Huffman 树，结点数组的状态变化如图 6-35 所示，结点数组初始状态只有 8 个叶子结点，-1 表示无此结点。所构造的 Huffman 树如图 6-36 所示。

（4）获得 Huffman 编码

字符的 Huffman 编码由变长的二进制位序列组成。从 Huffman 树的结点数组中，获得叶子结点表示字符的 Huffman 编码，算法描述如下，从每个叶子结点开始，逐步向上寻找一条直

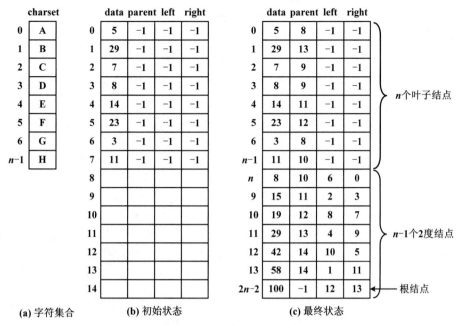

图 6-35 构造 Huffman 树

charset		data	parent	left	right		data	parent	left	right	
0	A	0	5	-1	-1	-1	0	5	8	-1	-1
1	B	1	29	-1	-1	-1	1	29	13	-1	-1
2	C	2	7	-1	-1	-1	2	7	9	-1	-1
3	D	3	8	-1	-1	-1	3	8	9	-1	-1
4	E	4	14	-1	-1	-1	4	14	11	-1	-1
5	F	5	23	-1	-1	-1	5	23	12	-1	-1
6	G	6	3	-1	-1	-1	6	3	8	-1	-1
$n-1$	H	7	11	-1	-1	-1	$n-1$	11	10	-1	-1
		8					n	8	10	6	0
		9					9	15	11	2	3
		10					10	19	12	8	7
		11					11	29	13	4	9
		12					12	42	14	10	5
		13					13	58	14	1	11
		14					$2n-2$	100	-1	12	13

(a) 字符集合 (b) 初始状态 (c) 最终状态

n 个叶子结点；$n-1$ 个2度结点；根结点

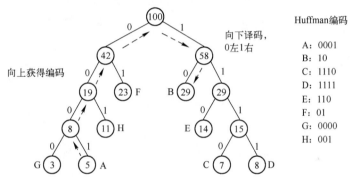

Huffman编码

A: 0001
B: 10
C: 1110
D: 1111
E: 110
F: 01
G: 0000
H: 001

图 6-36 构造 Huffman 树，获得 Huffman 编码

到根结点的路径，如图 6-35 中的 A，左孩子边取值为 0，右孩子边取值为 1，得到一个从叶子到根结点的路径对应的 0/1 序列，这个序列就是反序的 Huffman 编码。

声明 HuffmanTree 类如下，构造 Huffman 树，获得各字符的 Huffman 编码。

```java
public class HuffmanTree                          // Huffman 树类
{
    private String charset;                       // 字符集合
    private TriElement[] element;                 // 静态三叉链表结点数组
    // 构造 Huffman 树，weights 指定权值集合，默认字符集合是从'A'开始的 weights.length 个字符
    public HuffmanTree(int[] weights)
    {
        this.charset = "";
        int n = weights.length;                   // 叶子结点数
        for(int i=0; i<weights.length; i++)       // 默认字符集合是从'A'开始的 n 个字符
            this.charset += (char)('A'+i);
        this.element = new TriElement[2*n-1];     // n 个叶子的 Huffman 树有 2n-1 个结点
        for(int i=0; i<n; i++)                     // Huffman 树初始化 n 个叶子结点
```

```java
        this.element[i] = new TriElement(weights[i]);// 构造无父母的叶子结点
    for(int i=n; i<2*n-1; i++)                           // 构造 n-1 个 2 度结点
    {
        int min1=Integer.MAX_VALUE, min2=min1;           // 最小和次小权值, 初值为最大整数
        int x1=-1, x2=-1;                                // 最小和次小权值结点下标
        for(int j=0; j<i; j++)                           // 寻找两个无父母的最小权值结点下标
            if(this.element[j].parent==-1)               // 第 j 个结点无父母
            {
                if(this.element[j].data<min1)            // 第 j 个结点权值最小
                {
                    min2 = min1;                         // min2 记得次小权值
                    x2 = x1;                             // x2 记得次小权值结点下标
                    min1 = this.element[j].data;         // min1 记得最小权值
                    x1 = j;                              // x1 记得最小权值结点下标
                }
                else if(this.element[j].data<min2)       // 第 j 个结点权值次小
                {
                    min2 = element[j].data;
                    x2 = j;
                }
            }
        this.element[x1].parent = i;                     // 合并两棵权值最小的子树, 左孩子最小
        this.element[x2].parent = i;
        this.element[i] = new TriElement(min1+min2, -1, x1, x2);      // 构造结点
    }
}
private String huffmanCode(int i)                        // 返回 charset 第 i 个字符的 Huffman 编码字符串
{
    int n=8;
    char code[] = new char[n];                           // 声明字符数组暂存 Huffman 编码
    int child=i, parent=this.element[child].parent;
    for(i=n-1; parent!=-1; i--)                          // 由叶子结点向上直到根结点, 反序存储编码
    {
        code[i]=(element[parent].left==child)?'0':'1';                // 左、右孩子编码为 0、1
        child = parent;
        parent = element[child].parent;
    }
    return new String(code, i+1, n-1-i);                 // 由 code 数组从 i+1 开始的 n-1-i 个字符构造串
}
public String toString()                                 // 返回 Huffman 树的结点数组和所有字符的编码串
{
    String str="Huffman 树的结点数组:";
    for(int i=0; i<this.element.length; i++)
        str += this.element[i].toString()+", ";
    str += "\nHuffman 编码: ";
    for(int i=0; i<this.charset.length(); i++)           // 输出所有叶子结点的 Huffman 编码
```

```
            str+=this.charset.charAt(i)+": "+huffmanCode(i)+", ";
        return str;
    }
}
```

为了突出 Huffman 算法，上述 HuffmanCode(i)方法和下面的数据压缩、解压缩方法以 '0'、'1' 字符显示 Huffman 编码。实际应用时应该压缩成二进制位 0/1。

（5）数据压缩

已知一个字符串 text，统计 text 中各字符的出现次数，根据其字符集合和权值集合构造一棵 Huffman 树。HuffmanTree 类声明以下 encode(text)方法，将 text 中各字符转换成其 Huffman 编码存储，进行数据压缩；使用默认字符集合，并以字符串形式输出 Huffman 编码。

```
public String encode(String text)        // 数据压缩，将 text 各字符转换成 Huffman 编码存储，返回压缩字符串
{
    String compressed="";                              // 被压缩的数据，以字符串显示
    for(int i=0; i<text.length(); i++)
    {
        int j=text.charAt(i)-'A';        // 获得当前字符在默认字符集（从 A 开始的 n 个字符）中的序号，$O(1)$
        compressed += this.huffmanCode(j);              // 在 Huffman 树中获得第 j 个字符的编码
    }
    return compressed;
}
```

（6）数据解压缩

数据解压缩过程必须使用与数据压缩过程相同的 Huffman 编码方案（即同一棵 Huffman 树），对二进制位序列进行译码。Huffman 译码算法描述（见图 6-36）如下，从一个二进制位序列的第 0 位开始，逐位地匹配该棵 Huffman 树各边的 0 或 1。从 Huffman 树的根结点出发，当序列值为 0 时向左，为 1 时向右，直到一个叶子结点，则从根到该叶子结点路径上的 0/1 序列，即是该叶子结点对应字符的 Huffman 编码。由该叶子结点在结点数组中的序号可知字符集合中对应的字符，由此译码获得一个字符。HuffmanTree 类声明以下方法实现数据解压缩。

```
// 数据解压缩，将压缩 compressed 中的 0/1 序列进行 Huffman 译码，返回译码字符串
public String decode(String compressed)
{
    String text="";
    int node=this.element.length-1;                    // node 搜索一条从根到达叶子的路径
    for(int i=0; i<compressed.length(); i++)
    {
        if(compressed.charAt(i)=='0')                  // 根据 0、1 分别向左或右孩子走
            node = element[node].left;
        else
            node = element[node].right;
        if(element[node].isLeaf())                     // 到达叶子结点
        {
            text += this.charset.charAt(node);         // 获得一个字符
            node = this.element.length-1;              // node 再从根结点开始
        }
    }
    return text;
```

```
    }
```

【例 6.4】 文本数据压缩和解压缩，采用 Huffman 算法。

对于典型案例 6-3 给定的一段文本，计算其权值集合，默认字符集为"ABCD"，构造一棵 Huffman 树（见图 6-33）；将该文本压缩成 Huffman 编码序列，再将压缩的 Huffman 编码序列解压缩成原文本，没有丢失任何信息，所以是无损压缩。调用语句如下。

```
String text="AAAABBBCDDBBAAA";                    // 典型案例 6-3 的数据
//……  统计字符串 text 的字符集合 charset 和权值集合 weights，见 8.5.2 节的例 8.3
int[] weights={7,5,1,2};                          // 图 6-33 指定权值集合，默认字符集为"ABCD"
HuffmanTree huftree = new HuffmanTree(weights);   // 构造 Huffman 树
System.out.println(huftree.toString());           // 输出 Huffman 树的结点数组和所有字符编码
String compressed = huftree.encode(text);
System.out.println("将"+text+"压缩为"+compressed+"，"+compressed.length()+"位");
System.out.println("将"+compressed+"解码为"+ huftree.decode(compressed));
```

程序运行结果如下：

```
Huffman 树的结点数组:(7,6,-1,-1), (5,5,-1,-1), (1,4,-1,-1), (2,4,-1,-1), (3,5,2,3), (8,6,4,1), (15,-1,0,5),
Huffman 编码：  A: 0, B: 11, C: 100, D: 101,
将 AAAABBBCDDBBAAA 压缩为 00001111111001011011111000，26 位
将 00001111111001011011111000 解码为 AAAABBBCDDBBAAA
```

5．实际应用中还要解决的问题

上述程序通过构造 Huffman 树获得字符的 Huffman 编码，实现了将指定字符串压缩及解压缩的功能，但是还要解决以下问题，才能实际应用。

（1）统计字符集合和权值集合

如果对一个字符串进行数据压缩，构造 Huffman 树的已知条件是一个字符集合及其权值集合，那么，如何从一个字符串获得其字符集合和权值集合？换言之，如何统计一个字符串中有哪些不相同的字符？各字符的出现次数是多少？解决办法是，采用映射实现，见 8.5.2 节。

（2）支持任意字符集合

在 encode()数据压缩方法中，每次已知一个字符 ch=text.charAt(i)，需要知道该字符在字符集合中的序号 j，才能调用 huffmanCode(j)方法获得第 j 个字符的编码。因此，设置默认字符集合是从'A'开始的 n 个字符，目的是为字符集合设置地址计算公式 j=text.charAt(i)-'A'，使得由字符查找序号的计算时间是 $O(1)$。

HuffmanTree 类增加以下构造方法，支持任意字符集合。

```
// 构造 Huffman 树，charset 指定字符集合；weights[]指定权值集合
public HuffmanTree(String charset, int[] weights)
```

给定任意一个字符集合，已知其中一个字符，如何知道该字符在字符集合中的序号，并且由字符查找到序号的计算时间是 $O(1)$？解决办法是，采用映射实现，建立从字符到序号的映射，见 8.5.2 节。

（3）用多个二进制位表示一个 Huffman 编码，各字符编码的位数不同。

实质是如何表示一个以位为单位、变长的 Huffman 编码。

（4）文件压缩

数据压缩的对象是文件，如何做到对任意类型的文件都能够进行压缩和解压缩，如文本文件或 BMP 等类型文件？解决办法是以字节为单位进行编码和译码。压缩过程如下。

① 设字符集合取值为 0～255，统计各字节的出现次数。将字符集合和权值集合保存到压缩文件中，约定压缩文件的默认后缀。

② 创建 Huffman 树，为各字节提供按位的 Huffman 编码。

③ 按字节读取原文件，将每字节压缩成若干位的 Huffman 编码，存储到压缩文件中。

解压缩过程如下。

① 读取压缩文件中的字符集合和权值集合，创建一棵与压缩时相同的 Huffman 树。

② 读取压缩文件进行解压缩，对其中二进制位序列进行译码，读取若干二进制位译码，获得 1 字节原值。重复，最终恢复原文件。

6.3.2　表达式二叉树

本节目的：① 递归定义的表达式求值问题，一题多解。采用递归算法求解见例 4.6，采用栈求解见例 4.2。② 以表达式二叉树为例，研究采用一种线性次序（先根、中根、后根遍历次序之一）构造二叉树的算法；掌握二叉树的链式存储结构和递归算法设计，深刻理解递归算法和使用栈的关系。③ 使用例 4.2 运算符集合，可获得运算符的优先级。

1. 表达式二叉树定义

表达式二叉树是指，用二叉树表示表达式的运算规则。结点元素有两种含义：操作数（包含变量）和运算符。操作数结点都是叶子结点；双目运算符结点都是 2 度结点，其左、右子树是参加该运算的两个子表达式，如图 6-37(a) 所示。分别按先根、中根或后根次序遍历一棵表达式二叉树，可获得其前缀、中缀或后缀表达式。按后根次序遍历，可计算表达式值。

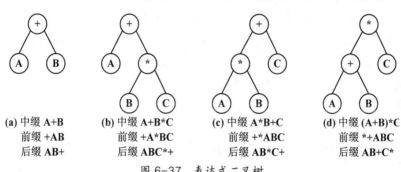

(a) 中缀 A+B　　(b) 中缀 A+B*C　　(c) 中缀 A*B+C　　(d) 中缀 (A+B)*C
　　前缀 +AB　　　　前缀 +A*BC　　　　前缀 +*ABC　　　　前缀 *+ABC
　　后缀 AB+　　　　后缀 ABC*+　　　　后缀 AB*C+　　　　后缀 AB+C*

图 6-37　表达式二叉树

运算符具有优先级，运算符的运算次序反映在子树的层次上。例如，A+B*C 和 A*B+C，'*'比'+'优先级高，先运算，因此以'*'为根的子树是'+'结点的子树，如图 6-37(b) 和 (c) 所示。

表达式二叉树不存储括号 "()"，括号改变运算次序的作用，已经反映在了子树的层次上。例如，(A+B)*C 表达式二叉树如图 6-37(d) 所示，以'+'为根的子树是'*'结点的子树。因此，按中根次序遍历时，需要比较运算符的优先级，当子树的运算符优先级较低时，要加括号 "()"。

同级运算符具有结合律，例如，A+B-C 对应两棵表达式二叉树，如图 6-38 所示，运算结果相同。为了明确表达式二叉树的形态，按中根次序遍历时，当右子树为同级运算符时，也要加括号 "()"。

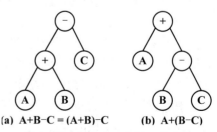

(a) A+B−C = (A+B)−C　　(b) A+(B−C)

图 6-38　表达式二叉树，结合律

【思考题 6-7】 画出表达式二叉树：A+B*C-D，A+(B*C-D)，(A+B)*C-D，A+B*(C-D)，(A+B)*(C-D)，分别写出前缀和后缀表达式。

2．表达式二叉树的构造算法

6.1.3 节介绍了多种二叉树的构造算法，如由先根和中根两种遍历序列、以标明空子树的先根遍历序列、广义表表示等，这些算法都是先根构造算法。算法规则是递归的，能够先确定根在序列中的位置，构造过程都是先创建根结点，再分别创建左、右子树，自上而下地构造二叉树。

由前缀、中缀或后缀表达式的任意一种可唯一确定一棵表达式二叉树。

（1）由前缀、后缀表达式构造，先根构造算法，可采用递归算法或栈实现

前缀表达式，从左向右，先出现运算符，再依次出现左、右两个操作数（子表达式），其中没有括号，运算符没有优先级。因此，由前缀表达式构造表达式二叉树也是先根构造算法，递归构造规则，算法描述如图 6-39 所示，第 0 个元素是根结点，第 1 个元素（若有）是根的左孩子结点；依次继续，自上而下，每棵子树都是先确定根的位置，再分别创建左、右子树。

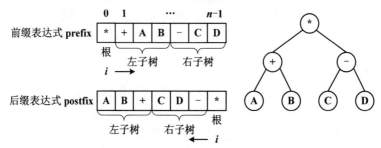

图 6-39 由前缀、后缀表达式构造，先根构造算法，递归构造规则

同理，后缀表达式，从右向左，也是先根构造算法，算法描述见图 6-39，最后一个元素是根结点，根之前的一个元素（若有）是根的右孩子结点。

上述两者采用递归算法或使用栈的非递归算法均可实现。

（2）由后缀表达式构造，从左向右，使用栈

后缀表达式从左向右，先依次出现左右两个操作数（子表达式），再出现运算符。

构造算法描述如图 6-40 所示，从左向右依次读取后缀表达式每个元素，分为两类，分别进行以下处理。

① 先读取的是操作数，如"ABCD"，则创建叶子结点。由于无法确定这些叶子结点之间的关系，且后出现的操作数先运算，因此，必须创建一个栈存储这些结点，依次入栈。

② 当读取到一个运算符时，创建运算符结点作为一棵子树的根（p 指向），出栈两个结点分别作为 p 的右、左孩子，p 结点入栈。因此，栈中存储的是每棵子树的根结点。

由后缀表达式构造表达式二叉树，构造过程是自下而上地构造每棵子树，图 6-40(d)构造了多棵子树，且此时这些子树之间的关系不明确。因此，必须使用栈存储这些子树的根结点，等待之后出现运算符，逐步明确栈中各子树的关系，再合并成一棵较大子树。

（3）由中缀表达式构造，使用栈

中缀表达式，从左向右，先出现左操作数（子表达式），再出现运算符和右操作数（子表达式），不能先确定根的位置；再者，运算符有优先级，中缀表达式中还有括号可以改变运算

后缀表达式 postfix

0	1	2	3	4	5	6	7	8	9	n-1
A	B	C	D	*	+	E	F	-	/	+

$i \rightarrow$ 左 右 根

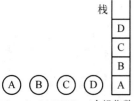

(a) $i=0$，"ABCD"，4个操作数
分别创建叶子结点并入栈

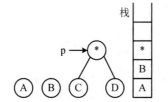

(b) $i=4$，'*'运算符，创建根结点p，出栈两
个结点作为p的右、左孩子，p结点入栈

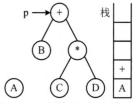

(c) $i=5$，'+'运算符，创建以'+'
为根的子树，p结点入栈

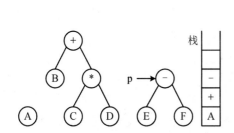

(d) $i=6$，"EF-"，创建以'-'为根的子树，p结点入栈

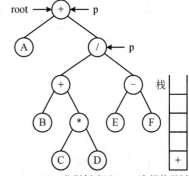

(e) $i=9$，"/+"，分别创建以'/'、'+'为根的子树
p结点入栈，最后创建的运算符结点是根

图 6-40 由后缀表达式构造，从左向右，使用栈存储子树的根结点

符的运算次序。因此，由中缀表达式构造表达式二叉树，不是先根构造的递归算法，必须创建栈存储已创建子树的根结点，根据运算符的优先级调整运算符的运算次序。

算法描述如下，从左到右依次读取中缀表达式中的每个元素，分为两类，分别进行以下处理。构造过程以及栈的变化如图 6-41 所示。

<1> 若读取的是操作数或变量，如'A'、'B'等，则创建叶子结点，由 child 指向。

<2> 若读取运算符 ch，当栈不空时，将 ch 与栈顶运算符比较优先级，有以下多种情况：

① 若 ch 的优先级高，如"A+"、"B*"、"D*"，则创建运算符 ch 结点（由 p 指向），p 结点的左孩子是 child 指向结点；p 结点入栈。

② 若 ch 的优先级低或同级，如"C/"、"E-"，则栈中运算符先运算，多次出栈（由 p 指向），p 结点的右孩子是 child 结点；再创建 ch 运算符结点入栈（由 p 指向）。

③ 若 ch 是左括号'('，则创建'('结点入栈，作为子表达式开始的标记。

④ 若 ch 是右括号')'，则出栈，建立右孩子链，直到出栈是'('结点，则子表达式的括号匹配。此时出栈的'('结点被丢掉，没有加入二叉树。

重复上述<1>和<2>，直到后缀表达式结束，出栈所有运算符，建立右孩子链，最后出栈的结点是根。

3. 计算表达式值

计算一棵表达式二叉树值，必须采用后根次序进行遍历，计算过程如图 6-42 所示。

① 如果操作数是常数字符串，遍历时将常数字符串转换成整数或浮点数，再计算。

② 如果操作数是变量，还需要一张变量取值表，遍历时先查找各变量的取值，再计算。

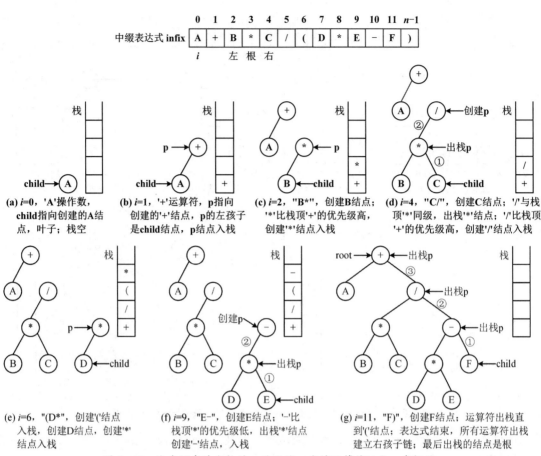

	0	1	2	3	4	5	6	7	8	9	10	11	n-1
中缀表达式 infix	A	+	B	*	C	/	(	D	*	E	–	F	)

(a) i=0，'A'操作数，child指向创建的A结点，叶子；栈空

(b) i=1，'+'运算符，p指向创建的'+'结点，p的左孩子是child结点，p结点入栈

(c) i=2，"B*"，创建B结点；'*'比栈顶'+'的优先级高，创建'*'结点入栈

(d) i=4，"C/"，创建C结点；'/'与栈顶'*'同级，出栈'*'结点；'/'比栈顶'+'的优先级高，创建'/'结点入栈

(e) i=6，"(D*"，创建'('结点入栈，创建D结点，创建'*'结点入栈

(f) i=9，"E-"，创建E结点；'-'比栈顶'*'的优先级低，出栈'*'结点创建'-'结点，入栈

(g) i=11，"F)"，创建F结点；运算符出栈直到'('结点；表达式结束，所有运算符出栈建立右孩子链；最后出栈的结点是根

图 6-41　由中缀表达式构造，使用栈，存储运算符结点，有括号

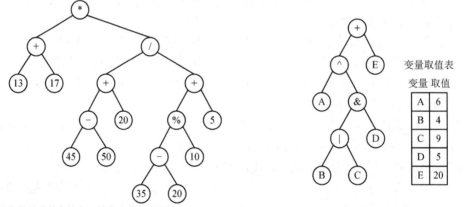

(a) 操作数是常数字符串，转换成整数再计算
中缀 (13+17)*((45-50+20)/((35-20)%10+5))
后缀 13 17 +45 50 -20 +35 20 -10 %5 +/*
计算过程 13+17=30，45-50=-5，-5+20=15，35-20=15，15%10=5，5+5=10，15/10=1，30*1=30

(b) 操作数是变量，先为变量赋值，再查找计算
中缀 (A^(B|C)&D)+E
后缀 ABC|D&^E+
计算过程 4|9=13，13&5=5，6^5=3，3+20=23

变量取值表

变量	取值
A	6
B	4
C	9
D	5
E	20

图 6-42　表达式二叉树，后根次序遍历计算值

注意： &比^优先级高。

【**思考题 6-8**】画出表达式二叉树：((A^(B|C))&D)+E，A^B|C&D+E，A|B^C&D+E，使用图 6-42(b)变量取值表，计算表达式值。

4．表达式二叉树类

声明表达式二叉树类 ExpressionBinaryTree 如下，继承二叉树类 BinaryTree<String>，二叉链表存储。由运算符集合类 Operators（见例 4.2）提供运算符及其优先级，按优先级比较运算符大小的方法，两个操作数进行指定运算的方法等。方法体省略。

```java
public class ExpressionBinaryTree extends BinaryTree<String>          // 表达式二叉树类，继承二叉树类
{
    private static Operators operators;                               // 运算符集合，见例 4.2
    static
    {
        operators = new Operators();
    }

    public ExpressionBinaryTree()                                     // 构造空二叉树
    public ExpressionBinaryTree(String infix)                         // 以中缀表达式 infix 构造，比较运算符优先级
    public void createByPrefix(String prefix)                         // 以前缀表达式 prefix 构造
    public void createByPostfix(String postfix)                       // 以后缀表达式 postfix 构造

    public void preorder()                                            // 继承，输出前缀表达式
    public void postorder()                                           // 继承，输出后缀表达式
    public void inorder()                                 // 覆盖，输出中缀表达式（有括号），比较运算符优先级
    public String toString()                              // 覆盖，返回中缀表达式（有括号），比较运算符优先级
    public int toValue()                                  // 计算算术表达式，设操作数类型是整数，返回整数值
    // 计算算术表达式，设操作数是变量，从"变量取值表"取值；vars、values 指定变量集合和取值集合
    public int toValue(String[] vars, int[] values)
}
```

习 题 6

1．二叉树

6-1　什么是二叉树？

6-2　二叉树中各结点的层次是如何定义的？结点的层次有何意义？什么是树的高度？

6-3　二叉树有哪些性质？

6-4　一棵二叉树中，2 度结点数与叶子结点数有什么关系？

6-5　什么是满二叉树？什么是完全二叉树？满二叉树一定是完全二叉树吗？完全二叉树一定是满二叉树吗？分别画出 15 个结点的满二叉树和 12 结点的完全二叉树。

6-6　在高度为 h 的若干棵完全二叉树中，结点个数最大值是____，最小值是____。

6-7　二叉树采用什么存储结构？各有何特点？如何表示数据元素间的层次关系？

6-8　为什么完全二叉树能够采用顺序存储结构？顺序存储结构如何表示数据元素间的层次关系？

6-9　二叉树的链式存储结构有何特点？如果结点中只有一个地址域，这样的结点结构能否存储一棵二叉树？为什么？

6-10　证明：一棵具有 n 个结点的二叉树，若采用二叉链表存储，则空链数 $T=n+1$。

6-11　分别按先根、中根、后根次序遍历和层次遍历如图 6-43 所示的二叉树。

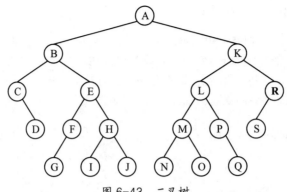

图 6-43 二叉树

6-12 找出分别满足下面条件的所有二叉树，并说明原因。

① 先根遍历序列和中根遍历序列相同；

② 中根遍历序列和后根遍历序列相同；

③ 先根遍历序列和后根遍历序列相同。

6-13 证明：已知二叉树的中根和后根两种次序的遍历序列，可唯一确定一棵二叉树。

6-14 有哪些构造二叉树的规则？各是如何构造二叉树的？

6-15 已知一棵二叉树的遍历序列如下，画出据此构造的二叉树。

中根次序遍历序列：C D B E G F H A N M O L K P Q S R J I T

后根次序遍历序列：D C G H F E B N O M L S R Q P K J T I A

6-16 画出由以下广义表表示构造的一棵二叉树。

二叉树的广义表表示：A(B(C(∧,D),E(F(G,∧),H(I,J))),K(L(M(N,O),P(∧,Q)),R(S,∧)))

2. 树

6-17 什么是树？树结构与线性结构的区别是什么？树与线性表有何关联？

6-18 什么是结点的度？定义结点的度有何意义？什么是树的度？

6-19 什么是无序树、有序树？

6-20 说明二叉树与树的区别。二叉树是不是度为 2 的树？二叉树是不是度为 2 的有序树？为什么？画出 3 个结点的树和二叉树的基本形态。

6-21 树有哪些存储结构？各有何特点？哪种存储结构能够表示森林？

6-22 树的孩子兄弟链表存储结构，为什么要将树转换成二叉树存储？转换规则是怎样的？

6-23 画出图 6-44 所示的树和森林的存储结构图，采用父母孩子兄弟链表存储，写出其先根次序遍历序列和后根次序遍历序列，以及广义表表示。

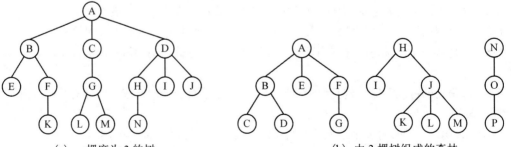

(a) 一棵度为 3 的树   (b) 由 3 棵树组成的森林

图 6-44 树和森林

6-24 有哪些构造树的规则？各是如何构造树的？

6-25 画出由以下广义表表示构造的一棵树。

　　　　树的广义表表示：A(B(E, F(K)), C(G(L, M)), D(H(N), I, J))

3．二叉树应用

6-26 在一棵二叉树中，两个结点间的路径和路径长度是如何定义的？二叉树的路径长度是如何定义的？

6-27 Huffman 编码的特点是什么？有何作用？

6-28 什么是 Huffman 树？Huffman 树为什么能够采用静态三叉链表存储？

6-29 设一棵 Huffman 树有 n_0 个叶子结点，则该树共多少个结点？为什么？

6-30 设一段正文由字符集{A, B, C, D, E, F, G, H}组成，其中每个字符在正文中出现的次数分别为{23, 5, 17, 4, 9, 31, 29, 18}。采用 Huffman 编码对这段正文进行压缩存储，画出所构造的 Huffman 树，并写出每个字符的 Huffman 编码。

6-31 画出中缀表达式 A+B*(C–D*(E+F)/G+H)–(I+J)*K 的表达式二叉树，写出后缀表达式。

实验6　二叉树和树的基本操作

1．实验目的和要求

目的：掌握二叉树和树的链式存储结构和实现，递归算法，使用栈和队列。

重点：二叉树和树的链式存储结构和实现，递归算法。

难点：Huffman 树和表达式二叉树等二叉树应用。

2．实验题目

（1）二叉树

以下使用习题 6-11 的二叉树进行测试。

6-1 BinaryTree<T>二叉树类增加以下成员方法，public 权限，递归算法或使用栈。

```
int size()                                      // 返回二叉树的结点数
void leaf()                                     // 输出叶子结点
int leafCount()                                 // 返回二叉树的叶子结点数
int height()                                    // 返回二叉树的高度

BinaryNode<T> search(T key)                     // 先根次序遍历查找并返回首个与 key 相等元素结点
BinaryNode<T> remove(T key)                     // 查找并删除首个以与 key 相等元素结点为根的子树
void removeAll(T key)                           // 查找并删除所有以与 key 相等元素结点为根的子树
void replaceAll(T key, T x)                     // 查找并将所有与 key 相等元素替换为 x
int level(T key)                                // 返回首个与 key 相等元素结点所在层次，若未找到，则返回-1
BinaryNode<T> parent(BinaryNode<T> node)        // 返回 node 结点的父母结点

BinaryTree(T prelist[], T inlist[])             // 以先根和中根次序遍历序列构造二叉树
BinaryTree(T inlist[], T postlist[])            // 以中根和后根次序遍历序列构造二叉树
static<T> BinaryTree<T> createComplete(T[] levellist) // 以层次遍历序列构造完全二叉树，递归算法或用队列

boolean equals(Object obj)        // 比较两棵二叉树是否相等，二叉树相等指形态相同且对应元素分别相等
BinaryNode<T> search(BinaryTree<T> pattern)     // 先根次序遍历查找首个与 pattern 匹配的子树
```

```
void removeAll(BinaryTree<T> pattern)                    // 删除所有与 pattern 匹配的子树
```

6-2　二叉树操作类 BinaryTrees（二叉链表存储）声明以下方法，采用递归算法或栈。

```
public static<T> void property3(BinaryTree<T> bitree)     // 验证二叉树性质 3，$n_0 = n_2 +1$。一次遍历
public static<T> void swap(BinaryTree<T> bitree)          // 交换结点的左右子树。讨论 3 种遍历算法可行性
public static<T> void leafToRoot(BinaryTree<T> bitree)    // 输出每个叶子结点的所有祖先结点
public static<T> void diameter(BinaryTree<T> bitree)      // 输出一条直径及其路径长度
public static double average(BinaryTree<Integer> bitree)  // 返回 bitree 二叉树所有结点数值的平均值
// 去掉最高分和最低分，再求平均值。一次遍历
public static double averageExceptMaxMin(BinaryTree<Integer> bitree)
// 方法的 T 类必须支持比较对象大小
public static <T extends Comparable<? super T>> T max(BinaryTree<T> bitree)  // 返回结点元素的最大值
// 判断二叉树元素是否排序（中根次序遍历，升序）
public static <T extends Comparable<? super T>> boolean isSorted(BinaryTree<T> bitree)
```

6-3　声明三叉链表存储的二叉树类，实现 6.1.3 节及实验题目 6-1～6-2 所要求的操作。

（2）树

以下使用习题 6-23 的树/森林进行测试。

6-4　树类 Tree 实现 ADT Tree 声明的方法（见 6.2.1 节），增加以下成员方法，public 权限，采用递归算法或栈。

```
Tree(Tree<T> tree)                                       // 拷贝构造方法，深拷贝
TreeNode<T> insert(TreeNode<T> p, int i, Tree<T> tree)   // 复制 tree 树插入作为 p 的第 i 棵子树（深拷贝）
boolean equals(Object obj)                               // 比较两棵树是否相等
TreeNode<T> search(Tree<T> pattern)                      // 先根次序遍历查找首个与 pattern 匹配的子树
void removeAll(Tree<T> pattern)                          // 删除所有与 pattern 匹配的子树
```

6-5　树操作类 Trees（父母孩子兄弟链表）声明以下方法，采用递归算法或栈。

```
public static<T> void leafToRoot(Tree<T> tree)           // 输出每个叶子结点到根的路径
public static<T> void diameter(Tree<T> tree)             // 输出树的一条直径及其路径长度
```

6-6　声明孩子兄弟链表存储的树类，实现 6.2.3 节和实验题目 6-4～6-5 要求及以下操作。

```
TreeNode<T> parent(TreeNode<T> node)                     // 返回 node 的父母结点
Tree<String> create(String[] prelist)                    // 以横向凹入表示构造树
```

3．课程设计题目

（1）二叉树

使用习题 6-15 的二叉树进行测试。

6-1　BinaryTree<T>二叉树类增加以下成员方法，采用递归算法或栈。

```
// 替换所有与 pattern 匹配子树为 bitree（深拷贝）
public void replaceAll(BinaryTree<T> pattern, BinaryTree<T> bitree)
```

6-2　二叉树操作类 BinaryTrees（二叉链表存储）声明以下方法，采用递归算法或栈。

```
public static<T> T ancestor(BinaryTree<T> bitree, T x, T y)  // 返回 x、y 结点最近的共同祖先结点
public static<T> void diameterAll(BinaryTree<T> bitree)      // 输出所有直径及其路径长度
public static<T> boolean isComplete(BinaryTree<T> bitree)    // 判断是否为完全二叉树，使用队列
```

6-3　声明三叉链表存储的二叉树类，实现课程设计题目 6-1～6-2 所要求的操作，遍历算法和构造算法有 3 种实现：递归算法，使用栈，使用 parent 链迭代（原理见 8.4 节）。

（2）树

以下课程设计题目 6-4～6-6 的遍历算法和构造算法有 3 种实现：递归算法，使用栈，使用 parent 链迭代（原理见 8.4 节）。利用习题 6-23 的树/森林进行测试。

6-4　树类 Tree<T>增加以下成员方法。

```
public void replaceAll(Tree<T> pattern, Tree<T> tree)        // 替换所有与 pattern 匹配子树为 tree
public String toGenListString()                              // 返回树（森林）的广义表表示字符串
```

6-5　树操作类 Trees（父母孩子兄弟链表）声明以下方法，采用递归算法或栈。

```
public static<T> T ancestor(Tree<T> tree, T x, T y)          // 返回 x、y 结点最近的共同祖先结点
public static<T> void diameterAll(Tree<T> tree)              // 输出树的所有直径及其路径长度
public static Tree<String> createGenList(String genlist)     // 返回以广义表表示 genlist 构造的树（森林）
```

6-6**　无序树类 Tree<T>声明以下方法，包含子树同构问题，即忽略孩子结点之间的次序，如图 6-22（a）和（b）表示同一棵无序树。

```
boolean equalsIgnoreOrder(Tree<T> tree)                      // 比较两棵树是否相等，忽略孩子结点次序
TreeNode<T> search(Tree<T> pattern)                          // 查找与 pattern 匹配的子树，忽略孩子结点次序
void removeAll(Tree<T> pattern)                              // 删除所有与 pattern 匹配的子树，忽略孩子次序
void replaceAll(Tree<T> pattern, Tree<T> tree)               // 替换所有与 pattern 匹配子树，忽略孩子次序
```

6-7　声明孩子兄弟链表存储的树类，实现课程设计题目 6-4～6-6 要求的操作，采用递归算法或栈。

（3）Huffman 树

6-8***　采用 Huffman 编码进行文本文件压缩和解压缩，要求如下，详见 6.3.1 节。

① 采用散列/树映射（见 8.5 节），统计文本文件中字符使用频率，以字符为单位进行编码。

② 指定字符集合和权值集合创建一棵 Huffman 树，获得各字符的 Huffman 编码。

③ 用多个二进制位表示一个 Huffman 编码，各字符编码的位数不同。

④ 解压缩，指定二进制位文件，采用 Huffman 编码对二进制位序列进行译码，获得原文件。

6-9*****　采用 Huffman 编码进行 BMP 等类型文件压缩和解压缩，以字节为单位进行编码，要求同课程设计题目 6-8。

（4）表达式二叉树

6-10***　实现表达式二叉树类 ExpressionBinaryTree 声明的成员方法，增加以下功能。

①* 使用散列映射（见图 8-18（b））存储运算符集合，建立从运算符到优先级的映射，快速查找指定运算符的优先级。

②* 增加变量，识别变量标识符（语法图见图 4-24）；为变量赋值，使用散列映射（见 8.5.1 节）存储变量取值表（见图 6-42（b）），建立从变量到其取值的映射，快速查找指定变量的取值。

③* 增加关系运算符、逻辑运算符、字符串连接运算符等，各运算符的优先级见附录 D。

6-11***　采用三叉链表存储表达式二叉树并求值，要求同课程设计题目 6-10，增加如下功能：使用 parent 链迭代（原理见 8.4 节）遍历输出中缀表达式（有括号）。

第 7 章 图

图（graph）是由顶点集合及边（顶点间的关系）集合组成的数据结构，图对数据元素之间的关系没有限制，任意两个数据元素之间都可以相邻。图包含线性表和树，树是图的特例，树是连通的无回路的无向图；线性表是树的特例，线性表是单枝树。

图是刻画离散结构的一种有力工具。在运筹规划、网络研究和计算机程序流程分析中，都存在图的实际应用。生活中，通常以图表达文字难以描述的信息，如城市交通图、线路图、网络图等。

本章是"数据结构与算法"课程的重点内容，也是课程的难点所在。

本章目的： 研究图的存储结构，图的遍历算法，图的最小生成树和最短路径问题。

本章要求： ① 理解图的定义和概念；② 掌握图的邻接矩阵和邻接表存储结构的基本操作算法，用第 5 章实现的两种矩阵来存储图的边集合；③ 掌握图的深度优先遍历和广度优先遍历算法；④ 掌握构造最小生成树的 Prim 算法，了解 Kruskal 算法；⑤ 掌握求单源最短路径的 Dijkstra 算法，了解求每对顶点间最短路径的 Floyd 算法。

本章重点： 图的存储结构，深度和广度优先遍历，最小生成树，最短路径。

本章难点： ① 图的深度优先遍历，递归算法；② Prim 算法、Dijkstra 算法，贪心选择策略。

实验要求： 图的存储结构，深度和广度优先遍历，最小生成树，最短路径。

7.1 图的概念和抽象数据类型

1. 图的定义和术语

图（graph）是由顶点（vertex）集合和边（edge）集合组成的数据结构，图中数据元素通常称为顶点，顶点之间的关系称为边。一个图 $G=(V, E)$，V 是顶点 v_i 的集合（$0 \leqslant i < n$），n 为顶点数；E 是边的集合，即：

$$V = \{v_i \mid v_i \in \text{某个数据元素集合}\} \qquad (n \geqslant 0, 0 \leqslant i < n)$$

$$E = \{(v_i, v_j) \mid v_i, v_j \in V\} \ \text{ 或 } \ E = \{<v_i, v_j> \mid v_i, v_j \in V\} \qquad (0 \leqslant i, j < n, \ i \neq j)$$

（1）无向图

无向图（undirected graph）中的边没有方向，(v_i, v_j) 表示连接顶点 v_i 和 v_j 之间的一条边，(v_i, v_j) 和 (v_j, v_i) 表示同一条边，如图 7-1 (a) 和 (b) 所示。

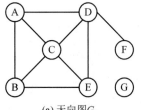 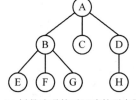 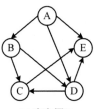

(a) 无向图 G_1　　　　(b) 树是连通的无回路的无向图　　　　(c) 有向图 G_2

图 7-1　无向图与有向图

无向图 G_1 的顶点集合 V 和边集合 E 如下：

$$V(G_1) = \{A,B,C,D,E,F,G\}$$
$$E(G_1) = \{(A,B),(A,C),(A,D),(B,C),(B,E),(C,E),(C,D),(D,E),(D,F)\}$$

树（tree）是连通的无回路的无向图。设一棵树 T 有 n 个顶点，则其必有 n-1 条边。

（2）有向图

有向图（directed graph）中的边有方向，$\langle v_i,v_j \rangle$ 表示从顶点 v_i 到 v_j 的一条有向边，v_i 是边的起点，v_j 是边的终点，$\langle v_i,v_j \rangle$ 和 $\langle v_j,v_i \rangle$ 表示方向不同的两条边。有向图 G_2 见图 7-1(c)，图中箭头表示边的方向，箭头从起点指向终点。G_2=(V,E) 的 V 和 E 如下：

$$V(G_2) = \{A,B,C,D,E\}$$
$$E(G_2) = \{\langle A,B \rangle,\langle A,D \rangle,\langle A,E \rangle,\langle B,C \rangle,\langle B,D \rangle,\langle C,E \rangle,\langle D,C \rangle,\langle D,E \rangle\}$$

本章仅讨论简单图，即不包含多重边和自身环的图。多重图是指图中两个顶点间有重复的边，如图 7-2(a) 所示，顶点 A 和 C 之间有两条边 b_1=(C,A)，b_2=(C,A)，称 b_1 和 b_2 为重边。自身环（self loop）是指起点和终点相同的边，形如 (v_i,v_i) 或 $\langle v_i,v_j \rangle$，如图 7-2(b) 所示，$\langle C,C \rangle$ 是自身环。

（3）完全图

完全图（complete graph）是边数达到最大值的图。n 个顶点的完全图记为 K_n。完全无向图 K_n 的边数为 $n \times (n-1)/2$，则 K_5 如图 7-3(a) 所示；完全有向图 K_n 的边数为 $n \times (n-1)$，则 K_3 如图 7-3(b) 所示。

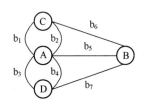 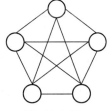 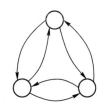

(a) 哥尼斯堡七桥，多重图　　(b) 带自身环的图　　　　(a) 无向完全图 K_5　　(b) 有向完全图 K_3

图 7-2　多重图和带自身环的图　　　　　　　图 7-3　完全图

（4）带权图

带权图（weighted graph）是指图中的边具有权值（weight）。在不同的应用中，权值有不同的含义。带权图如图 7-4 所示，边上标出的实数为权值。

（5）邻接顶点

若 (v_i,v_j) 是无向图中的一条边，则称 v_i 和 v_j 互为邻接顶点（adjacent vertex），且边 (v_i,v_j) 依附于顶点 v_i 和 v_j，顶点 v_i 和 v_j 依附于边 (v_i,v_j)。

若 $\langle v_i,v_j \rangle$ 是有向图中的一条边，则称顶点 v_i 邻接到顶点 v_j，顶点 v_j 邻接自顶点 v_i，边 $\langle v_i,v_j \rangle$ 与顶点 v_i 和 v_j 相关联。

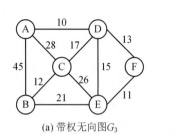
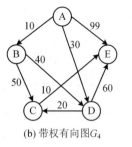

(a) 带权无向图G_3 (b) 带权有向图G_4

图 7-4　带权图

2．顶点的度

顶点的度（degree）是指与顶点 v_i 关联的边数，记为 degree(v_i)。度为 0 的顶点称为<u>孤立</u><u>点</u>，度为 1 的顶点称为<u>悬挂点</u>（pendant node）。G_1（见图 7-1(a)）中顶点 B 的度 degree(B)=3。

👄注意：图中顶点的度定义与树中结点的度不同，如图 7-5 所示。

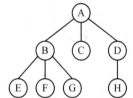
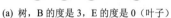
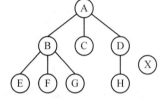

(a) 树，B 的度是 3，E 的度是 0（叶子）　　　(b) 图，B 的度是 4，E 的度是 1（悬挂点），X 的度是 0（孤立点）

图 7-5　树中结点的度，图中顶点的度

在有向图中，以 v_i 为终点的边数称为 v_i 的<u>入度</u>，记作 indegree(v_i)；以 v_i 为起点的边数称为 v_i 的<u>出度</u>，记为 outdegree(v_i)。顶点的<u>度</u>是入度与出度之和，即 degree(v_i)=indegree(v_i)+outdegree(v_i)。G_2（见图 7-1（c））中顶点 B 的入度 indegree(B)=1，出度 outdegree(B)=2，度 degree(B)=3。

设图 G 有 n 个顶点、e 条边，图的边数与顶点度的关系因无向图与有向图而不同。

若 G 是无向图，则 $e=\dfrac{1}{2}\sum\limits_{i=1}^{n}\text{degree}(v_i)$，指边数是所有顶点度之和的一半。

若 G 是有向图，则 $\sum\limits_{i=1}^{n}\text{indegree}(v_i)=\sum\limits_{i=1}^{n}\text{outdegree}(v_i)=e$，指所有顶点入度之和与出度之和相等，值是边数；$\sum\limits_{i=1}^{n}\text{degree}(v_i)=\sum\limits_{i=1}^{n}\text{indegree}(v_i)+\sum\limits_{i=1}^{n}\text{outdegree}(v_i)=2e$，指所有顶点度之和是入度之和与出度之和相加，结果值是边数的 2 倍。

3．路径

一个有 n 个顶点的图 G=(V,E)，若 $(v_i,v_{k_1}),(v_{k_1},v_{k_2}),\cdots,(v_{k_m},v_j)$（$0\le k_1,k_2,\cdots,k_m<n$）都是 G 的边，则称顶点序列 $(v_i,v_{k_1},v_{k_2},\cdots,v_{k_m},v_j)$ 是从顶点 v_i 到 v_j 的一条<u>路径</u>（path）。若 G 是有向图，则路径 $<v_{k_1},v_{k_2},\cdots,v_{k_m},v_j>$ 也是有向的，v_i 为路径起点，v_j 为终点。例如，在图 7-6(a)中，从顶点 A 到 C 有多条路径(A, B, C)、(A, C)、(A, B, D, C)等。

<u>简单路径</u>（simple path）是指路径 $(v_i,\cdots,v_k,\cdots,v_j)$（$0\le k<n$）上各顶点互不重复。<u>回路</u>（cycle path）是指起点和终点相同且长度大于 1 的简单路径，回路又称为<u>环</u>。在图 7-6 中，(A, B, D, C)是一条简单路径，(A, B, C, A)是一个回路。

(a) 简单路径(A,B,D,C)，路径长度=3   (b) 回路(A,B,C,A)

图 7-6 简单路径与回路

对于不带权图，<u>路径长度</u>（path length）是指该路径上的边数。对于带权图，路径长度是指该路径上各条边的权值之和。例如，图 7-6(a)中，(A, B, D, C)路径长度为 3；图 7-4(a)中，(A, B, C)路径长度为 45+12=57。

一个有向图 G 中，若存在一个顶点 v_0，从 v_0 有路径可以到达图 G 中其他所有顶点，则称此有向图为<u>有根的图</u>，称 v_0 为图 G 的<u>根</u>。

4．子图、生成子图

设图 $G=(V,E)$，$G'=(V',E')$，若 $V'\subseteq V$ 且 $E'\subseteq E$，则称图 G' 是 G 的<u>子图</u>（subgraph）。如果 $G'\neq G$，称图 G' 是 G 的<u>真子图</u>。若 G' 是 G 的子图，且 $V'=V$，称图 G' 是 G 的<u>生成子图</u>（spanning subgraph），即 G' 包含 G 的 n 个顶点。

完全无/有向图 K_4 及其真子图和生成子图如图 7-7 和图 7-8 所示。

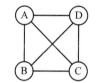 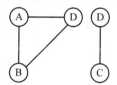

(a) 完全无向图K_4，连通图   (b) K_4的两个真子图   (c) K_4的一个生成子图   (d) K_4的一棵生成树

图 7-7 完全无向图 K_4 及其真子图和生成子图

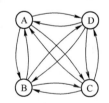 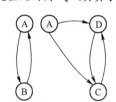 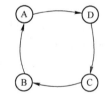

(a) 有向完全图K_4，强连通图   (b) K_4的两个真子图   (c) K_4的一个生成子图，强连通图

图 7-8 完全有向图 K_4 及其真子图和生成子图

5．连通性、生成树

（1）连通图和连通分量，生成树/森林

在图 G 中，若从顶点 v_i 到 v_j 有路径，则称 v_i 和 v_j 是<u>连通的</u>。若每对顶点 v_i 和 v_j 都是连通的，则称 G 为<u>连通图</u>（connected graph）。非连通图的极大连通子图称为该<u>图的连通分量</u>（connected component）。连通无向图 G 的<u>生成树</u>（spanning tree）是图 G 的一个极小连通生成子图，它包含图 G 的 n 个顶点，以及构成一棵树的 $n-1$ 条边。例如，图 7-7(a)完全无向图 K_4 是连通图，图 7-7(d)是 K_4 的一棵生成树。

各连通分量均为树的无向图称为<u>森林</u>（forest），树是森林。一个非连通无向图 G，其各连通分量的生成树组成该图的<u>生成森林</u>（spanning forest）。例如，图 7-9(a)是非连通无向图，由两个连通分量组成；图 7-9(b)是其生成森林。

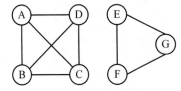
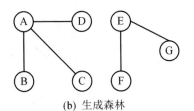

(a) 非连通无向图，由两个连通分量组成   (b) 生成森林

图 7-9　非连通无向图及其生成森林

图的生成树/森林不是唯一的，从不同顶点开始、采用不同搜索遍历可以得到不同的生成树/森林。在生成树中，任何两个顶点之间只有唯一的一条路径。

（2）强连通图和强连通分量

在连通图 G 中，若每对顶点 v_i 和 v_j $(i \neq j)$ 之间都存在一条从 v_i 到 v_j 的路径，也存在一条从 v_j 到 v_i 的路径，则称 G 是**强连通图**（strongly connected graph）。非强连通有向图的极大强连通子图称为该图的**强连通分量**。

连通无向图都是强连通图。连通有向图不一定是强连通图。例如，图 7-8(a) 和 (c) 是强连通图，在图 7-8(c) 中，顶点 A 和 B 之间的两条路径是 <A, D, C, B> 和 <B, A>；图 7-10(a) 是非强连通的连通有向图，因为从顶点 A 到 C 没有路径，它的两个强连通分量如图 7-10(b) 所示。

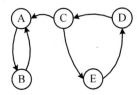
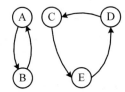

(a) 连通有向图，非强连通   (b) 两个强连通分量

图 7-10　非强连通有向图，由两个强连通分量组成

6．典型案例

【典型案例 7-1】　飞机航班路线图，带权有向图，多重图，最短路径。

城市间的飞机航班路线图（见图 1-3）是带权图，顶点表示城市，顶点间的边表示两地是否开通航班；边的权值表示航班号，包括两地距离、航班飞行时间、航班价格等信息。两城市间的航班通常是双向的，往返的航班号不同，则是带权有向图。若有多个航班，则是多重图。

对航班路线图的操作主要有：指定出发城市和到达城市，查询其间多个航班信息，包括时间、价格、是否经停等；如果没有直达航班，则要寻找经停、中转的多条路线，确定在何地中转，标明时间最短或价格最低的最佳出行方案。

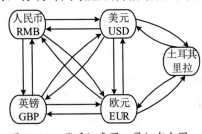

图 7-11　货币汇率图，带权有向图
（权值省略）

【典型案例 7-2】　货币汇率图，带权有向图，多重图/简单图。

由若干货币的汇率关系构成的货币汇率图是带权有向图，如图 7-11 所示，顶点表示一种货币，如人民币、美元、欧元、英镑等；边表示汇率关系，因为双向兑换的汇率价格不同，所以是有向边。有些货币之间无法直接兑换，需要由第三方中转。例如，将人民币兑换成土耳其里拉，需要由美元或欧元中转。

货币汇率图是多重图或简单图，取决于应用场合。当兑换货币时，汇率价格分为两类：现钞和现汇。每种各有买入价、卖出价、中间价等多种价格，因此是多重图。当计算资产价值时，通常采用中间价，因此是简单图。

7．图的顶点集合和边集合的表示

图的逻辑结构采用顶点集合和边集合表示一个图，顶点之间没有次序关系，各条边之间也没有次序关系。图 G 的顶点集合 $V(G)$ 和边集合 $E(G)$ 的表示方式说明如下。

① 顶点集合 $V(G)$，约定一种顶点次序，采用线性表 $\{v_0, v_1, \cdots, v_{n-1}\}$（$n \geqslant 0$）表示，用序号 i 唯一标识一个顶点 v_i。

② 边集合 $E(G)$ 包含图 G 所有顶点的边，按顶点次序可以划分成若干子集如下：$\{v_0$ 的边子集，v_1 的边子集，$\cdots$，v_{n-1} 的边子集$\}$。其中，每个子集（顶点 v_i 的边集）可采用线性表 $(e_0, e_1, \cdots, e_{m-1})$ 表示，每条边 $<v_i, v_j>$ 表示一对顶点 v_i 和 v_j 间的邻接关系，可用顶点序号 i、j 唯一标识，边的表示方式依赖于顶点次序。所以，边集合 $E(G)$ 表达每对顶点间的邻接关系，是二维线性关系（矩阵），称为邻接矩阵。

图的**邻接矩阵**（adjacency matrix）是表示图中各顶点之间邻接关系的矩阵。根据边是否带权值，邻接矩阵有两种定义。

（1）不带权的邻接矩阵

设图 $G=(V, E)$，$V(G)$ 有 n 个顶点，$V=\{v_0, v_1, \cdots, v_{n-1}\}$（$n \geqslant 0$），约定一种顶点次序；采用邻接矩阵 A_n 表示 $E(G)$ 边集合，$A_n = [a_{ij}]$（$0 \leqslant i, j < n$）定义如下，A_n 的元素 a_{ij} 表示顶点 v_i 到 v_j 之间的邻接关系，若存在从顶点 v_i 到 v_j 的边，则 $a_{ij}=1$，否则 $a_{ij}=0$。

$$a_{ij} = \begin{cases} 1, & (v_i, v_j) \in E \text{或} <v_i, v_j> \in E \\ 0, & (v_i, v_j) \notin E \text{或} <v_i, v_j> \notin E \end{cases}$$

无向图 G_1 和有向图 G_2 的顶点线性表及邻接矩阵如图 7-12 和图 7-13 所示。

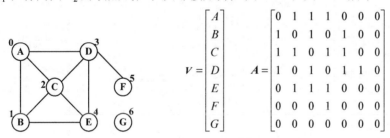

图 7-12　无向图 G_1 的顶点线性表和邻接矩阵

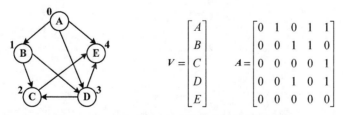

图 7-13　有向图 G_2 的顶点线性表和邻接矩阵

无向图的邻接矩阵是对称的，有向图的邻接矩阵不一定对称。

从邻接矩阵可知顶点的度。无向图的邻接矩阵，第 i 行/列上各元素之和是顶点 v_i 的度；有向图的邻接矩阵，第 i 行上各元素之和是顶点 v_i 的出度，第 i 列上各元素之和是顶点 v_i 的入度。

（2）带权图的邻接矩阵

带权图邻接矩阵 $A_n = [a_{ij}]$（$0 \leqslant i, j < n$）定义如下，其中 $w_{ij}(w_{ij} > 0)$ 表示边 (v_i, v_j) 或 $<v_i, v_j>$ 权值。

$$a_{ij} = \begin{cases} 0, & i = j \\ w_{ij}, & i \neq j \text{且}(v_i, v_j) \in E \text{或} < v_i, v_j > \in E \\ \infty, & i \neq j \text{且}(v_i, v_j) \notin E \text{或} < v_i, v_j > \notin E \end{cases}$$

带权无向图 G_3 和带权有向图 G_4 的顶点线性表及邻接矩阵如图 7-14 和图 7-15 所示。

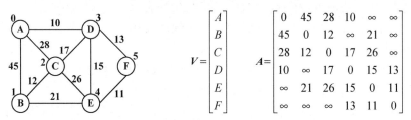

图 7-14　带权无向图 G_3 的顶点线性表和邻接矩阵

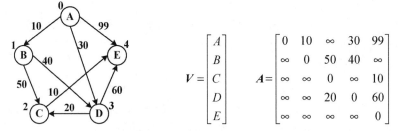

图 7-15　带权有向图 G_4 的顶点线性表和邻接矩阵

8．图抽象数据类型

图的基本操作有：获得顶点数、获得顶点元素、插入顶点或边、删除顶点或边、遍历等。
声明 Graph<T>图接口如下，表示图抽象数据类型。

```
public interface Graph<T>                    // 图接口，表示图抽象数据类型，T指定顶点元素类型
{
    int vertexCount();                       // 返回顶点数
    T get(int i);                            // 返回顶点vᵢ元素
    void set(int i, T x);                    // 设置顶点vᵢ元素为x
    int insert(T x);                         // 插入元素值为x的顶点，返回x顶点序号
    void insert(int i, int j, int w);        // 插入边<vᵢ,vⱼ>，权值为w
    T remove(int i);                         // 删除顶点vᵢ及其关联的边
    void remove(int i, int j);               // 删除边<vᵢ,vⱼ>
    int search(T key);                       // 查找并返回首个与key相等元素的顶点序号
    T remove(T key);                         // 查找并删除与key相等元素顶点及其关联的边
    int weight(int i, int j);                // 返回<vᵢ,vⱼ>边的权值

    void DFSTraverse(int i);                 // 图的深度优先遍历，从顶点vᵢ出发
    void BFSTraverse(int i);                 // 图的广度优先遍历，从顶点vᵢ出发
    void minSpanTree();                      // 构造带权无向图的最小生成树，Prim算法
    void shortestPath(int i);                // 求带权图顶点vᵢ的单源最短路径，Dijkstra算法
    void shortestPath();                     // 求带权图每对顶点间的最短路径及长度，Floyd算法
}
```

　　Graph<T>中的方法参数，采用序号 i 或 j 指定顶点，一对顶点序号 (i, j) 指定一条边 $< v_i, v_j >$，$0 \leq i, j <$ 顶点数，$i \neq j$（不表示自身环）；若 i、j 超出顶点序号范围，则抛出序号越界异常。

7.2 图的存储结构和实现

图的存储结构的基本原则是，用线性表存储图的顶点集合，用邻接矩阵存储图的边集合。

① 用线性表存储图的顶点集合，由于图没有约定顶点之间次序关系，当添加图的一个顶点时，顶点序号可依次递增，执行线性表尾插入，因此通常采用顺序表存储顶点集合。

② 用邻接矩阵存储图的边集合。第 5 章介绍了矩阵的三种存储结构：二维数组（见例 5.1）、行的单链表（见 5.2.2 节）和十字链表（见图 5-15）。

本节分别采用二维数组和行的单链表存储邻接矩阵，给出图的两种存储结构实现方法。

7.2.1 抽象图类，存储顶点集合

声明 AbstractGraph<T>抽象图类如下，采用顺序表存储图的顶点集合，顶点元素类型是 T，顺序表长度是图的顶点数，实现对顶点集合的操作，以及实现图的遍历等算法，见 7.3～7.5 节。

AbstractGraph<T>类没有实现 Graph<T>图接口的所有抽象方法，所以必须声明为抽象类。

```java
// 抽象图类，实现图接口；采用顺序表存储图的顶点集合，T 表示顶点元素类型
public abstract class AbstractGraph<T> implements Graph<T>
{
    protected static final int MAX_WEIGHT=0x0000ffff;      // 最大权值（表示无穷大）
    protected SeqList<T> vertexlist;                        // 顶点顺序表，存储图的顶点集合

    public AbstractGraph()                                  // 构造空图，顶点数为 0
    {
        this.vertexlist = new SeqList<T>();                 // 构造空顺序表，默认容量
    }
    public int vertexCount()                                // 返回图的顶点数
    {
        return this.vertexlist.size();                      // 返回顶点顺序表的元素个数
    }
    public String toString()                                // 返回图的顶点集合描述字符串
    {
        return "顶点集合: "+this.vertexlist.toString()+"\n";
    }
    public T get(int i)                                     // 返回顶点 vᵢ 元素；若 i 越界，则返回 null
    {
        return this.vertexlist.get(i);
    }
    public void set(int i, T x)                             // 设置顶点 vᵢ 元素为 x
    {
        this.vertexlist.set(i,x);                           // 若 i 越界，则抛出异常
    }
    // 没有实现 Graph<T>接口声明的抽象方法 insert(T)、remove(int)、weight(int, int)
    public int search(T key)                                // 查找并返回首个与 key 相等的顶点序号
    {
        return this.vertexlist.search(key);
    }
    public T remove(T key)                                  // 查找并删除首个与 key 相等的顶点及其关联的边
```

```
    {
        return this.remove(this.search(key));          // 删除顶点 v_i 及其关联的边, 抽象方法, 待子类实现
    }
    protected abstract int next(int i, int j);          // 返回 v_i 在 v_j 后的后继邻接顶点序号
    ……                                                   // 7.3~7.5 节将给出实现图的遍历、最小生成树、最短路径算法
}
```

图接口、抽象图类及其子类的继承关系如图 7-16 所示。

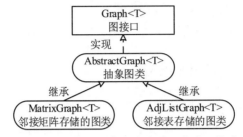

图 7-16　图接口、抽象图类及其子类的继承关系

7.2.2　图的邻接矩阵存储结构和实现

图的邻接矩阵存储结构是, 用顺序表存储图的顶点集合, 用邻接矩阵存储图的边集合。

1. 图带权值的边类

图带权值的边结构如下, 若权值为 1, 则表示不带权的图。

```
    图的边(起点序号, 终点序号, 权值)
```

图的边结构与矩阵元素三元组的结构相同。5.2.2 节声明矩阵元素三元组类 Triple 如下, 提供了按行号、列号比较三元组对象大小的 compareTo() 方法。本章使用 Triple 类表示边。

```
public class Triple implements Comparable<Triple>   // 稀疏矩阵非零元素三元组类, 图带权值的边类
{
    int row, column, value;                         // 行号(起点序号)、列号(终点序号)、元素(权值)
    public int compareTo(Triple tri)                // 按行、列位置比较三元组对象大小, 约定排序次序
}
```

2. 邻接矩阵存储的带权图类

（1）邻接矩阵存储的带权图类声明

声明 MatrixGraph<T> 邻接矩阵存储的带权图类如下, 继承抽象图类, 继承 MAX_WEIGHT 常量和 vertexlist 顶点顺序表; 增加成员变量 matrix 存储图的邻接矩阵, 类型是 Matrix 矩阵类（见例 5.1）。

```
// 邻接矩阵存储的带权图类, T 表示顶点元素类型; 继承抽象图类
public class MatrixGraph<T> extends AbstractGraph<T>
{
    protected Matrix matrix;                        // 矩阵对象, 存储图的邻接矩阵
    public MatrixGraph()                            // 构造空图, 顶点数为 0, 边数为 0
    {
        super();                                    // 构造空顶点顺序表, 默认容量
        this.matrix = new Matrix(0,0);              // 构造 0×0 矩阵, 默认容量
```

```
    }
    public MatrixGraph(T[] vertexes)                    // 以 vertexes 顶点集合构造图，边集合为空
    {
        this();
        for(int i=0; i<vertexes.length; i++)
            this.insert(vertexes[i]);                   // 插入顶点，稍后说明算法
    }
    public MatrixGraph(T[] vertexes, Triple[] edges)    // 以 vertexes 顶点集合和 edges 边集合构造图
    {
        this(vertexes);                                 // 以 vertexes 顶点集合构造图，没有边
        for(int j=0; j<edges.length; j++)
            this.insert(edges[j]);                      // 插入边，稍后说明算法
    }
    public String toString()                            // 返回图的顶点集合和邻接矩阵描述字符串
    {
        String str = super.toString()+"邻接矩阵： \n";
        int n = this.vertexCount();                     // 顶点数
        for(int i=0;  i<n;  i++)
        {
            for(int j=0; j<n; j++)
            {
                if(this.matrix.get(i,j)==MAX_WEIGHT)
                    str += "      ∞";
                else
                    str += String.format("%6d", this.matrix.get(i,j));
            }
            str+="\n";
        }
        return str;
    }
}
```

【例 7.1】 构造带权图。

本例以带权无向图 G_3 为例，说明图的邻接矩阵存储结构及操作，演示由顶点集合和边集合构造图。调用语句如下。

```
String[] vertexes={"A","B","C","D","E","F"};                              // 带权无向图 G3 的顶点集合
Triple[] edges={new Triple(0,1,45), new Triple(0,2,28), new Triple(0,3,10),
            new Triple(1,0,45), new Triple(1,2,12), new Triple(1,4,21), …};   // G3 的边集合
MatrixGraph<String> graph=new MatrixGraph<String>(vertexes, edges);       // 邻接矩阵存储的图
System.out.println("带权无向图 G3, "+graph.toString());
```

由顶点集合和边集合构造的一个带权无向图或有向图，无向图的一条边在边集合中出现两次，有向图的一条边在边集合中出现一次。

上述构造带权无向图 G_3 的邻接矩阵存储结构如图 7-17 所示，顶点顺序表长度和邻接矩阵的行列数为图的顶点数。

⚠️**注意：** 上述程序必须在添加以下插入顶点和插入边的成员方法后才能执行，因为 MatrixGraph<T>类的构造方法中调用了插入顶点和插入边的成员方法。

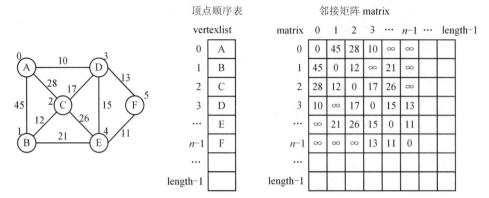

图 7-17　带权无向图 G_3 的邻接矩阵存储结构

（2）插入顶点

图的插入操作包括插入顶点和插入边。

在邻接矩阵存储的图中，插入一个元素值为 x 的顶点，需要进行以下两个操作。

① 由于图没有约定顶点次序，在顶点顺序表最后插入元素 x，设其序号为 i（$i=n-1$），n 为顶点数。顶点顺序表的容量若不足，它将自动扩充。

② 在图的邻接矩阵中，初始化 x 顶点所在的第 i 行、第 i 列，主对角线元素值为 0，其他元素值为 ∞。若邻接矩阵的容量不足，则扩充邻接矩阵容量至 2 倍，再复制原矩阵元素。

MatrixGraph<T>类声明以下 insert(x)成员方法，插入顶点。

```
public int insert(T x)                          // 插入元素为 x 的顶点，返回 x 顶点序号
{
    this.vertexlist.insert(x);                  // 顶点顺序表尾插入 x，自动扩容
    int i = this.vertexlist.size()-1;           // 获得插入顶点 x 的序号
    if(i >= this.matrix.getRows())              // 若邻接矩阵容量不够
        this.matrix.setRowsColumns(i+1, i+1);   // 则矩阵扩容。保持邻接矩阵行列数同图的顶点数
    for(int j=0;  j<i;  j++)                     // 初始化第 i 行、列元素值为 ∞。i==j 值已为 0
    {
        this.matrix.set(i, j, MAX_WEIGHT);
        this.matrix.set(j, i, MAX_WEIGHT);
    }
    return i;                                   // 返回插入顶点序号
}
```

（3）插入边

在邻接矩阵存储的图中，插入权值为 w 的边<v_i, v_j>，操作要求如下：

① 若 $i==j$，表示自身环，抛出无效参数异常。

② 若 i、j 满足 $0 \leqslant i, j <$图的顶点数，$i \neq j$，则将邻接矩阵中该边的权值设置为 w。若 i、j 越界，则抛出序号越界异常。

③ w 范围：$0 < w < \infty$。对 w 容错，若越界，则视为无边，取值为 ∞。

MatrixGraph<T>类声明以下重载的成员方法，插入一条边。

```
public void insert(int i, int j, int w)         // 插入边<vi, vj>，权值为 w
{
    if(i!=j)                                    // 不能表示自身环
    {
```

```
        if(w<=0 || w>MAX_WEIGHT)                    // 边的权值容错，视为无边，取值∞
            w=MAX_WEIGHT;
        this.matrix.set(i,j,w);                      // 设置矩阵元素[i,j]为 w。若 i、j 越界，则抛出序号越界异常
    }
    else
        throw new IllegalArgumentException("不能插入自身环, i="+i+", j="+j);
}
public void insert(Triple edge)                     // 插入一条边
{
    this.insert(edge.row, edge.column, edge.value);
}
```

（4）删除边

图的删除操作包括删除顶点和删除边。

MatrixGraph<T>类声明以下成员方法，删除边$\langle v_i, v_j \rangle$，将邻接矩阵中该边的权值设置为∞。

```
public void remove(int i, int j)                    // 删除边<v_i, v_j>，忽略权值
{
    if(i!=j)
        this.matrix.set(i, j, MAX_WEIGHT);          // 设置边的权值为∞。若 i、j 越界，则抛出序号越界异常
}
public void remove(Triple edge)                     // 删除一条边，忽略权值
{
    this.remove(edge.row, edge.column);
}
```

（5）删除顶点

在邻接矩阵存储的图中，删除顶点v_i，用最后一个顶点替换顶点v_i，设 n 为顶点数，操作如下。

① 在顶点顺序表中，将删除第 i 个顶点的操作实现为，先将第 i 个顶点替换为最后一个顶点（$n-1$），再删除最后一个顶点（图的顶点数减 1）。原最后一个顶点的序号改为 i。

② 在邻接矩阵中，删除所有与v_i顶点相关联的边，将第 i 行元素替换为最后一行，将第 i 列元素替换为最后一列。

带权无向图G_3删除顶点 C 的操作如图 7-18 所示，删除顶点 C 后，顶点 F 的序号为 2。

【思考题 7-1】 在邻接矩阵存储的带权无向图G_3中，画出删除顶点 D、插入顶点 G 的操作图。

MatrixGraph<T>类声明以下 remove(i)成员方法，删除顶点v_i及其所有关联的边。

```
public T remove (int i)           // 删除顶点 v_i 及其所有关联的边，返回顶点 v_i 元素。用最后一个顶点替换顶点 v_i
{
    int n = this.vertexCount();                     // 原顶点数
    if(i>=0 && i<n)
    {
        T x = this.vertexlist.get(i);               // 获得第 i 个顶点元素（删除）
        this.vertexlist.set(i, this.vertexlist.get(n-1));   // 将第 i 个顶点元素替换为最后一个顶点元素
        this.vertexlist.remove(n-1);                // 删除最后一个顶点（顶点数减 1）
        for(int j=0; j<n; j++)                      // 将第 i 行替换为第 n-1 行
            this.matrix.set(i, j, this.matrix.get(n-1,j));
        for(int j=0; j<n; j++)                      // 将第 i 列元素替换为第 n-1 列
            this.matrix.set(j, i, this.matrix.get(j, n-1));
```

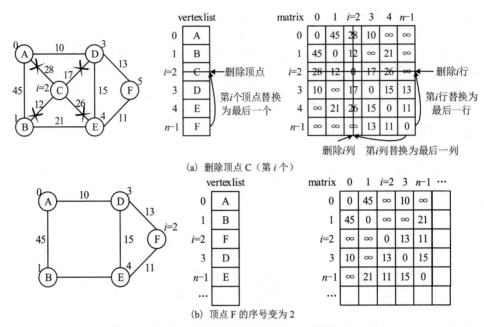

(a) 删除顶点 C（第 i 个）

(b) 顶点 F 的序号变为 2

图 7-18　在 G_3 的邻接矩阵存储结构中，删除顶点 C

```
            this.matrix.setRowsColumns(n-1, n-1);            // 邻接矩阵少一行一列
            return x;
        }
        else
            throw new IndexOutOfBoundsException("i="+i);      // 抛出序号越界异常
}
```

（6）获得邻接顶点和边的权值属性

MatrixGraph<T>类声明以下成员方法，分别获得邻接顶点或边的权值属性，实现了父类声明的抽象方法。

```
public int weight(int i, int j)                    // 返回<vi,vj>边的权值。用于图的最小生成树、最短路径等算法
{
    return this.matrix.get(i,j);                   // 返回矩阵元素[i,j]值。若i、j越界，则抛出序号越界异常
}
// 返回顶点vi在vj后的后继邻接顶点序号；若j=-1，则返回vi的第一个邻接顶点序号；
// 若不存在后继邻接顶点，则返回-1。用于7.3节图的遍历算法
protected int next(int i, int j)
{
    int n=this.vertexCount();
    if(i>=0 && i<n && j>=-1 && j<n && i!=j)
        for(int k=j+1; k<n; k++)                    // 当j=-1时，k从0开始寻找后继邻接顶点
            if(this.matrix.get(i,k)>0 && this.matrix.get(i,k)<MAX_WEIGHT)    // 权值表示有边
                return k;
    return -1;
}
```

3. 邻接矩阵存储图的性能分析

图的邻接矩阵存储了任意两个顶点间的邻接关系或边的权值，能实现对图的各种操作，其中判断两个顶点间是否有边相连、获得与设置边的权值等操作所花费的时间是 $O(1)$。但是与顺序表存储线性表的性能相似，采用数组存储，每删除一个顶点，需要移动大量元素，因此删除

操作效率很低；而且数组容量有限，当插入元素扩充容量时，需要复制全部元素，效率更低。

图的邻接矩阵中，每个矩阵元素表示两个顶点间的邻接关系，无边或有边。即使两个顶点之间没有邻接关系，也占用一个存储单元存储 0 或 ∞，相当于把每个图都当成完全图来存储。显然，非完全图没有必要这样存储，可采用图的邻接表存储结构。

7.2.3 图的邻接表存储结构和实现

图的邻接表（adjacency list）存储结构是，用顺序表存储图的顶点集合，用邻接表存储图的边集合。

1. 无向图的邻接表

图的邻接表是指，采用一条边单链表存储与一个顶点 v_i 相关联的所有边，其中一个结点表示图中一条带权值的边；邻接表（单链表）包含与 n 个顶点相关联的 n 条边。

带权无向图 G_3 的邻接表存储结构如图 7-19 所示，顶点顺序表存储图的顶点集合；邻接表存储图的边集合，包含 n 条边单链表，第 i 条边单链表存储与顶点 v_i 相关联的所有带权值的边 (v_i, v_j, w_{ij})，未画单链表头结点。图的邻接表与矩阵行的单链表结构相同，图的边结构同矩阵元素三元组 Triple。

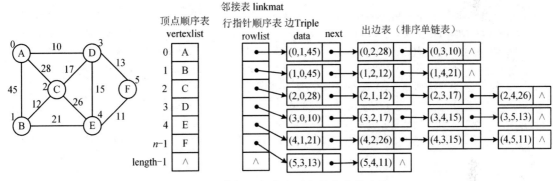

图 7-19 带权无向图 G_3 的邻接表存储结构

与无向图邻接矩阵的对称性质相似，无向图的邻接表也将每条边存储了两次，即每条边分别存储在与该边相关联的两个顶点的边表中。在图 7-19 中，无向图 G_3 有 10 条边，其邻接表的所有边表有 20 个边结点。

2. 有向图的邻接表

有向图的邻接表，每条边只存储一次，根据边的方向，边单链表可分为以下两种。

❖ 出边表：第 i 行边单链表存储以顶点 v_i 为起点的所有边 $\langle v_i, v_j \rangle$。

❖ 入边表：第 j 行边单链表存储以顶点 v_j 为终点的所有边 $\langle v_i, v_j \rangle$。

有向图的邻接表存储结构有两种：① 由出边表构成邻接表；② 由入边表构成逆邻接表。带权有向图 G_4 的邻接表存储结构如图 7-20 所示，未画单链表头结点。逆邻接表图省略。

3. 邻接表存储的带权图类

（1）邻接表存储的带权图类声明

声明 AdjListGraph<T>邻接表存储的带权图类如下，继承抽象图类，继承了 MAX_WEIGHT

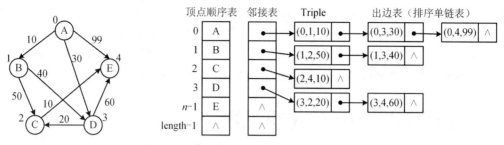

图 7-20 带权有向图 G_4 的邻接表存储结构

常量和 vertexlist 顶点顺序表；增加成员变量 linkmat 存储图的邻接表，类型是采用行的单链表存储的矩阵类 LinkedMatrix（见 5.2.2 节），图的边类是 Triple（矩阵元素三元组类）。

```java
// 邻接表存储的带权图类，T 表示顶点元素类型；继承抽象图类
public class AdjListGraph<T> extends AbstractGraph<T>
{
    protected LinkedMatrix linkmat;                    // 图的邻接表，矩阵行的单链表
    public AdjListGraph()                              // 构造空图，顶点数为 0，边数为 0
    {
        super();                                       // 构造空顶点顺序表，默认容量
        this.linkmat = new LinkedMatrix(0,0);          //构造 0×0 矩阵，默认容量
    }
    // 以下构造方法的方法体同 MatrixGraph 类，省略
    public AdjListGraph(T[] vertexes)                  // 以 vertexes 顶点集合构造图，边集合为空
    public AdjListGraph(T[] vertexes, Triple[] edges)  // 以 vertexes 顶点集合和 edges 边集合构造图
    // 以 vertexes 顶点集合和 edges 边集合构造图，edges 字符串指定边集合，"," 分隔，没有空格
    public AdjListGraph(T[] vertexes, String edges)
    {
        super(vertexes);                               // 构造顶点顺序表
        this.linkmat = new LinkedMatrix(vertexes.length, vertexes.length, edges);    // 构造 n×n 矩阵
    }
    public String toString()                           // 返回图的顶点集合和邻接表描述字符串
    {
        return super.toString()+"出边表: \n"+this.linkmat.toString();
    }
}
```

将例 7.1 中创建图对象语句替换如下，构造带权无向图 G_3，邻接表存储结构见图 7-19。

```java
String[] vertexes={"A","B","C","D","E","F"};                       // 带权无向图 G₃ 的顶点集合
String edges="(0,1,45),(0,2,28),(0,3,10),(1,0,45),(1,2,12),(1,4,21), ……";   // G₃ 的边集合
AdjListGraph<String> graph = new AdjListGraph<String>(vertexes, edges);     // 邻接表存储的图
```

（2）插入顶点

在邻接表存储的图中插入一个元素值为 x 的顶点，需要进行以下两步操作：

① 在顶点顺序表最后插入 x，顶点顺序表将自动扩充容量。

② 邻接表的行指针顺序表长度加 1，若行指针顺序表容量不足，则扩充容量。

AdjListGraph<T>类声明以下插入顶点的成员方法：

```java
public int insert(T x)                                 // 插入元素为 x 的顶点，返回 x 顶点序号
{
    this.vertexlist.insert(x);                         // 顶点顺序表尾插入 x，自动扩容
```

```
        int i = this.vertexlist.size()-1;              // 获得插入顶点 x 的序号
        if(i >= this.linkmat.getRows())                 // 若邻接表容量不够
            this.linkmat.setRowsColumns(i+1, i+1);      // 则扩容，保持邻接表行数同图的顶点数
        return i;                                        // 返回插入顶点序号
}
```

（3）插入边

在邻接表存储的图中，插入权值为 w 的边 $\langle v_i, v_j \rangle$，操作要求如下：

① w 范围：$0 < w < \infty$。对 w 容错，若越界，则视为无边，取值为 0。

② 若 i、j 满足 $0 \le i, j <$ 图的顶点数，$i \ne j$，则在邻接表的第 i 条边单链表中查找表示 $\langle v_i, v_j \rangle$ 边的结点，根据查找结果和 w 取值，分别执行插入、替换或删除操作，如表 7-1 所示。

表 7-1　根据查找 $\langle v_i, v_j \rangle$ 边的结果和值确定操作

查找结果	权　　值	操　　作
查找不成功	$0 < w < \infty$，有边	插入权值为 w 的边 $\langle v_i, v_j \rangle$
	$w=0$，无边	不操作
查找成功	$0 < w < \infty$，有边	修改该边的权值为 w
	$w=0$，无边	删除该边

③ 若 i、j 越界，则抛出序号越界异常；若 $i==j$，表示自身环，则抛出无效参数异常。

AdjListGraph<T>类声明以下重载的成员方法，插入一条边。

```
public void insert(int i, int j, int w)              // 插入边<vi,vj>，权值为 w
{
    if(i!=j)                                          // 不能表示自身环
    {
        if(w<0 || w>=MAX_WEIGHT)                       // 边的权值容错，视为无边，取值 0
            w=0;
        // 设置第 i 条边单链表中<vi,vj>边的权值为 w。若 0<w<∞，则插入边或替换边的权值；
        // 若 w==0，则删除该边。若 i、j 越界，则抛出序号越界异常
        this.linkmat.set(i, j, w);
    }
    else
        throw new IllegalArgumentException("不能插入自身环, i="+i+", j="+j);
}
public void insert(Triple edge)                      // 插入一条边。方法体同图的邻接矩阵，省略
```

算法实现说明如下。

① 由于图的邻接表 linkmat 就是矩阵行的单链表，linkmat 中只存储了非零元素的三元组，对于图而言，只存储了权值 $w>0$ 的边，LinkedMatrix 类的 set()方法实现了上述插入边②说明的操作，根据 w 取值，或插入，或替换，或删除结点。

② 由于邻接表中的边表是排序单链表，在查找和排序时，均调用 compareTo()方法（见 5.2.2 节 Triple 类），各边仅按其行列值比较相等与大小，与边的权值无关。

（4）删除边

AdjListGraph<T>类声明以下重载的成员方法，删除边 $\langle v_i, v_j \rangle$。算法将邻接表中该边的权值设置为 0，就是在第 i 条边单链表中删除表示边 $\langle v_i, v_j \rangle$ 的结点，忽略其权值。

```
public void remove(int i, int j)                     // 删除一条边<vi,vj>，忽略权值
{
```

```
        if(i!=j)
            this.linkmat.set(new Triple(i,j,0));        // 设置边的权值为 0，即在第 i 条边单链表中删除边结点
    }
    public void remove(Triple edge)        // 删除一条边，方法体同图的邻接矩阵，省略
```

（5）删除顶点

在邻接表存储的图中删除顶点 v_i，用最后一个顶点替换顶点 v_i，设 n 为顶点数，操作如下。

① 顶点顺序表删除第 i 个顶点，操作同邻接矩阵存储的图，先将第 i 个顶点替换为最后一个顶点（$n-1$），再删除最后一个顶点（图的顶点数减 1）。原最后一个顶点的序号改为 i。

② 在邻接表中删除所有与顶点 v_i 相关联的边，包括以下操作。

<I> 删除与第 i 条边单链表中每条边对称的边结点。

<II> 将最后一条边单链表中每条边及其对称边的顶点序号 $n-1$ 改为 i。算法在各排序单链表中，必须先删除(row, $n-1$, x)边结点，再插入(row, i, x)边结点，才能保持边单链表按边排序。

<III> 在行指针顺序表中，第 i 条边单链表替换为最后一条（$n-1$），再删除最后一条。

在邻接表存储的带权无向图 G_3 中，删除顶点 B 的操作及结果如图 7-21 所示。

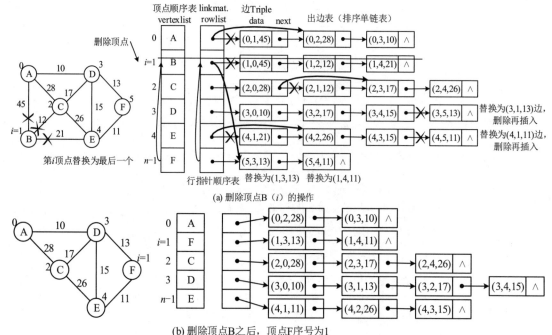

(a) 删除顶点 B（i）的操作

(b) 删除顶点 B 之后，顶点 F 序号为 1

图 7-21   带权无向图 G_3 的邻接表存储结构，删除顶点 B

AdjListGraph<T>类声明以下 remove( )成员方法，删除顶点 v_i 及其所有关联的边。

```
public T remove(int i)        // 删除顶点 vi 及其所有关联的边，返回顶点 vi 元素。用最后一个顶点替换顶点 vi
{
    int n=this.vertexCount();        // 图的顶点数
    if(i>=0 && i<n)
    {   // ①顶点顺序表删除第 i 个顶点，用最后一个顶点替换顶点 vi
        T x = this.vertexlist.get(i);        // 获得第 i 个顶点元素（删除）
        this.vertexlist.set(i, this.vertexlist.get(n-1));        // 将第 i 个顶点元素替换为最后一个顶点元素
        this.vertexlist.remove(n-1);        // 删除最后一个顶点（顶点数减 1）
        // ②删除所有与顶点 vi 相关联的边。<I> 删除与第 i 条边单链表中每条边对称的边结点
```

```
        SortedSinglyList<Triple> link = this.linkmat.rowlist.get(i);
        for(Node<Triple> p=link.head.next;  p!=null;  p=p.next)      // 遍历第 i 条边单链表
            this.remove(p.data.toSymmetry());                         // 删除与 p 边结点对称的边

        // <II> 将最后一条边单链表中每条边及其对称边的顶点序号 n-1 改为 i
        link = this.linkmat.rowlist.get(n-1);
        for(Node<Triple> p=link.head.next;  p!=null;  p=p.next)
        {
            Triple edge = p.data.toSymmetry();                       // 与 p 边结点对称的边
            this.remove(edge);                                       // 删除边
            edge.column = i;                                         // 边的终点序号改为 i
            this.insert(edge);                                       // 再插入边，为了排序
            p.data.row = i;                                          // p 边结点，边的起点序号改为 i
        }
        // <III> 在行指针顺序表中，将第 i 条边单链表替换为最后一条（n-1），再删除最后一条
        this.linkmat.rowlist.set(i, this.linkmat.rowlist.get(n-1));
        this.linkmat.rowlist.remove(n-1);
        this.linkmat.setRowsColumns(n-1, n-1);                       // 设置矩阵行列数，少一行
        return x;
    }
    else
        throw new IndexOutOfBoundsException("i="+i);                 // 抛出序号越界异常
}
```

【思考题 7-2】 在邻接表存储的带权无向图 G_3 中，画出删除顶点 D 的操作图。

（6）获得邻接顶点和边的权值属性

AdjListGraph<T>类声明以下成员方法，分别获得邻接顶点或边的权值属性，实现了父类声明的抽象方法。

```
public int weight(int i, int j)               // 返回<v_i,v_j>边的权值。用于图的最小生成树、最短路径等算法
{
    if(i==j)
        return 0;
    int w = this.linkmat.get(i,j);            // 返回矩阵元素[i,j]值。若 i、j 越界，则抛出序号越界异常
    return w!=0 ? w : MAX_WEIGHT;             // 若返回 0 表示没有边，则边的权值返回 ∞
}
// 返回顶点 v_i 在 v_j 后的后继邻接顶点序号。若 j=-1，则返回 v_i 的第一个邻接顶点序号；
// 若不存在后继邻接顶点，则返回-1。用于 7.3 节图的遍历算法
protected int next(int i, int j)
{
    int n = this.vertexCount();
    if(i>=0 && i<n && j>=-1 && j<n && i!=j)
    {
        SortedSinglyList<Triple> link = this.linkmat.rowlist.get(i);    // 第 i 条排序单链表
        Node<Triple> find = link.head.next;                            // 单链表第 0 个元素
        if(j==-1)
            return find!=null ? find.data.column : -1;                  // 返回第一个邻接顶点的序号
        find = link.search(new Triple(i,j,0));                          // 顺序查找<v_i,v_j>边的结点
        if(find!=null && (find=find.next)!=null)                        // find 引用<v_i,v_j>边的后继结点
            return find.data.column;                                    // 返回后继邻接顶点序号
    }
```

```
    return -1;
}
```

7.2.4 图的邻接多重表存储结构

1．无向图的邻接多重表

前述无向图的邻接表将每条边(v_i, v_j)存储了两次，在该边两个顶点v_i、v_j的边单链表中各有一个边结点。这样存储使得插入、删除一条边时，需要对两条边单链表进行重复处理。将邻接表改进为邻接多重表可以克服这一缺点。

无向图的<u>邻接多重表</u>（adjacency multilist）只用一个边结点表示图的每条边。边结点结构如下，与稀疏矩阵十字链表的结点结构相同。

图邻接多重表的边结点(数据域，next 起点后继，down 终点后继)

带权无向图及其邻接多重表存储结构如图 7-22 所示。

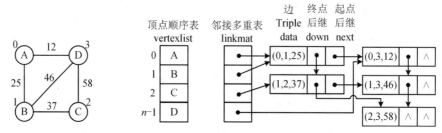

图 7-22　带权无向图及其邻接多重表存储结构

2．有向图的邻接多重表

有向图的邻接多重表采用两个顺序表分别表示每个顶点的入边和出边信息，边结点结构与无向图的邻接多重表相同。一个带权有向图及其邻接多重表存储结构如图 7-23 所示。这样，每条边只采用一个结点存储，同时存储了邻接表和逆邻接表。有向图的邻接多重表也称为十字链表，与稀疏矩阵十字链表的结构相同，出边表是行指针数组，入边表是列指针数组。

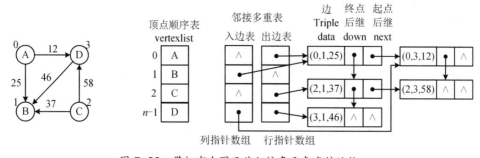

图 7-23　带权有向图及其邻接多重表存储结构

7.3　图的遍历

图的遍历是指，从图 G 中任意一个顶点v_i出发，沿着图中的边前行，到达并访问图中的所有顶点，且每个顶点仅被访问一次。

遍历图比遍历树复杂，需要考虑以下 3 个问题并提供解决办法。

① 指定遍历的起始访问顶点，可从图 G 中任意一个顶点 v_i 出发。

② 由于一个顶点与多个顶点相邻，因此要在多个邻接顶点之间约定一种访问次序。通常按照顶点的存储次序进行遍历。

③ 由于图中存在回路，在访问某个顶点后，可能沿着某条路径又回到该顶点。因此，为了避免重复访问同一个顶点，在遍历过程中必须对访问过的顶点做标记。通常，设置一个标记数组来记录每个顶点是否被访问过。

图的遍历算法是求解图的连通性等问题的基础，如判断两个顶点之间是否连通，找出两个顶点之间的多条路径，判断图的连通性等。

图的遍历有两种策略：深度优先搜索和广度优先搜索。

7.3.1 图的深度优先遍历

1. 图的深度优先搜索策略

采用深度优先搜索（Depth First Search，DFS）策略遍历图 G 一个连通分量的规则如下，从其中一个顶点 v_i 出发，访问顶点 v_i；寻找 v_i 的下一个未被访问的邻接顶点 v_j，再从顶点 v_j 出发遍历图 G；继续，直到访问了图 G 从顶点 v_i 出发的一个连通分量。

> 从顶点 v_i 出发遍历图 G(访问当前顶点 v_i；从 v_i 的下一个未被访问的邻接顶点 v_j 出发遍历图 G)

图的深度优先遍历规则是递归定义的，从顶点 v_i 出发遍历图 G 的问题，在访问了顶点 v_i 之后，递推到"从 v_i 的下一个未被访问的邻接顶点 v_j 出发遍历图 G"的子问题。

树/二叉树孩子优先的先根、（中根）后根次序遍历，采用的就是深度优先搜索策略。

（1）无向图的深度优先遍历过程

无向图 G_1 从顶点 A 出发的一次深度优先遍历过程如图 7-24 所示。由于图的深度优先搜索策略是递归规则，图中使用栈显示递归调用过程中存储一条路径经过的顶点。

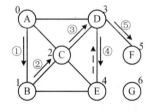
(a) 无向图 G_1，两个连通分量

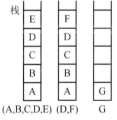
(b) 栈的动态变化

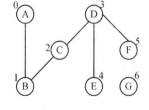
(c) 深度优先生成森林{A,B,C,D,E,F}{G}

图 7-24 无向图 G_1，从顶点 A 出发的一次深度优先遍历，非连通图

① 访问 A；沿着一条边(A,B)找到 A 的邻接顶点 B，访问 B；再寻找到 B 的邻接顶点 C，继续，…，搜索一条路径(A, B, C, D, E)；每个访问顶点入栈，记录递归调用的执行路径。

② 当栈顶顶点（E）没有下一个未被访问的邻接顶点时，E 出栈，递归返回到前一个访问顶点 D（栈顶），再寻找栈顶顶点 D 的(D, F)边到达 F（未被访问）。

此时，从顶点 A 出发的一次深度优先搜索{A, B, C, D, E, F}，遍历了 G_1 的一个连通分量，由两条路径(A, B, C, D, E)和(D, F)组成了该连通分量的一棵深度优先生成树。以深度优先搜索遍历得到的生成树，称为深度优先生成树。

③ 再搜索 G_1 的其他连通分量，遍历图 G_1 的所有连通分量。

通过遍历图，可确定无向图的连通性。对于一个无向图 G，从任何一个顶点出发的一次遍历，如果能够到达 G 的所有顶点，则 G 是连通图，否则 G 是非连通图。

对于一个非连通无向图 G，以深度优先搜索遍历 G 的各连通分量，得到 G 的深度优先生成森林。

（2）有向图的深度优先搜索遍历过程

有向图 G_2 的深度优先遍历过程如图 7-25 所示。

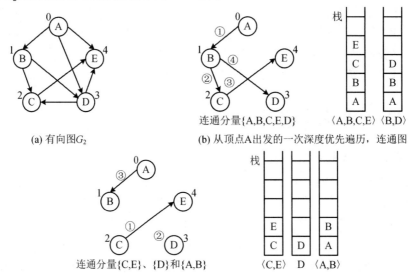

(a) 有向图 G_2 (b) 从顶点A出发的一次深度优先遍历，连通图

(c) 从顶点C出发的一次深度优先遍历，非强连通图

图 7-25　有向图 G_2 的深度优先遍历，连通图，非强连通图

① 从顶点 A 出发的一次深度优先搜索 {A, B, C, E, D}，由两条路径 <A, B, C, E> 和 <B, D> 组成，访问了 G_2 的所有顶点，所以有向图 G_2 是连通图。

② 从顶点 C 出发，深度优先搜索了 3 次 {C, E}、{D} 和 {A, B} 才完成遍历，所以有向图 G_2 是非强连通图。

通过遍历图，可确定有向图的连通性。有向图 G 如果存在从一个顶点出发的一次遍历能够到达 G 的所有顶点，则 G 是连通图，否则是非连通图。一个连通有向图 G 如果从任何一个顶点出发的遍历都能够到达 G 的所有顶点，则 G 是强连通图，否则是非强连通图。

【思考题 7-3】　对于 G_1 和 G_2，从每个顶点出发进行深度优先遍历，写出所有搜索路径和遍历序列，画出遍历各连通分量所经过的边（无向图的称为生成树），画出栈的动态变化图。

2．图的深度优先遍历算法

深度优先遍历图的递归算法描述如下，通过设置一个标记数组来对所有顶点是否被访问过做标记，避免重复访问同一个顶点，形成回路。

① 从图 G 中一个顶点 v_i 出发，若 v_i 未被访问过，则访问 v_i，标记 v_i 已被访问。

② 寻找 v_i 的下一个未被访问的邻接顶点 v_j，从 v_j 出发进行遍历（递归调用）。

③ 若 v_i 没有下一个未被访问的邻接顶点，即 v_i 的所有顶点都已被访问，则递归返回 v_i 的调用者，再寻找其他遍历路径，直到遍历图的一个连通分量。

④ 在其他连通分量中寻找未被访问顶点，遍历图的所有连通分量。

图的遍历算法中，找到顶点 v_i 的所有邻接顶点的功能依赖于图的存储结构。

前述 AbstractGraph<T>抽象图类声明以下抽象方法：

```
protected abstract int next(int i, int j);          // 返回vi在vj后的后继邻接顶点序号，若没有，则返回-1
```

AbstractGraph<T>的两个子类，无论是邻接矩阵存储的图类 MatrixGraph<T>，还是邻接表存储的图类 AdjListGraph<T>，都实现了 next()方法，能够找到顶点v_i的所有邻接顶点。next()方法在子类中表现运行时多态性，一种声明，多种实现。

因此，在 AbstractGraph<T>抽象图类中声明以下成员方法，从顶点v_i出发进行一次图的深度优先遍历。邻接矩阵或邻接表存储的图都可通过调用进行遍历。

```java
public void DFSTraverse(int i)                          // 图从顶点vi出发的一次深度优先遍历，包含非连通图
{
    if(i<0 || i>=this.vertexCount())
        return;
    boolean[] visited=new boolean[this.vertexCount()];  // 访问标记数组，元素初值为 false
    int j=i;
    do
    {
        if(!visited[j])                                 // 若顶点vi未被访问
        {
            System.out.print("{ ");
            this.depthfs(j, visited);                   // 从顶点vi出发的一次深度优先搜索
            System.out.print("} ");
        }
        j = (j+1) % this.vertexCount();                 // 在其他连通分量中寻找未被访问顶点
    } while(j!=i);
    System.out.println();
}
// 从顶点vi出发的一次深度优先搜索，遍历一个连通分量；visited[]指定访问标记，引用类型。递归算法
private void depthfs(int i, boolean[] visited)
{
    System.out.print(this.get(i)+" ");                  // 访问顶点vi
    visited[i] = true;                                  // 设置访问标记
    // 以下循环 j 依次获得vi的所有邻接顶点序号。next(i,j)返回vi在vj后的后继邻接顶点序号；
    // 若j=-1，则返回vi的第 0 个邻接顶点序号；若不存在后继邻接顶点，则返回-1
    for(int j=next(i,-1); j!=-1; j=next(i,j))
        if(!visited[j])                                 // 若顶点vi未被访问
            depthfs(j, visited);                        // 从vi出发的深度优先搜索，递归调用
}
```

其中，DFSTraverse()方法从顶点v_i出发对图进行一次深度优先遍历，调用 depthfs()方法从顶点v_i出发进行一次深度优先搜索。visited 数组标记图中每个顶点是否已被访问，元素初值为false，每访问一个顶点，设置相应数组元素值为 true。

depthfs()方法是递归算法，若顶点v_i存在后继邻接顶点v_j未被访问，则从顶点v_j出发继续遍历，递归调用 depthfs()方法，直到遍历一个连通分量。

调用 depthfs()方法一次，可遍历一个连通无向图或一个强连通的有向图；但对于一个非连通无向图或一个非强连通的有向图，只能遍历一个连通分量。因此，在 DFSTraverse()方法体中，要再次调用 depthfs()方法，遍历其他连通分量。

例 7.1 增加以下调用语句，设 graph 是一个图对象，邻接矩阵或邻接表存储均可，从图

graph 的第 i 个顶点出发进行深度优先遍历。

```
graph.DFSTraverse(i);
```

虽然从图的一个顶点出发的深度优先遍历序列有多种，但执行 DFSTraverse(i)图的遍历算法，从一个顶点出发只能得到一种遍历序列，因为遍历搜索路径取决于图的顶点次序。虽然图没有约定各顶点次序，但是一旦存储了一个图，无论是邻接矩阵还是邻接表，都将顶点集合存储在顶点顺序表中，确定了各顶点的次序。调用 next( )方法，获得顶点 v_i 在 v_j 后的后继邻接顶点序号，结果是唯一的。

3．求从顶点 v_i 出发的所有深度优先遍历序列

求图 G_1 从顶点 v_i（A）出发的所有深度优先遍历序列，可用一棵解空间树表示，如图 7-26 所示，根结点是初始顶点 A，下一层 A 的每个孩子结点表示从 A 出发的每一种选择，到达 A 的邻接顶点 B、C、D，再下一层分别是 B、C、D 的下一次选择，到达 B 的邻接顶点（未被访问），等等。

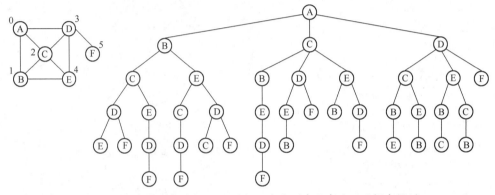

图 7-26　连通无向图 G_1，从顶点 A 出发深度优先遍历的解空间树

对解空间树进行先根次序遍历，采用的是深度优先搜索策略，从根结点开始，到达树的一个叶子结点表示图的一条深度优先搜索路径，如{A, B, C, D, E}；继续遍历，当搜索了图中所有顶点时，就完成了图的一次深度优先遍历，如{A, B, C, D, E, F}。

7.3.2　图的广度优先遍历

1．图的广度优先搜索策略

采用<u>广度优先搜索</u>（Breadth First Search，BFS）策略遍历图 G 的规则，就是树的层次遍历算法，从其中一个顶点 v_i（树的根）出发，访问顶点 v_i；寻找 v_i 未被访问的邻接顶点 $v_j,v_k,\cdots,v_t$（一层），依次访问它们并做标记；重复执行，再依次访问这些顶点 $v_j,v_k,\cdots,v_t$ 未被访问的其他邻接顶点（下一层），直到遍历图的一个连通分量。每层按先后次序访问顶点，若 v_i 在 v_j 之前访问，则 v_i 的所有邻接顶点一定在 v_j 的所有邻接顶点之前访问。因此，需要使用队列存储访问点的其他邻接顶点，实现按约定的先后次序访问各顶点。

换言之，树的层次遍历算法采用的是广度优先搜索策略。

无向图 G_1 从顶点 A 出发的一次广度优先遍历过程如图 7-27 所示：先访问 A，再依次访问 A 的所有邻接顶点 B、C、D（未被访问）；之后，访问 B 的邻接顶点 E，再访问 D 的邻接顶点 F。使用队列存储访问顶点的其他邻接顶点，为了演示顺序循环队列，设其容量为顶点数-1。

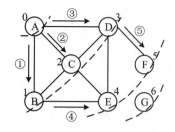
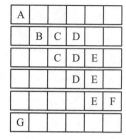
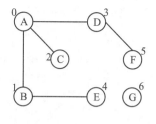

(a) 无向图G_1，两个连通分量　　　(b) 顺序循环队列的动态变化　　　(c) 广度优先生成森林{A,B,C,D,E,F}{G}

图 7-27　无向图G_1，从顶点 A 出发的一次广度优先遍历，顺序循环队列变化

在图的广度优先搜索遍历算法中，队列的作用是存储当前访问顶点的所有邻接顶点，这些顶点排队等待被访问，当访问完当前顶点时，出队一个顶点，即下一个要访问的顶点。

以广度优先搜索遍历得到的生成树，称为广度优先生成树。非连通无向图的广度优先生成森林见图 7-27。

有向图G_2从顶点 D 出发的一次广度优先遍历如图 7-28 所示，先访问 D，再访问 D 的邻接顶点 C、E，遍历连通分量{D, C, E}；然后从 A 出发，遍历连通分量{A, B}。

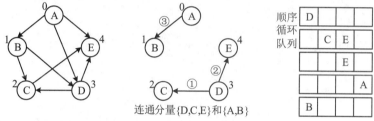

连通分量{D,C,E}和{A,B}

图 7-28　有向图G_2，从顶点 D 出发的一次广度优先遍历

2．图的广度优先遍历算法

图的广度优先遍历算法描述如下，设置一个标记数组来对所有顶点是否被访问过做标记。

① 从图 G 中一个顶点v_i出发，若v_i未被访问过，则访问v_i，标记v_i已被访问。

② 寻找v_i的所有邻接顶点$v_j,v_k,\cdots,v_t$（未被访问），依次访问它们并做标记；重复执行，再依次访问这些顶点$v_j,v_k,\cdots,v_t$的所有未被访问的其他邻接顶点，直到遍历图的一个连通分量。其中，使用队列存储等待被访问的顶点，若v_i在v_j之前访问，则v_i的所有邻接顶点一定在v_j的所有邻接顶点之前访问。

③ 在其他连通分量中寻找未被访问顶点，遍历图的所有连通分量。

抽象图类 AbstractGraph<T>声明以下成员方法，实现图的广度优先搜索遍历算法。

```
public void BFSTraverse(int i)              // 图从顶点vi出发的一次广度优先遍历，包含非连通图
{
    if(i<0 || i>=this.vertexCount())
        return;
    boolean[] visited = new boolean[this.vertexCount()]; //访问标记数组
    // 顺序循环队列。为了演示顺序循环队列，容量为顶点数-1；无参数时，默认容量
    Queue<Integer> que = new SeqQueue<Integer>(this.vertexCount()-1);
    int j=i;
    do
    {
```

```java
            if(!visited[j])                                // 若顶点 vⱼ 未被访问
            {
                System.out.print("{ ");
                breadthfs(j, visited, que);                // 从 vⱼ 出发的一次广度优先搜索
                System.out.print("} ");
            }
            j = (j+1) % this.vertexCount();                // 在其他连通分量中寻找未被访问顶点
        } while(j!=i);
        System.out.println();
    }
    // 从顶点 vᵢ 出发的一次广度优先搜索，遍历一个连通分量；visited[]和 que 队列引用类型
    private void breadthfs(int i, boolean[] visited, Queue<Integer> que)
    {
        System.out.print(this.get(i)+" ");                 // 访问顶点 vᵢ
        visited[i] = true;                                 // 设置访问标记
        que.add(i);                             // 访问过的顶点 vᵢ 序号入队，自动转换成 Integer(i)
        while(!que.isEmpty())                              // 当队列不空时循环
        {
            i = que.poll();                                // 出队，自动转换成 int
            for(int j=next(i,-1);  j!=-1;  j=next(i,j))    // j 依次获得 vᵢ 的所有邻接顶点序号
            {
                if(!visited[j])                            // 若顶点 vⱼ 未访问过，则访问，序号 j 入队
                {
                    System.out.print(this.get(j)+" ");
                    visited[j] = true;
                    que.add(j);
                }
            }
        }
    }
}
```

7.4 最小生成树

1. 最小生成树定义

设 G 是一个带权连通无向图，$w(e)$ 是边 e 上的权，T 是 G 的生成树，T 中各边的权之和 $w(T)=\sum_{e\in T}w(e)$ 称为生成树 T 的代价（cost）。代价最小的生成树称为最小代价生成树（Minimum Cost Spanning Tree，MST），简称最小生成树。带权无向图 G_3 的多棵生成树如图 7-29 所示。

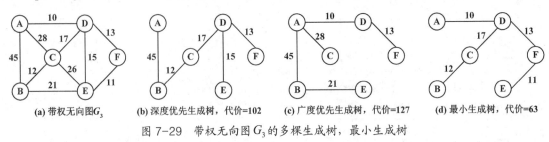

(a) 带权无向图 G_3　　(b) 深度优先生成树，代价=102　　(c) 广度优先生成树，代价=127　　(d) 最小生成树，代价=63

图 7-29　带权无向图 G_3 的多棵生成树，最小生成树

无向连通图的最小生成树为某些实际应用提供了解决方案。例如，设带权无向图 G_3 表示

个通信网络，图中顶点表示城市，边表示连接两个城市的通信线路，边上的权值表示相应的代价，该图的一棵最小生成树则给出连接每个城市的具有最小代价的通信网络线路。

那么，如何构造无向连通图的最小生成树？

2．构造最小生成树的 MST 性质

按照生成树的定义，n 个顶点的连通无向图的生成树有 n 个顶点 $n-1$ 条边。因此，构造最小生成树的准则有以下 3 条：① 必须只使用该图中的边来构造最小生成树；② 必须使用且仅使用 $n-1$ 条边来连接图中的 n 个顶点；③ 不能使用产生回路的边。

构造最小生成树主要有两种算法：Prim 算法和 Kruskal 算法。这两种算法都是基于 MST 性质。MST 性质：设 $G=(V, E)$ 是一个连通带权无向图，TV 是顶点集合 V 的一个非空真子集。若 $(tv, v) \in E$（$tv \in TV$，$v \in V-TV$）是一条权值最小的边，必定存在 G 的一棵最小生成树 $T(TV, TE)$ 包含 (tv, v) 边。

3．Prim 算法

（1）Prim 算法描述

Prim 算法是由 R.C. Prim 于 1956 年提出的，其算法思想是：逐步求解，从图中某个顶点开始，每步选择一条满足 MST 性质且权值最小的边来扩充最小生成树 T，并将其他连接 TV 与 $V-TV$ 集合的边替换为权值更小的边。

以带权无向图 G_3 为例，由 Prim 算法构造最小生成树算法说明如下，设 $G=(V, E)$ 是有 n 个顶点的带权连通无向图，$T=(TV, TE)$。构造过程如图 7-30 所示，其中虚线表示当前可选择的边，实线表示已确定的边。

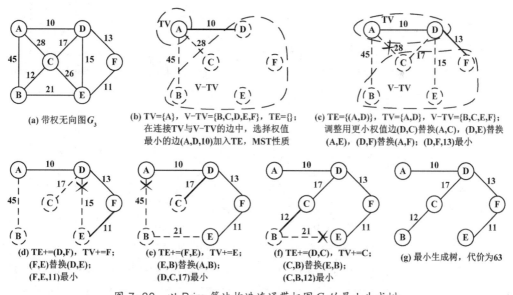

图 7-30　以 Prim 算法构造连通带权图 G_3 的最小生成树

① 最初 T 的顶点集合 TV={A}，$V-TV$={B, C, D, E, F}，边集合 TE={}。

② 在所有 $tv \in TV$，$v \in V-TV$ 的边 $(tv, v) \in E$ 中，即所有连接 TV 与 $V-TV$ 的边，如(A, B)、(A, C)、(A, D)，选择一条权值最小的边(A, D)加入 TE，则 TV={A, D}，$V-TV$={B, C, E, F}，TE={(A, D)}。

③ 重复执行②，依次在所有连接 TV 与 $V-TV$ 的边中，选择权值最小的边(D, F)、(F, E)、

(D, C)、(C, B)加入 TE，TV 中的顶点也随之增加，直到 TV=V，则 T 是 G 的一棵最小生成树。

Prim 算法描述如下，设 T_i（$i>0$）表示有 i 个顶点的最小生成子树。

① 最初 T_1 只有一个顶点，没有边，即 TV={v_0}（$v_0 \in V$），TE={}，则代价 $w(T_1)=0$。

② 已知 T_i 的代价为 $w(T_i)$，根据 MST 特性，在所有 tv$\in$TV、$v\in V$-TV 的边(tv, v)$\in E$ 中，选择一条权值最小的边 (tv_i, v_i) 加入 T_i，将 T_i 扩充一个顶点 v_i 和一条边 (tv_i, v_i) 成为 T_{i+1}，则 $w(T_{i+1}) = w(T_i) + (\mathrm{tv}_i, v_i)$ 最小。

③ 重复执行②，直到 TV=V，则 TE 有 n-1 条边，T=(TV, TE)是 G 的一棵最小生成树。

（2）Prim 算法实现

设已构造一个有 n 个顶点的图 G，Prim 算法使用一个数组 mst 记录 G 的一棵最小生成树 T=(TV, TE)的 n-1 条边，mst[i]（$0\leqslant i<n$）元素表示一条从 TV 到 V-TV 的(tv, v)边，tv$\in$TV、$v\in V$-TV，在求解过程中，根据权值，(tv, v)边被逐步替换，直到具有最小权值。在构造 G_3 最小生成树的过程中，mst 数组的变化情况说明如下，变化过程如图 7-31 所示。

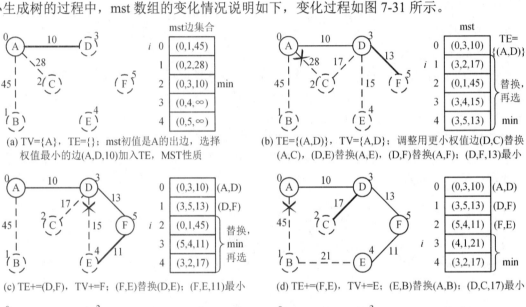

(a) TV={A}，TE={}；mst初值是A的出边，选择权值最小的边(A,D,10)加入TE，MST性质

(b) TE={(A,D)}，TV={A,D}；调整用更小权值边(D,C)替换(A,C)，(D,E)替换(A,E)，(D,F)替换(A,F)；(D,F,13)最小

(c) TE+=(D,F)，TV+=F；(F,E)替换(D,E)；(F,E,11)最小

(d) TE+=(F,E)，TV+=E；(E,B)替换(A,B)；(D,C,17)最小

(e) TE+=(D,C)，TV+=C；(C,B)替换(E,B)；(C,B,12)最小

(f) 最小生成树，代价为63

图 7-31 以 Prim 算法构造最小生成树时 mst 数组的变化

① TV={A}，V-TV={B, C, D, E, F}，TE={}。mst 数组存储从 TV 到 V-TV 具有最小权值的 n-1 条边，初值是 A 到其他各顶点的边，若 A 与某顶点不相邻，则边的权值为∞。设 i=0，从 mst[i]~mst[n-1]数组元素中选择权值最小的边(0, 3, 10)，其下标记为 min。

② 将 mst[min]与 mst[i]元素交换。此时将 mst 数组分为两部分，mst[0]~mst[i]保存已加入 TE 中的边，意为将顶点 D 加入 TV；mst[i+1]~mst[n-1]保存从 TV 到 V-TV 的边。

再调整，使 mst[i+1]~mst[n-1]边的权值更小。i++，缩小选择最小权值边的范围。设 mst[i]元素表示一条边(A, v)（$v\in V$-TV），若存在一条边(D, v)满足：(D, v)边的权值小于(A, v)边的权值，则(A, v)边可用更小权值的边(D, v)替换。例如，将(A, C, 28)边替换为(D, C, 17)，将(A, E, ∞)替换为(D, E, 15)，将(A, F, ∞)替换为(D, F, 13)。同理，用更小权值的边替换mst[i]～mst[$n-1$]元素。继续在i～$n-1$元素中选择权值最小的边mst[min]。

③ 重复执行②，将权值最小的边mst[min]加入TE，将顶点tv并入TV，i++；用更小权值的边(tv, v)（$v \in V-TV$，若存在）替换mst[i]～mst[$n-1$]元素；再选择最小值；直到$i=n$，表示TV=V，则mst数组保存了构成图G最小生成树T边集合TE的$n-1$条边，T=(TV, TE)是G的一棵最小生成树。

Prim算法需要获得指定边的权值。前述抽象图类AbstractGraph<T>声明以下抽象方法，其两个子类MatrixGraph<T>和AdjListGraph<T>都实现了以下方法。

```
public abstract int weight(int i, int j);                    // 返回<vi, vj>边的权值
```

AbstractGraph<T>类声明以下成员方法，采用Prim算法构造带权无向图的最小生成树，邻接矩阵和邻接表存储的图均可调用。

```
public void minSpanTree()                    // Prim 算法，构造带权无向图的最小生成树，输出最小生成树的各边及代价
{
    Triple[] mst = new Triple[vertexCount()-1];            // 最小生成树的边集合，边数为顶点数 n-1
    for(int i=0; i<mst.length; i++)                        // 边集合初始化，从顶点v0出发构造
        mst[i]=new Triple(0, i+1, this.weight(0,i+1));     // 保存从v0到其他各顶点的边
    for(int i=0; i<mst.length; i++)                        // 选择 n-1 条边，每趟确定一条权值最小的边
    {
        int min=i;                                         // 最小权值边的下标
        for(int j=i+1; j<mst.length; j++)                  // 在 i~n-1 范围内，寻找权值最小的边
            if(mst[j].value < mst[min].value)              // 若存在更小权值的边，则更新 min 变量
                min = j;                                   // 保存当前权值最小边的序号
        Triple edge = mst[min];       // 将权值最小的边（由 min 记得）交换到第 i 个元素，表示该边加入 TE 集合
        if(min!=i)
        {
            mst[min] = mst[i];
            mst[i] = edge;
        }
        // 以下将 i+1~n-1 的其他边用权值更小的边替换
        int tv = edge.column;                              // 刚并入 TV 的顶点
        for(int j=i+1; j<mst.length; j++)
        {
            int v = mst[j].column, w;                      // v 是原边在 V-TV 中的终点
            if((w=weight(tv,v)) < mst[j].value)            // 若(tv,v)边的权值 w 更小，则替换
                mst[j] = new Triple(tv,v,w);
        }
    }
    System.out.print("\n最小生成树的边集合: ");
    int mincost=0;
    for(int i=0; i<mst.length; i++)                        // 输出最小生成树的边集合和代价
    {
        System.out.print(mst[i]+" ");
        mincost += mst[i].value;
    }
```

```
            System.out.println(", 最小代价为"+mincost);
   }
```

上述 Prim 算法由两重循环实现，外层循环执行 $n-1$ 次，n=mst.length，选择 $n-1$ 条边；对循环变量 i（$0 \leq i < n$）的每个值，内层循环执行 $n-i$ 次，所以 Prim 算法的时间复杂度为 $O(n^2)$，与图中的边数无关，因此适用于边数较多的图。

4. Kruskal 算法

Kruskal 算法思想是：每步选择一条权值最小且不产生回路的边（满足 MST 性质），合并两棵最小生成树；逐步求解，直到加入 $n-1$ 条边，则构造成一棵最小生成树。

采用 Kruskal 算法构造带权无向图 G_3 的最小生成树，算法描述如下，设 $G=(V, E)$ 是有 n 个顶点的带权连通无向图，$T=(\text{TV}, \text{TE})$ 表示 G 的一棵最小生成树。构造过程如图 7-32 所示。

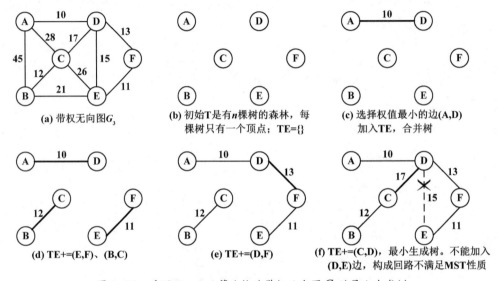

(a) 带权无向图 G_3

(b) 初始 T 是有 n 棵树的森林，每棵树只有一个顶点；TE={}

(c) 选择权值最小的边(A,D)加入 TE，合并树

(d) TE+=(E,F)、(B,C)

(e) TE+=(D,F)

(f) TE+=(C,D)，最小生成树。不能加入 (D,E) 边，构成回路不满足 MST 性质

图 7-32 采用 Kruskal 算法构造带权无向图 G_3 的最小生成树

① 初始 T 是有 n 棵树的森林，每棵树只有一个顶点，没有边，即 TV=V，TE={}，代价 $w(T)=0$。

② 设 T_i 和 T_j（$i, j > 0$）分别表示有 i 或 j 个顶点的最小生成树，代价分别为 $w(T_i)$ 和 $w(T_j)$。根据 MST 特性，选择一条连接 T_i 和 T_j 且权值最小的边 $(v_i, v_j) \in E$（$v_i \in T_i$，$v_j \in T_j$），加入 TE，将 T_i 和 T_j 合并为 T_{i+j}，则 $w(T_{i+j}) = w(T_i) + w(T_j) + w(v_i, v_j)$ 的值最小。

③ 重复执行②，直到 TE 中有 $n-1$ 条边，则 $T=(\text{TV}, \text{TE})$ 是 G 的一棵最小生成树。

实现 Kruskal 算法需要解决以下两个关键问题，Kruskal 算法实现见 10.3.3 节。

① 如何在图的所有边中依次选择一条当前权值最小的边？如何保证这条边不参加下一次选择？

② 如何存储和识别哪些顶点在一棵树中？如何判断每次选择的边是否产生回路？

当图中有相同权值的边时，最小生成树可能不唯一，如图 7-33 所示。

7.5 最短路径

设 $G=(V, E)$ 是一个带权图，若 G 中从顶点 v_i 到 v_j 的一条路径 $(v_i, \cdots, v_j)$，其路径长度 d_{ij} 是所

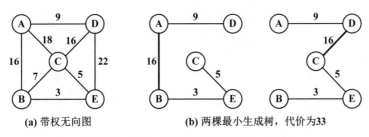

(a) 带权无向图   (b) 两棵最小生成树，代价为33

图 7-33　带权无向图及其两棵最小生成树

有从 v_i 到 v_j 路径长度的最小值，则 $(v_i, \cdots, v_j)$ 是从 v_i 到 v_j 的<u>最短路径</u>（shortest path），v_i 称为<u>源点</u>（source），v_j 称为<u>终点</u>（destination）。

求最短路径算法主要有两种：求单源最短路径的 Dijkstra 算法和求每对顶点间最短路径的 Floyd 算法。

7.5.1　单源最短路径

单源最短路径是指从一个顶点 v_i 到图中其他顶点的最短路径。Dijkstra 针对非负权值的带权图，提出一个按路径长度递增次序逐步求得单源最短路径的算法，通常称为 Dijkstra 算法。

1．Dijkstra 算法描述

Dijkstra 算法的思想是：逐步求解，每步将一条最短路径扩充一条边形成下一条最短路径，并将其他路径替换为更短的。

已知 $G=(V, E)$ 是一个有 n 个顶点的带权图，且图中各边的权值 $\geqslant 0$，设 G 中已确定最短路径的顶点集合是 S。带权有向图 G_4 以 A 为源点的单源最短路径算法描述如下，逐步求解过程如图 7-34 所示，其中虚线表示当前可选择的边，实线表示已确定的边。

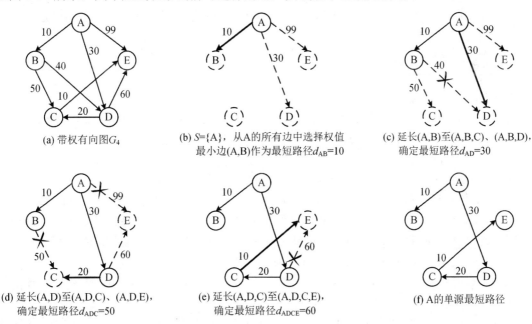

(a) 带权有向图 G_4

(b) $S=\{A\}$，从A的所有边中选择权值最小边(A,B)作为最短路径 $d_{AB}=10$

(c) 延长(A,B)至(A,B,C)、(A,B,D)，确定最短路径 $d_{AD}=30$

(d) 延长(A,D)至(A,D,C)、(A,D,E)，确定最短路径 $d_{ADC}=50$

(e) 延长(A,D,C)至(A,D,C,E)，确定最短路径 $d_{ADCE}=60$

(f) A的单源最短路径

图 7-34　Dijkstra 算法描述，求 G_4 顶点 A 的单源最短路径

① 确定第一条最短路径。初始 $S = \{v_i\} = \{A\}$（$v_i \in V$），从源点 v_i 到其他各顶点 $\{B, C, D, E\}$

的最短路径初值是从 v_i 到这些顶点的边(A, B)、(A, C)、(A, D)、(A, E)，各边权值为 w_{ij}。从中选择一条权值最小的边 (v_i, v_j)，$v_j \in V-S=\{B, C, D, E\}$，确定 (v_i, v_j) 是从顶点 v_i 到 v_j 的最短路径，路径长度为 d_{ij}，将终点 v_j 并入 S。

② 延长最短路径。设 $(v_i, \cdots, v_j)$ 是从顶点 v_i 到 v_j（$v_i, v_j \in S$）的最短路径，路径长度是 d_{ij}，则从 v_i 到 v_k（$v_k \in V-S$）的最短路径 $v_i, \cdots, v_k$ 可在以下情况中选择权值最小者，将 v_k 并入 S。

<I> (v_i, v_k) 边，$d_{ik}=w_{ik}$。

<II> 在所有最短路径 $(v_i, \cdots, v_j)$ 延长 (v_j, v_k) 边后的 $(v_i, \cdots, v_j, v_k)$ 路径中，选择长度最短者作为最短路径，则 $d_{ik}=\min_{j}\{d_{ij}+w_{jk} | v_j \in S\}$，S 是已求出最短路径的顶点集合。例如，图 7-34(b) 已确定(A, B)是一条最短路径；图 7-34(c)中，从 A 到 D 有两条路径(A, D)、(A, B, D)，比较两者路径长度，确定(A, D)路径最短。

③ 重复执行②，直到 V 中所有顶点都并入 S，即 S=V。

例如图 7-34(d)，(A, D, C)比(A, B, C)路径短，(A,D,E)比(A,E)路径短；图 7-34(e)，(A,D,C,E)比(A, D, E)路径短；图 7-34(f)，最短路径(A, D)、(A,D,C)、(A,D,C,E)，通过逐步延长而得到。

以 Dijkstra 算法求解 G_4 以 A 为源点的单源最短路径，逐步求解过程如表 7-2 所示。

表 7-2　求 G_4 以 A 为源点的最短路径

源　点	终　点	最短路径及其长度变化			
A	B	(A,B)　10			
	C	－　∞	(A,B,C)　60	(A,D,C)　50	
	D	(A,D)　30			
	E	(A,E)　99		(A,D,E)　90	(A,D,C,E)　60

2．Dijkstra 算法实现

（1）使用数组存储已知最短路径及其长度

Dijkstra 算法的关键问题是，如何记住当前已求出的最短路径及其长度？如何确定一条路径是最短的？该算法使用 3 个数组定义如下：

❖ S 数组表示前述集合 S。若 S[i]=1，则顶点 $v_i \in S$；否则 $v_i \in V-S$。

❖ dist 数组保存最短路径长度。

❖ path 数组保存最短路径经过的顶点序列。

若存在一条从源点 v_i 到 v_j 的最短路径 $(v_i, \cdots, v_j, v_k)$，则 dist[j]保存该路径长度，path[j]保存其该路径经过的最后一个顶点 v_k 的序号 k；否则 dist[j]为∞，path[j]为-1。

（2）逐步求解过程

Dijkstra 算法的逐步求解过程说明如下，G_4 的求解过程如图 7-35 所示。

① 对于图 7-35(b)，初始，设源点 v_i 为顶点 A，i=0，s[0]=1 表示 S={A}。因存在(A, B)、(A, D)、(A, E)边，则 dist[1]、dist[3]、dist[4]数组元素初值保存 A 到 B、D、E 各顶点的路径长度，即边的权值，path[1]、path[3]、path[4]分别保存(A, B)、(A, D)、(A, E)路径经过的最后一个顶点 A 的序号 0；因 A 到 C 没有边，则 dist[2]=∞，path[2]=-1。

从 dist 数组元素（满足 s[i]=0）中选择权值最小的边(A, B)，确定(A, B)为从 A 到 B 的最短路径。

② 对于图 7-35(c)，s[1]=1 表示将顶点 B 并入 S。将最短路径(A, B)延长一条边至(A, B, C)、(A, B, D)，比较并调整两条路径如下：

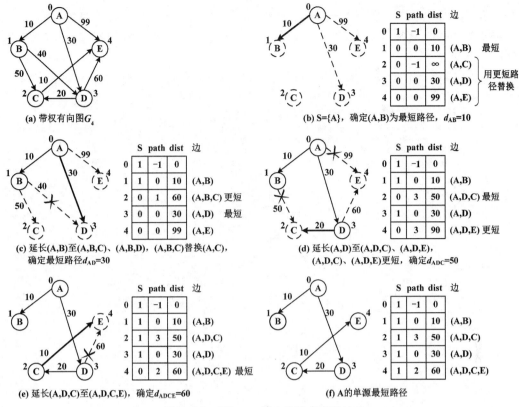

图 7-35　Dijkstra 算法的逐步求解过程

<I> 因(A, B, C)路径长度 60 小于(A, C)边的权∞，则 dist[2]=60，path[2]=1 表示(A, B, C)路径经过的最后一个顶点 B。

<II> 因(A, B, D)路径长度 50 大于(A, D)边的权 30，则 path[3]、dist[3]不变。

从 dist[2]～dist[4]中确定(A, D)为最短路径。

③ 对于图 7-35(d)，s[3]=1，顶点 B 并入 S。延长(A, D)至(A, D, C)、(A, D, E)，调整如下两条路径：

<I> 用(A, D, C)替换(A, B, C)路径，则 path[2]=3，dist[2]=50。

<II> 用(A, D, E)替换(A, E)路径，则 path[4]=3，dist[4]=90。确定最短路径(A, D, C)。

④ 对于图 7-35(e)，s[2]=1。用(A, D, C, E)路径替换(A, D, E)路径，则 path[4]=2，dist[4]=60。确定最短路径(A, D, C, E)。

（3）从 path 数组获得最短路径

Dijkstra 算法通过扩充一条最短路径得到另一条最短路径，将每步扩充路径经过的顶点存储在 path 数组中，保存一条从源点 v_i 到 v_j 最短路径$(v_i,\cdots,v_j,v_k)$经过的最后一个顶点 v_k 的序号。例如，逐步扩充(A, D)、(A, D, C)至(A, D, C, E)最短路径，path 数组元素变化如下：

```
path[3]=0          // (A,D)
path[2]=3          // (A,D,C)从源点 A 经过 D 到达终点 C
path[4]=2          // (A,D,C,E)从源点 A 到达终点 E，经过的最后一个顶点是 C
```

反之，从 path 数组获得从 A 到 E 最短路径(A, …, E)的过程如下：

```
path[4]=2          // (A,…,C,E)
path[2]=3          // (A,…,D,C,E)
```

```
path[3]=0                              // (A,D,C,E)
```

AbstractGraph<T>类声明以下 shortestPath( )成员方法，对于邻接矩阵或邻接表存储的图，都可调用执行。

```java
public void shortestPath(int i)                     // 求带权图中顶点vᵢ的单源最短路径, Dijkstra算法
{
    int n = this.vertexCount();                     // 图的顶点数
    boolean[] S = new boolean[n];                   // 已求出最短路径的顶点集合，元素为false
    S[i] = true;                                    // 标记源点vᵢ在集合S中
    int[] path=new int[n], dist=new int[n];         // 最短路径及长度数组，元素为0
    for(int j=0; j<n; j++)                          // 初始化 dist 和 path 数组
    {
        dist[j] = this.weight(i,j);                 // 最短路径长度
        path[j] = (j!=i && dist[j]<MAX_WEIGHT) ? i : -1;    // 最短路径终点的前一个顶点
    }
    for(int j=(i+1)%n; j!=i; j=(j+1)%n)             // 寻找从vᵢ到vⱼ的最短路径，vⱼ在V-S集合中
    {
        int mindist=MAX_WEIGHT, min=0, w;           // 求路径长度最小值及其下标
        for(int k=0; k<n; k++)
        {
            if(!S[k] && dist[k]<mindist)
            {
                mindist = dist[k];                  // 路径长度最小值
                min = k;                            // 路径长度最小值下标
            }
        }
        if(mindist==MAX_WEIGHT)                     // 若没有其他最短路径，则算法结束；此语句对非连通图必需
            break;
        S[min] = true;                              // 确定一条最短路径(vᵢ,min)，终点 min 并入集合S
        for(int k=0; k<n; k++)                      // 调整从vᵢ到V-S中其他顶点的最短路径及长度
        {
            if(!S[k] && (w=weight(min, k))<MAX_WEIGHT && dist[min]+w<dist[k])
            {
                dist[k] = dist[min] + w;            // 用更短路径替换
                path[k] = min;                      // 最短路径经过 min 顶点
            }
        }
    }
    System.out.print(this.get(i)+"顶点的单源最短路径: ");
    for(int j=0; j<n; j++)                          // 输出顶点vᵢ的单源最短路径
        if(j!=i)
            System.out.print(toPath(path, i, j)+"长度"+(dist[j]==MAX_WEIGHT ? "∞" : dist[j])+", ");
    System.out.println();
}
private String toPath(int[] path, int i, int j)     // 返回 path 路径数组中从顶点vᵢ到vⱼ的一条路径字符串
{
    SinglyList<T> link = new SinglyList<T>();        // 单链表，记录最短路径的各顶点
    link.insert(this.get(j));                        // 单链表，插入最短路径终点vⱼ
    for(int k=path[j]; k!=i && k!=j && k!=-1; k=path[k])
```

```
        link.insert(0, this.get(k));                    // 单链表头插入经过的顶点，反序
        link.insert(0, this.get(i));                    // 最短路径的起点 v_i
        return link.toString();
    }
```

Dijkstra 算法的时间复杂度为 $O(n^2)$。

3．调用 n 次 Dijkstra 算法求得每对顶点间的最短路径

对于一个非负权值的带权图（n 个顶点），若以每个顶点为源点，调用 Dijkstra 算法 n 次，则可求得每对顶点间的最短路径。调用语句如下：

```
for(int i=0; i<graph.count(); i++)                    // 每对顶点之间的最短路径
    graph.shortestPath(i);                            // 顶点 v_i 的单源最短路径，Dijkstra 算法
```

调用 Dijkstra 算法 n 次的时间复杂度为 $O(n^3)$。

7.5.2** 每对顶点间的最短路径

Floyd 于 1962 年提出一个求解每对顶点间最短路径的算法，通常称为 Floyd 算法。

1．最短路径及其长度矩阵

Floyd 算法使用两个矩阵存储图中每对顶点间的最短路径及其长度。

设 $G(V, E)$ 是一个有 n 个顶点的带权图，矩阵 $\boldsymbol{D}$ 存储图 G 中每对顶点间的最短路径长度，$D_n = [d_{ij}]$（$0 \leqslant i, j < n$）定义如下：

$$d_{ij} = \begin{cases} 1, & i = j \\ (v_i, \cdots, v_j) \text{最短路径长度}, & i \neq j \text{且顶点} v_i \text{到} v_j \text{有路径} \\ 0, & i \neq j \text{且顶点} v_i \text{到} v_j \text{无路径} \end{cases}$$

矩阵 $\boldsymbol{P}$ 存储图 G 中每条路径经过的顶点序列，$P_n = [p_{i,j}]$（$0 \leqslant i, j < n$）定义如下：

$$p_{ij} = \begin{cases} \text{最短路径}(v_i, \cdots, v_k, v_j) \text{经过最后一个顶点} v_k \text{的序号} k, & i \neq j \text{且} (v_i, v_j) \in E \text{或} <v_i, v_j> \in E \\ -1 & \text{其他} \end{cases}$$

2．Floyd 算法描述

Floyd 算法思想是：将矩阵 $\boldsymbol{D}$ 和 $\boldsymbol{P}$ 经过多次迭代，逐步求解，每步用每对顶点间更短的路径替换，计算出每对顶点间的更短路径及其长度。其算法描述如下。

（1）矩阵初值

最短路径长度矩阵 $\boldsymbol{D}$ 的初值是图的邻接矩阵，最短路径矩阵 $\boldsymbol{P}$ 的初值，若存在 (v_i, v_j) 或 $<v_i, v_j>$ 边，则 $p_{ij} = i$，否则 $p_{ij} = -1$。带权有向图 G_5 及其最短路径长度矩阵 $\boldsymbol{D}$ 和最短路径矩阵 $\boldsymbol{P}$ 的初值如图 7-36 所示。

（2）迭代

设一条路径 $(v_i, \cdots, v_j)$ 长度为 d_{ij}，使每条路径 $(v_i, \cdots, v_j)$ 增加一个中间顶点 v_k（$v_k \in V$，$k \neq i$ 且 $k \neq j$），计算从顶点 v_i 经过 v_k 到达 v_j 的 $(v_i, \cdots, v_k, \cdots, v_j)$ 路径长度 $d_{ik} + d_{kj}$ 是否比 d_{ij} 更小，如果更小，则 $(v_i, \cdots, v_j)$ 路径及长度都被替换。

```
if(d_ik + d_kj < d_ij)              // 若 (v_i,···,v_k,···,v_j) 路径长度 < (v_i,···,v_j) 路径长度，则
{   d_ij = d_ik + d_kj;             // (v_i,···,v_j) 路径长度替换为经过顶点 v_k 的路径长度，更短
    p_ij = p_kj;                    // (v_i,···,v_j) 经过的最后一个顶点，替换为 (v_k,···,v_j) 经过的最后一个顶点
}
```

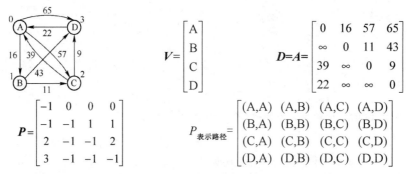

图 7-36 带权有向图 G_5 及其最短路径长度矩阵和最短路径矩阵初值

以图 G 中每个顶点作为其他路径的中间顶点，对每条路径进行上述迭代。最终，矩阵 D 存储每对顶点间的最短路径长度，矩阵 P 存储每条最短路径经过的顶点序列。

G_5 的迭代过程如下。

① 以 A 作为中间顶点，替换 3 条路径如下：

➤ (C, B)路径长度∞替换为(C, A, B)路径长度 55，$d_{2,1}=55$，$p_{2,1}=0$。

➤ (D, B)路径长度∞替换为(D, A, B)路径长度 38，$d_{3,1}=38$，$p_{3,1}=0$。

➤ (D, C)路径长度∞替换为(D, A, C)路径长度 79，$d_{3,2}=79$，$p_{3,2}=0$。

未替换(B, C)、(B, D)、(C, D)路径。

调整后的矩阵 D 和 P 如图 7-37 所示，带下画线的项表示替换值。

$$D=\begin{bmatrix} 0 & 16 & 57 & 65 \\ \infty & 0 & 11 & 43 \\ 39 & \underline{55} & 0 & 9 \\ 22 & \underline{38} & \underline{79} & 0 \end{bmatrix} \quad P=\begin{bmatrix} -1 & 0 & 0 & 0 \\ -1 & -1 & 1 & 1 \\ 2 & \underline{0} & -1 & 2 \\ 3 & \underline{0} & \underline{0} & -1 \end{bmatrix} \begin{bmatrix} (A,A) & (A,B) & (A,C) & (A,D) \\ (B,A) & (B,B) & (B,C) & (B,D) \\ (C,A) & \underline{(C,A,B)} & (C,C) & (C,D) \\ (D,A) & \underline{(D,A,B)} & \underline{(D,A,C)} & (D,D) \end{bmatrix}$$

图 7-37 以 A 作为中间顶点调整后 G_5 的矩阵 D 和 P

② 以 B 作为中间顶点，替换 3 条路径如下：

➤ (A, C)路径长度 57 替换为(A, B, C)路径长度 27，$d_{0,2}=27$，$p_{0,2}=1$。

➤ (A, D)路径长度 65 替换为(A, B, D)路径长度 59，$d_{0,3}=59$，$p_{0,3}=1$。

➤ (D, A, C)路径长度 79 替换为(D, A, B, C)路径长度 49，$d_{3,2}=49$，$p_{3,2}=1$。

未替换(C, A)、(C, D)、(D, A)路径。

调整后的 G_5 及其矩阵 D 和 P 如图 7-38 所示。

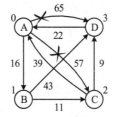

$$D=\begin{bmatrix} 0 & 16 & \underline{27} & \underline{59} \\ \infty & 0 & 11 & 43 \\ 39 & 55 & 0 & 9 \\ 22 & 38 & \underline{49} & 0 \end{bmatrix} \quad P=\begin{bmatrix} -1 & 0 & \underline{1} & \underline{1} \\ -1 & -1 & 1 & 1 \\ 2 & 0 & -1 & 2 \\ 3 & 0 & \underline{1} & -1 \end{bmatrix} \begin{bmatrix} (A,A) & (A,B) & \underline{(A,B,C)} & \underline{(A,B,D)} \\ (B,A) & (B,B) & (B,C) & (B,D) \\ (C,A) & (C,A,B) & (C,C) & (C,D) \\ (D,A) & (D,A,B) & \underline{(D,A,B,C)} & (D,D) \end{bmatrix}$$

图 7-38 以 B 作为中间顶点调整后的 G_5 及其矩阵 D 和 P

③ 以 C 作为中间顶点，替换 3 条路径如下：

➤ (A, B, D)路径长度 59 替换为(A, B, C, D)路径长度 36，$d_{0,3}=36$，$p_{0,3}=2$。

➤ (B, A)路径长度∞替换为(B, C, A)路径长度 50，$d_{1,0}=50$，$p_{1,0}=2$。

➤ (B, D)路径长度 43 替换为(B, C, D)路径长度 20，$d_{1,3}=20$，$p_{1,3}=2$。

未替换(A, B)、(D, A)、(D, A, B)路径。

调整后的 G_5 及其矩阵 D 和 P 如图 7-39 所示。

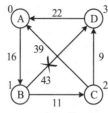

$$D=\begin{bmatrix} 0 & 16 & 27 & \underline{36} \\ \underline{50} & 0 & 11 & \underline{20} \\ 39 & 55 & 0 & 9 \\ 22 & 38 & 49 & 0 \end{bmatrix} \qquad P=\begin{bmatrix} -1 & 0 & 1 & \underline{2} \\ \underline{2} & -1 & 1 & \underline{2} \\ 2 & 0 & -1 & 2 \\ 3 & 0 & 1 & -1 \end{bmatrix}$$

(A,A)	(A,B)	(A,B,C)	(A,B,C,D)
(B,C,A)	(B,B)	(B,C)	(B,C,D)
(C,A)	(C,A,B)	(C,C)	(C,D)
(D,A)	(D,A,B)	(D,A,B,C)	(D,D)

图 7-39　以 C 作为中间顶点调整后的 G_5 及其矩阵 D 和 P

④ 以 D 作为中间顶点，替换路径及矩阵元素如下，未替换(A, B)、(A, B, C)、(B, C)路径。

➤ (B, C, A)路径长度 50 替换为(B, C, D, A)路径长度 42，$d_{1,0}=42$，$p_{1,0}=3$。

➤ (C, A)路径长度 39 替换为(C, D, A)路径长度 31，$d_{2,0}=31$，$p_{2,0}=3$。

➤ (C, A, B)路径长度 55 替换为(C, D, A, B)路径长度 47，$d_{2,1}=47$，$p_{2,1}=p_{3,1}=0$。

调整后的 G_5 及其矩阵 D 和 P 如图 7-40 所示。

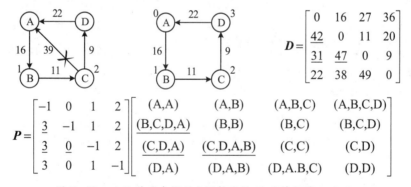

图 7-40　以 D 作为中间顶点调整后的 G_5 及其矩阵 D 和 P

（3）获得每条最短路径

从矩阵 P 可获得每条最短路径经过的顶点序列。例如，从顶点 D 到 C 的最短路径(D, …, C)的求解过程如下：

➤ 因 $p_{3,2}=1$，可知最短路径为(D, …, B, C)。

➤ 因 $p_{3,1}=0$，可知最短路径为(D, …, A, B, C)。

➤ 因 $p_{3,0}=3$，可知最短路径为(D, A, B, C)，路径长度为 $d_{3,2}=49$。

因此，G_5 每对顶点间的最短路径及长度如下：

(A,B) 16	(A,B,C) 27	(A,B,C,D) 36

(B,C,D,A) 42	(B,C) 11	(B,C,D) 20
(C,D,A) 31	(C,D,A,B) 47	(C,D) 9
(D,A) 22	(D,A,B) 38	(D,A,B,C) 49

3．Floyd 算法实现

AbstractGraph<T>类声明以下 shortestPath( )成员方法，实现 Floyd 算法，邻接矩阵和邻接表存储的图均可调用。

```
public void shortestPath()                              // 求带权图每对顶点间的最短路径及长度，Floyd 算法
{
    int n=this.vertexCount();                           // n 为图的顶点数
    int[][] path=new int[n][n], dist=new int[n][n];                  // 最短路径及长度矩阵，初值为 0
    for(int i=0; i<n; i++)                              // 初始化 dist、path 矩阵
    {
        for(int j=0; j<n; j++)
        {
            dist[i][j] = this.weight(i,j);                       // dist 初值是图的邻接矩阵
            path[i][j] = (i!=j && dist[i][j]<MAX_WEIGHT) ? i : -1; // 终点的前一个顶点序号
        }
    }
    for(int k=0; k<n; k++)                              // 以 $v_k$ 作为其他路径的中间顶点
        for(int i=0; i<n; i++)                          // 测试每对从 $v_i$ 到 $v_j$ 路径长度是否更短
            if(i!=k)
                for(int j=0; j<n; j++)
                    if(j!=k && j!=i && dist[i][j]>dist[i][k]+dist[k][j])         // 若更短，则替换
                    {
                        dist[i][j] = dist[i][k]+dist[k][j];
                        path[i][j] = path[k][j];
                    }
    System.out.println("\n 每对顶点间的最短路径如下: ");
    for(int i=0; i<n; i++)
    {
        for(int j=0; j<n; j++)
            if(i!=j)
                // toPath(path[i], i, j)返回 path 路径矩阵中从 $v_i$ 到 $v_j$ 的路径字符串，见 Dijkstra 算法
                System.out.print(toPath(path[i],i,j)+"长度"+(dist[i][j]==MAX_WEIGHT?"∞":dist[i][j])+", ");
        System.out.println();
    }
}
```

Floyd 算法的时间复杂度为 $O(n^3)$ 。

习 题 7

1．图的概念及存储结构

7-1　图结构与线性结构和树结构的关系是怎样的？怎样表示图结构？

7-2　为什么图要用边集合表示数据元素之间的关系？线性表和树结构怎样表示边集合？

7-3　n 个顶点的完全无向图有多少条边？n 个顶点的完全有向图有多少条边？

7-4 什么是顶点的度？有向图和无向图中顶点的度定义有什么区别？一个图，顶点的度之和与图的边数有什么关系？

7-5 树是怎样的图？树中结点的度与图中顶点的度定义有何区别？什么是图的生成树？

7-6 n 个顶点具有最少边数的无向连通图和有向强连通图是怎样的？

7-7 图的存储结构有什么特点？仅用顺序表或单链表能否存储一个图？为什么？图的存储结构主要有哪些？

2．图的遍历

7-8 图的遍历算法主要有哪些？每种算法各有何特点？

7-9 无/有向图的一次深度优先搜索遍历序列构成的子图是否为一个（强）连通分量？

7-10 什么样的图，其从同一个顶点出发的深度优先生成树和广度优先生成树是相同的？举例说明。

3．最小生成树

7-11 什么是图的最小生成树？为什么要构造图的最小生成树？什么样的图能够构造最小生成树？

7-12 一个带权图的最小生成树是否唯一？举例说明。

7-13 最小生成树的构造算法有哪几种？各有何特点？

4．最短路径

7-14 什么是最短路径？什么是单源最短路径？有哪些求最短路径的算法？各有何特点？

7-15 分别对图 7-41 所示的带权有向图 G_6、带权无向图 G_7 和 G_8，进行以下操作：

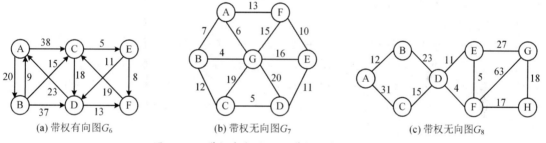

图 7-41 带权有向图 G_6 和带权无向图 G_7、G_8

① 画出图的邻接矩阵存储和图的邻接表存储，写出删除顶点 D 的邻接矩阵和邻接表。

② 写出从图的每个顶点出发的深/广度优先搜索遍历序列，画出栈或队列的动态变化图，画出深/广度优先生成树。

③ 以 Kruskal 算法和 Prim 算法构造带权无向图 G_7、G_8 的最小生成树，说明两种算法的区别。

④ 采用 Dijkstra 算法，求图中每个顶点的单源最短路径及长度。

⑤ 采用 Floyd 算法，求图中每对顶点间的最短路径及长度。

实验7　图的存储结构和操作算法

1．实验目的和要求

目的：图的存储结构，图的遍历，图的最小生成树、最短路径等算法。

重点：① 实现图的邻接矩阵和邻接表存储结构，掌握对图的顶点和边分别进行插入、删除等操作的实现方法；② 掌握图的深度优先和广度优先遍历算法；③ 掌握构造最小生成树的 Prim 算法，掌握求最短路径的 Dijkstra 算法。

难点：图的深度和广度优先遍历，最小生成树，最短路径。

2．实验题目

7-1　AdjListGraph<T>类声明以下成员方法。

```
public Triple minWeightEgde()            // 返回带权图中权值最小的边，使用比较器
```

3．课程设计题目

（1）图的设计

7-1*　AbstractGraph<T>类实现以下对图的操作，采用邻接表存储结构，public 权限。

```
boolean equals(Object obj)               // 比较 this 与 obj 引用的图是否相等，忽略顶点次序
boolean isSubgraph(Graph<T> graph)       // 判断 graph 是否是 this 的子图，忽略顶点次序
boolean isSpanSubgraph(Graph<T> graph)   // 判断 graph 是否是 this 的生成子图，忽略顶点次序
// 采用图的遍历算法：深度优先遍历（递归算法），深度优先遍历（*使用栈），广度优先遍历
boolean isTree()                         // 判断 this（无向图）是否是一棵树
// 输出从 $v_i$ 出发的所有深度优先搜索的遍历路径（见图 7-26），回溯法（见 10.3.4 节）
**** void printPathAll(int i)
```

7-2****　以邻接多重表存储带权无向图，实现插入、删除、遍历操作，实现课程设计题目 7-1 方法以及 Prim 算法、Kruskal 算法*（实现见 10.3.3 节）、Dijkstra 算法和 Floyd 算法。

7-3****　以邻接多重表存储带权有向图，实现插入、删除、遍历操作，实现课程设计题目 7-1 方法以及 Dijkstra 算法和 Floyd 算法。

（2）图的应用

以下各题画出至少 8 个顶点的图，存储图的顶点集合和边集合。

7-4****　飞机航班路线图，题意见 7.1.1 节的典型案例 7-1，操作要求说明如下。

① 确定图的逻辑结构，确定顶点和边的权值含义。绘制由若干城市组成的全国飞机航班路线图，至少包括 5 条以上主干线路，10 个以上省会城市，覆盖东西南北各方向，多条线路在多个城市相交；存储航班飞行时刻表和价格。

② 确定图的存储结构，提供顶点和边的增加、删除、修改、查找等基本功能。

③ 查询功能。指定出发城市和到达城市，查询其间各次航班飞行时刻表，以及价格信息；实现模糊查询，只需输入城市名的部分信息。

④ 设计最佳中转方案。如果没有直飞航班，则给出经停、中转等多种方案，列出每种方案的总时间和价格；分别以时间最短、价格最少、距离最短等作为依据，确定各自的最佳方案。如果没有中转城市，则寻找邻近城市作为中转地，设计距离最近的邻近中转方案。

⑤ 算法分析。说明采取了哪些措施和算法，它们是怎样实现功能和提高操作效率的，给出效率提高了多少的分析数据。

7-5****　全国铁路列车运行路线图。

绘制全国铁路列车运行路线图，存储各次列车运行时刻表，操作要求见课程设计题目 7-4。

指定出发城市和到达城市，查询其间各次列车运行时刻表，以及价格信息；如果没有直达列车，则给出多种中转方案，列出每种方案的总时间和价格；分别以时间最短、价格最少、距离最短等作

为依据，确定各自的最佳方案。

7-6****　城市公共交通路线图。

绘制某市公共交通路线图，存储多条公交和地铁的站点序列，操作要求见课程设计题目 7-4。

指定起点和终点，查询其间运行的多条线路；如果没有直达线路，则给出多种中转方案，列出每种方案经过的站点总数和换乘次数；从中选择换乘次数最少、站点总数最少的最佳方案。设计邻近站点的中转方案。

7-7***　地铁计费。

绘制某市地铁运行路线图，存储多条地铁的站点序列，存储地铁车票价格的计算规则。提供查询功能，操作要求见课程设计题目 7-6。指定起点和终点，按经过站点数最少的方案计算车票价格。

7-8***　货币汇率图，题意和要求见 7.1 节的典型案例 7-2，增加以下功能。

① 实现货币兑换计算，指定原币种和兑换币种，从图 7-11 中查询汇率，根据原币种金额（卖出），计算兑换币种金额（买入）。

② 对于无法直接兑换的某些货币，给出由第三方中转的多种方案，标明最佳转换方案。

第8章 查 找

查找（search）是在数据结构中寻找满足给定条件的数据元素，也称为检索或搜索。查找是数据结构的一种基本操作，查找算法依赖于数据结构，不同的数据结构需要采用不同的查找算法。

生活中查找的典型案例有很多。例如，查字典，在手机中查找电话号码，甚至互联网的搜索是在更大范围的查找操作。这些查找操作，范围不同，对查找效率要求也不同，必须采用不同的查找策略。

许多软件应用系统的数据量巨大，如数据库，要修改其中某元素的属性，则首先要查找到它。因此，软件系统必须具备高效率的查找能力，还要支持插入、删除操作。查找效率决定计算机应用系统的效率，是其成败的关键因素。数据处理的核心问题是如何有效地组织和存储数据量巨大的数据元素集合，如何根据数据结构的特点快速、高效地获得查找结果。

本章目的： ① 根据应用需求，设计支持快速查找的数据结构和查找算法，解决实际应用；② 以"Java 集合框架"为参照，实现多种不同特性的集合（见例1.1）和映射。

本章要求： ① 理解查找概念，掌握提高查找效率的方法，掌握查找算法的效率分析；② 掌握二分法查找算法；③ 熟悉索引机制和分块查找算法；④ 掌握散列表存储集合；⑤ 掌握二叉排序树存储排序集合，了解平衡二叉树；⑥ 熟悉映射。

本章重点： 二分法查找，索引，散列表，二叉排序树，映射。

本章难点： 散列表，二叉排序树，映射。

实验要求： 二分法查找，索引，散列表，二叉排序树，映射。

8.1 查找基础

8.1.1 查找概述

1. 查找条件、查找操作和查找结果

查找范围是已知的一个数据结构，查找条件由包含指定关键字的数据元素给出。设 key 是包含关键字的数据元素，其中包含一个或多个能够识别数据元素的数据项作为查找依据，提供查找条件。例如，7.2 节图的邻接表存储结构，在删除边的成员方法中，以下语句中以三元组 Triple(i, j,0)元素作为查找条件，先查找再删除。Triple(i, j,0)元素表示$\langle v_i, v_j \rangle$边，与边的权值无关。

```
this.linkmat.set(new Triple(i,j,0));        // 设置边的权值为 0，即在第 i 条边单链表中删除边结点
```

用查找算法来描述查找操作的策略和过程。根据不同数据结构的特性，每次选择与哪个数据元素进行比较，有多种查找策略，顺序查找是其中最简单的一种。

查找结果有两种：查找成功或查找不成功。根据不同的应用需求，查找结果有以下多种：

① contains(key)方法返回 boolean，判断是否包含与 key 相等的元素，查找结果为是/否。

② search(key)方法返回 T，查找结果为首个与 key 相等的元素。

③ search(key)方法返回元素所在的位置，返回值类型与存储结构有关。

④ searchAll(key)方法返回元素子集合，查找并返回所有与 key 相等的元素。

"查找不成功"是查找操作执行完成的一种结果，与"没有找"含义不同。以上各种查找结果都包含了查找不成功的情况。

2．顺序查找算法

1.2.1 节给出了顺序查找描述，顺序查找是基于遍历的查找算法，在遍历一个数据结构的过程中，将每个元素与 key 元素比较是否相等，如果相等，则查找成功返回；否则，继续比较，直到遍历了数据结构，确定查找不成功，给出查找结果信息。

第 2 章和第 6 章中声明顺序表、单链表等类的查找方法如下，都是顺序查找算法，由类 T 的 equals(obj)方法比较 obj 元素是否与 key 相等。查找"首个"元素，由遍历次序决定，线性表默认从 0 开始向后的线性次序；二叉树和树默认先根次序遍历。

```
int search(T key)                 // 顺序表，查找首个与 key 相等的元素，返回 int 表示元素序号
Node<T> search(T key)             // 单链表，查找首个与 key 相等的元素，返回查找到的结点
DoubleNode<T> search(T key)       // 循环双链表，查找首个与 key 相等的元素，返回查找到的结点
BinaryNode<T> search(T key)       // 二叉树，查找首个与 key 相等的元素，先根次序遍历，返回结点
TreeNode<T> search(T key)         // 树，查找首个与 key 相等的元素，先根次序遍历，返回结点
```

顺序查找算法的优点是适用于所有数据结构，在遍历线性表、树、二叉树、图时进行查找操作；缺点是当数据量较大时，查找效率低。

3．查找是包含、删除、替换等操作的基础

（1）查找元素

在线性表、二叉树、树或图等数据结构中，删除或替换元素 key，都要先查找 key，利用查找结果确定操作位置。例如，集合利用查找得到是否包含元素的方法见 1.1.3 节例 1.1；顺序表类的查找、删除元素方法见 2.2.2 节。循环双链表类声明以下删除成员方法，调用查找方法。

```
public T remove(T key)                  // 查找并删除首个与 key 相等的元素，返回被删除元素，如图 8-1 所示
{
    DoubleNode<T> find = search(key);   // 顺序查找，返回首个与 key 元素相等的结点
    if(find!=null)
    {
        find.prev.next = find.next;     // 删除 find 自己
        find.next.prev = find.prev;
        return find.data;
    }
    return null;
}
```

（2）查找子结构

删除或替换某个子结构时，也要利用查找结果确定操作位置。例如：

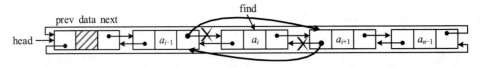

图 8-1 循环双链表删除查找到的结点

```
// String 类声明以下成员方法
public int indexOf(String pattern)                  // 查找返回首个与 pattern 串匹配的子串序号，串的模式匹配算法
public String replaceAll(String pattern, String s)  // 查找并将所有与 pattern 匹配子串替换为 s
// 单链表类声明以下成员方法
public Node<T> search(SinglyList<T> pattern)        // 查找返回首个与 pattern 匹配子表的首结点，模式匹配算法
public void removeAll(SinglyList<T> pattern)        // 查找并删除所有与 pattern 匹配的子表，如图 8-2 所示
```

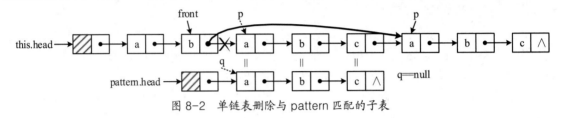

图 8-2 单链表删除与 pattern 匹配的子表

4．查找算法效率

衡量查找算法效率的评价依据是平均查找长度（Average Search Length，ASL），指查找过程中的平均比较次数，定义为

$$ASL = \sum_{i=1}^{n}(p_i c_i)$$

p_i 是元素的查找概率，c_i 是查找相应元素需要进行的比较次数。当各元素的查找概率相等时，有 $p_i = 1/n$。查找成功和查找不成功的平均查找长度通常不同，分别用 $\text{ASL}_{成功}$ 和 $\text{ASL}_{不成功}$ 表示。

顺序查找算法的效率分析：线性表长度为 n，顺序查找的比较次数取决于元素在线性表中的位置，查找成功时，第 i（$0 \leq i < n$）个元素的比较次数为 $i+1$，若各元素的查找概率相等，则

$$\text{ASL}_{成功} = \sum_{i=1}^{n}(p_i c_i) = \frac{1}{n}\sum_{i=1}^{n}i = \frac{1}{n} \times \frac{n(n+1)}{2} = \frac{n+1}{2}$$

查找不成功时，比较了 n 次，即 $c_i = n$，则

$$\text{ASL}_{不成功} = \sum_{i=1}^{n}(p_i c_i) = \sum_{i=1}^{n}(\frac{1}{n} \times n) = n$$

5．排序线性表提高查找不成功效率

第 2 章排序线性表声明 search( )查找方法，覆盖父类方法，由 compareTo()方法比较对象大小和相等，实现顺序查找算法。

设排序线性表元素按升序排列，采用顺序查找从前向后遍历，查找成功的比较过程及算法效率同线性表的顺序查找算法，即 $\text{ASL}_{成功} = (n+1)/2$；一旦遇到一个元素大于 key，就能确定查找不成功，比较次数也为 $i+1$，则 $\text{ASL}_{不成功} = (n+1)/2$。因此，排序线性表的顺序查找算法将查找不成功的算法效率提高了 1 倍。

6．提高查找效率的措施

顺序查找算法通常用于数据量较少时。如果数据量很大，需要采取一些特殊措施来提高查

找效率，基本原则是缩小查找范围。常用措施有数据元素排序、建立索引、散列存储、创建二叉排序树。

将数据元素排序是以事先准备时间换取查找时间的有效手段，如二分法查找（见 8.1.2 节）。

建立索引是以空间换取时间的有效手段。例如，每本书正文前的目录是一种索引表，目录不仅提供了书的大纲结构，也为各章节提供了较小的查找范围，实现了快速查找。

一个实际应用问题应采用哪些措施？将数据元素排序要花费多少时间，建立索引要花费多少时间和空间，查找效率提高多少，这些代价是否值得，都是需要研究的。

除了排序和建立索引的措施，还可以将数据元素组织成特定的数据结构，如散列表、二叉排序树、平衡二叉树等，依靠结构的力量，获得较高的查找效率和较好的动态特性，同时所付出的代价是可承受的。

【典型案例 8-1】 4 种数据结构存储不同特性的集合。

例 1.1 介绍了集合概念、运算及抽象数据类型。多种数据结构可存储不同特性的集合，说明如下。

① 线性表（如顺序表和单链表）存储的集合，数据元素之间具有前驱、后继次序的线性关系，可存储并采用序号识别关键字相同的多个元素。例如，第 7 章图的顶点集合可采用顺序表存储，可存储关键字相同的多个顶点元素。

② 排序集合，数据元素之间的逻辑关系是按照其关键字大小排列的次序关系，或递增，或递减。排序线性表（见 2.4 节）存储排序集合，可存储关键字相同元素。例如，第 7 章图的邻接表存储结构，采用一条排序单链表存储一个顶点的边集合。

③ 散列表存储数学意义的集合（见例 1.1），元素之间没有关系，各元素的关键字互不相同，实现见 8.3 节。

④ 二叉排序树和平衡二叉树存储排序集合，采用二叉树存储元素及元素间的排序关系，各元素的关键字互不相同，实现见 8.4 节。

使用散列表或二叉排序树存储的集合，查找、插入、删除操作效率均高于线性表。

8.1.2 二分法查找

二分法查找（binary search）是一种采用分治策略的算法，它将问题分解为规模更小的子问题，分而治之，逐一解决。采用二分法查找的前提条件是：采用顺序存储结构，数据元素排序。

1. 二分法查找算法设计

设排序元素序列（升序）存储在 values 数组，begin、end 指定查找范围，key 是包含关键字的数据元素，指定查找条件。二分法查找算法（升序）描述如下，查找过程如图 8-3 所示。

① 每次从子序列的中间位置 mid 开始比较，mid=(begin+end)/2，如果 key 与 values[mid] 元素相等，则查找成功；否则，根据 key 的大小缩小查找范围，若 key 值较小，则继续在子序列的前半段 begin~mid-1 查找；反之，继续在后半段 mid+1~end 查找。

② 重复①，直到查找成功；当 begin、end 表示范围无效时，表示查找不成功。

二分法查找算法充分利用顺序存储和元素排序这两个特点，在每次比较大小之后，将查找范围缩小一半，从而提高了查找效率。

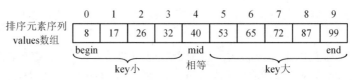

	0	1	2	3	4	5	6	7	8	9
排序元素序列 values数组	8	17	26	32	40	53	65	72	87	99

(a) mid=(begin+end)/2，key与values[mid]比较，若相等，则查找成功；若
key<values[mid]，则继续查找范围是begin~mid-1；否则范围是mid+1~end

8	17	26	32	40	53	65	72	87	99

(b) key=99，二分法查找，比较元素是40,72,87,99，查找成功，比较4次

8	17	26	32	40	53	65	72	87	99

(c) key=39，二分法查找，比较元素是40,17,26,32，查找不成功，比较4次

图 8-3　排序元素序列（升序）的二分法查找

声明 SortedArray 排序数组类如下，提供多种参数列表的二分法查找方法。

```
public class SortedArray                              // 排序数组类，提供二分法查找方法
{
    // 已知 values 数组元素按升序排序，二分法查找与 key 相等元素，若查找成功，则返回下标，否则返回-1
    // 若 values==null 或 key==null，则抛出空对象异常
    public static <T extends Comparable<? super T>> int binarySearch(T[] values, T key)
    {
        return binarySearch(values, 0, values.length-1, key);
    }
    // 二分法查找范围是 begin~end，0≤begin≤end<values.length，若 begin、end 越界，则返回-1
    public static<T extends Comparable<? super T>> int binarySearch(T[] values, int begin, int end, T key)
    {
        if(values.length>0 && begin>=0 && end<values.length)
            return -1;
        while(begin<=end)                              // 边界有效
        {
            int mid = (begin+end)/2;                   // 取中间位置，当前比较元素位置
            if(key.compareTo(values[mid])==0)          // 两对象相等
                return mid;                            // 查找成功
            if(key.compareTo(values[mid])<0)           // key 对象较小
                end = mid-1;                           // 查找范围缩小到前半段
            else
                begin = mid+1;                         // 查找范围缩小到后半段
        }
        return -1;                                     // 查找不成功
    }
    // 二分法查找，由比较器对象 comparaTo 指定 T 对象比较大小的规则，方法体省略
    public static<T> int binarySearch(T[] values, T key, java.util.Comparator<? super T> comparator)
}
```

SortedSeqList<T>排序顺序表类声明以下二分法查找成员方法，方法体省略。

```
public int binarySearch(T key)                         // 二分法查找与 key 相等元素
public int binarySearch(T key, int begin, int end)     // 二分法查找，范围是 begin~end
```

2．二分法查找算法分析

将排序元素序列{8, 17, 26, 32, 40, 53, 65, 72, 87, 99}的二分法查找过程用一棵二叉树表示，如图 8-4（b）所示，从根结点开始，将 key 与一棵子树的根结点元素比较，若 key 值小，则进入根的左子树，否则进入根的右子树。

实际上，n 个元素的排序序列，其二分法查找过程相同，因此忽略元素值，二叉树结点值表示元素序号，称为二叉判定树（binary decision tree），如图 8-4（c）所示。

排序元素序列{8,17,26,32,40,53,65,72,87,99}

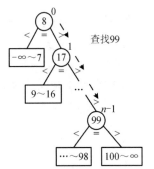
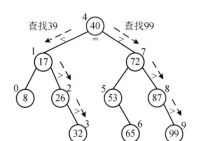
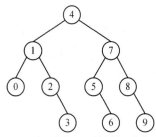

(a) 顺序查找排序线性表，右单枝二叉树 (b) 二分法查找过程，结点值表示元素 (c) 10个元素的二叉判定树，结点
$h=n$，ASL成功=ASL不成功=(n+1)/2，$O(n)$ 值表示序号

图 8-4　二分法查找过程及二叉判定树，$n=10$，$h=4$

二分法查找的二叉判定树高度 $h = \lfloor \log_2 n \rfloor + 1$，与 n 个结点完全二叉树的高度相同。当查找成功时，经过从根到某结点的一条路径，比较次数为该结点的层次 level（$1 \leqslant \text{level} \leqslant h$），则

$$\text{ASL}_{成功} = \frac{1}{10}(1 \times 1 + 2 \times 2 + 3 \times 4 + 4 \times 3) = 2.9$$

当查找不成功时，到达叶子结点，$\text{ASL}_{不成功} = h-1 \sim h$，时间复杂度是 $O(\log n)$。

二分法查找算法适用于元素排序的顺序存储结构，查找效率相对于顺序查找提高了。当数据量较大时，元素排序也要花费一定代价，因此效率仍然较低。

【思考题 8-1】　采用递归算法实现二分法查找算法。

8.2　索引

索引（index）是将一个关键字与一组数据元素及其存储位置建立的关联关系。索引技术采用分治策略，以空间换时间，通过分块和建立索引表的措施，为数据量巨大的数据元素集合（如字典）提供分类组织元素和高效查找元素的重要机制。

8.2.1　分块与索引

1．分块与创建索引项

当数据量很大时，将数据元素集合划分成互不相交的若干块，每块包含具有相同特性的一组数据元素。希望只在一块中进行查找数据元素的操作，这样能缩小查找范围，提高查找效率。

为了确定元素在哪一块中，必须约定分块原则，记住每块元素的特性。每块元素特性用一个关键字识别，各块的关键字互不相同。采用索引项（index item）保存一块元素的索引信息，包含识别一块元素的索引关键字及其存储地址，结构如下：

一个索引项建立一个索引关键字与一块数据元素及其存储位置的关联关系。存储索引项的数据结构称为<u>索引表</u>（index table）；相对地，存储数据元素的数据结构称为<u>主表</u>。

索引分为两类：静态索引和动态索引。

① <u>静态索引</u>：主表不支持插入、删除元素操作，索引表一旦创建就固定了，不会被改变。

② <u>动态索引</u>：支持插入、删除操作，索引表随之变化。

【**典型案例8-2**】 字典集合，静态索引，二级索引。

<u>字典</u>（dictionary）是一种数据量巨大的数据元素集合，仅提供查找操作；不能改变数据元素，不提供插入和删除操作。查找效率高是对字典存储结构的唯一要求。因此，字典可采用顺序存储结构，采取数据元素排序和索引技术等措施来提高查找效率，索引表也可采用顺序存储结构。例如，"现代汉语词典"的字典集合及索引结构如图8-5所示，主表元素是汉字及含义，按汉字拼音排序；包括二级索引结构：检字表和部首检字表，二者都按笔画排序。

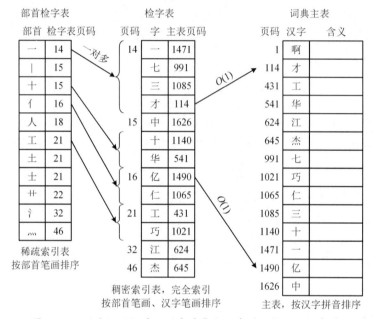

图8-5 "现代汉语词典"的字典集合及索引结构，二级索引

2．分块原则

根据数据元素的特点，分块原则必须满足以下条件。

① 每块包含的若干元素具有共同的特性，这些特性用不同的关键字信息能够识别；一个关键字必须能够唯一识别一块元素；各索引项的关键字必须不同。例如，词典的"部首检字表"使用"部首"作为识别一块汉字的关键字。

② 一个元素只能在唯一的一块中。

怎样分块？既可以是逻辑含义上分块，也可以是存储结构分块。例如，词典的主表、检字表和部首检字表都采用顺序存储结构，分块只是逻辑含义，各块仍然连续存储在一个顺序存储结构中。

3．索引特性决定查找效率

索引表中的一个关键字，如果仅对应字典主表中的一个数据元素，则称为<u>稠密索引</u>（dense

index），也称为完全索引；如果对应字典主表某块中的多个元素，则称为稀疏索引（sparse index）。

例如，词典的检字表是稠密索引表，保存了每个汉字及其页码。如果稠密索引表的数据量仍然较大，可再做一级索引，构成多级索引结构。词典的部首检字表是稀疏索引表，一个部首关键字对应检字表中一块的多个元素。

稠密索引表保存所有元素的索引信息，索引项中是主关键字，能够唯一识别一个元素，相当于每块只有一个元素，因此查找效率为 $O(1)$。稠密索引表对主表没有统一排序要求。例如，词典的主表按拼音排序，检字表按笔画排序。

稀疏索引表的数据量通常小于主表，占用空间较少，但在主表中需要查找，查找效率大于 $O(1)$，与每块大小和查找算法有关。

索引表越稀疏，则索引项越少，占用空间少；但是，分块数较少导致每块中元素个数较多，降低了查找效率。显然，分块原则应该在索引表占用的存储空间和每块元素的查找效率之间取得有效的平衡。

4．分块查找算法

分块查找（blocking search）是基于索引表的查找策略，包括以下两步。

① 在索引表中查找。根据指定数据元素获得关键字，在索引表中查找到该关键字的索引项，确定查找范围，即确定数据元素所在块的地址。

② 在主表的一块数据元素中查找。根据索引项提供的一块位置，在该块中查找指定元素，获得查找结果。

至于在索引表或主表中采用什么查找算法进行查找，取决于索引表或主表的数据结构、是否排序等特性。任何数据结构都可采用顺序查找算法，效率较低。索引技术本身并没有要求主表或索引表排序。如果顺序存储且排序，则可采用二分法查找算法。其他如散列表、二叉排序树、平衡二叉树等，是查找效率高、动态特性好的数据结构。

例如，对于在图 8-5 具有二级索引的词典中，查找一个汉字的操作需要分别在二级索引表中查找，采用二次分块查找操作，说明如下。

❖ 在部首检字表中，采用二分法查找一个汉字的部首，获得该部首在检字表中的页码。

❖ 在检字表中，采用二分法查找指定汉字，获得该汉字在主表中的页码。

❖ 在主表的指定页中，获得汉字的含义。

8.2.2　静态索引

以下以字典集合为例讲述静态索引。静态索引分为两类：稀疏索引和位图索引。

1．稀疏索引

前述已定义，稀疏索引是指，索引项中的一个关键字对应字典主表中的多个元素。

以下将 Java 关键字集合作为一个字典，说明字典数据的存储和查找操作，采取数据元素排序和索引技术措施提高查找效率，其中采用稀疏索引和位图索引两种索引技术实现。

【例 8.1】 Java 关键字集合的存储与查找，字典集合的稀疏索引技术。

本例目的： ① 字典集合数据的存储和查找操作；② 数据元素排序，二分法查找；③ 稀疏索引。

Java 关键字是由 Java 语言定义的、具有特定含义的单词，不能被赋予其他含义。每种程序设计语言都定义了若干关键字，编译器在对应用程序进行语法检查时，必须识别出所有关键字。Java 关键字集合是以"Java 关键字"作为数据元素的字典集合，只有查找操作，没有插入和删除操作，并要求查找操作具有最高效率。识别 Java 关键字的算法就是在字典集合中查找。

（1）分块与创建索引表

采用一维数组存储"Java 关键字"，作为数据元素的排序字典集合（升序），创建索引表，如图 8-6 所示。分块原则是，由首字符相同的一组字符串组成逻辑上的一块，所以是稀疏索引。各块的长度不等。由于字典主表和稀疏索引表都是顺序存储且排序的，因此均可采用二分法查找算法。

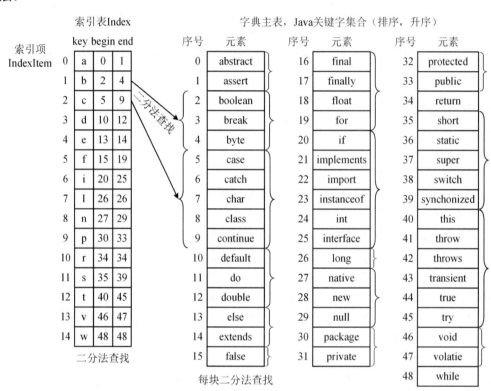

图 8-6　Java 关键字字典集合及索引表，按首字符分块，稀疏索引

（2）索引项类

字典的索引项结构如下。

索引项(key 索引关键字, begin 块首序号, end 块尾序号)

其中，key 表示识别索引项数据元素的关键字数据项；begin、end 分别表示主表中一块的首、尾序号。声明 IndexItem 索引项类如下，按索引关键字比较索引项的大小。

```
// 索引项类，实现可比较接口，按索引关键字比较索引项大小
public class IndexItem  implements Comparable<IndexItem>
{
    private final char key;                    // 索引关键字，最终变量
    int begin, end;                            // 每块在主表中的起点、终点序号，默认权限

    public IndexItem(char key, int begin, int end)    // 构造索引项
    {
```

```
            this.key = key;
            this.begin = begin;
            this.end = end;
        }
        public String toString()                    // 返回索引项的描述字符串
        {
            return "("+this.key+","+begin+","+end+")";
        }
        public int compareTo(IndexItem item)        // 比较索引项的大小，实现 Comparable 接口
        {
            return this.key - item.key;             // 仅比较索引关键字的大小
        }
    }
```

（3）稀疏索引的字典类

声明采用稀疏索引的字典类 Dictionary 如下，元素为字符串；采用排序数组存储排序的字典主表；采用排序顺序表存储稀疏索引表，创建稀疏索引表，约定按首字符分块。

```
public class Dictionary                              // 字典类，采用稀疏索引
{
    private String[] element;                        // 排序数组存储字典主表，元素为字符串
    private SortedSeqList<IndexItem> indexTable;     // 排序顺序表存储索引表
    // 构造方法，element 指定数据元素集合作为字典主表，默认排序（升序）
    public Dictionary(String[] element)
    {
        this.element = element;                      // 数组引用赋值，没有申请空间
        createIndex();                               // 创建索引表
    }
    public char toKey(String str)                    // 返回 str 对应的索引关键字，提供分块原则
    {
        return str.charAt(0);                        // 以 str 的首字符作为索引关键字，按首字符分块
    }
    private void createIndex()          // 创建稀疏索引表，由 toKey(str)方法提供分块原则，创建索引项
    {
        this.indexTable = new SortedSeqList<IndexItem>();    // 创建空排序顺序表，默认容量
        int i=0, begin=0;                            // begin 是每块的起点下标
        while(i<this.element.length)
        {
            char key = toKey(this.element[i]);       // 一块的索引关键字
            i++;
            while(i<this.element.length && key==toKey(this.element[i]))       // 寻找一块的终点
                i++;
            // 添加一块的索引项，排序顺序表尾插入，O(1)，自动扩充容量
            this.indexTable.insert(new IndexItem(key, begin, i-1));
            begin=i;                                 // 下一块的起点下标
        }
        System.out.println("稀疏索引表: "+this.indexTable.toString());
    }
    // 判断字典是否包含 str 元素。分块、索引表和主表的一块都采用二分法查找
```

```java
public boolean contains(String str)
{
    IndexItem item = new IndexItem(toKey(str),0,0);            // str 对应的索引项
    int i=this.indexTable.binarySearch(item);                  // 索引表二分法查找，获得索引项序号
    if(i==-1)
        return false;
    item = this.indexTable.get(i);
    int begin = item.begin, end=item.end;                      // 获得主表一块（查找范围）的起点和终点
    return SortedArray.binarySearch(this.element, begin, end, str)>=0;  // 主表的一块采用二分法查找
}
}
```

其中：① 由于对字典主表的操作是查找和排序，均没有改变长度，因此采用数组存储；② 由于索引表是动态逐步生成的，需要自动扩充容量功能，因此采用排序顺序表存储。

（4）Java 关键字集合的存储与查找

创建上述字典类的一个实例存储"Java 关键字"集合，判断一个字符串 word 是否是 Java 关键字，算法就是在字典中查找 word，调用语句如下。

```java
// Java 关键字集合（见图 8-6），排序（升序），字典主表。数组元素不含空对象
String[] set={"abstract","assert","boolean","break","byte","case","catch","char","class","continue",…};
Dictionary dic = new Dictionary(set);                    // 稀疏索引的字典
String word="final";
System.out.println(word+", "+dic.contains(word));        // 判断字符串 word 是否是 Java 关键字
```

2．位图索引

（1）集合的位图存储

已知一个集合 set 的元素在有限范围内，存储其中每个元素，每个元素与其存储地址有一一对应关系，即计算每个元素地址的时间是 $O(1)$；采用位图（bitmap）方式存储 set 的一个子集 sub，用 0/1 一位（bit）表示 sub 是否包含 set 的每个元素。例如，已知英语小写字母集合 set={a, …, z}，其子集 sub 的位图存储如图 8-7 所示。

	0	1	2	3	4	5	6	7	8	9	10	11	12	13	14	15	16	17	18	19	20	21	22	23	24	25
英语小写字母集合set	a	b	c	d	e	f	g	h	i	j	k	l	m	n	o	p	q	r	s	t	u	v	w	x	y	z
sub子集每元素的位标记	1	0	1	0	0	1	0	0	0	1	0	0	0	1	0	0	1	0	0	1	0	0	0	1	0	0
sub子集元素	a		c			f				j				n			q			t				x		

图 8-7　集合的位图存储，英语小写字母集合

判断 sub 是否包含元素 key，只要在 key 的对应位置检查标记是 0 或 1 即可，查找效率是 $O(1)$。对于插入、删除操作和并、交、差等集合运算，只要改变相应元素的位标记，不需要移动大量元素，提高了操作效率。

（2）字典集合的位图索引

针对某些特殊集合，可以采用集合的位图存储方式，实现稠密索引表。

【典型案例 8-3】　Java 关键字集合的存储与查找，字典集合的位图索引技术。

Java 关键字都是由小写字母组成的，首字符的范围是 a~w，进一步采取以空间换时间的策略，将图 8-6 的稀疏索引表扩充成如图 8-8 所示的位图索引表，索引关键字集合是{a, …, w}，使 a~w 范围内的每个字符都占据一个索引项，-1 表示没有块。设字符串 str，若按首字符分块，则 str.charAt(0)-'a'是 str 的索引项序号，位图索引表的查找效率为 $O(1)$。

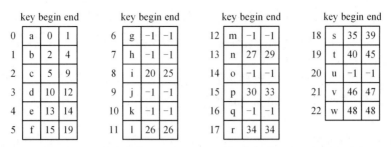

	key	begin	end		key	begin	end		key	begin	end		key	begin	end
0	a	0	1	6	g	-1	-1	12	m	-1	-1	18	s	35	39
1	b	2	4	7	h	-1	-1	13	n	27	29	19	t	40	45
2	c	5	9	8	i	20	25	14	o	-1	-1	20	u	-1	-1
3	d	10	12	9	j	-1	-1	15	p	30	33	21	v	46	47
4	e	13	14	10	k	-1	-1	16	q	-1	-1	22	w	48	48
5	f	15	19	11	l	26	26	17	r	34	34				

图 8-8　Java 关键字集合（见图 8-6）按首字符分块的位图索引表

声明 BitmapDictionary 类如下，方法体省略。

```
public class BitmapDictionary                          // 位图索引的字典类
{
    private String[] element;                          // 排序数组存储字典主表，元素为字符串
    private SortedSeqList<IndexItem> indexTable;        // 排序顺序表存储索引表
    private char first;                                // 位图索引表关键字的初值
    // 以下构造方法，element 指定数据元素集合作为字典主表，默认排序（升序）
    //           first、length 指定位图索引表关键字的初值和长度
    public BitmapDictionary(String[] element, char first, int length)
    public char toKey(String str)                      // 返回 str 对应的索引关键字，提供分块原则
    private void createIndex(int length)               // 创建位图索引表，由 toKey(str) 方法提供分块原则
    public boolean contains(String str)                // 判断字典主表是否包含 str 元素
}
```

8.2.3　动态索引

与字典不同，有些集合（如通讯录）的动态特性要求高，不仅能快速地查找到结果，还能快速地进行插入和删除操作。插入和删除操作将导致主表和索引表信息都在不断地变化。因此，主表和索引表都必须是动态特性好的存储结构。那么，什么样的存储结构才能满足需求？

【典型案例 8-4】　通讯录，存储结构问题讨论。

通讯录存储朋友姓名和电话号码等信息。若通讯录采用"按姓氏（姓名首字符）分块"的分块策略，通讯录的两种存储结构如图 8-9 所示。

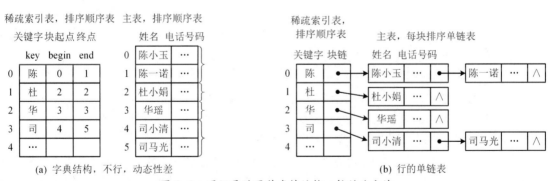

图 8-9　通讯录的两种存储结构，按姓氏分块

（1）字典结构

字典结构如图 8-9(a) 所示，主表用排序顺序表存储；逻辑上按姓氏分块，建立稀疏索引表（排序顺序表）保存每块的姓氏和范围。该结构不可行，动态性差，原因说明如下。

① 顺序存储结构的插入、删除操作效率极低。主表每插入或删除一个元素，都要移动平均全部元素的一半；并且要调整索引表，除了插入、删除的索引项，还要更改多个索引项对应的块起止序号。代价太大，不可承受。

② 排序与否。通讯录集合并没有要求元素排序。若不排序，则采用顺序查找；若排序，则可采用二分法查找。排序是为了提高查找效率。

（2）行的单链表

行的单链表如图 8-9(b)所示，将各块分散存储，每块采用排序单链表存储，解决了插入、删除操作的数据移动问题和块满时的扩容问题，但是排序单链表不能采用二分法查找。索引表（排序顺序表）保存各块的存储地址，索引表也可采用排序单链表存储。

行的单链表中，每块和索引表都是采用线性表存储集合，查找、插入、删除操作的效率仍然低。效率高的数据结构是散列表、二叉排序树和映射，详见典型案例 8-6。

8.3   散列

在一个数据结构中查找 key 元素，用顺序查找或二分法查找算法都需要经过一系列比较才能得到查找结果，平均查找长度与数据量有关，元素越多，比较次数就越多。而每个元素的比较次数由该元素在数据结构中的位置决定，与元素关键字（值）无关。

典型案例 8-3 的位图索引表中，索引项位置与元素关键字有关，str.charAt(0)-'a'是 str 对应的索引项序号，此时索引表的查找效率为 $O(1)$。

如果根据元素的关键字就能够知道该元素的存储位置，那么只要花费 $O(1)$时间就能得到查找结果，这是最理想的查找效率。散列存储就是基于这种思路实现的。

散列（hash，原意为杂凑）是一种按关键字编址的存储和查找技术。散列表（hash table）采用一维数组存储数据元素集合，根据元素的关键字确定元素的存储位置，其查找、插入和删除操作效率接近 $O(1)$，是目前查找效率最高的一种数据结构。散列技术的关键问题是设计散列函数和处理冲突。散列集合（hash set）采用散列表存储数据元素集合，"集合"指数学概念的集合，见例 1.1，元素互不相同，元素间没有关系。

1. 散列函数与冲突

（1）散列函数

散列函数（hash function）建立由数据元素的关键字 key 到该元素在散列表中存储位置的一种映射关系，声明如下：

```
int hash(int key)                // 散列函数，计算并返回关键字为 key 元素在散列表中的散列地址
```

将元素的关键字 key 作为散列函数的参数，散列函数值 hash(key)就是该元素在散列表中的存储位置，也称为散列地址。散列表的插入、删除、查找操作都是根据散列地址获得元素的存储位置。散列表不能识别关键字重复的数据元素。

散列函数定义了关键字集合到地址集合的映射，如果这种映射是一一对应的，则查找效率是 $O(1)$，这是理想状态。但是在实际应用中，由于计算机系统的内存容量有限，不能为散列表提供足够大的容量，使之实现一对一的映射，因此散列函数通常是一个压缩映射，从关键字集合到地址集合是多对一的映射，所以不可避免地会产生冲突。

（2）冲突

设两个关键字 k_1 和 k_2，$k_1 \neq k_2$，如果 $hash(k_1) = hash(k_2)$，表示散列函数将关键字不同的两个元素映射到同一个存储位置，散列地址相同，则称为冲突（collision），k_1、k_2 称为同义词（synonym）。由同义词引起的冲突称为同义词冲突。

例如，设关键字序列为 {9, 4, 12, 14, 74, 6, 16, 96}，散列表容量为 20，构造两种方案散列表如图 8-10 所示，不同的散列函数导致冲突频率不同。

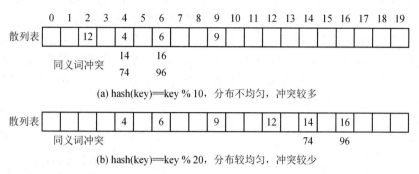

图 8-10　冲突与散列表容量、散列函数有关

冲突的产生频率与散列表容量、散列函数有关。如何设计散列函数尽量减少冲突，如何有效处理冲突，就成为构造散列表的两个关键问题。

2．设计散列函数

（1）好的散列函数标准

一个好的散列函数的标准是，使散列地址均匀地分布在散列表中，尽量避免或减少冲突。设计好的散列函数需要考虑以下因素：

❖ 散列地址必须均匀分布在散列表的全部地址空间。

❖ 函数简单，计算散列函数花费时间为 $O(1)$。

❖ 关键字的所有成分都起作用，以反映不同关键字的差异。

❖ 数据元素的查找频率。

每种类型的关键字有各自特性，关键字集合的大小也不尽相同。因此，不存在一种散列函数，对任何关键字集合都是最好的。实际应用中应该根据具体情况，比较分析关键字与地址之间的对应关系，构造不同的散列函数，或将几种基本的散列函数组合起来使用，达到最佳效果。以下介绍一种常用的散列函数。

（2）除留余数法

除留余数法的散列函数定义如下，函数结果值范围为 0～prime-1。

```
int hash(int key)                    // 散列函数，计算关键字为 key 元素的散列地址
{
    return key % prime;              // 除留余数法，使用 key 值计算
}
```

除留余数法的关键在于如何选取 prime 值，若 prime 取 10 的幂次，如 prime=10^2，表示取关键字的后两位作为地址，则后两位相同的关键字（如 321 与 521）产生同义词冲突，产生冲突可能性较大。

通常，prime 取小于散列表长度的最大素数，如表 8-1 所示。

表 8-1　散列表长度及其最大素数

散列表长度	8	16	32	64	128	256
最大素数 prime	7	13	31	61	127	251

3．处理冲突

虽然一个好的散列函数能使散列地址分布均匀，但只能减少冲突，而不能从根本上避免冲突。因此，散列表必须有一套完善措施，当冲突发生时能够有效地处理冲突。处理冲突就是为产生冲突的元素寻找一个有效的存储地址。以下采用链地址法处理冲突。

设关键字序列为{9, 4, 12, 14, 74, 6, 16, 96, 14}，散列表容量 length 为 10，hash(key)=key % length，构造散列表如图 8-11(a)所示。将元素 key 存储在散列表的 hash(key)位置；采用一条同义词单链表存储一组同义词冲突元素，散列表中各结点都可链接一条同义词单链表。因此，散列表的元素类型是单链表的结点。

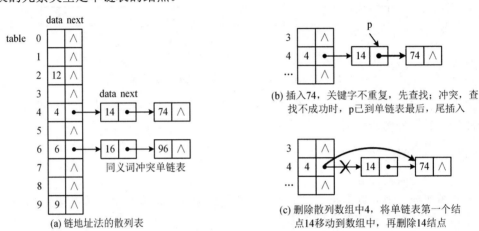

图 8-11　采用链地址法的散列表及其插入、删除操作

对链地址法散列表的操作说明如下。

（1）计算元素 key 的散列地址

采用除留余数法，计算元素 key 的散列地址 i=hash(key)=key % length，计算地址时间为 $O(1)$。

（2）查找

比较散列表 table[i]元素是否与 key 相等，若相等，则查找成功，比较 1 次；否则在第 i 条同义词单链表中查找，比较次数取决于 key 在单链表中位置。图 8-11(a)所示散列表中，有

$$\text{ASL}_{成功} = \frac{1}{8}(1 \times 4 + 2 \times 2 + 3 \times 2) = 1.75$$

（3）插入

先在散列表中查找 key，查找不成功插入；否则，有冲突再在同义词单链表中查找，查找不成功时，p 已遍历到达单链表最后，尾插入 key，如图 8-11(b)所示。由于散列函数不能识别关键字相同元素，因此散列表不支持插入关键字重复元素。

（4）删除

先查找，查找成功则删除，如图 8-11(c)所示。有两种删除情况：① 删除同义词单链表中的结点（如 14、74）；② 删除散列表中的结点（如 4），则将同义词单链表的第一个结点元素（14）移入散列表（到 4 的位置），再删除该结点（14）。此删除操作与单链表删除结点操作不

同，麻烦许多。

散列表的操作效率取决于单链表的操作效率。同义词单链表是动态的，冲突越多，链表越长。因此，要设计好的散列函数使数据元素尽量均匀分布，同义词单链表越短越好。

4．链地址法的散列表

为了避免删除操作时移动元素，将图 8-11（a）链地址法散列表改进成如图 8-12（a）所示，散列表元素是同义词单链表对象，散列表的查找、插入、删除等操作则转化为单链表的查找、插入、删除等操作，算法简洁明了。

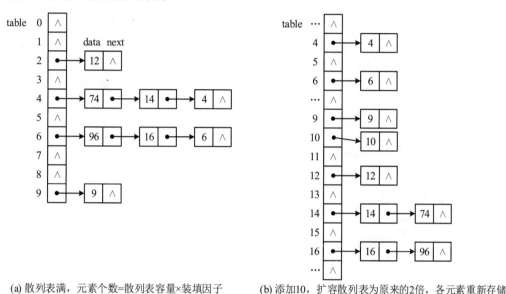

(a) 散列表满，元素个数=散列表容量×装填因子   (b) 添加10，扩容散列表为原来的2倍，各元素重新存储

图 8-12　改进的链地址法散列表

散列表使用装填因子表示空间利用率。<u>装填因子</u>（load factor）是指元素个数与容量之比，通常取值为 0.75。当"元素个数=散列表容量×装填因子"时，表示散列表满，需要扩充散列表容量。申请一个 2 倍容量数组，将元素移动到扩容数组中（如图 8-12（b）所示），则

$$ASL_{成功}=\frac{1}{9}(1\times7+2\times2)=1.22$$

💬注意：由于散列表容量 length 增加 1 倍，各元素的散列地址随之改变，缩短了同义词单链表。

5．散列集合类

声明 HashSet<T>散列集合类如下，采用链地址法的散列表。其中，散列表 table 的元素是 SinglyList<T>对象，表示同义词单链表。散列函数 hash()采用除留余数法。

```
public class HashSet<T>  implements Set<T>//散列集合类，采用链地址法的散列表；实现例1.1 Set<T>接口
{
    private SinglyList<T>[] table;                // 散列表，同义词单链表对象数组
    private int count = 0;                        // 元素个数
    public static final float LOAD_FACTOR = 0.75f; // 装填因子，元素个数与容量之比
    private static final int CAPACITY = 1<<4;     // 初始容量，默认为16

    public HashSet(int length)                    // 构造容量为 length 的散列表
```

```
    {
        if(length <10)
            length = 10;                                // 设置最小容量
        this.table = new SinglyList[length];
        for(int i=0;  i<this.table.length;  i++)
            this.table[i] = new SinglyList<T>();        // 构造空单链表
    }
    public HashSet()                                    // 构造空散列表，默认容量
    {
        this(CAPACITY);
    }
    public HashSet(T[] values)                          // 构造散列表，由 values 数组提供元素集合
    {
        this((int)(values.length/HashSet.LOAD_FACTOR)); // 构造指定容量的空散列表
        for(int i=0; i<values.length; i++)
            this.add(values[i]);                        // 插入元素
    }
    // 散列函数，计算并返回关键字为 x 元素的散列地址。若 x==null，则抛出空对象异常
    private int hash(T x)
    {
        int key = Math.abs(x.hashCode());               // 每个对象的 hashCode()方法返回 int
        return key % this.table.length;                 // 除留余数法，除数是散列表容量
    }
    public T search(T key)                              // 查找并返回关键字为 key 元素，若查找不成功，则返回 null
    {
        Node<T> find = this.table[this.hash(key)].search(key);  // 在单链表中查找关键字为 key 元素结点
        return find==null ? null : find.data;
    }
    public boolean add(T x)                             // 插入 x 元素，不插入空对象和关键字重复元素
    {
        if(x==null || this.search(x)!=null)             // 若查找成功，则不插入，即不插入关键字重复元素
            return false;
        if(this.count>=this.table.length*LOAD_FACTOR)   // 若散列表满，则扩容
        {
            SinglyList<T>[] temp = this.table;          // 散列表，同义词单链表对象数组
            this.table = new SinglyList[this.table.length*2];
            for(int i=0;  i<this.table.length;  i++)
                this.table[i] = new SinglyList<T>();
            this.count=0;
            for(int i=0;  i<temp.length;  i++)          // 遍历原各同义词单链表，添加原所有元素
                for(Node<T> p=temp[i].head.next;  p!=null;  p=p.next)
                    this.add(p.data);                   // 添加元素，递归调用自己一次，不再扩容，插入单链表
        }
        this.count++;
        return this.table[this.hash(x)].insert(0,x)!=null;  // 单链表头插入，反序，O(1)
    }
    public T remove(T key)          // 删除关键字为 key 元素结点，返回被删除元素，若查找不成功，则返回 null
    {
```

```
            T x = this.table[this.hash(key)].remove(key);          // 同义词单链表删除 key 元素结点
            if(x!=null)
                this.count--;
            return x;
        }
        ……                                          // 实现 Set<T>接口声明的其他方法，省略
    }
```

由于散列函数 hash(x)的参数 x 的类型是 T，如何采用除留余数法计算散列地址？
Java 在 Object 类中声明以下 hashCode()成员方法，将当前对象映射成 int 型散列码。

```
int hashCode()                                   // 返回对象的散列码，约定对象到 int 的一对一映射
```

每个子类覆盖该方法，保证每个对象的散列码各不相同。例如，Integer 类覆盖 hashCode()
方法如下，用整数值作为该整数对象的散列码。

```
public final class Integer
{
    public int hashCode()                        // 整数对象的散列码是其值，覆盖 Object 类中方法
    {
        return value;
    }
}
```

因此，在 HashSet<T>类的散列函数 hash(x)中，首先调用 x.hashCode()方法将对象 x 映射
成 int 型散列码 key，这是一对一映射，使得 key 具有与 x 相同的作为关键字的识别能力；再
采用除留余数法，将散列码 key 进一步压缩，映射成散列地址。压缩映射是多对一映射，将多
个关键字映射到一个散列地址。

8.4 二叉排序树和平衡二叉树

一个排序的数据元素集合，将其组织成什么样的数据结构才能支持高效的查找、插入、删
除操作？

2.4 节采用两种存储结构的排序线性表存储了排序集合，说明如下。

① 排序顺序表，采用二分法查找，时间复杂度为 $O(\log n)$；插入和删除操作的时间复杂度
为 $O(n)$，数据移动量大，效率较低。

② 排序单链表，顺序查找的时间复杂度为 $O(n)$，不能采用二分法查找；插入和删除操作
的时间复杂度为 $O(n)$，虽然没有数据移动但因查找效率低，使得插入和删除的效率也较低。

比排序线性表性能更好的是二叉排序树，采用二叉树存储排序集合的元素，其查找算法是
二分法查找；平衡二叉树是查找效率更高的二叉排序树。

本节目的：① 采用二叉排序树存储排序集合，非递归算法；② 二叉树采用三叉链表存储
结构，演示 parent 链的作用。

8.4.1 二叉排序树

1. 二叉排序树的定义及查找操作

二叉排序树（binary sort tree）或者是一棵空树，或者是具有下列性质的二叉树：

① 每个结点都可比较元素值相等和大小，元素互不相同。

② 每个结点的左子树（不空）上所有结点元素均小于该结点元素，并且其右子树（不空）上所有结点元素均大于该结点元素。

③ 每个结点的左、右子树也分别是二叉排序树。

【思考题 8-2】 关键字序列为{1, 2, 3}，画出所有形态的二叉排序树。

一棵二叉排序树如图 8-13（a）所示，按中根次序遍历该二叉排序树，得到按关键字升序排列的数据元素序列{6, 12, 18, 36, 54, 57, 66, 76, 81, 87, 99}。

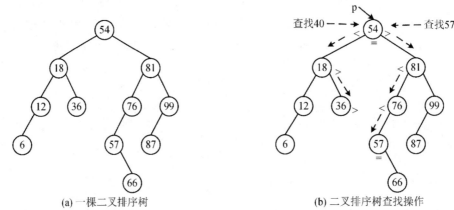

(a) 一棵二叉排序树   (b) 二叉排序树查找操作

图 8-13　二叉排序树及其查找操作

二叉排序树的查找算法描述如下，过程如图 8-13（b）所示。

```
T search(T key)                    // 二叉排序树的查找算法，查找与 key 相等的结点
{
    结点 p = root;                  // p 指向根结点
    while(p!=null)
    {
        if(key 与 p.data 相等)       // 由 T 类型约定比较两个结点的大小或相等的规则
            return p.data;          // 查找成功，返回结点
        if(key 小于 p.data)
            p = p.left;            // 若 key 较小，则在 p 的左子树中继续查找
        else
            p = p.right;           // 若 key 较大，则在 p 的右子树中继续查找
    }
    return null;                    // 查找不成功
}
```

对于图 8-13（b），查找结点 57 的路径是(54, 81, 76, 57)，到达结点 57，查找成功；查找结点 40 的路径是(54, 18, 36)，经过叶子结点 36，查找不成功。

二叉排序树的查找操作，根据每次比较结果，在当前结点的左子树与右子树中选择其一继续，从而将查找范围缩小了一半。一次查找只需经过从根结点到某结点的一条路径就可获得查找结果，查找成功的路径到达指定结点；如果到达一个叶子结点仍然不相等，则确定查找不成功，不需要遍历整棵树。因此，二叉排序树提供了快速查找功能。

2．三叉链表存储二叉排序树，插入操作

在一棵二叉排序树中插入一个结点，首先需要使用查找算法确定元素的插入位置。由于二

叉排序树不能识别关键字重复的结点，因此二叉排序树不能插入关键字重复的结点。如果查找成功，说明相同关键字的结点已在二叉排序树中，则不插入；否则，在查找不成功的一条路径之尾插入，作为叶子结点，因此插入位置是唯一的。

将图 8-13(a) 的二叉排序树按三叉链表存储，如图 8-14 所示。欲插入 40，先查找 40 的路径是(54, 18, 36)，查找不成功，将 40 作为结点 36 的右孩子结点插入。之前将 6 作为结点 12 的左孩子结点插入。

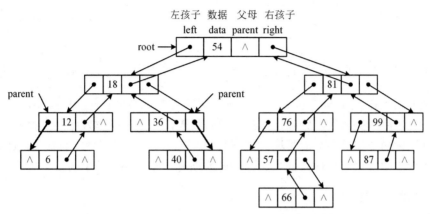

图 8-14　二叉排序树（三叉链表存储）的插入操作

将序列{54, 18, 12, 81, 99, 36, 12, 76, 57, 6, 66, 87, 40}中的元素依次插入二叉排序树，前 6 个元素（即结点）的插入过程如图 8-15 所示。继续插入，可得到图 8-13 所示的二叉排序树。12 是重复元素，未插入。

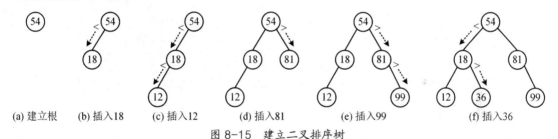

图 8-15　建立二叉排序树

3．查找操作的效率分析

在一棵 n 个结点的二叉排序树中查找一个结点，一次成功的查找恰好走过一条从根结点到该结点的路径，比较次数为该结点的层次 level（$1 \leqslant \text{level} \leqslant h$），$h$ 为这棵二叉排序树的高度。

设每个结点的查找概率 p_i 相等，$p_i = 1/n$，图 8-13(a)所示二叉排序树的 $\text{ASL}_{成功}$ 是

$$\text{ASL}_{成功} = \sum_{i=1}^{n}(p_i c_i) = \frac{1}{11}(1 \times 1 + 2 \times 2 + 3 \times 4 + 4 \times 3 + 5 \times 1) = \frac{34}{11} = 3.09$$

n 个结点二叉树的高度 h 与二叉树的形态有关，完全二叉树的高度最小，高度为 $\lfloor \log n \rfloor + 1$；单枝二叉树的高度最大，高度为 n，如图 8-16 所示。

在等概率情况下，对于满二叉排序树，有

$$\text{ASL}_{成功} = \sum_{i=1}^{n}(p_i c_i) = \frac{1}{n} \sum_{i=1}^{h}(i \times 2^{i-1}) = \frac{n+1}{n} \log(n+1) = O(\log n)$$

对于单枝二叉排序树，有

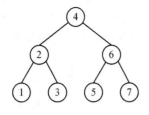
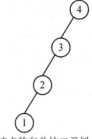

(a) n个结点的满二叉树，高度$h=\log n+1$ 　　　 (b) n个结点的左单枝二叉树，高度$h=n$

图 8-16　不同形态的二叉排序树及其高度

$$\text{ASL}_{\text{成功}}=\sum_{i=1}^{n}(p_ic_i)=\frac{1}{n}\sum_{i=1}^{h}(i\times2^{i-1})=\frac{1}{n}\sum_{i=1}^{h}i=\frac{n+1}{2}=O(n)$$

与排序顺序表的 $\text{ASL}_{\text{成功}}$ 相同。因此，二叉排序树的 $\text{ASL}_{\text{成功}}$ 为 $O(\log_2 n)\sim O(n)$。

由于二叉排序树的插入和删除操作都依赖查找操作，因此操作效率由查找效率决定。

二叉排序树的查找效率与二叉树的高度有关，高度越低，查找效率越高。因此，提高二叉排序树查找效率的办法是尽量降低二叉排序树的高度，改进的就是平衡二叉树。

4．二叉排序树类

以下采用三叉链表存储结构实现二叉排序树，也可采用二叉链表存储。

（1）三叉链表结点类

声明二叉树的三叉链表结点类 TriNode<T>如下，方法体省略。

```
public class TriNode<T>                            // 二叉树的三叉链表结点类，T指定结点的元素类型
{
    public T data;                                 // 数据域，存储数据元素
    public TriNode<T> parent, left, right;         // 地址域，分别指向父母结点、左和右孩子结点

    public TriNode(T data, TriNode<T> parent, TriNode<T> left, TriNode<T> right)    // 构造结点
    public TriNode(T data)                         // 构造指定值的叶子结点，方法体省略
}
```

（2）二叉排序树类

声明 BinarySortTree<T>二叉排序树类如下，采用三叉链表存储，结点类型是 TriNode<T>。

```
// 二叉排序树类，表示排序集合，T或T的祖先类?实现 Comparable<T>接口；实现例 1.1 的 Set<T>接口
// 采用三叉链表存储，继承 TriBinaryTree<T>类（见 8.4.2节），使用中根次序迭代遍历算法
public class BinarySortTree<T extends Comparable<? super T>>
        extends TriBinaryTree<T>  implements Set<T>
{
//    public TriNode<T> root;                      // 根结点，三叉链表结点结构
    public BinarySortTree()                        // 构造空二叉排序树
    {
        super();                                   // this.root=null;
    }
    public BinarySortTree(T[] values)              // 构造二叉排序树，由 values 数组提供元素
    {
        this();                                    // 构造空二叉排序树
        for(int i=0; i<values.length; i++)         // 插入 values 数组所有元素
            this.add(values[i]);                   // 二叉排序树插入元素
```

```
    }
    public TriNode<T> searchNode(T key)              // 查找并返回与 key 相等的结点，若查找不成功，则返回 null
    {
        TriNode<T> p=this.root;
        while(p!=null && key.compareTo(p.data)!=0)
        {
            if(key.compareTo(p.data)<0)              // 若 key 较小
                p=p.left;                            // 进入左子树
            else
                p=p.right;                           // 进入右子树
        }
        return p!=null ? p : null;                   // 若查找成功，则返回结点，否则返回 null
    }
    public boolean add(T x)                          // 插入元素 x 结点，不插入重复元素和空对象，返回插入与否结果
    {
        if (x==null)
            return false;                            // 不插入空对象
        if(this.root==null)
            this.root=new TriNode<T>(x);             // 创建根结点
        else                                         // 将 x 插入以 root 为根的二叉排序树
        {
            TriNode<T> p=this.root, parent=null;
            while(p!=null)                           // 查找确定插入位置
            {
                if(x.compareTo(p.data)==0)
                    return false;                    // 查找成功，不插入重复元素
                parent = p;
                if(x.compareTo(p.data)<0)
                    p=p.left;
                else
                    p=p.right;
            }
            if(x.compareTo(parent.data)<0)           // 插入 x 叶子结点，作为 parent 的左/右孩子
                parent.left = new TriNode<T>(x, parent, null, null);
            else
                parent.right = new TriNode<T>(x, parent, null, null);
        }
        return true;
    }
    ......                                           // 实现例 1.1 的 Set<T>接口声明的其他方法，方法体省略
}
```

【思考题 8-3】 add(x)方法能否调用 search(key)查找算法确定插入位置？为什么？

5．删除操作

在二叉排序树中删除一个结点，首先查找该结点，若存在，则删除之。设 p 指向待删除结点，根据 p 结点的度不同，二叉排序树的删除算法分以下情况，如图 8-17 所示。

（1）p 是叶子结点

若 p 是父母的左/右孩子，则设置 p.parent 结点的 left/right 域为空，即删除 p 结点。

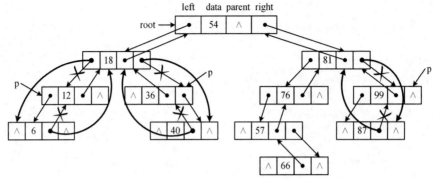

(a) 删除1度结点p，p是父母的左/右孩子，用p的左/右孩子顶替作为p父母的左/右孩子，包含p是叶子

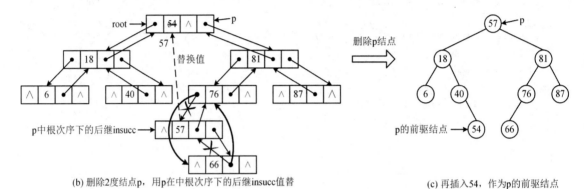

(b) 删除2度结点p，用p在中根次序下的后继insucc值替
换p值，再删除insucc结点，insucc结点无左孩子

(c) 再插入54，作为p的前驱结点

图 8-17 二叉排序树删除结点

（2）p 是 1 度结点

删除 p 结点并用 p 的孩子顶替作为其父母的孩子，分为以下情况：

① 若 p 是父母的左孩子，则设置 p.parent.left 域指向 p 的左/右孩子，包含 p 是叶子。

② 若 p 是父母的右孩子，则设置 p.parent.right 域指向 p 的左/右孩子，包含 p 是叶子。

（3）p 是 2 度结点

为了减少对二叉排序树形态的影响，不直接删除一个 2 度结点 p，而是先用 p 在中根次序下的后继结点 insucc 值代替 p 结点值，再删除 insucc 结点。这样做将删除 2 度结点问题转化为删除 1 度结点或叶子结点。因为，insucc 是 p 的右子树在中根次序下的第一个访问结点，若 p 的右孩子为叶子结点，则 insucc 是 p 的右孩子；否则，insucc 是 p 的右孩子的最左边的一个子孙结点，insucc 的度为 0 或 1。例如，删除 2 度结点 54，用其后继结点 57 代替其值，再删除 1 度结点 57。

由于插入与删除的规则不同，若删除一个非叶结点，再将其插入，则删除前和插入后的两棵二叉排序树不一定相同。例如，图 8-17(b) 的二叉排序树，再插入结点 54，由于此时根值是 57，将结点 54 插入在结点 57 的左子树上，结点 54 是结点 57 在中根次序下的前驱结点。

BinarySortTree<T>类声明以下成员方法，删除结点。

```java
public T remove(T key)                  // 删除与 key 相等的结点，返回被删除元素；若没找到，则返回 null
{
    TriNode<T> p = this.searchNode(key);        // 查找与 key 相等的结点
    if(p!=null && p.left!=null && p.right!=null) // 找到待删除结点 p，若 p 是 2 度结点
    {
```

```
            TriNode<T> insucc = this. infixFirst(p.right);   // 寻找 p 在中根次序下的后继结点 insucc, 见 8.4.2 节
            T temp = p.data;                                 // 交换待删除元素, 作为返回值
            p.data = insucc.data;                            // 以后继结点值替换 p 结点值
            insucc.data = temp;
            p = insucc;                                      // 转化为删除 insucc, 删除 1、0 度结点
        }
        if(p!=null && p==this.root)                          // p 是 1 度或叶子结点, 删除根结点, p.parent==null
        {
            if(this.root.left!=null)
                this.root = p.left;                          // 以 p 的左孩子顶替作为新的根结点
            else
                this.root = p.right;                         // 以 p 的右孩子顶替作为新的根结点
            if(this.root!=null)
                this.root.parent = null;
            return p.data;                                   // 返回被删除根结点元素
        }
        if(p!=null && p==p.parent.left)                      // p 是 1 度或叶子结点, p 是父母的左孩子
        {
            if(p.left!=null)
            {
                p.parent.left = p.left;                      // 以 p 的左孩子顶替
                p.left.parent = p.parent;                    // p 的左孩子的 parent 域指向 p 的父母
            }
            else
            {
                p.parent.left = p.right;                     // 以 p 的右孩子顶替
                if(p.right!=null)
                    p.right.parent = p.parent;
            }
        }
        if(p!=null && p==p.parent.right)                     // p 是 1 度或叶子结点, p 是父母的右孩子
        {
            if(p.left!=null)
            {
                p.parent.right = p.left;                     // 以 p 的左孩子顶替
                p.left.parent = p.parent;
            }
            else
            {
                p.parent.right = p.right;                    // 以 p 的右孩子顶替
                if(p.right!=null)
                    p.right.parent = p.parent;
            }
        }
        return p!=null ? p.data : null;
    }
```

综上所述, 二叉排序树是一种能够存储排序集合并且支持高效的查找、插入、删除操作的
数据结构, 它的查找等操作效率可达 $O(\log n)$。

8.4.2　二叉树采用三叉链表存储结构

二叉树采用三叉链表存储结构，可以采用迭代方式遍历二叉树，充分利用 parent 链，非递归算法，也不使用栈。例如，以中根次序遍历二叉树，访问的第一个结点是根最左边的子孙结点，再依次访问其后继结点，如图 8-18 所示，虚线表示中根次序遍历的后继结点。

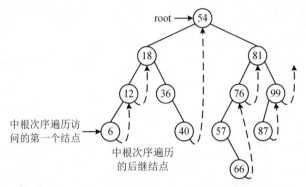

图 8-18　以中根次序迭代遍历三叉链表存储的二叉树

声明三叉链表存储的二叉树类 TriBinaryTree<T>如下，提供以中根次序等迭代遍历算法。

```
public class TriBinaryTree<T>              // 三叉链表存储的二叉树类，使用 parent 链实现先根/中根迭代遍历
{
    public TriNode<T> root;                // 根结点，三叉链表结点结构
    public TriBinaryTree()                 // 构造空二叉树
    {
        this.root = null;
    }
    public boolean isEmpty()               // 判断是否空二叉树
    {
        return this.root==null;
    }
    public void inorder()                  // 以中根次序迭代遍历二叉树，输出所有结点元素，形式为 "(,)"
    {
        System.out.print("(");
        TriNode<T> p = this.infixFirst(this.root);  // 寻找第一个访问结点
        if(p!=null)
        {
            System.out.print(p.data.toString());
            p=this.infixNext(p);                     // 返回 p 在中根次序下的后继结点
        }
        for(; p!=null; p=this.infixNext(p))
            System.out.print(", "+p.data.toString());
        System.out.println(")");
    }
    // 在以 p 为根的子树中，返回中根次序下第一个访问结点，即 p 最左边的子孙结点，二叉排序树最小值
    public TriNode<T> infixFirst(TriNode<T> p)
    {
        if(p!=null)
            while(p.left!=null)
```

```
                p = p.left;
        return p;
    }
    public TriNode<T> infixNext(TriNode<T> p)          // 返回 p 在中根次序下的后继结点
    {
        if(p!=null)
        {
            if(p.right!=null)                          // 若 p 有右孩子
                return this.infixFirst(p.right);       // 则 p 的后继是其右子树上第一个访问结点
            while(p.parent!=null)                      // 若 p 没有右孩子，则向上寻找某个祖先结点
            {
                if(p.parent.left==p)                   // 若 p 是其父母的左孩子，则 p 的后继是其父母
                    return p.parent;
                p=p.parent;
            }
        }
        return null;
    }
}
```

8.4.3** 平衡二叉树

为了降低二叉排序树的高度，提高查找效率，数学家 G.M. Adelsen-Velskii 和 E.M. Landis 于 1962 年提出了一种高度平衡的二叉排序树，称为平衡二叉树（又称 AVL 树）。

1. 平衡二叉树定义

平衡二叉树（Balanced Binary Tree 或 Height-Balanced Tree）或者是一棵空二叉树，或者是具有下列性质的二叉排序树：① 它的左子树和右子树都是平衡二叉树；② 左子树与右子树的高度之差的绝对值不超过 1。

结点的平衡因子（Balance Factor）定义为其左子树与右子树的高度之差：

> 结点的平衡因子 = 左子树的高度 − 右子树的高度

平衡二叉树中任何一个结点的平衡因子只能是-1、0 或 1。图 8-19(a)的二叉排序树是不平衡的，图 8-19(b)是一棵平衡二叉树，结点旁的数字是该结点的平衡因子。

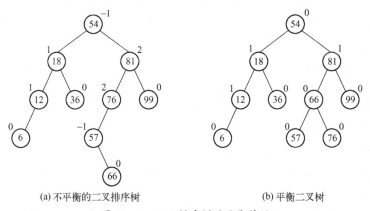

(a) 不平衡的二叉排序树   (b) 平衡二叉树

图 8-19 二叉排序树的平衡特性

在平衡二叉树中，插入或删除一个结点可能破坏二叉树的平衡性，因此在插入或删除时都要调整二叉树，使之始终保持平衡状态。

2. 插入结点

在一棵平衡二叉树中插入一个结点，如果插入后破坏了二叉树的平衡性，则需要调整一棵最小不平衡子树，在保证排序特性的前提下，调整最小不平衡子树中各结点的连接关系，达到新的平衡。什么是最小不平衡子树？<u>最小不平衡子树</u>是离插入结点最近，且以平衡因子绝对值大于 1 的结点为根的子树。例如，图 8-19(a) 中插入结点 66，最小不平衡子树是以结点 76 为根的子树。设关键字序列为 $\{87, 66, 54, 25, 40\}$，依次插入结点，构造一棵平衡二叉树的过程如图 8-20 所示。

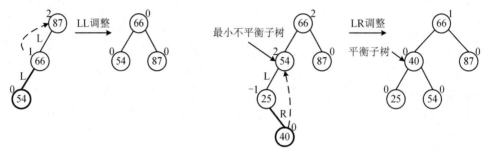

(a) 插入87,66,54，左子树较高，向右旋转   (b) 插入25,40，LR型调整成以40为根的平衡子树

图 8-20 插入结点调整子树，构造平衡二叉树

如何调整最小不平衡子树？根据插入结点与最小不平衡子树的根结点的位置关系，分为 4 种类型：LL、LR、RL 和 RR，相应地有 4 种旋转模式用于调整最小不平衡子树，使之恢复平衡。设 3 个元素、关键字序列为 $\{1, 2, 3\}$ 的二叉排序树如图 8-21 所示，共 5 种形态，其中前 4 种都是不平衡的，都要调整为图 8-21(e) 所示的平衡二叉树。

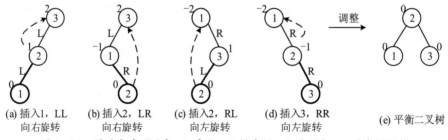

(a) 插入1，LL   (b) 插入2，LR   (c) 插入2，RL   (d) 插入3，RR   (e) 平衡二叉树
    向右旋转   向右旋转   向左旋转   向左旋转

图 8-21 关键字序列为 $\{1,2,3\}$ 的二叉排序树，5 种形态，4 种类型调整

（1）LL 型调整

当在 B 的左（L）孩子 A 的左（L）子树上插入结点时，因左子树较高而失去平衡，B 的平衡因子变为 2，成为最小不平衡子树。进行 LL 型调整：向右旋转，选择 B 的左孩子 A 作为调整后平衡子树的根结点，将原 A 的右子树作为 B 的左子树，如图 8-22 所示，其中的阴影框表示插入结点所增加的子树高度。

（2）RR 型调整

当在 A 的右（R）孩子 B 的右（R）子树上插入结点时，因右子树较高而失去平衡，A 的平衡因子变为-2，成为最小不平衡子树。进行 RR 型调整：向左旋转，选择 A 的右孩子 B 作为调整后平衡子树的根结点，将原 B 的左子树作为 A 的右子树，如图 8-23 所示。

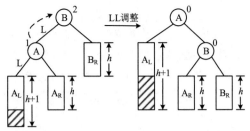

(a) LL型调整：当B的左子树较高时，以左孩子A为根向右旋转

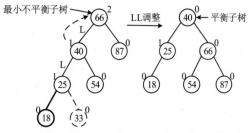

(b) 插入18或33，LL调整，以40为根，54作为66的左孩子

图 8-22 LL 型调整规则及示例

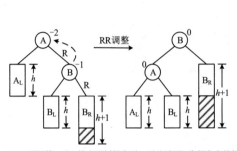

(a) RR型调整：当A的右子树较高时，以右孩子B为根向左旋转

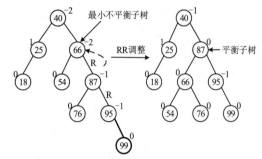

(b) 插入76,95,99，RR调整，以87为根，76作为66的右孩子

图 8-23 RR 型调整规则及示例

（3）LR 型调整

当在 C 的左（L）孩子 A 的右（R）子树上插入结点时，因左子树较高而失去平衡，C 的平衡因子变为 2，成为最小不平衡子树。进行 LR 型调整：向右旋转，选择 A 的右孩子 B 作为调整后平衡子树的根结点，A、C 分别作为 B 的左、右孩子，原 B 的左子树作为 A 的右子树，原 B 的右子树作为 C 的左子树，如图 8-24 所示。在 A 的右子树上插入结点有两种情况，插入 B 的左子树或右子树，图中分别用两种阴影框表示。

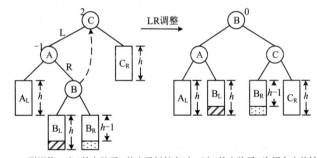

(a) LR型调整：当C的左孩子A的右子树较高时，以A的右孩子B为根向右旋转

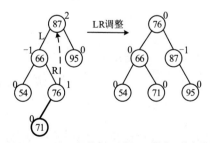

(b) 插入71，LR左，调整以76为根，71作为66的右孩子   (c) 插入81，LR右，调整以76为根，81作为87的左孩子

图 8-24 LR 型调整规则及示例

（4）RL 型调整

当在 A 的右（R）孩子 C 的左（L）子树上插入结点时，因右子树较高而失去平衡，A 的平衡因子变为-2，成为最小不平衡子树。进行 RL 型调整：向左旋转，选择 C 的左孩子 B 作为调整后平衡子树的根结点，A、C 分别作为 B 的左、右孩子；原 B 的左子树作为 A 的右子树，原 B 的右子树作为 C 的左子树，如图 8-25 所示。在 C 的左子树上插入结点有两种情况，插入 B 的左子树或右子树。

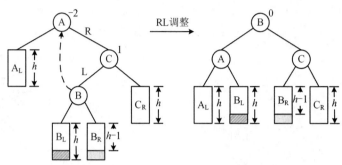

(a) RL 型调整：当 A 的右孩子 C 的左子树较高时，以 C 的左孩子 B 为根向左旋转

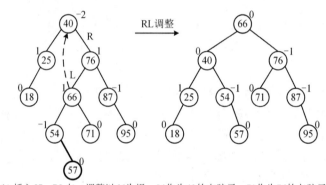

(b) 插入 57，RL 左，调整以 66 为根，54 作为 40 的右孩子，71 作为 76 的左孩子

图 8-25　RL 型调整规则及示例

一棵 n 个结点的平衡二叉树，高度可保持为 $O(\log n)$，查找的时间复杂度为 $O(\log n)$。

8.5　映射

8.5.1　映射的定义及接口

1. 映射的定义及典型案例

满足以下两条件的集合称为映射（map）。

① 元素结构。映射的元素包含关键字和值，结构如下，关键字不能重复。

映射元素(关键字，值)

② 提供从关键字到值的映射功能，即根据关键字查找值。

【典型案例 8-5】　运算符散列映射，查找运算符的优先级。

例 4.2 表达式求值问题需要获得各运算符的优先级，根据运算符优先级的大小，决定谁先运算。例 4.2 采用顺序存储运算符集合及其优先级，如图 8-26(a) 所示，在运算符顺序表中，通过顺序查找算法获得指定运算符的位置 i，再获得第 i 个优先级。顺序查找算法效率低，$\mathrm{ASL}_{成功} = (n+1)/2$。

每个运算符都有一个优先级，存在从运算符（关键字）到优先级（值）的映射关系。改进例 4.2，采用散列映射存储运算符到优先级的映射，则查找效率是 $O(1)$，如图 8-28(b) 所示，实现见例 8.2。

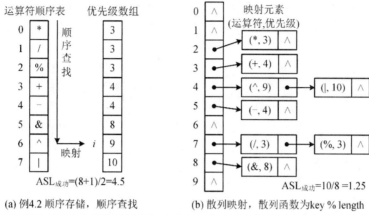

(a) 例4.2顺序存储，顺序查找   (b) 散列映射，散列函数为 key % length

图 8-26　运算符到优先级的映射，采用顺序表和散列映射存储

2. 映射元素类

声明 KeyValue <K,V> 映射元素类如下：

```
public class KeyValue<K, V>            // 映射元素类，K、V 分别指定关键字和值的数据类型
{
    final K key;                       // 关键字，最终变量，只能赋值一次
    V value;                           // 值
    public KeyValue(K key, V value)
    {
        this.key = key;
        this.value = value;
    }
    public String toString()           // 返回描述字符串，形式为"(关键字,值)"
    {
        return "("+this.key+","+this.value+")";
    }
    public final int hashCode()        // 返回散列码，覆盖 Object 类的方法。最终方法，不能被覆盖
    {
        return this.key.hashCode();    // 仅以关键字的散列码作为对象的散列码，唯一，正数
    }
    public boolean equals(Object obj)  // 比较对象是否相等，仅比较关键字，覆盖
    {
        return obj==this || obj instanceof KeyValue<?,?> && this.key.equals(((KeyValue<K,V>)obj).key);
    }
}
```

3. 映射接口

声明 Map<K, V> 映射接口如下，为映射类约定查找、插入、删除等操作方法。

```
public interface Map<K, V>                     // 映射接口，K、V分别指定映射元素的关键字和值的数据类型
{
    public abstract V get(K key);              // 返回关键字 key 映射的值
    public abstract V put(K key, V value);     // 添加映射元素(键,值)，关键字相同时，替换值
    public abstract V remove(K key);           // 删除关键字为 key 元素，返回被删除元素的值
}
```

实现映射接口的类有散列映射类和树映射类，继承关系如图 8-27 所示。

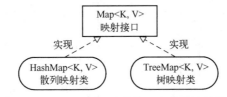

图 8-27　Map<K,V>映射接口和类的继承关系

8.5.2　散列映射

　　散列映射（hash map）是指使用散列表存储元素实现的映射。

　　声明 HashMap<K,V>散列映射类如下，实现 Map<K, V>接口，使用散列表存储映射元素，实现查找、插入、删除等操作方法。

```
// 散列映射类，实现 Map<K, V>接口，K、V分别指定元素的关键字和值的数据类型
public class HashMap<K, V>  implements Map<K,V>
{
    HashSet<KeyValue<K,V>> set;                        // 散列集合，元素是 KeyValue<K,V>

    public HashMap(int length)                         // 构造容量为 length 的散列映射
    {
        this.set = new HashSet<KeyValue<K,V>>(length);
    }
    public HashMap()                                   // 构造默认容量的散列映射
    {
        this.set = new HashSet<KeyValue<K,V>>();
    }
    public V get(K key)                                // 返回关键字 key 映射的值
    {
        KeyValue<K,V> find=this.set.search(new KeyValue<K,V>(key,null));      // 查找
        return find!=null ? find.value : null;         // 查找成功，则返回值，否则返回 null
    }
    public V put(K key, V value)                       // 添加映射元素，关键字相同时，替换值
    {
        KeyValue<K,V> kv = new KeyValue<K, V>(key, value);
        if(!this.set.add(kv))                          // 插入不成功，表示关键字重复
            this.set.search(kv).value = value;         // 查找关键字重复元素，替换值
        return value;
    }
    public V remove(K key)                             // 删除关键字为 key 的元素，返回被删除元素的值
    {
```

```
            return this.set.remove(new KeyValue<K, V>(key, null)).value;
    }
}
```

【例8.2】 运算符散列映射，查找运算符的优先级。

改进例4.2，将 Operators 运算符集合类声明如下，采用散列映射（见图 8-26(b)）存储运算符到优先级的映射，映射元素是(运算符，优先级)。在散列映射中查找指定运算符，获得其优先级。

```
// 运算符集合类，采用散列映射存储运算符到优先级的映射
public class Operators  implements java.util.Comparator<String>
{
    private String[] operator={"*","/","%", "+","-", "&","^","|"};    // 运算符集合，包含算术和位运算符
    private Integer[] priority={3,3,3, 4,4, 8,9,10};                    // 上述各运算符的优先级
    private HashMap<String, Integer> opermap;                          // 运算符映射，映射元素是(运算符,优先级)
    public Operators()
    {
        opermap = new HashMap<String, Integer>(operator, priority);    // 散列映射
    }
    public int compare(String oper1, String oper2)                     // 比较运算符的优先级大小
    {
        return opermap.get(oper1) - opermap.get(oper2);                // 获得 Map 中指定关键字映射的值
    }
    public int operate(int x, int y, String oper)      // 返回 x、y 操作数进行 oper 运算结果，同例 4.2，略
}
```

【例8.3】 统计文本中各字符的出现次数，采用散列映射。

第 6 章介绍了采用 Huffman 编码对一段文本进行数据压缩，构造了一棵 Huffman 树来获得 Huffman 编码，其已知条件是给定文本的字符集合和权值集合。那么，如何从一段文本中统计出字符集合及其权值集合，即各字符的出现次数？

题意： 设字符串为"public class"，统计其中字符及出现次数如图 8-28 所示，分别采用顺序表和散列映射两种存储方案。

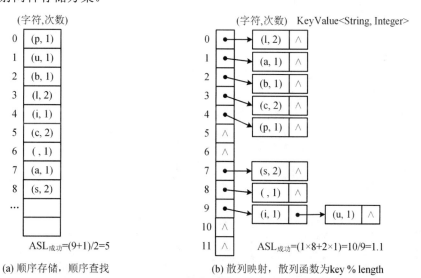

(a) 顺序存储，顺序查找   (b) 散列映射，散列函数为key % length

图 8-28   统计"public class"字符串中字符及出现次数，采用顺序表和散列映射存储

统计过程中，先查找一个字符，若没找到该字符，则添加该字符，令出现次数为 1，否则将其计数值加 1。其中频繁执行查找操作，因此选择数据结构的关键因素是查找效率。

① 使用顺序表存储，查找效率低。因为顺序表只能采用顺序查找算法，$\text{ASL}_{\text{成功}} = (n+1)/2$，$n$ 是已出现的字符数。顺序查找算法效率将随着 n 逐步增大而降低。

② 使用散列映射存储，查找效率较高。设散列表容量 length 为 12，映射元素类型是 KeyValue<String, Integer>，用字符串的散列码作为映射元素的散列码，散列函数 hash(key)= key % length。由于每字符串只有一个字符，因此散列码为该字符的 ASCII 值。例如，字符'a' 的 ASCII 值是 97，97 % 12=1，采用散列查找，则

$$\text{ASL}_{\text{成功}} = \frac{1}{9}(1 \times 8 + 2 \times 1) = 1.1$$

其中，(i, 1)和(u, 1)成为同义词冲突。

算法实现： 声明 charCount(text)方法如下，存储从 text 文本中统计的各字符及其出现次数；散列映射 HashMap<String, Integer>作为存储结构，实现从字符串关键字到整数值的映射。

```java
// 统计 text 中各字符的出现次数, 返回 Map<String, Integer>映射, 从字符串关键字到整数值的映射
public static Map<String, Integer> charCount(String text)
{
    // 声明 Map 接口对象 map, 引用实现 Map 接口的 HashMap 类的实例
    Map<String, Integer> map = new HashMap<String, Integer>(12);      // 指定容量为 12
    for(int i=0; i<text.length(); i++)                               // 逐个字符查找计数
    {
        String key = text.substring(i, i+1);                         // 获得 1 个字符, 作为关键字
        Integer value = map.get(key);                                // 获得关键字 key (字符) 映射的值
        int count = value==null ? 0 : value.intValue();              // 转换成 int 整数
        map.put(key, new Integer(count+1));                          // 增加计数, 关键字相同时, 替换值
    }
    return map;
}
```

8.5.3 树映射

树映射（tree map）是指使用二叉排序树或平衡二叉树存储元素实现的映射，映射元素按关键字排序、关键字不重复。

1. 树映射元素类

声明 SortedKeyValue<K, V>树映射元素类如下，继承 KeyValue<K, V>映射元素类。

```java
// 树映射元素类, 继承 KeyValue<K, V>类, K 或 K 的某个祖先类实现 Comparable 接口;
// 实现可比较接口, 映射元素按关键字 (K 类) 比较大小
public class SortedKeyValue<K extends Comparable<? super K>, V>
                        extends KeyValue<K, V>  implements Comparable<SortedKeyValue<K, V>>
{
    public SortedKeyValue(K key, V value)
    {
        super(key, value);
    }
    public int compareTo(SortedKeyValue<K, V> kv)                // 比较映射元素大小
```

```
        {
            return this.key.compareTo(kv.key);                // 执行 K 类的 compareTo() 方法，比较关键字大小
        }
}
```

2．树映射类

声明 TreeMap<K, V>树映射类如下，实现 Map<K, V>接口，使用二叉排序树存储映射元素，按映射元素的关键字排序。

```
// 树映射类，实现 Map<K, V>接口，K 或其某个祖先类实现 Comparable 接口
public class TreeMap<K extends Comparable<? super K>, V> implements Map<K,V>
{
    private BinarySortTree<SortedKeyValue<K, V>> set;         // 使用二叉排序树存储排序集合

    public TreeMap()                                          // 构造空树映射
    {
        this.set = new BinarySortTree<SortedKeyValue<K, V>>();// 构造空二叉排序树
    }
    public V get(K key)                                       // 返回关键字 key 映射的值
    {
        SortedKeyValue<K,V> kv = new SortedKeyValue<K, V>(key, value);
        TriNode<SortedKeyValue<K, V>> find = this.set.searchNode(kv);        // 查找
        return find!=null ? find.data.value : null;           // 查找成功，则返回值，否则返回 null
    }
    public V put(K key, V value)                              // 添加映射元素，关键字相同时，替换值
    {
        SortedKeyValue<K,V> kv = new SortedKeyValue<K, V>(key, value);
        if(!this.set.add(kv))                                 // 插入不成功，表示关键字重复
            this.set.searchNode(kv).data.value = value;       // 查找关键字重复元素，替换值
        return value;
    }
    public V remove(K key)                                    // 删除关键字为 key 的元素，返回被删除元素的值
    {
        return this.set.remove(new SortedKeyValue<K, V>(key, null)).value;
    }
}
```

【例 8.4】 统计文本中各字符的出现次数，采用树映射。

设字符串为"public class"，统计其中字符及出现次数，采用二叉排序树存储的树映射如图 8-29 所示。修改例 8.3 的 charCount(text)方法中的以下语句，使用树映射存储，算法同例 8.3。

```
Map<String, Integer> map=new TreeMap<String, Integer>();
```

由于 String 类实现了 Comparable<String>接口，因此满足 TreeMap<String, Integer>树映射类对关键字类型可比较对象大小的要求。

【典型案例 8-6】 黑名单与通讯录，电话号码的集合与映射。

（1）集合与映射

手机中存储了两类电话号码集合：黑名单和通讯录，都要快速地查找、插入和删除。

① 黑名单：电话号码的集合，元素只有"电话号码"关键字，元素不相同；查找结果是"在"或"否"两种状态之一；不用显示集合元素。

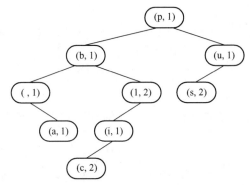

图 8-29 统计"public class"字符串中字符及其出现次数，采用树映射（二叉排序树）

② 通讯录：映射，映射元素为(姓名，电话号码)。支持双向映射如下：

❖ 姓名➜电话号码映射，按姓名（汉字按拼音次序）排序显示映射元素。

❖ 电话号码➜姓名映射，不用显示映射元素。

手机使用黑名单与通讯录的执行流程如图 8-30 所示。

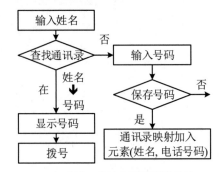

(a) 打电话，从姓名到号码的映射

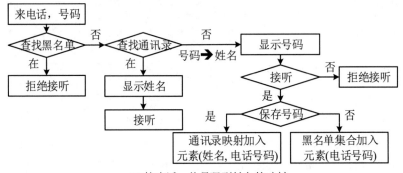

(b) 接电话，从号码到姓名的映射

图 8-30 手机使用黑名单与通讯录的执行流程

进一步研究通讯录的一人多号问题。

（2）分块与动态索引

如果黑名单集合与通讯录映射的数据量较大，可采取多种分块策略，建立索引表。

① 黑名单集合，以电话号码的区号分块，索引表采用散列映射，每块采用散列集合存储。

② 通讯录映射，姓名➜电话号码映射，以姓名的姓氏（或汉字姓氏拼音首字母）分块。

③ 通讯录映射，姓名➜电话号码映射，或按以下树结构（广义表表示）的人物关系分块。

全部(家人，同学(中学同学，大学同学，研究生同学)，同事(计算机系，通信系)，朋友)

（3）一人多号问题

修改映射元素：映射元素(姓名，电话号码线性表)，实现通讯录的一人多号问题。

习 题 8

1. 查找基础

8-1　怎样表示查找条件？查找结果有哪些表示方式？各用什么数据类型表示？

8-2　如何衡量查找算法的效率？什么是平均查找长度 $ASL_{成功}$ 和 $ASL_{不成功}$？

8-3　顺序查找算法用什么方法确定两个元素是否相等？有什么优点和缺点？适用于哪些数据结构？为什么？线性表（长度 n）的顺序查找算法，$ASL_{成功}$ 和 $ASL_{不成功}$ 各是多少？

8-4　查找是哪些操作的基础和前提？为什么？

8-5　顺序表、单链表、循环双链表的 remove(key)方法能否先调用 search(key)方法来确定需删除的 key 元素的位置？为什么？

8-6　排序线性表（长度 n）能否直接使用线性表的顺序查找算法？为什么？用什么方法确定两个元素是否相等？算法实现有什么特点？$ASL_{成功}$ 和 $ASL_{不成功}$ 各是多少？

8-7　有哪些数据结构可以存储什么特性的集合？

8-8　有哪些支持快速查找的数据结构？各采取什么措施提高查找效率？适用于哪些场合？

2. 二分法查找

8-9　二分法查找算法是怎样的？适用于什么情况？是否适用于单链表？为什么？

8-10　排序关键字序列{5, 12, 18, 20, 37, 43, 55, 61, 69, 73, 85, 96}，采用二分法查找算法，查找 37 和 75 分别与哪些元素比较？画出相应的二叉判定树，计算 $ASL_{成功}$ 和 $ASL_{不成功}$。画出 15 个元素二分法查找的二叉判定树。

8-11　二分法查找的二叉判定树与完全二叉树有哪些相同特点？

3. 索引

8-12　什么是索引？生活中常见的索引有哪些？实现索引机制的数据结构是怎样的？具有什么特点？采用什么策略对数据进行有效组织？怎样实现快速查找？

4. 散列

8-13　散列表的设计思想是什么？两个关键问题是什么？好的散列函数的标准是什么？为什么说冲突是不可避免的？怎样解决冲突？

8-14　设散列表采用链地址法，初始容量 length 为 10；散列函数采用除留余数法 hash(key)= key % length；装填因子为 0.75，散列表容量以 2 倍扩充。由关键字序列{16, 75, 60, 43, 54, 90, 46, 31, 27, 88, 64, 50, 16}构造散列表，分别画出扩容前状态图和最终状态图，计算 $ASL_{成功}$。

8-15　散列表能够存储具有什么特点的集合？

5. 二叉排序树和平衡二叉树

8-16　什么是二叉排序树？二叉排序树的查找操作是怎样的？与普通二叉树的查找操作有何差别？

8-17　将 1～9 填入图 8-31 所示的二叉树中，构造二叉排序树。

8-18　画出由关键字序列{50, 16, 74, 60, 43, 16, 90, 46, 31, 29, 88, 71, 64, 13, 65}构造的二叉排序

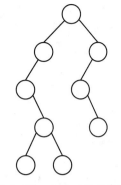

图 8-31　构造二叉排序树

树，计算 $ASL_{成功}$。执行删除 50、再插入 50 操作后，画出操作后的二叉排序树。

8-19　二叉排序树能够存储具有什么特点的集合？

8-20　画出以序列 {25,27,30,12,11,18,14,20,15,22} 构造的一棵平衡二叉树，计算 $ASL_{成功}$。

6. 映射

8-21　什么是映射？映射适用于什么场合？

8-22　什么是散列映射？能否插入关键字相同的元素？如何替换关键字相同的元素？

8-23　什么是树映射？它与散列映射有什么不同？树映射适用于什么场合？

实验8　集合和映射的数据结构设计和查找算法设计

1. 实验目的和要求

目的：① 掌握各种数据结构的查找算法设计，计算 $ASL_{成功}$。

② 掌握索引、散列表、二叉排序树、映射等支持快速查找的数据结构和查找算法。

③ 根据数据元素集合的特性和操作要求，选择合适的支持快速查找的数据结构，解决实际应用问题。

重点：二分法查找，索引，散列表，二叉排序树，映射。

难点：散列表，二叉排序树，映射。

2. 实验题目

8-1　以下对二叉树操作的算法是否合理？为什么？如何实现该功能？

```java
// 判断一棵二叉树是否为二叉排序树
public static<T extends Comparable<? super T>> boolean isSorted(BinaryTree<T> bitree)
{
    return isSorted(bitree.root);
}
// 判断以 p 为根的子树是否为二叉排序树，先根次序遍历，递归方法
private static<T extends Comparable<? super T>> boolean isSorted(BinaryNode<T> p)
{
    if(p==null)
        return true;
    if((p.left==null || p.left!=null && p.data.compareTo(p.left.data)>0) &&
                    (p.right==null || p.right!=null && p.data.compareTo(p.right.data)<0))
        return isSorted(p.left) && isSorted(p.right);
    return false;
}
```

8-2　TriBinaryTree<T> 三叉链表存储的二叉树类声明以下成员方法，迭代遍历。

```java
public void previousInorder()              // 中根次序遍历二叉树（降序），输出所有结点元素
public TriNode<T> infixLast(TriNode<T> p)  // 返回以 p 为根的子树中根次序遍历最后一个结点
```

```
public TriNode<T> infixPrevious(TriNode<T> p)       // 返回 p 在中根次序下的前驱结点
public TriNode<T> preNext(TriNode<T> p)             // 返回 p 在先根次序下的后继结点
```

3. 课程设计题目

（1）索引与散列集合

8-1 Java 关键字集合的存储与查找，一题多解，比较各种方法的特点和查找算法效率。

① 实现位图索引的字典类，提供分块查找算法，见典型案例 8-3。

② 使用散列表存储 Java 关键字集合。

8-2* HashSet<T>散列集合类，计算 $ASL_{成功}$ 和实现集合运算。

① 增加以下成员方法。

```
public String toString()                    // 返回散列表所有元素的描述字符串，形式为 "(,)"
// 以下按散列表结构输出所有元素，并输出 ASL成功 的计算公式和结果，每项格式是 "查找次数×元素个数"
// 各项按 "查找次数" 值升序排序。使用散列映射统计 "查找次数" 相同的元素个数
public void printAll()
```

② 实现例 1.1 的 Set<T>接口声明的集合运算方法，包括集合相等、包含、并、差、交等。"集合相等" 是指两个集合中的元素相同，在散列表中的存储位置可以不同。

（2）二叉排序树，默认三叉链表存储，使用 parent 链

8-3** BinarySortTree<T>二叉排序树类声明以下成员方法。

```
public void printASL()          // 输出 ASL成功 的计算公式（显示每层的查找次数×结点个数）及结果
```

一题多解：

① 先根次序遍历获得结点层次（即查找次数）。先根次序遍历算法有：递归算法，使用栈，* 使用 parent 链迭代。使用散列映射统计同一层次的结点数。

② 层次遍历进行计算。

8-4*** BinarySortTree<T>二叉排序树类存储排序集合：

① 实现例 1.1 的 Set<T>接口声明的集合运算方法，包括集合相等、包含、并、差、交等。要求二叉树一次遍历效率。

② 使用 parent 链分别实现先根和中根次序迭代遍历，输出遍历序列，以明确二叉排序树形态。

8-5*** 采用二叉链表存储结构实现二叉排序树，存储排序集合，实现 Set<T>接口声明的集合运算方法，见课程设计题目 8-4。说明与三叉链表存储二叉排序树的差别。

8-6**** 声明平衡二叉树类，实现平衡二叉树的查找、插入和删除*等操作。比较二叉排序树和平衡二叉树的查找效率。

（3）TriBinaryTree<T>三叉链表存储的二叉树类，使用 parent 链

8-7*** TriBinaryTree<T>三叉链表存储的二叉树类，使用 parent 链实现以下功能：

① 分别以先根、中根和后根次序迭代遍历，输出遍历序列，输出空子树，显示二叉树形态。

② 比较相等、深拷贝，以先根次序迭代遍历二叉树。

（4）映射

8-8 月份字典的静态索引与映射。

已知英文月份集合和星期集合如下：

```
月份集合: (January, February, March, April, May, June, July, August, September, October, November, December)
简写月份集合: (Jan, Feb, Mar, Apr, May, Jun, Jul, Aug, Sep, Oct, Nov, Dec)
星期集合: (Monday, Tuesday, Wednesday, Thursday, Friday, Saturday, Sunday)
```

英文月份在计算日期时很困难，采用以下方法将它们转换成对应的月份值。

① 稀疏索引的字典映射。月份字典的静态索引存储结构如图 8-32 所示，二级索引结构。

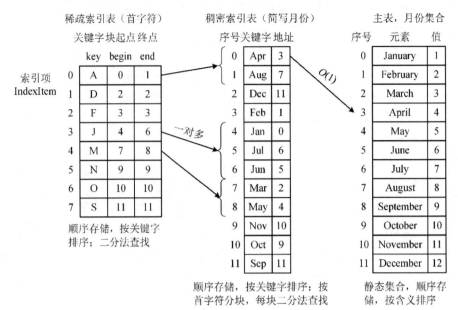

图 8-32　月份字典，静态索引，二级索引结构

② 分别采用散列映射、树映射存储月份字典，根据月份字符串获得对应的月份值。

8-9**　映射的设计及应用，统计文本中各单词的出现次数。

① 实现 HashMap<K, V>散列映射类的 keySet()、values()等方法。

② 分别采用散列映射和树映射实现以下方法。

```
// 统计 text 中各单词的出现次数，单词包含大小写字母，以其他字符分隔
public static Map<String, Integer> wordCount(String text)
```

8-10**　映射的设计及应用，统计单链表中各单词的出现次数。

① 实现 TreeMap<K,V>树映射类的 keySet( )、values( )等方法。

② 分别采用散列映射和树映射实现以下方法。

```
public static<K> Map<K, Integer> keyCount(SinglyList<K> list)      // 统计 list 中各元素的出现次数
```

有省份线性表 list，统计其中各省的人数结果如下，关键字是省份字符串。

```
省份线性表 list: {"江苏","安徽","广东","江西","安徽","广东","江苏","江苏"}
统计结果 map: ((安徽,2),(广东,2),(江苏,3),(江西,1))
```

8-11*****　使用平衡二叉树实现树映射，并举例应用，如统计个数。

（5）实际应用问题

8-12**　典型案例 8-6 的黑名单与通讯录中，选择效率最高的数据结构存储电话号码的集合与映射，实现动态索引，实现图 8-30 的执行流程。

8-13　汽车牌照集合与映射，说明如下。

① 学校等单位，存储映射，使用集合

<1> 存储员工汽车牌照映射，元素(汽车牌照，姓名，电话号码，…)，元素各不相同，支持插入、删除操作。校内发现有汽车违章停车时，先查找，再给员工手机发短信提醒。

<2> 汽车进校门时，拍摄获得牌照，在"汽车牌照集合"中查找，结果为"是/否"，若查找成功，则是员工汽车，放行进入；否则，校外汽车，换证。

② 停车场，使用映射

<1> 汽车进门，拍摄获得牌照，在"汽车牌照映射"中插入"元素(汽车牌照, 进入时间, 停车位置)"，元素各不相同，保存进入时间，指引空车位。

<2> 停车，记录停车位置。

<3> 自助缴费，输入汽车牌照，根据进入时间和当前时间计算费用，缴费。

<3> 申请导航服务，根据停车位置和用户当前位置计算取车的最短路径。

<4> 出门，拍摄获得牌照，查找，若已缴费，则放行，否则补缴费。删除操作。

选择效率最高的数据结构存储集合与映射，实现动态索引，画出执行流程并实现。

第9章 排 序

排序（sort）是指将数据元素按照指定关键字的大小递增/递减次序重新排列。排序是线性表、二叉树等数据结构的一种基本操作，排序可以提高查找效率。

本章目的： ① 在线性表顺序存储结构背景下的排序操作，研究 4 种思路、7 种排序算法，理解"算法"含义，二叉树的排序见 8.4.1 节；② 将排序算法应用到线性表的链式存储结构；③ 通过学习多种排序算法，体会同一种排序操作的不同算法设计；通过比较各排序算法对于数据存储结构的要求，体会算法设计不依赖于数据存储结构，而算法实现依赖于数据存储结构；通过分析排序算法的效率，研究进一步提高算法性能的方法。

本章要求： ① 理解插入排序、交换排序、选择排序和归并排序的算法设计思路和算法实现手段，掌握排序算法时间复杂度和空间复杂度的分析方法，具备设计排序算法的能力；② 每种算法都有自己的特点和巧妙之处，我们可以从中学到一些程序设计思想和技巧理解查找概念，掌握提高查找效率的方法，掌握查找算法的效率分析。

本章重点和难点： 希尔排序，快速排序，堆排序，归并排序。

实验要求： 希尔排序，快速排序，堆排序，归并排序；线性表链式存储结构的排序算法。

9.1 插入排序

插入排序（insertion sort）算法思路是，每趟将一个元素，按其关键字值的大小，插入前面已排序的子序列，以此重复，直到插入全部元素。

插入排序算法有直接插入排序、二分法插入排序和希尔排序。

9.1.1 直接插入排序

1. 直接插入排序算法描述

直接插入排序（straight insertion sort）算法描述如下，设线性序列是 $\{a_0, a_1, \cdots, a_{i-1}, a_i, \cdots, a_{n-1}\}$。

① 第 i（$1 \leqslant i < n$）趟，设前 i 个元素构成的 $\{a_0, a_1, \cdots, a_{i-1}\}$ 子序列是排序的，将元素 a_i 插入 $\{a_0, a_1, \cdots, a_{i-1}\}$ 的适当位置，使插入后的子序列仍然是排序的，a_i 的插入位置由关键字比较大小

确定。

② 重复执行①，n 个元素共需进行 $n-1$ 趟排序，每趟将一个元素 a_i 插入前面的子序列。

关键字序列{32, 26, 87, 72, 26*, 17}的直接插入排序（升序）过程如图 9-1 所示，以"*"区别两个关键字相同元素，其中{}表示已排序子序列。

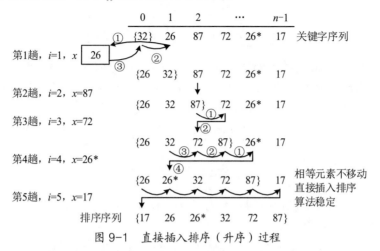

图 9-1　直接插入排序（升序）过程

2．直接插入排序算法实现

直接插入排序算法实现如下。

```java
public static void insertSort(int[] keys, boolean asc) // 直接插入排序, asc 取值true（升序）、false（降序）
{
    for(int i=1; i<keys.length; i++)            // n-1 趟, 依次向前插入 n-1 个数
    {
        int x = keys[i], j;                     // 每趟将 keys[i]插入到前面排序子序列中
        for(j=i-1; j>=0 && (asc ? x<keys[j] : x>keys[j]); j--)
            keys[j+1] = keys[j];                // 将前面较大/小元素向后移动
        keys[j+1] = x;                          // x 值到达插入位置
    }
}
```

为了突出算法，9.1～9.4 节采用 int 数组演示各种排序算法，数组元素只包含数据元素的关键字，由关系运算比较整数大小，默认升序；通过方法参数传递数组引用，在方法体中改变元素值，将作用于实际参数数组。这些排序算法适用于对象数组 T[]，声明如下。其中，由 compareTo(T)方法比较对象大小，方法体省略。

```java
public static <T extends Comparable<? super T>> void insertSort(T[] value) // 对象数组直接插入排序（升序）
```

3．直接插入排序算法分析

衡量排序算法性能的重要指标是排序算法的时间复杂度和空间复杂度，排序算法的时间复杂度由算法执行中的元素比较次数和移动次数确定。

设数据序列有 n 个元素，直接插入排序算法执行 $n-1$ 趟，每趟的比较次数和移动次数与数据序列的初始排列有关。以下 3 种情况分析直接插入排序算法的时间复杂度。

① 最好情况，一个排序的数据序列，如{1, 2, 3, 4, 5, 6}，每趟元素 a_i 与 a_{i-1} 比较 1 次，移动 2 次（keys[i]到 x，再返回）。直接插入排序算法比较次数为 $n-1$，移动次数为 $2(n-1)$，时间

复杂度为 $O(n)$。

② 最坏情况，一个反序排列的数据序列，如{6, 5, 4, 3, 2, 1}，第 i 趟插入元素 a_i 比较 i 次，移动 $i+2$ 次。直接插入排序算法比较次数 C 和移动次数 M 计算如下，时间复杂度为 $O(n^2)$。

$$C = \sum_{i=1}^{n-1} i = \frac{n \times (n-1)}{2} \approx \frac{n^2}{2}$$

$$M = \sum_{i=1}^{n-1} (i+2) = \frac{(n-1) \times (n+4)}{2} \approx \frac{n^2}{2}$$

③ 随机排列，一个随机排列的数据序列，第 i 趟插入元素 a_i，等概率情况下，在子序列 $\{a_0, a_1, \cdots, a_{i-1}\}$ 中查找 a_i 需平均比较 $(i+1)/2$ 次，插入 a_i 需平均移动 $i/2$ 次。直接插入排序算法比较次数 C 和移动次数 M 计算如下，时间复杂度为 $O(n^2)$。

$$C = \sum_{i=1}^{n} \frac{i+1}{2} = \frac{1}{4} n^2 + \frac{3}{4} n + 1 \approx \frac{n^2}{4}$$

$$M = \sum_{i=1}^{n} \frac{i}{2} = \frac{n \times (n+1)}{4} \approx \frac{n^2}{4}$$

总之，直接插入排序算法的时间效率为 $O(n) \sim O(n^2)$。数据序列的初始排列越接近有序，直接插入排序的时间效率越高。

直接插入排序算法中的 x 占用一个存储单元，空间复杂度为 $O(1)$。

4．排序算法的稳定性

排序算法的稳定性指关键字重复情况下的排序性能。设两个元素 a_i 和 a_j（$i<j$），a_i 位于 a_j 之前，它们的关键字相等 $k_i = k_j$；排序后，如果 a_i 仍在 a_j 之前，则称该排序算法稳定（stable）。

例如，图 9-1 在排序前后，关键字 26 与 26*的次序没有改变。在直接插入排序算法中，关键字相等的元素会相遇，进行比较，算法不改变它们的原有次序。因此，直接插入排序算法是稳定的。但是，如果直接插入排序算法中内层 for 语句的循环条件写成如下，当关键字相等时也移动元素，则导致排序算法不稳定。

```
for(j=i-1; j>=0 && (asc ? x<=keys[j] : x>=keys[j]); j--)
```

5．二分法插入排序

直接插入排序的每一趟，将元素 a_i 插入前面的一个排序子序列中，其中采用顺序查找算法寻找 a_i 的插入位置。此时，子序列是顺序存储且排序的，这两条正好符合二分法查找要求。因此，用二分法查找代替直接插入排序中的顺序查找，则构成二分法插入排序。

9.1.2　希尔排序

希尔排序（shell sort）是 D.L.Shell 在 1959 年提出的，又称为缩小增量排序（diminishing increment sort），基本思路是分组的直接插入排序。

由直接插入排序算法分析可知，若数据序列越接近有序，则时间效率越高；再者，当元素数量 n 较小时，时间效率也较高。希尔排序正是基于这两点对直接插入排序算法进行改进。

1．希尔排序算法描述

希尔排序算法描述如下：

① 将一个数据序列分成若干组，每组由若干相隔一段距离（称为增量）的元素组成，在一个组内采用直接插入排序算法进行排序。

② 增量初值通常为数据序列长度的一半，以后每趟增量减半，最后值为 1。随着增量逐渐减小，组数也减少，组内元素个数增加，数据序列接近有序。

关键字序列{39, 55, 65, 97, 27, 76, 27, 13, 19}的希尔排序（升序）过程如图 9-2 所示，序列长度 *n*=9，增量 delta=*n*/2=4，序列分为 4 组进行直接插入排序；之后每趟增量 delta/=2 以减半规律变化，经过 3 趟完成排序。

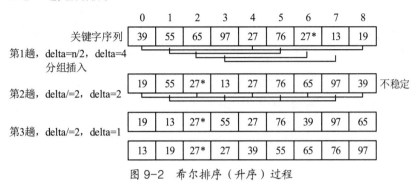

图 9-2 希尔排序（升序）过程

2．希尔排序算法实现

希尔排序算法实现如下。

```
public static void shellSort(int[] keys)                     // 希尔排序（升序）
{
    for(int delta=keys.length/2;  delta>0;  delta/=2)        // 若干趟，控制增量每趟减半
    {
        for(int i=delta; i<keys.length; i++)                 // 一趟分若干组，每组直接插入排序
        {
            int x = keys[i], j;                              // keys[i]是当前待插入元素
            for(j=i-delta;  j>=0 && x<keys[j];  j-=delta)    // 循环组内直接插入排序，寻找插入位置
                keys[j+delta] = keys[j];                     // 每组元素相距 delta 远
            keys[j+delta] = x;                               // 插入元素
        }
    }
}
```

希尔排序算法有三重循环。

① 最外层循环 for 语句以增量 delta 变化控制，进行若干趟排序，delta 初值为序列长度 *n*/2，以后每趟减半，直至为 1。

② 中间循环 for 语句进行一趟排序，序列分为 delta 组，每组由相距 delta 远的 *n*/delta 个元素组成，每组元素分别进行直接插入排序。

③ 最内层循环 for 语句进行一组直接插入排序，将一个元素 keys[*i*]插入其所在组前面的排序子序列。

3．希尔排序算法分析

希尔排序算法增量的变化规律有多种方案。上述增量减半是一种可行方案。一旦确定增量的变化规律，则一个数据序列的排序趟数就确定了。初始当增量较大时，一个元素与较远的另一个元素进行比较，移动距离较远；当增量逐渐减小时，元素比较和移动距离较近，数据序列则接近有序。最后一次，与相邻位置元素比较，决定排序的最终位置。

希尔排序算法的时间复杂度分析比较复杂，实际所需的时间取决于具体的增量序列。希尔排序算法的空间复杂度为 $O(1)$。

希尔排序算法在比较过程中，会错过关键字相等元素的比较，如图 9-2 的第 1 趟，将 27* 插入前面的排序子序列，则跳过关键字相等元素 27，两者没有机会比较，算法不能控制稳定。因此，希尔排序算法不稳定。

9.2 交换排序

交换排序算法思路是，比较两个元素大小，如果反序，则交换。
交换排序算法有两种：冒泡排序和快速排序。

9.2.1 冒泡排序

1．冒泡排序算法描述

<u>冒泡排序</u>（bubble sort）算法描述：比较相邻两个元素大小，如果反序，则交换。若按升序排序，每趟将数据序列中的最大元素交换到最后位置，就像气泡从水里冒出一样。

关键字序列 $\{32, 26, 87, 72, 26*, 17\}$ 的冒泡排序（升序）过程如图 9-3 所示，{}表示排序子序列。

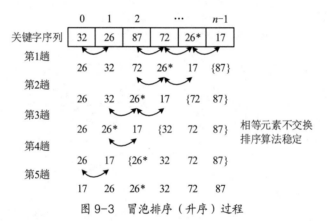

图 9-3 冒泡排序（升序）过程

2．冒泡排序算法实现

冒泡排序算法实现如下，两重循环，外层 for 循环控制最多 $n-1$ 趟扫描，内层 for 循环进行一趟扫描的比较和交换。

```java
private static void swap(int[] keys, int i, int j) // 交换 keys[i]与 keys[j]元素，i、j 范围由调用者控制
{
    int temp = keys[j];
    keys[j] = keys[i];
    keys[i] = temp;
}
public static void bubbleSort(int[] keys)          // 冒泡排序（升序）
{
    boolean exchange=true;                         // 是否有交换的信号量
```

```
    for(int i=1; i<keys.length && exchange; i++)        // 有交换时再进行下一趟，最多 n-1 趟
    {
        exchange=false;                                  // 假定元素未交换
        for(int j=0; j<keys.length-i; j++)               // 一趟比较、交换
        {
            if(keys[j]>keys[j+1])                        // 相邻元素比较，若反序，则交换
            {
                swap(keys, j, j+1);
                exchange=true;                           // 有交换
            }
        }
    }
}
```

其中，使用 exchange 变量作为是否有交换的信号量，控制是否继续下一趟排序。如果一趟扫描没有数据交换，则排序完成，不必进行下一趟。例如，图 9-4 所示关键字序列冒泡排序过程少于 n-1 趟。

图 9-4 使用 exchange 变量作为有交换的信号量

3．冒泡排序算法分析

冒泡排序算法分析如下。

① 最好情况，数据序列排序，只需一趟扫描，比较 n 次，没有数据移动，时间复杂度为 $O(n)$。

② 最坏情况，数据序列随机排列和反序排列，需要 n-1 趟扫描，比较次数和移动次数都是 $O(n^2)$，时间复杂度为 $O(n^2)$。

总之，数据序列越接近有序，冒泡排序算法时间效率越高，为 $O(n) \sim O(n^2)$。

冒泡排序需要一个辅助空间用于交换两个元素，空间复杂度为 $O(1)$。

冒泡排序算法稳定。

【思考题 9-1】 冒泡排序算法是如何保证排序算法稳定性的？如果冒泡排序算法中判断元素大小的条件语句写成如下，执行结果将会怎样？举例说明。

```
if(keys[j]>=keys[j+1])
```

4．分析冒泡排序效率低的原因

进一步分析冒泡排序。图 9-3 的第 1 趟扫描，元素 87 在相邻位置间经过若干次连续的交换到达最终位置的过程如图 9-5 所示。

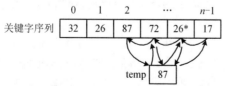

图 9-5 冒泡排序中的数据交换过程

已知一次交换需要 3 次赋值,元素 87 从 keys[2]经过 temp 到达 keys[3],再从 keys[3]经过 temp 到达 keys[4]……直到 keys[5],其间多次到达 temp 再离开,因此存在重复的数据移动。以下快速排序算法希望尽可能地减少这样重复的数据移动。

9.2.2 快速排序

快速排序算法采取分治策略进行排序。

1. 快速排序算法描述

快速排序(quick sort)算法描述:在数据序列中选择一个元素作为基准值,每趟从数据序列的两端开始交替进行,将小于基准值的元素交换到序列前端,将大于基准值的元素交换到序列后端,介于两者之间的位置则成为基准值的最终位置。同时,序列被划分成两个子序列,再分别对两个子序列进行快速排序,直到子序列长度为 1,则完成排序。

关键字序列{39, 39*, 97, 75, 61, 19, 26, 49}快速排序(升序)第一趟划分过程如图 9-6 所示,其中{}中的为待排序子序列。

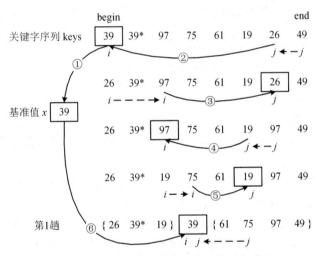

图 9-6 快速排序(升序)第一趟划分过程

对存于 keys 数组 begin~end 之间的子序列进行一趟快速排序,设 i、j 下标分别从子序列的前后两端开始,i=begin,j=end,划分算法描述如下:

① 选取子序列第一个元素 keys[i]即 39 作为基准值 x,空出 keys[i]元素位置。

② 在子序列后端寻找小于基准值的元素,交换到序列前端。即比较 keys[j]元素 26 与基准值,若小,则将 keys[j]元素 26 移动到序列前端 keys[i]位置,i 自增,此时 keys[j]位置空出。

③ 在子序列前端寻找大于基准值的元素,交换到序列后端。再比较 keys[i]元素与基准值,若大,则将 keys[i]元素 97 移动到序列后端的 keys[j]位置,j 自减,keys[i]位置空出。不移动与基准值相等元素。

④ 重复执行②、③,直到 i=j,表示子序列中的每个元素都与基准值比较过了,并已将小于基准值的元素移动到前端,将大于基准值的元素移动到后端,当前 i(j)位置则是基准值的最终位置。观察图 9-6 的数据移动情况,一趟划分过程中,只用 6 次赋值,就使 5 个元素移动了位置。

⑤ 一趟快速排序将数据序列划分成两个子序列，范围分别为 begin～j-1、i+1～end。每个子序列均较短，再对两个子序列分别进行快速排序，直到子序列长度为1。

⑥ 这样就完成了第一趟排序。

上述数据序列的快速排序（升序）过程如图 9-7 所示，其中{}中的为待排序子序列。

```
                  0     1     2     3     4     5     6     7
关键字序列      │ 39 │ 39*   97    75    61    19    26    49

第1趟，下标0～7，x=38    { 26   39*   19 │ 39 │ { 61   75    97    49 }   不稳定

第2趟，下标0～2，x=26    { 19 │ 26 │{39*}  39   { 61   75    97    49 }

第3趟，下标4～7，x=61      19    26    39*   39   { 49 │ 61 │ { 97   75 }

第4趟，下标6～7，x=97      19    26    39*   39    49    61   { 75 │ 97 │
```

图 9-7 快速排序（升序）过程

快速排序算法采用分治策略对两个子序列分别进行快速排序，因此快速排序是递归算法。

2. 快速排序算法实现

快速排序算法实现如下。

```java
public static void quickSort(int[] keys)                    // 快速排序（升序）
{
    quickSort(keys, 0, keys.length-1);
}
// 对存于 keys 数组 begin～end 之间的子序列进行一趟快速排序（升序），递归算法
private static void quickSort(int[] keys, int begin, int end)
{
    if(begin>=0 && begin<end && end<keys.length)            // 序列有效
    {
        int i=begin, j=end;                                 // i、j 下标分别从子序列的前后两端开始
        int x=keys[i];                                      // 子序列第一个值作为基准值 x
        while(i!=j)
        {
            while(i<j && keys[j]>=x)                         // 从后向前寻找较小值移动，不移动与基准值相等元素
                j--;
            if(i<j)
                keys[i++]=keys[j];                          // 子序列后端较小元素向前移动
            while(i<j && keys[i]<=x)                         // 从前向后寻找较大值移动，不移动与基准值相等元素
                i++;
            if(i<j)
                keys[j--]=keys[i];                          // 子序列前端较大元素向后移动
        }
        keys[i]=x;                                           // 基准值 x 到达最终位置
        quickSort(keys, begin, j-1);                        // 前端子序列再排序，递归调用
        quickSort(keys, i+1, end);                          // 后端子序列再排序，递归调用
    }
}
```

3. 快速排序算法分析

快速排序的执行时间与数据序列的初始排列及基准值的选取有关，分析如下。

① 最好情况，每趟排序将序列分成长度相近的两个子序列，时间复杂度为 $O(n\log n)$。

② 最坏情况，每趟将序列分成长度差异很大的两个子序列，时间复杂度为 $O(n^2)$。例如，设一个排序数据序列 $\{1,2,3,4,5,6,7,8\}$ 有 n 个元素，若选取序列的第一个值作为基准值，则第一趟排序结果为：$\{\}$ **1**, $\{2,3,4,5,6,7,8\}$，两个子系列 $\{\}$ 和 $\{2,3,4,5,6,7,8\}$ 的长度分别为 0 和 $n-1$。

这样必须经过 $n-1$ 趟才能完成排序，因此比较次数 $C=\sum\limits_{i=1}^{n-1}(n-i)=\dfrac{n\times(n-1)}{2}\approx\dfrac{n^2}{2}$。

快速排序选择基准值还有其他多种方法，如可以选取序列的中间值等。但由于序列的初始排列是随机的，不管如何选择基准值，总会存在最坏情况。

此外，快速排序还要在执行递归函数过程中花费一定的时间和空间，使用栈保存参数，栈所占用的空间与递归调用的次数有关，空间复杂度为 $O(\log_2 n)\sim O(n)$。

总之，当 n 较大且数据序列随机排列时，快速排序是"快速"的；当 n 很小或基准值选取不合适时，快速排序则较慢。快速排序算法是不稳定的。

【思考题 9-2】 快速排序算法没有移动与基准值 x 相等的元素，为什么会不稳定？

9.3 选择排序

选择排序算法思路是，每趟选择序列的最小/最大值，采取贪心选择策略。

选择排序算法有两种：直接选择排序和堆排序。

9.3.1 直接选择排序

1. 直接选择排序算法

直接选择排序（straight select sort）算法描述：第一趟从 n（$n>0$）个元素的数据序列中选出关键字最小/最大的元素并放到最前/后位置，下一趟再从 $n-1$ 个元素中选出最小/最大的元素并放到次前/后位置，以此类推，经过 $n-1$ 趟完成排序。

关键字序列 $\{39,97,26,19,39^*,15\}$ 的直接选择排序（升序）过程如图 9-8 所示。其中，i 表示子序列起始位置，min 表示最小元素位置，一趟扫描后将 min 位置元素交换到 i 位置，$\{\}$ 表示已排序子序列。

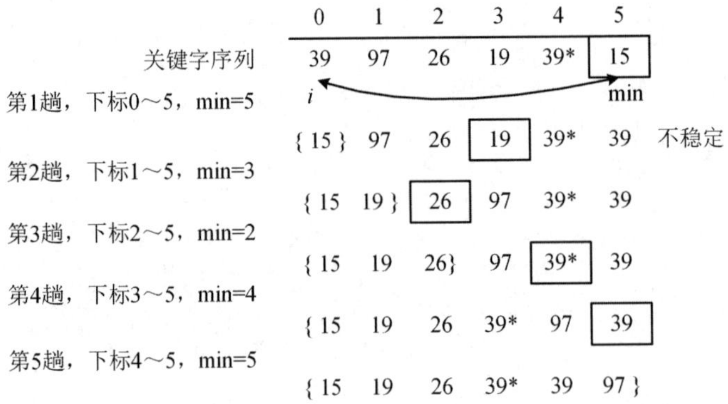

图 9-8 直接选择排序（升序）过程

直接选择排序算法实现如下。

```java
public static void selectSort(int[] keys)              // 直接选择排序（升序）
{
    for(int i=0;  i<keys.length-1;  i++)                // n-1 趟排序
    {
        int min=i;
        for(int j=i+1;  j<keys.length;  j++)            // 每趟在从 keys[i]开始的子序列中寻找最小元素
            if(keys[j]<keys[min])
                min = j;                                // min 记住本趟最小元素下标
        if(min!=i)                                      // 将本趟最小元素交换到前边
            swap(keys, i, min);                         // 交换 keys[i]与 keys[min]，方法见9.2.1节
    }
}
```

2．直接选择排序算法分析

直接选择排序的比较次数与数据序列的初始排列无关，第 i 趟排序的比较次数是 $n-i$；移动次数与初始排列有关，排序序列移动 0 次；反序排列的数据序列，每趟排序都要交换，移动 $3(n-1)$ 次。算法总比较次数为

$$C = \sum_{i=1}^{n-1}(n-i) = \frac{n \times (n-1)}{2} \approx \frac{n^2}{2}$$

时间复杂度为 $O(n^2)$。

直接选择排序的空间复杂度为 $O(1)$。直接选择排序算法不稳定。

9.3.2 堆排序

堆排序（heap sort）是改进的直接选择排序算法，使用最小/最大堆序列来选择最小/最大值，利用了完全二叉树的特性，提高了选择最小/最大值的效率。

1．堆的定义

设 n（$n>0$）个元素的数据序列 $\{k_0, k_1, \cdots, k_{n-1}\}$，当且仅当满足下列关系时，称为最小/大堆序列。

$$k_i \leqslant k_{2i+1} \text{ 且 } k_i \leqslant k_{2i+2} \quad \text{或} \quad k_i \geqslant k_{2i+1} \text{ 且 } k_i \geqslant k_{2i+2} \quad i = 0, 1, 2, \cdots, \left\lfloor \frac{n}{2} - 1 \right\rfloor$$

换言之，将 $\{k_0, k_1, \cdots, k_{n-1}\}$ 序列看成一棵完全二叉树的层次遍历序列，如图 9-9 所示。如果任意一个结点元素 $\leqslant$（或 $\geqslant$）其左右孩子结点元素，则称该序列为最小（或最大）堆序列，根结点值最小/最大。根据二叉树性质 5，完全二叉树中的第 i（$0 \leqslant i < n$）个结点，如果有孩子，则左孩子为第 $2i+1$ 个结点，右孩子为第 $2i+2$ 个结点。

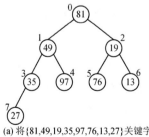
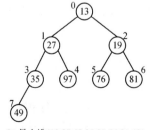
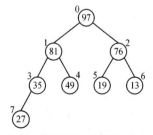

(a) 将{81,49,19,35,97,76,13,27}关键字序列看成完全二叉树的层次序列　　(b) 最小堆{13,27,19,35,97,76,81,49}　　(c) 最大堆{97,81,76,35,49,19,13,27}

图 9-9　最小/大堆及其完全二叉树

2．创建最小堆

在直接选择排序算法中，求一个数据序列的最小值，必须遍历序列，在比较所有元素后才能确定最小值，时间复杂度是 $O(n)$，效率较低。

如果将该数据序列"堆"成树状，约定父母结点值比孩子结点值小/大，则根结点值最小/最大，那么求最小/最大值的时间复杂度是 $O(1)$，效率明显提高。堆的树状结构只能是完全二叉树，因为只有完全二叉树才能顺序存储，二叉树性质 5 将一个数据序列映射到唯一的一棵完全二叉树。

由关键字序列{81, 76, 19, 49, 97, 81*, 13, 35}创建最小堆的过程如图 9-10 所示。

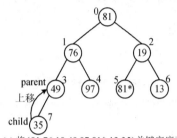

(a) 将{81,76,19,49,97,81*,13,35}关键字序列看成完全二叉树的层次序列，调整以49为根的子树

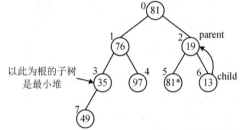

(b) {81,76,19,35,97,81*,13,49}，调整以19为根的子树

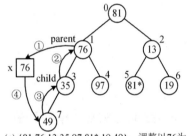

(c) {81,76,13,35,97,81*,19,49}，调整以76为根的子树，调整后76与76*的次序改变了

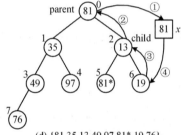

(d) {81,35,13,49,97,81*,19,76}，调整以81为根的子树

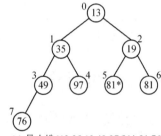

(e) 最小堆{13,35,19,49,97,81*,81,76}

图 9-10　创建最小堆过程

① 将一个关键字序列看成一棵完全二叉树的层次遍历序列，此时它不是堆序列。将这棵完全二叉树最深的一棵子树调整成最小堆，该子树的根是序列第 parent（$n/2-1$）个元素；在根的两个孩子中选出较小值（由 child 记得）并上移到子树的根。

② 重复①，从下向上依次将每棵子树调整成最小堆。如果一棵子树的根值较大，根值可能下移几层。最后得到该完全二叉树的层次遍历序列是一个最小堆序列。

创建了最小堆，不仅确定了一个最小值，求最小值的时间是 $O(1)$，还调整了其他元素；下次只要比较根的两个孩子结点值，就能确定次小值。因此提高了多次求最小值的算法效率。

最小/最大堆序列用于多次求极值的应用问题，如堆排序，其他应用见 10.3.3 节。

3．堆排序算法

直接选择排序算法有两个缺点：① 选择最小值效率低，必须遍历子序列，比较了所有元素后才能选出最小值；② 每趟将最小值交换到前面，其余元素原地不动，下一趟没有利用前一趟的比较结果，需要再次比较这些元素，重复比较很多。

堆排序改进直接选择排序算法，采用最小/最大堆选择最小/最大值。

堆排序算法分以下两个阶段：

① 将一个数据序列建成最小/最大堆，则根结点值最小/最大。

② 进行选择排序，每趟将最小/最大值（根结点值）交换到后面，再将其余值调整成堆，以此重复，直到子序列长度为1，排序完成。使用最小/最大堆，得到的排序结果是降序/升序的。

以最小堆进行选择排序，上述数据序列前两趟堆排序（降序）过程如图9-11所示。

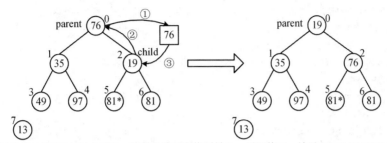

(a) 最小堆{13,35,19,49,97,81*,81,76}，将最小值13交换到最后，再调整76，结果{19,35,76,49,97,81*,81}, 13

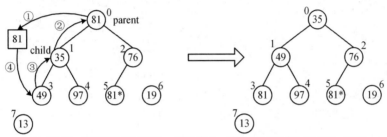

(b) 第2趟，将根值19与81交换，再调整81，结果{35,49,76,81,97,81*}, 19,13

图9-11 堆排序（降序）的前两趟

① 最小堆的根值13最小，将13交换到最后，13不参加下一趟排序，子序列右边界减1；再将以76为根的子序列调整成最小堆，只要比较根的两个孩子结点值35与19，就能确定次小值。将根值76向下调整，经过从根到叶子结点（最远）的一条路径。

② 重复①，将根值与keys[$n-i$]（$0 \leq i < n$）元素交换，再调整成最小堆，直到子序列长度为1，排序完成。上述数据序列的堆排序（降序）过程如下，{}中的为最小堆序列。

```
sift(0~6), {19, 35, 76, 49, 97, 81*, 81},  13
sift(0~5), {35, 49, 76, 81, 97, 81*},  19, 13
sift(0~4), {49, 81*, 76, 81, 97},  35, 19, 13
sift(0~3), {76, 81*, 97, 81},  49, 35, 19, 13
sift(0~2), {81, 81*, 97},  76, 49, 35, 19, 13
sift(0~1), {81*, 97},  81, 76, 49, 35, 19, 13          // 堆排序不稳定
sift(0~0), {97},  81*, 81, 76, 49, 35, 19, 13
```

实现堆排序算法如下，包括两个方法，heapSort()实现堆排序（降序），sift()调整为最小堆。

```
public static void heapSort(int[] keys)              // 堆排序（降序）
{
    for(int i=keys.length/2-1; i>=0; i--)            // 创建最小堆，根结点值最小
        sift(keys, i, keys.length-1);
    for(int i=keys.length-1; i>0; i--)               // 堆排序，每趟将最小值交换到后面，再调整成最小堆
    {
        swap(keys, 0, i);                            // 交换 keys[0]与 keys[i]，方法见9.2.1节
        sift(keys, 0, i-1);
    }
}
```

```
    }
    // 将 keys 数组中以 parent 为根的子树调整成最小堆，子序列范围为 parent～end
    private static void sift(int[] keys, int parent, int end)
    {
        int child = 2*parent+1;                               // child 是 parent 的左孩子
        int x = keys[parent];                                 // 当前子树的原根值
        while(child<=end)                                     // 沿较小值孩子结点向下筛选
        {
            if(child<end  &&  keys[child+1]<keys[child])      // 若右孩子值更小
                child++;                                      // child 记住孩子值较小者
            if(x>keys[child])                                 // 若父母结点值较大
            {
                keys[parent] = keys[child];                   // 则将较小孩子结点值上移
                parent = child;                               // parent、child 两者都向下一层
                child = 2*parent+1;
            }
            else
                break;
        }
        keys[parent] = x;                                     // x 调整后的位置
    }
```

4．堆排序算法分析

将一个数据序列调整为堆的时间复杂度为 $O(\log_2 n)$，因此堆排序的时间复杂度为 $O(n\log_2 n)$。堆排序的空间复杂度为 $O(1)$。堆排序算法不稳定。

9.4　归并排序

归并排序（merge sort）算法将相邻的两个排序子序列合并成一个排序子序列，分治策略。

1．归并排序算法描述

关键字序列{97, 82, 75, 53, 17, 61, 70, 12, 61*, 58, 26}的归并排序（升序）过程如图 9-12 所示。初始，将每个元素 key 看成一个排序子序列，其长度 n=1，{}中的为排序子序列；将相邻的两个排序子序列归并成一个排序子序列；重复该归并子序列操作，子序列长度加倍，n*=2，直到合并成一个排序序列。

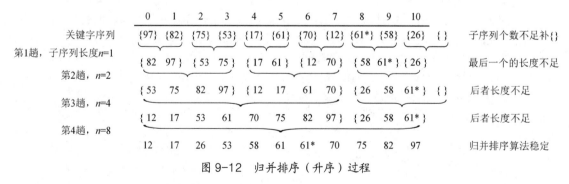

图 9-12　归并排序（升序）过程

2．归并排序算法实现

归并排序算法包括 3 个过程。

（1）一次归并

核心操作是一次归并，将 X 数组中相邻的两个排序子序列 $\{x_{begin1},\cdots,x_{begin1+n-1}\}$ 和 $\{x_{begin2},\cdots,x_{begin2+n-1}\}$ 归并（升序）到 Y 数组中，成为 $\{y_{begin1},\cdots,y_{begin2+n-1}\}$ 子序列，如图 9-13 所示。

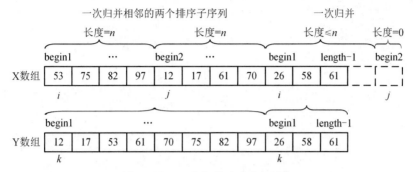

图 9-13　一次归并（升序）过程

声明 merge()方法如下，实现一次归并算法。

```
// 将X中分别以begin1、begin2开始的两个相邻子序列归并（升序）到Y中，子序列长度为n
private static void merge(int[] X, int[] Y, int begin1, int begin2, int n)
{
    int i=begin1, j=begin2, k=begin1;
    while(i<begin1+n && j<begin2+n && j<X.length)    // 将X中两个相邻子序列归并到Y中
    {
        if(X[i]<=X[j])                               // 将较小值复制到Y中
            Y[k++]=X[i++];
        else
            Y[k++]=X[j++];
    }
    while(i<begin1+n && i<X.length)                  // 将前一个子序列剩余元素复制到Y,序列长度可能不足n
        Y[k++]=X[i++];
    while(j<begin2+n && j<X.length)                  // 将后一个子序列剩余元素复制到Y中
        Y[k++]=X[j++];
}
```

（2）一趟归并

声明 mergepass()方法如下，实现一趟归并，执行若干次归并。

```
// 一趟归并，将X中若干相邻子序列两两归并（升序）到Y中，子序列长度为n
private static void mergepass(int[] X, int[] Y, int n)
{
    for(int i=0; i<X.length; i+=2*n)                 // 将X中若干相邻子序列归并到Y中
        merge(X, Y, i, i+n, n);                      // 一次归并
    print(Y);
}
```

（3）归并排序

声明 mergeSort(X[])方法如下，将 X 数组中的数据序列进行归并排序。其中，Y 是辅助数组，长度同数组 X；子序列长度 n 初值为 1，每趟归并后加倍，n*=2。一次 while 循环完成两

趟归并，数据序列从 X 到 Y，再从 Y 到 X，这样使排序后的数据序列仍在 X 数组中。

```java
public static void mergeSort(int[] X)              // 归并排序（升序）
{
    int[] Y = new int[X.length];                   // Y 数组长度同 X 数组
    int n=1;                                        // 排序子序列长度，初值为 1
    while(n<X.length)
    {
        mergepass(X, Y, n);                         // 一趟归并，将 X 中若干相邻子序列归并到 Y
        n*=2;                                       // 子序列长度加倍
        if(n<X.length)
        {
            mergepass(Y, X, n);                     // 一趟归并，将 Y 中若干相邻子序列再归并到 X
            n*=2;
        }
    }
}
```

3．归并排序算法分析

n 个元素归并排序，每趟比较 $n-1$ 次，数据移动 $n-1$ 次，进行 $\lceil \log_2 n \rceil$ 趟，时间复杂度为 $O(n \log_2 n)$。归并排序需要 $O(n)$ 容量的附加空间，与数据序列的存储容量相等，空间复杂度为 $O(n)$。归并排序算法稳定。

各种排序算法性能比较如表 9-1 所示，排序算法的时间复杂度为 $O(n \log_2 n) \sim O(n^2)$。

表 9-1　排序算法性能比较

算法思路	排序算法	时间复杂度	最好情况	最坏情况	空间复杂度	稳定性
插入	直接插入排序	$O(n^2)$	$O(n)$	$O(n^2)$	$O(1)$	✓
	希尔排序	$O(n(\log_2 n)^2)$			$O(1)$	✗
交换	冒泡排序	$O(n^2)$	$O(n)$	$O(n^2)$	$O(1)$	✓
	快速排序	$O(n \log_2 n)$	$O(n \log_2 n)$	$O(n^2)$	$O(\log_2 n)$	✗
选择	直接选择排序	$O(n^2)$	$O(n^2)$	$O(n^2)$	$O(1)$	✗
	堆排序	$O(n \log_2 n)$	$O(n \log_2 n)$	$O(n \log_2 n)$	$O(1)$	✗
归并	归并排序	$O(n \log_2 n)$	$O(n \log_2 n)$	$O(n \log_2 n)$	$O(n)$	✓

以上介绍了插入、交换、选择和归并等 7 个排序算法，直接插入排序、冒泡排序、直接选择排序等算法的时间复杂度为 $O(n^2)$，这些排序算法简单易懂，思路清楚，算法结构为两重循环，共进行 $n-1$ 趟，每趟排序将一个元素移动到排序后的位置。数据比较和移动在相邻的两个元素之间进行，每趟排序与上一趟之间存在较多重复的比较、移动和交换，因此排序效率较低。

另一类较快的排序算法有希尔排序、快速排序、堆排序及归并排序，这些算法设计各有巧妙之处，它们共同的特点是：与相距较远的元素进行比较，数据移动距离较远，跳跃式地向目的地前进，避免了许多重复的比较和移动。

9.5　线性表的排序算法

前面介绍的所有排序算法都适用于顺序表，只有部分排序算法适用于单/双链表。

9.5.1　顺序表的排序算法

声明 SortedSeqList<T>排序顺序表类如下，其中可用多种排序算法。

```
public class SortedSeqList<T extends Comparable<? super T>> extends SeqList<T>     // 排序顺序表（升序）类
{
    public SortedSeqList(T[] values)                    // 构造排序顺序表，由values数组提供元素，O(n²)
    {
        super(values.length);                           // 创建空顺序表，指定容量
        for(int i=0;  i<values.length;  i++)            // 直接插入排序，每趟插入1个元素
            this.insert(values[i]);                     // 调用子类覆盖的 insert(T)方法，按值插入元素，O(n)
    }
    public SortedSeqList(SeqList<T> list)               // 由顺序表 list 构造排序顺序表
    {
        super(list);                                    // 顺序表深拷贝，未复制元素对象 O(n)。
                    // 采用一种排序算法对顺序表的 this.element 数组元素进行排序，算法省略
                    // 需要访问 SeqList<T>的成员变量 element 和 n，因此两者的权限应设置为 protected
    }

    public int insert(T x)       // 插入 x，根据 x 的值顺序查找，确定插入位置，返回 x 序号。覆盖。方法体省略
    // 归并 this 和 list 排序顺序表，this+=list，结果为 this，不改变 list。一次归并算法。方法体省略
    public void merge(SortedSeqList<T> list)
    // 返回 this 和 list 归并后的排序顺序表，this+list 功能，不改变 this 和 list。一次归并算法。方法体省略
    public SortedSeqList<T> mergeWith(SortedSeqList<T> list)
}
```

9.5.2　单链表的排序算法

单链表可以采用直接插入排序、直接选择排序算法实现排序功能，还可采用一次归并算法归并两条排序单链表。

1．单链表的直接插入排序

2.4.2 节的排序单链表类 SortedSinglyList<T>在以下构造方法中，采用直接插入排序算法，每趟调用 insert(x)方法，将元素 x 插入 this 排序单链表。

```
public class SortedSinglyList<T extends Comparable<? super T>>  extends SinglyList<T>
{
    public SortedSinglyList(T[] values, boolean asc)           // 按值插入 values 数组元素，直接插入排序
    // 由单链表 list 构造，深拷贝，重载构造方法，O(n²)；asc 指定升/降序；list 可引用子类实例。
    public SortedSinglyList(SinglyList<T> list, boolean asc)
    {
        this(asc);                                             // 构造空排序单链表
        for(Node<T> p=list.head.next;  p!=null;  p=p.next)     // 直接插入排序算法，每趟插入1个元素
            this.insert(p.data);                               // 排序单链表按值插入，覆盖，O(n)
    }
}
```

调用语句如下，由单链表 list1 构造排序单链表如图 9-14 所示，深拷贝，复制了结点，没有复制对象。由单链表对象 list4 引用构造的这条排序单链表，父类对象引用子类实例。

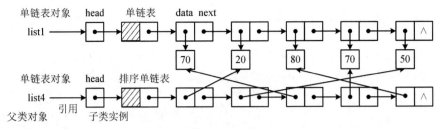

图 9-14 由单链表 list1 构造排序单链表，共用 list1 的元素对象

```
SinglyList<Integer> list1 = new SinglyList<Integer>(values);        // 单链表
// 由单链表 list1 构造排序单链表（升序），父类对象 list4 引用子类实例，赋值相容
SinglyList<Integer> list4 = new SortedSinglyList<Integer>(list1, true);
```

2. 单链表的直接选择排序

排序单链表类 SortedSinglyList<T>声明以下构造方法，也可采用直接选择排序算法。

```
public SortedSinglyList(SinglyList<T> list, boolean asc) // 由单链表 list 构造，深拷贝，直接选择排序，O(n²)
{
    super(list);                        // this 深拷贝 list 单链表
    this.asc = asc;
    ……                                 // 单链表的直接选择排序算法，省略
}
```

单链表的直接选择排序算法描述如图 9-15 所示，每趟 p 从 first 开始遍历到链尾，寻找到一个最小值结点 min，将最小值元素 min.data 交换到单链表前面，即与 first.data 交换引用，first=first.next，重复。不删除和插入结点。

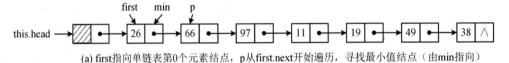

(a) first指向单链表第0个元素结点，p从first.next开始遍历，寻找最小值结点（由min指向）

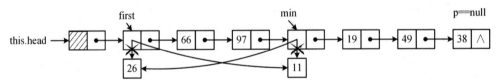

(b) p遍历完单链表，一趟直接选择排序，min指向最小值结点，交换min与first结点引用的元素

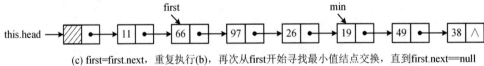

(c) first=first.next，重复执行(b)，再次从first开始寻找最小值结点交换，直到first.next==null

图 9-15 单链表的直接选择排序

3. 归并两条排序单链表

设 this 和 list 引用两条排序单链表（升序），将 list 中所有结点归并到 this 中，算法描述如图 9-16 所示，一次归并排序算法。设 p、q 分别遍历 this 和 list，front 指向 p 的前驱结点。

① 比较 p、q 结点元素大小，若 p 结点元素小，则继续比较 p 的后继结点；否则 p 结点元素大，将 q 结点插到 p 前（front 后）。

② 若 p、q 结点元素相等，则将 q 结点插到 p 结点前。

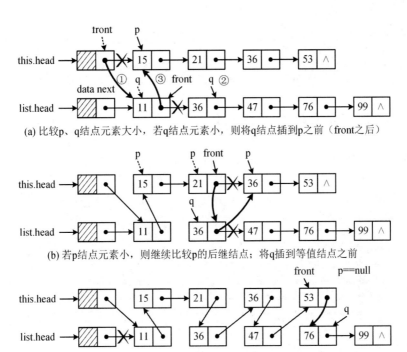

(a) 比较p、q结点元素大小，若q结点元素小，则将q结点插到p之前（front之后）

(b) 若p结点元素小，则继续比较p的后继结点；将q插到等值结点之前

(c) 当p==null且q!=null时，将q结点插到front之后，即将q之后list中剩余结点连接在this之尾。最后设置list为空单链表

图 9-16　归并两条排序单链表（升序）

③ 当 q==null 时，算法结束；当 p==null 且 q!=null 时，将 q 结点插到 front 后，即将 q 后的 list 中剩余结点连接在 this 尾。将两条排序单链表归并成一条，同时改变了两条单链表结点间的链接关系，归并后，参数链表 list 已不是原链表。因此归并后必须将 list 设置为空单链表。

归并两条排序单链表算法效率高于将一条排序单链表的所有元素按值插到另一条排序单链表。

SortedSinglyList<T>类声明以下 merge(list)方法，归并两条排序单链表。

```
// 将 list 所有结点归并到 this 中，this+=list，结果为 this，归并后设置 list 为空。一次归并算法
public void merge(SortedSinglyList<T> list)
{
    // 若 list.asc 与 this.asc 不同，则将 list 所有结点元素插入 this，直接插入排序。省略
    Node<T> front=this.head, p=front.next;         // p 遍历 this 单链表，front 是 p 的前驱
    Node<T> q=list.head.next;                        // q 遍历 list 单链表
    while(p!=null && q!=null)                         // 遍历两条排序单链表
    {
        if((p.data).compareTo(q.data)<0)             // 若 p 结点值小（升序，降序时 p 值大，省略），则 p 继续前进
        {
            front = p;
            p = p.next;
        }
        else                                         // 否则，将 q 结点插到 front 结点后
        {
            front.next = q;
            q = q.next;
            front = front.next;
            front.next = p;
        }
    }
```

```
    if(q!=null)                           // 将 list 中剩余结点并入 this 尾
        front.next=q;
    list.head.next=null;                  // 设置 list 为空单链表
}
```

9.5.3　循环双链表的排序算法

循环双链表的直接插入排序和直接选择排序算法同单链表。声明循环双链表类 SortedCirDoublyList<T>，继承循环双链表类，排序算法的成员方法声明如下，方法体省略。

```
// 排序循环双链表（升序）类，继承循环双链表类；T 或 T 的某个祖先类?实现 Comparable<?>接口
public class SortedCirDoublyList<T extends Comparable<? super T>> extends CirDoublyList<T>
{
    public SortedCirDoublyList()                      // 构造空排序循环双链表
    public SortedCirDoublyList(T[] values)            // 构造方法，直接插入排序或直接选择排序算法
    public SortedCirDoublyList(CirDoublyList<T> list) // 由循环双链表 list 构造，快速排序，递归算法
    public void merge(SortedCirDoublyList<T> list)    // 将 list 所有结点归并到 this 中，归并后设置 list 为空
    public SortedCirDoublyList<T> mergeWith(SortedCirDoublyList<T> list)  // 返回归并后的排序循环双链表
}
```

以下讨论快速排序和归并排序算法。

1. 循环双链表的快速排序

由循环双链表构造排序循环双链表（升序），采用快速排序算法描述如图 9-17 所示。

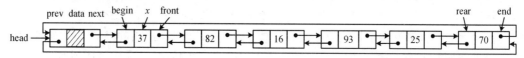

(a) 设begin、end指定子序列范围，x指向基准值，front、rear分别从两端开始寻找小于/大于基准值x的结点调整排序

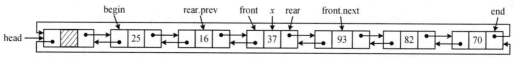

(b) 当front==rear时，表示一趟排序结束，将x交换到最终位置，下一趟两个子序列为begin～rear.prev和front.next～end

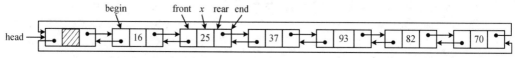

(c) 第二趟排序结束，基准值25到达最终位置，下一趟两个子序列为{16}和{}

(d) 当begin==end时，表示循环双链表为空，或者子序列只有一个结点，都不需要排序

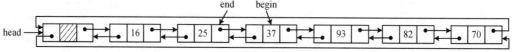

(e) 当begin==end.next时，表示子序列为空，不排序

图 9-17　循环双链表（升序）的快速排序算法

① 设 begin、end 指定子序列范围，最初分别指向循环双链表的第一个和最后一个结点；
x 指向子序列的第一个结点作为基准值。

② 设 front、rear 分别从子序列的两端开始，front 从前向后寻找小于基准值的结点，rear
从后向前寻找大于基准值 *x* 的结点，调整元素进行排序，当 front==rear 时，表示一趟排序结
束，将基准值 *x* 交换到最终位置，下一趟两个子序列范围为 begin～rear.prev 和 front.next～end。

③ 重复②，当 begin==end 时，表示循环双链表为空，或者子序列只有一个结点，都不需
要排序；当 begin==end.next 时，表示子序列为空，不再排序。

2．归并两条排序循环双链表

归并两条排序循环双链表（升序）的算法描述如图 9-18 所示，算法同排序单链表归并，
只有 p 指针，没有 front 指针。

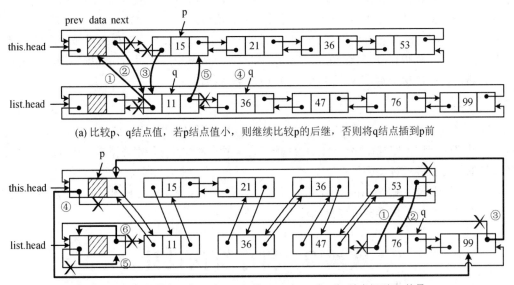

(a) 比较p、q结点值，若p结点值小，则继续比较p的后继，否则将q结点插到p前

(b) 重复执行(a)，归并结点；当p==this.head且q!=list.head时，将q结点插到this的最
后结点之后；并使this与list的最后结点连接成环形。设置list为空循环双链表

图 9-18　归并两条排序循环双链表（升序）

习 题 9

1．插入排序

9-1　插入排序算法思路是怎样的？直接插入排序算法效率如何？有何优点缺点？写出关键字
序列{32, 26, 87, 72, 26*, 17}的直接插入排序（降序）过程。

9-2　什么是排序算法稳定性？直接插入排序算法是如何保证排序算法稳定性的？

9-3　希尔排序算法是怎样的？利用了直接插入排序算法的哪些优点？适用于什么存储结构？
为什么？画出对{93, 17, 56, 42, 78, 15, 42*, 25, 19}关键字序列进行希尔排序（升序）的每一趟排序
结果，标明同一组元素。说明希尔排序算法的稳定性并解释原因。

2．交换排序

9-4　交换排序算法思路是怎样的？冒泡排序算法效率如何？有何优点缺点？采取什么措施将

排序序列的排序算法效率提高到 $O(n)$？写出关键字序列{32, 26, 87, 72, 26*, 17}的冒泡排序（降序）过程。

9-5　快速排序算法采取的是什么策略？算法是怎样的？对冒泡排序算法做了哪些改进？排序算法效率如何？写出对{65, 92, 87, 25, 38, 56, 46, 12, 25*}关键字序列进行快速排序（升序）的每一趟排序结果，标明基准值和待排序子序列。

9-6　在一个含有正负数的数据序列中，欲将正负数分类，使负数全部排在序列的前半段，正数全部排在序列的后半段，问采用哪种排序算法？如何实现？

3. 选择排序

9-7　选择排序算法采取的是什么策略？排序算法的基础操作是什么？

9-8　直接选择排序算法是怎样的？排序算法效率如何？写出对{49, 38, 65, 97, 76, 13, 27, 49*, 9}关键字序列进行直接选择排序（升序）的每一趟排序结果，说明排序算法稳定性。

9-9　什么是堆序列？说明堆序列与二叉排序树的差别。

9-10　堆排序算法是怎样的？改进了直接选择排序算法什么？堆序列在堆排序算法中起什么作用？将关键字序列{21, 61, 61*, 56, 75, 12, 15, 49, 27}建成最小堆，写出最小堆序列，画出对应的完全二叉树；再写出每一趟堆排序结果。说明排序算法稳定性。

4. 归并排序

9-11　归并排序算法是怎样的？排序算法效率如何？写出对{97, 75, 53, 26, 85, 32, 17, 61, 75*, 65, 12}关键字序列进行归并排序（升序）的每一趟排序结果，标明两相邻待排序子序列。说明归并排序算法的稳定性并解释原因。

9-12　对线性表（顺序存储结构）进行排序，有哪些排序算法？每种排序算法的时间复杂度和空间复杂度是多少？其中哪些排序算法适用于链式存储结构？

实验9　排序算法设计

1. 实验目的和要求

目的：① 掌握插入排序、交换排序、选择排序和归并排序4种算法设计思路的7种排序算法，分析算法性能；② 掌握线性表链式存储结构的排序算法。

2. 实验题目

9-1　判断关键字序列是否是最小/大堆，算法分别采用循环和递归。

```
// 判断 keys 关键字序列是否是最小/大堆，若 minheap 取值为 true，则为最小堆，否则为最大堆
public static boolean isHeap(int[] keys, boolean minheap)
```

9-2　实现排序顺序表类 SortedSeqList<T>声明的 merge(list)和 mergeWith(list)成员方法。

9-3　实现排序单链表类 SortedSinglyList<T>声明的以下成员方法。

```
public SortedSinglyList(SinglyList<T> list, boolean asc)   // 由单链表 list 构造排序单链表，直接选择排序
public SortedSinglyList<T> mergeWith(SortedSinglyList<T> list)  // 返回归并后的排序单链表，this+list
```

9-4　实现排序循环双链表类 SortedCirDoublyList<T>，声明见 9.5.3 节。

9-5　九宫排序。

一个 3×3 棋盘，初始状态有一个位置空着，其他位置元素为 1～8 中的随机一个，元素各不相

同，如图 9-19(a)所示。逐步移动元素，使其成为如图 9-19(b)所示按某种约定进行排序的目标状态。元素移动的限制是，只能将与空位置相邻的元素移入空位置。

5	1	3
4	2	
6	8	7

1	2	3
8		4
7	6	5

(a) 初始状态　　**(b) 目标状态**

图 9-19　九宫排序

设棋盘大小为 $n \times n$，指定一个初始状态，求解给出排序过程中的移动步伐，或不能移动信息。分别实现人机交互版和演示版，设计图形用户界面，显示九宫图的状态，并通过鼠标或键盘的上下左右键控制数据移动；演示版使用线程演示动态变化过程。

第10章 综合应用设计

本章目的：① 介绍 Java 集合框架，为解决实际问题提供技术基础，培养应用软件设计能力；② 实现 Java 集合框架的迭代器功能，培养学生的集合框架的设计能力和系统软件设计能力；③ 研究算法设计策略，为解决实际问题提供指导思想，培养软件设计能力；④ 给出课程设计实践环节的任务、要求和选题，系统地进行程序设计的实战训练，将基础理论知识应用于解决实际问题，在实战中巩固所学理论知识、积累程序设计经验、提高算法分析能力与设计能力。

本章要求：① Java 集合框架的列表和集合接口，以及实现列表和集合接口的类；② 实现顺序表和单链表的迭代器；使用迭代器实现通用功能；③ 研究算法设计策略，包括分治法、动态规划法、贪心法和回溯法等，给出多个解决问题示例，说明建立数据结构、算法分析与设计等综合应用设计过程。

10.1 Java 集合框架

Java 语言使用集合对象描述并实现数学中的集合概念及集合运算（见例 1.1）。一个集合对象就是一个容器，能够容纳一组 Java 对象，集合中的元素是一组具有相同特性的对象。

Java 在 java.util 包中声明了一组集合和映射接口，以及实现这些接口的类，被称为 Java 集合框架（Java Collections Framework）。集合框架以接口形式约定集合运算和操作的方法声明，使得不同数据结构实现的不同特性的集合，呈现统一的表现形式和风格。例如，集合接口约定以迭代方式遍历集合；每种集合类根据其自身数据结构的特点实现迭代遍历功能。集合框架增强了 Java API 功能，减少软件开发工作量，提供软件协同工作的能力，使软件具备可重用性。

10.1.1 Arrays 数组类

java.util.Arrays 类提供数组填充、比较、排序、查找等操作。Arrays 类的所有方法都是静态方法，每种方法都提供多种基本数据类型及 Object 类型参数的重载方法。

1．数组排序

Arrays 类声明以下重载的 sort(value)数组排序方法,数组元素类型分别是基本类型和对象。不同类型参数的区别在于，比较元素相等和大小的方式不同。

```
public class Arrays
```

```
{
    public static void sort(int[] value)      // 整数数组排序（升序），由关系运算比较相等和大小
    public static void sort(Object[] value) // 对象数组排序（升序），默认 value 对象实现 Comparable<T>接口
    // T 类对象数组排序，委托 Comparator<T>比较器接口对象 comp 比较 T 类对象大小
    public static <T> void sort(T[] value, Comparator<? super T> comp)
}
```

① sort(int[])方法，数组元素类型分别是 int、double、char 等 7 种数值类型，其他声明省略。基本类型由关系运算（==、!=、>、>=、<、<=）比较相等和大小。

② sort(Object[])方法，默认 values 数组元素所属的类实现 Comparable<T>接口，由 compareTo()方法比较对象相等和大小。

③ sort(T[], comp)方法，委托由 Comparator<T>比较器接口对象 comp 提供比较 T 类对象相等和大小的规则。对于一个 value 对象数组，comp 可引用不同的比较器对象，提供不同的排序规则，则得到的排序结果将不同。

2．二分法查找

Arrays 类声明以下重载的 binarySearch(value, key)二分法查找方法，在 value 排序数组中，采用二分法查找算法，查找关键字与 key 匹配元素，若查找成功，则返回 key 元素下标，否则返回-1 或超出数组下标范围的值。value 数组元素和 key 的不同类型说明见 sort(value)方法。

```
// 在基本类型的 value 排序数组中，按二分法查找 key
public static int binarySearch(int[] value, int key)
// 默认 value[]元素及 key 实现 Comparable<T>接口
public static int binarySearch(Object[] value, Object key)
// 委托 comp 比较器比较对象大小
public static <T> int binarySearch(T[] value, T key, Comparator<? super T> comp)
```

其中，value 数组必须是排序的，并且二分法查找采用的比较对象大小规则必须与该数组排序的比较大小规则相同。

10.1.2 集合

Java 集合框架的设计简明扼要，层次分明，按照功能分为列表（List）、集合（Set）和映射（Map），各接口和实现该接口的类如表 10-1 所示。

表 10-1 Java 集合框架中的主要接口和类

接　口	实现接口的类			
	一维数组	循环双链表	散列表	平衡二叉树
List	ArrayList	LinkedList		
Set			HashSet	TreeSet
Map			HashMap	TreeMap

在 Java 集合框架中，Collection<T>是集合根接口，其子接口有列表 List<T>、集合 Set<T>和队列 Queue<T>等，每个接口约定对一种特殊集合的操作。由集合接口及实现这些接口的类组成树形层次结构的继承关系如图 10-1 所示，每个类采用一种数据结构实现集合接口约定的功能。

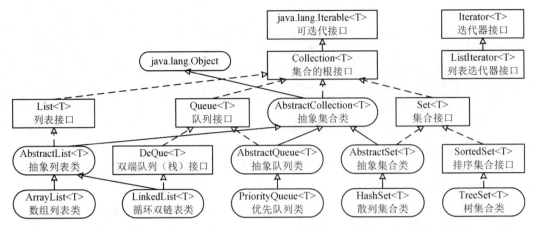

图 10-1 java.util 集合框架中，集合接口和实现这些接口的类的继承关系

图 10-1 中，矩形框表示接口，圆角矩形框表示类，实线表示类继承，虚线表示接口继承或类实现接口。

1．Collection<T>集合根接口

Collection<T>是集合根接口，为集合约定基本操作方法，声明如下，包括获得迭代器、判断空集合、是否包含特定元素、增加元素、删除元素、集合运算、获得子集等。方法默认 public abstract。

```java
// 集合根接口，继承可迭代接口；T表示元素类型
public interface Collection<T> extends java.lang.Iterable<T>
{
    boolean isEmpty();                              // 判断集合是否为空
    int size();                                     // 返回集合元素个数
    boolean contains(Object key);                   // 判断是否包含关键字为 key 元素
    boolean add(T x);                               // 增加元素 x
    boolean remove(Object key);                     // 删除首次出现的关键字为 key 元素
    void clear();                                   // 删除所有元素
    Object[] toArray();                             // 返回包含当前集合所有元素的数组
    // 以下方法描述集合运算，参数是另一个集合
    public abstract boolean equals(Object obj);     // 比较 this 和 obj 引用的集合是否相等
    boolean containsAll(Collection<?> coll);  // 判断 coll 是否是 this 的子集，即 this 是否包含 coll 所有元素
    boolean addAll(Collection<? extends T> coll);   // 集合并，添加 coll 的所有元素
    boolean removeAll(Collection<?> coll);          // 集合差，删除 this 中那些也包含在 coll 中的元素
    boolean retainAll(Collection<?> coll);          // 集合交，仅保留 this 中那些也包含在 coll 中的元素
}
```

2．迭代

<u>遍历</u>（traverse）是指，按照某种次序访问一个数据结构中的所有元素，并且每个数据元素只被访问一次。每种数据结构都约定了至少一种遍历的线性次序。

<u>迭代</u>（iterate）是指，从数据结构中获得当前元素的后继元素。<u>迭代遍历</u>是指，约定访问数据元素的一种次序，从数据结构中首个元素开始访问，再获得当前元素的后继元素继续访问，重复直到访问完所有元素。

Java 语言采用迭代方式遍历集合。迭代功能由 Iterable 可迭代接口和 Iterator、ListIterator 迭代

器接口实现。

（1）Iterable<T>可迭代接口

java.lang.Iterable<T>可迭代接口，声明以下获得迭代器的方法。

```
public interface Iterable<T>                    // 可迭代接口，T 指定返回迭代器的元素类型
{
    public abstract Iterator<T> iterator();     // 返回 java.util.Iterator 迭代器接口对象
}
```

（2）Iterator<T>迭代器接口

java.util.Iterator<T>迭代器接口声明如下，提供实现集合迭代遍历的 hasNext( )和 next( )方法，并支持删除当前元素操作。

```
public interface Iterator<T>                    // 迭代器接口，T 指定元素类型
{
    public abstract boolean hasNext();          // 判断是否有后继元素，若有，则返回 true
    public abstract T next();                   // 返回后继元素
    public abstract void remove();              // 删除迭代器对象表示集合的当前元素
}
```

（3）集合的迭代遍历

Collection<T>接口声明继承 Iterable<T>接口，表示支持迭代器，因此，每个实现 Collection<T>接口的集合对象都可使用一个迭代器对集合进行遍历和删除操作。

【例 10.1】 生成随机数集合并求和。

本例目的：熟悉 Collection<T>接口及其子类；使用迭代器遍历集合。

程序如下。

```
import java.util.*;
public class MyCollections                                  // 定义对集合的操作
{
    // 生成 n 个随机数存储在 coll 集合并输出，范围是 1~size-1，不包含 0；Collection<T>接口对
    // 象 coll 引用实现该接口的类的实例，若 coll 引用 TreeSet<Integer>对象，则是排序集合
    public static void random(int n, int size, Collection<Integer> coll)
    {
        System.out.print("随机数序列: ");
        int i=0;
        while(i<n)                                          // 不包含 0，不用 for 语句
        {
            int value=new Integer((int)(Math.random()*size)); // 生成随机数
            System.out.print(value+", ");
            if(value!=0)
            {
                coll.add(value);                            // 集合添加元素，运行时多态，列表尾插入，树集合按值插入
                i++;
            }
        }
        System.out.println();
        if(coll instanceof SortedSet<?>)                    // 若 coll 引用排序集合接口对象
            System.out.print("排序");
        System.out.println("随机数集合: "+coll.getClass().getName()+coll.toString()); // 包含类名
```

```
    }
    public static int sum(Collection<Integer> coll)          // 返回集合 coll 所有元素之和，使用迭代器遍历集合
    {
        Iterator<Integer> it = coll.iterator();                       // 获得迭代器对象
        int s=0;
        while(it.hasNext())                                            // 若有后继元素，则使用迭代器遍历集合
        {
            int value=it.next().intValue();                           // 获得后继元素（Integer 对象）的 int 值
            s += value;
            System.out.print(value+(it.hasNext()?"+":""));
        }
        System.out.println("="+s);
        return s;
    }
    public static void main(String args[])
    {
        int n=10, size=10;
        //以下 Collection<T>接口对象 coll 引用实现该接口的类的实例
//      Collection<Integer> coll = new ArrayList<Integer>(n*2);        // 数组列表集合，空
//      Collection<Integer> coll = new LinkedList<Integer>();          // 链表集合，空
        Collection<Integer> coll = new TreeSet<Integer>();             // 树集合，排序集合，空
        MyCollections.random(n, size, coll);                          // 随机数集合
        MyCollections.sum(coll);
    }
}
```

程序运行结果如下：

```
随机数序列: 4, 1, 0, 9, 3, 3, 9, 5, 2, 3, 8,
排序随机数集合: java.util.TreeSet[1, 2, 3, 4, 5, 8, 9]
1+2+3+4+5+8+9=32
```

设计说明： ① random()方法演示对集合操作的通用方法。其中，coll.add()方法在 coll 集合中添加元素，它是运行时多态的，在接口中声明，由多个子类给出不同实现，列表尾插入，树集合按值插入。

② sum()方法使用迭代器遍历集合。其中，集合对象 coll 调用 iterator()方法返回迭代器对象 it，当 it 调用 hasNext()方法知道集合中还有后继元素时，再调用 it.next()方法获得后继元素进行访问，一条循环语句即可遍历一个集合。

③ 具有迭代功能的集合对象，也可使用 for 语句的逐元循环进行遍历。例如：

```
for(T value : coll)              // 逐元循环遍历 coll 集合，value 获得 coll 集合中的每个元素，没有删除功能
    System.out.print(value.toString()+" ");
```

3. 列表

<u>列表</u>（list）是指元素有线性次序且可重复的集合，即数据结构中的线性表。每个元素由<u>序号</u>（index）表示元素之间的次序关系，以及区别重复元素；列表元素可以是空值 null。

List<T>接口约定列表的操作方法。

ArrayList<T>和 LinkedList<T>类提供顺序和链式两种存储结构及实现 List<T>接口。

ListIterator<T>列表迭代器接口提供访问前驱元素和后继元素的双向操作。

（1）List<T>列表接口

List<T>接口声明如下，继承 Collection<T>接口，增加通过序号识别元素的集合操作方法，序号 i 的范围为 0～size()-1。方法修饰符为 public abstract。

```
public interface List<T> extends Collection<T>      // 列表接口，T指定元素类型
{
    // 以下方法对指定位置（第i个）元素进行基本操作
    T get(int i);                                    // 返回列表中第i个元素，若列表空，则返回null
    T set(int i, T x);                               // 将第i个元素替换为x
    void add(int i, T x);                            // 插入x作为第i个元素
    boolean add(T x);                                // 在列表最后增加元素x，继承来的方法，约定插入位置
    T remove(int i);                                 // 删除第i个元素，返回被删除元素

    ListIterator<T> listIterator();                  // 返回列表迭代器
    ListIterator<T> listIterator(int i);             // 返回从第i个元素开始的列表迭代器

    // 以下两方法查找元素，由equals(obj)方法比较对象相等；若不存在，则返回-1
    int indexOf(Object key);                         // 返回首次出现的关键字为key的元素序号
    int lastIndexOf(Object key);                     // 返回最后出现的关键字为key的元素序号

    List<T> subList(int begin, int end);             // 返回从begin~end元素组成的子表
    boolean addAll(Collection<? extends T> coll);        // 在列表最后增加coll集合的所有元素
    boolean addAll(int i, Collection<? extends T> coll); // 在i处插入coll的所有元素（按coll元素次序）
}
```

（2）ArrayList<T>数组列表类

ArrayList<T>数组列表类声明如下，使用一维数组存储元素，实现 List<T>接口。

```
public class ArrayList<T> extends AbstractList<T> implements List<T>, RandomAccess, Cloneable, Serializable
{
    public ArrayList()                               // 构造空列表，默认容量为10
    public ArrayList(int size)                       // 构造空列表，size指定数组容量
    public ArrayList(Collection<? extends T> coll)   // 构造列表，包含coll所有元素（按coll次序）
    public void ensureCapacity(int capacity)         // 列表容量增加至capacity
}
```

ArrayList<T>类实现 RandomAccess 标记接口表示支持随机访问特性，即存取元素的时间复杂度是 $O(1)$。插入、删除元素时需要移动其他元素，插入或删除操作的时间复杂度为 $O(n)$，n 是列表长度。

插入元素时，若数组容量不足，则 ArrayList<T>将自动增加其数组容量。在添加大量元素前，可调用 ensureCapacity( )方法增加数组容量。

（3）LinkedList<T>循环双链表类

LinkedList<T>类声明如下，使用循环双链表存储集合元素，实现 List<T>接口，插入、删除元素时不需要移动元素，但不具有随机存取特性；提供队列和栈的操作。

```
public class LinkedList<T> extends AbstractSequentialList<T>
            implements List<T>, Deque<T>, Cloneable, Serializable   // 循环双链表类，实现List<T>接口
{
    public LinkedList()                              // 构造空列表
    public LinkedList(Collection<? extends T> coll)  // 构造列表，包含coll所有元素（按coll次序）
}
```

（4）ListIterator<T>列表迭代器接口

ListIterator<T>列表迭代器接口声明如下，继承 Iterator<T>迭代器，增加获得前驱元素的操作，仅作用于 List<T>接口对象。

```
public interface ListIterator<T> extends Iterator<T>      // 列表迭代器接口，T 指定元素类型
{
    public abstract boolean hasPrevious();               // 判断是否有前驱元素
    public abstract T previous();                        // 返回前驱元素
    public abstract void add(T x);                       // 增加指定元素 x
    public abstract void set(T x);                       // 用元素 x 替换集合的当前元素
    public abstract int nextIndex();                     // 返回基于 next 调用的元素序号
    public abstract int previousIndex();                 // 返回基于 previous 调用的元素序号
}
```

4．Collections 集合操作类

Collections 类为集合提供查找、排序等操作方法，声明如下。其中，方法修饰符为 public static，comp 参数是比较 T 对象大小的比较器。

```
public class Collections extends Object                                      // 集合操作类
{
    <T> T max(Collection<? extends T> coll, Comparator<? super T> comp)      // 返回最大值
    <T> T min(Collection<? extends T> coll, Comparator<? super T> comp)      // 返回最小值
    void swap(List<?> list, int i, int j)                                    // 交换 list 中第 i、j 个元素
    void shuffle(List<?> list)                                               // 洗牌，打散，将 list 中的元素随机排列
    <T> boolean replaceAll(List<T> list, T key, T x)                         // 将 list 中与 key 相等元素全部替换为 x
    <T extends Comparable<? super T>> void sort(List<T> list)                // 对 list 列表排序
    <T> void sort(List<T> list, Comparator<? super T> comp)                  // 对 list 列表排序
    // 以下二分法查找排序列表 list 中关键字与 key 相等的元素，查找成功，则返回序号，否则返回-1
    <T> int binarySearch(List<? extends Comparable<? super T>> list, T key)
    <T> int binarySearch(List<? extends T> list, T key, Comparator<? super T> comp)
    // 查找 target 中首个与 pattern 匹配的子表，返回匹配子表首个元素序号；不成功，则返回-1
    int indexOfSubList(List<?> target, List<?>pattern)
}
```

5．栈和队列

（1）Queue<T>队列接口

Queue<T>队列接口声明如下，继承 Collection<T>集合根接口，约定队列的基本操作，包括获取队头元素、入队和出队等，元素不能是 null。

```
public interface Queue<T> extends Collection<T>          // 队列接口，继承集合根接口
{
    public abstract boolean add(T x);                    // 入队，若添加成功，则返回 true; 否则返回 false
    public abstract T peek();                            // 返回队头元素，没有出队。若空，则返回 null
    public abstract T poll();                            // 出队，返回队头元素。若队列空，则返回 null
}
```

（2）Deque<T>双端队列（栈）接口

双端队列可用作栈。Deque<T>双端队列接口声明如下，继承 Queue<T>队列接口，增加入栈、出栈方法。

```
public interface Deque<T> extends Queue<T>                          // 双端队列接口，继承 Queue<T>队列接口
{
    public abstract void push(T x);                                 // 入栈，若添加成功，则返回 true; 否则返回 false
    public abstract T pop();                  // 出栈，返回栈顶元素。若栈空，则抛出 NoSuchElementException 异常
}
```

LinkedList<T>类声明实现 Deque<T>接口，所以可用作栈和队列。

（3）PriorityQueue<T>优先队列类

PriorityQueue<T>优先队列类声明如下，实现 Queue<T>队列接口，采用堆序列存储元素。

```
public abstract class AbstractQueue<T> extends AbstractCollection<T> implements Queue<T> // 抽象队列类
public class PriorityQueue<T>  extends AbstractQueue<T>              // 优先队列类，继承抽象队列类
{
    private final Comparator<? super T> comp;                       // 比较器，私有、最终成员变量
    public PriorityQueue()                                          // 构造方法，默认容量，比较器为 null
    // 构造方法，capacity、comp 指定容量、比较器
    public PriorityQueue(int capacity,Comparator<? super T> comp)
    public PriorityQueue(Collection<? extends T> coll)              // 构造方法，coll 指定初始集合
}
```

其中，构造方法的 comp 参数指定 Comparator<T>比较器，提供 compare()方法比较对象大小。如果构造方法没有指定 Comparator<T>比较器，那么默认使用 Comparable<T>接口的 compareTo()方法比较对象大小。如果 T 没有实现 Comparable<T>接口，就抛出异常。

6．Set<T>集合

Set<T>接口声明数学含义的集合（见例 1.1），即元素没有次序且各不相同，元素不能是 null。Set<T>接口也具有迭代功能，其迭代遍历集合的次序由子类确定。有散列集合和树集合两种存储实现。

（1）HashSet<T>散列集合类

HashSet<T>散列集合类声明如下，使用散列表存储，实现 Set<T>接口，提供集合查找、插入、删除等操作。equals()方法比较元素是否相等，确定元素是否相等。

```
// 散列集合类
public class HashSet<T> extends AbstractSet<T>  implements Set<T>, Cloneable, Serializable
{
    static final int DEFAULT_INITIAL_CAPACITY=1 << 4;       // 散列表容量，默认为 16
    static final float DEFAULT_LOAD_FACTOR = 0.75f;         // 装填因子，元素个数与容量之比
    public HashSet()                                        // 构造空散列表，默认容量为 16
    public HashSet(int capacity)                            // capacity 指定容量，实际容量为 16 的倍数
    public HashSet(Collection<? extends T> coll)            // 构造散列表，包含 coll 集合所有元素
}
```

其中，散列表构造方法的 capacity 参数指定数组容量，实际存储容量是比 capacity 稍大的 16 的倍数。当元素个数 size==table.length*loadFactor 时，散列表满；申请新的散列表，容量为之前容量的 2 倍，每个元素重新获得散列码，在扩容后散列表中重新存储，位置不同。

（2）TreeSet<T>树集合类

TreeSet<T>树集合类声明如下,使用平衡二叉树存储,元素按指定关键字排序,实现Set<T>的子接口 SortedSet<T>，提供排序集合的查找、插入和删除等操作。

```
// 树集合
```

```
public class TreeSet<T> extends AbstractSet<T> implements NavigableSet<E>, Cloneable, Serializable
{
    private final Comparator<? super T> comp;              // 比较器, 私有、最终成员变量
    public TreeSet()                                        // 比较器为 null, 默认 T 实现 Comparable<? super T>接口
    public TreeSet(Comparator<? super T> comp)             // comp 指定比较器
    public TreeSet(Collection<? extends T> coll)
    public SortedSet<T> subSet(T begin, T end)             // 返回取值在 begin～end 范围内的子树
}
```

其中, 构造方法的 comp 参数指定比较器; 缺省时, 默认使用 Comparable<T>接口比较大小。TreeSet<T>类按中根次序遍历平衡二叉树, 因此迭代元素次序是升序。

10.1.3 映射

Map<K, V>接口声明从关键字到值的一对一映射, 关键字不能重复, 每个关键字只能映射一个值, K、V 分别指定关键字和值的数据类型。

Map<K, V>接口有两种实现: HashMap<K, V>和 TreeMap<K, V>, 如图 10-2 所示。

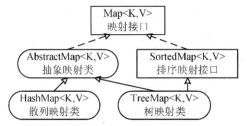

图 10-2   java.util 集合框架中, 映射接口和类的继承关系

1. Map<K, V>映射接口

Map<K, V>映射接口声明如下, 约定映射的查找、插入、删除和集合视图等操作方法。

```
public interface Map<K, V>                               // 映射接口, K、V 分别指定映射元素的关键字和值的数据类型
{
    public abstract boolean isEmpty()                    // 判断是否空
    public abstract int size()                           // 返回元素个数
    public abstract V get(Object key)                    // 获得关键字 key 映射的值
    public abstract V put(K key, V value)                // 添加元素(键,值), 关键字相同时, 替换元素
    public abstract V remove(Object key)                 // 删除关键字为 key 的元素, 返回被删除元素的值
    public abstract boolean containsKey(Object key)      // 判断是否包含关键字为 key 的元素
    public abstract boolean containsValue(Object value)  // 判断是否包含值为 value 的元素
    public abstract Set<K> keySet()                      // 返回关键字集合
    public abstract Collection<V> values()               // 返回值集合
    public abstract void clear()                         // 删除所有元素
}
```

2. HashMap<K, V>散列映射类

HashMap<K, V>散列映射类声明如下, 使用散列集合存储元素, 实现 Map<K, V>接口。

```
public class HashMap<K,V> extends AbstractMap<K,V> implements Map<K,V>, Cloneable, Serializable
{
```

```
        public HashMap()
        public HashMap(int capacity)                      // capacity 指定初始容量
    }
```

3．TreeMap<K, V>树映射类

TreeMap<K, V>树映射类声明如下，使用平衡二叉树存储，实现 Map<K, V>的子接口
SortedMap<K, V>排序映射接口，按关键字排序。

```
public class TreeMap<K,V> extends AbstractMap<K,V> implements NavigableMap<K,V>, Cloneable, Serializable
{
    private final Comparator<? super K> comp;       // 比较器，私有、最终成员变量
    public TreeMap()                                // comp=null，默认 K 实现 Comparable<? super K>接口
    public TreeMap(Comparator<? super K> comp)      // comp 指定比较器
}
```

构造方法指定比较器，默认使用 Comparable<T>接口比较对象大小。

10.2 实现迭代器

遍历是数据结构必需的一种基本操作，很多对数据结构的操作是以遍历为基础的。无论数据的逻辑结构是怎样的，存储结构是怎样的，遍历总是以一种约定的线性次序逐个访问元素。例如，遍历线性表$(a_0,a_1,\cdots,a_{n-1})$从a_0开始，按照元素间的线性次序进行，访问a_{i-1}后，再访问a_{i+1}，无论是顺序存储结构还是链式存储结构。遍历树，则约定先根次序或后根次序，无论如何存储。

Java 集合框架以迭代方式实现遍历集合操作，提供以下功能：

① 声明迭代基础，包括 Iterable<T>可迭代接口和 Iterator<T>、ListIterator<T>迭代器接口。

② 声明抽象类 AbstractCollection<T>、AbstractList<T>、AbstractSet<T>等，为子类提供基于迭代的 toString( )、contains( )等方法，使用迭代器实现这些操作不涉及数据的存储结构。

③ 每个类实现 Iterator<T>迭代器接口，列表类还实现 ListIterator<T>迭代器接口。

10.2.1 设计基于迭代器的通用操作

以下声明抽象集合类和抽象列表类，为其实现迭代器的子类，提供一些基于迭代器的操作方法，如 toString()等。

1．抽象集合类

声明抽象集合类 MyAbstractCollection<T>如下，实现 Iterable<T>可迭代接口，为子类提供基于迭代器的 toString( )等方法实现，这些方法提供迭代器的所有数据结构。

```
import java.util.Iterator;                          // Java 迭代器接口
// 抽象集合类，实现 Iterable<T>可迭代接口，提供使用迭代器的集合遍历算法
public abstract class MyAbstractCollection<T>  implements java.lang.Iterable<T>
{
    public abstract Iterator<T> iterator();          // 获得迭代器对象，抽象方法
    public String toString()             // 返回集合所有元素的字符串描述，形式为 "(,)"。使用迭代器遍历集合
    {
```

```java
        String str=this.getClass().getName()+"(";          // 返回类名
        Iterator<T> it = this.iterator();                   // it是迭代器对象，由各子类实现，运行时多态
        while(it.hasNext())                                 // 若有后继元素
            str += it.next().toString()+(it.hasNext()?",":"");    // 添加后继元素字符串
        return str+")";
    }
    public boolean remove(Object key)                       // 删除首次出现的关键字为 key 元素
    {
        Iterator<T> it = this.iterator();
        while(it.hasNext())
        {
            if(key.equals(it.next()))
            {
                it.remove();                                // 删除迭代器表示的集合当前元素
                return true;
            }
        }
        return false;
    }

    public abstract boolean add(T x);                       // 增加元素 x，抽象方法

    public boolean addAll(Collection<? extends T> coll)     // 集合并，添加 coll 所有元素。若修改，返回 true
    {
        boolean modify=false;
        Iterator<?> it = coll.iterator();                   // 迭代器对象
        while(it.hasNext())                                 // 遍历各元素
            modify = this.add((T)it.next());                // add(x)由各子类实现，运行时多态
        return modify;
    }
}
```

MyAbstractCollection<T>类调用 iterator( )抽象方法，通过 Iterator<T>迭代器对象遍历集合。iterator( )抽象方法由其子类实现，iterator( )方法在子类中表现运行时多态性。

2. 抽象列表类

声明抽象列表类 MyAbstractList<T>如下，继承 MyAbstractCollection<T>类，为线性表提供基于迭代器的 equals( )方法实现。

```java
public abstract class MyAbstractList<T> extends MyAbstractCollection<T>     // 抽象列表类
{
    public boolean equals(Object obj)       // 比较 this 与 obj 引用的集合对象是否相等，使用迭代器遍历集合
    {
        if(obj == this)
            return true;
        if(!(obj instanceof MyAbstractList<?>))
            return false;
        java.util.Iterator<T> it1 = this.iterator();
        java.util.Iterator<T> it2 = ((MyAbstractList<T>)obj).iterator();
        while(it1.hasNext() && it2.hasNext())
```

```
            if(!(it1.next().equals(it2.next())))          // 比较集合元素，本书声明的集合中没有 null 对象
                return false;
        return !it1.hasNext() && !it2.hasNext();          // 两个空集合也相等
    }
}
```

声明顺序表类和单链表类继承抽象列表类如下，则继承了 MyAbstractCollection<T>和 MyAbstractList<T>类的方法，使用顺序表或单链表的迭代器进行遍历。

```
public class SeqList<T> extends MyAbstractList<T>         // 顺序表类，继承抽象列表类
public class SinglyList<T> extends MyAbstractList<T>      // 单链表类，继承抽象列表类
```

10.2.2 提供迭代器的类

以下为第 2 章声明的顺序表类 SeqList<T>和单链表类 SinglyList<T>增加迭代器功能。通常，声明内部类提供迭代器对象。

1. 顺序表类提供迭代器

修改顺序表类 SeqList<T>声明如下，实现 Iterable<T>可迭代接口的 iterator()方法，返回迭代器对象；声明内部类 SeqIterator 实现迭代器接口。

```
public class SeqList<T> implements java.lang.Iterable<T>     // 顺序表类（2.2.2节），实现可迭代接口
{
    ……                                                    // 其他方法省略
    public java.util.Iterator<T> iterator()               // 返回迭代器对象，实现 Iterable<T>可迭代接口
    {
        return new SeqIterator();
    }
    private class SeqIterator implements java.util.Iterator<T>    // 私有内部类，实现迭代器接口
    {
        int index=-1, succ=0;                             // 当前元素和后继元素序号
        public boolean hasNext()                          // 若有后继元素，则返回 true
        {
            return this.succ<SeqList.this.n;              // SeqList.this.n 是外部类当前实例的成员变量
        }
        public T next()                                   // 返回后继元素，若没有后继元素，则返回 null
        {
            T value = SeqList.this.get(this.succ);        // 调用外部类 SeqList 当前实例的成员方法
            if(value!=null)
            {
                this.index = this.succ++;
                return value;
            }
            throw new java.util.NoSuchElementException(); // 抛出无此元素异常
        }
        public void remove()                              // 删除迭代器对象表示的集合当前元素
        {
            if(this.index>=0 && this.index<SeqList.this.n)
            {   // 调用外部类 SeqList 当前实例的成员方法，删除第 index 个元素，长度 SeqList.this.n-1
```

```
                SeqList.this.removeAt(this.index);
                if(this.succ>0)
                    this.succ--;
                this.index=-1;                        // 设置不能连续删除
            }
            else
                throw new java.lang.IllegalStateException();   // 抛出无效状态异常
        }
    }
}
```

其中，内部类 SeqIterator 实现 Iterator<T>迭代器接口，为迭代器对象提供 hasNext( )、next( )
和 remove()方法实现。SeqIterator 类声明 succ 成员变量记住迭代过程中的后继元素序号，每次
调用 next()方法，获得第 succ 个元素，succ 自增，直到最后一个元素。

在内部类中，使用以下格式引用或调用外部类当前实例的成员变量或实例成员方法：

```
外部类.this.成员变量                              // 引用外部类当前实例的成员变量
外部类.this.实例成员方法(参数列表)                 // 调用外部类当前实例的成员方法
```

remove( )方法删除迭代器表示集合的当前元素。不能连续调用 remove( )方法，每调用一次
remove( )方法，必须调用 next( )方法确定下一个待操作元素序号。因此，SeqIterator 类使用 index
成员变量记住当前元素序号，删除第 index 个元素后，若 index 为-1，则不能连续删除。如果
迭代器对象不支持删除操作，那么 remove( )方法可以抛出 UnsupportedOperationException 异
常，SeqIterator 类就不需要声明 index 成员变量了。

2. 单链表类提供迭代器

修改单链表类 SinglyList<T>声明如下，实现 Iterable<T>可迭代接口的 iterator()方法，返回
迭代器对象；声明 SinglyIterator 内部类实现迭代器接口。

```
public class SinglyList<T> implements java.lang.Iterable<T>   // 单链表类，实现可迭代接口
{
    ……                                                    // 其他方法省略
    public java.util.Iterator<T> iterator()               // 返回迭代器对象，实现可迭代接口
    {
        return new SinglyIterator();
    }
    private class SinglyIterator implements java.util.Iterator<T>    // 私有内部类，实现迭代器接口
    {
        Node<T> current=SinglyList.this.head;             // 当前结点，初值为外部类单链表头结点
        Node<T> front=null;                               // 当前结点的前驱结点
        public boolean hasNext()                          // 若有后继元素，则返回 true
        {
            return this.current!=null && this.current.next!=null;
        }
        public T next()                                   // 返回后继元素
        {
            if(this.hasNext())
            {
                this.front = this.current;
```

```
                this.current = this.current.next;
                return this.current.data;
            }
            else
                throw new java.util.NoSuchElementException();        // 抛出无此元素异常
        }
        public void remove()                                          // 删除迭代器对象表示的集合当前元素
        {
            if(this.front!=null)
            {
                this.front.next = this.current.next;                  // 删除当前结点
                this.current = this.front;
                this.front=null;                                      // 设置不能连续删除
            }
            else
                throw new java.lang.IllegalStateException();          // 抛出无效状态异常
        }
    }
}
```

10.3 算法设计策略

当求解问题的规模较小时，最直接的解题方法是穷举，即一个不漏地测试所有可能的情况是否符合要求，也称为蛮力法。例如，顺序查找、Brute-Force 模式匹配等算法采用的就是穷举策略。

当求解问题的规模较大、难度较大、数据结构较复杂时，无法穷举问题的所有可能解，或者即使能够穷举，花费时间较多，难以承受。解决方法是分解问题，逐步缩小问题规模，化繁为简，降低问题难度，直至可直接求解。常用算法设计策略有分治法、动态规划法、贪心法和回溯法。

10.3.1 分治法

1．分治策略

分治法（divide and conquer）采用分而治之、各个击破的策略。孙子兵法曰："凡治众如治寡，分数是也。"采用分治法求解的问题必须具有两个性质：最优子结构和子问题独立。

① 最优子结构：指一个问题可以分解为若干规模较小的子问题，各子问题与原问题类型相同；问题的规模缩小到一定程度，就能够直接解决；该问题的解包含着其子问题的解，将子问题的解合并最终能够得到原问题的解。

② 子问题独立：指问题所分解出的各子问题是相互独立的，没有重叠部分。

2．分治求解与递归

分治法求解问题的过程分为以下 3 步。

① 分割。将一个难以直接解决的大问题分解成若干规模较小的子问题，子问题与原问题

类型相同，求解算法相同；自顶向下地逐步递推分解，直到可解的最小规模子问题。

② 求解。分别求解子问题。

③ 合并。将各子问题的解合并为规模较大子问题的解，自底向上地逐步求得原问题的解。

分治策略可以采用递归算法表达，递归算法描述如下：

```
结果  求解问题 (问题规模)
{
    if (问题规模足够小)                        // 边界条件
        求解小规模子问题;                        // 直接解决问题，没有递归调用
    else
        while (存在子问题)                      // 递归条件
            求解问题 (子问题规模);               // 递归调用，分解成若干个子问题
    return 各子问题合并后的解;
}
```

对线性表、树和图等数据结构，采用分治策略求解问题说明如下。

① 线性表的问题分解如下，子问题只有一个，因为线性表每个元素只有一个后继元素。

线性表(当前元素; 由后继元素开始的子表)

② 二叉树的问题分解如下，子问题有两个。二分法查找、快速排序的子问题也有两个。

二叉树(当前结点; 左子树; 右子树)

③ 树的问题分解如下，子问题数为当前结点的子树（孩子结点）个数 n。

树(当前结点; {以第 0 个孩子结点为根的子树}, …, {以第 n-1 个孩子结点为根的子树})

④ 图的问题分解如下，子问题数为当前顶点的邻接顶点个数 n。

图(当前顶点; {从第 0 个邻接顶点开始}, …, {从第 n-1 个邻接顶点开始})

3．分治法的效率分析

（1）子问题的分解策略——等分

分治法将一个问题分解成数目较少的多个子问题，如果每次划分各子问题的规模近乎相等，那么分治策略效率较高。例如：

① 顺序查找，每次比较划分的两个子序列长度分别为 0 和 $n-1$，只将子问题规模缩小了一个元素，时间复杂度为 $O(n)$，算法效率较低。

② 二分法查找，每次选择序列中间位置进行比较，就是为了获得两个长度相近的子序列，每次比较将子问题规模缩小了一半，时间复杂度为 $O(\log_2 n)$。

③ 快速排序，如果每趟分解的两个子序列长度相近，那么时间复杂度为 $O(n\log_2 n)$，这是最好情况；对于排序或反序序列，每趟分解的两个子序列长度分别为 0 和 $n-1$，那么时间复杂度为 $O(n^2)$，这是最坏情况。

（2）递归算法表达

用递归算法表达分治策略，优点是算法结构清晰、可读性强；缺点是运行效率较低，无论是耗费的计算时间还是占用的存储空间，都比相同问题规模的非递归算法要多。

有些递归定义的问题可以采用循环方式解决，如求阶乘、二分法查找、二叉排序树查找等。那么，哪些能？哪些不能？为什么？

① 对于只分解成一个子问题的递归定义，通过循环方式可将递推表达为非递归算法，如求阶乘、遍历线性表、顺序查找等，时间效率和空间效率均较高。

虽然二分法查找、二叉排序树查找将问题分解为两个子问题，但每次比较在两个子问题中只选择了一个，即只有一个后继子问题，因此，能够采用循环方式。

② 对于分解成多个子问题的递归定义，采用递归算法或者使用栈的非递归算法。例如，深度优先遍历二叉树、树和图，以及快速排序等，都将问题分解成两个至多个子问题。如果表达为非递归算法，则必须使用栈。因为每个元素有多个后继元素，通过循环方式只能遍历一条路径，当访问完一条路径的元素时，必须通过栈返回到之前的一个元素再寻找其他路径。

使用栈的非递归算法本质上还是递归算法，只是由应用程序实现了原来由运行系统负责实现的递归算法，节省了递归函数的调用时间。运行系统实现递归算法时，需要设置系统工作栈，递归调用时保存函数参数和局部变量，递归调用结束时返回调用函数，恢复调用函数的参数和局部变量。

10.3.2　动态规划法

采用<u>动态规划法</u>（dynamic programming）求解的问题必须具有两个性质：最优子结构和子问题重叠。

① 最优子结构，采用分治策略求解。将一个大问题分解为若干规模较小的子问题，通过合并求解子问题而得到原问题的解。

② 子问题重叠，采用备忘录求解。"子问题重叠"指分解出的子问题不是互相独立的，有重叠部分。如果采用分治法求解，重叠的子问题将被重复计算多次。

动态规划法采用备忘录解决子问题重叠问题。对每个子问题只求解一次，采用备忘录保存每个子问题的计算结果。当需要再次求解某个子问题时，只要查找备忘录中的结果即可，要求备忘录的查找时间为常数。

【例 10.2】　计算组合数 C_n^m，采用分治法和动态规划法。

组合数 C_n^m 定义为

$$C_n^m = \begin{cases} 1, & n>0, m=0\text{或}m=n \\ C_{n-1}^{m-1}+C_{n-1}^m, & n>m>0 \end{cases}$$

该定义将 C_n^m 递推分解为两个子问题 C_{n-1}^{m-1} 和 C_{n-1}^m，子问题与原问题类型相同，具有最优子结构性质，可以采用分治法和动态规划法求解。

① 分治法。采用分治法的递归算法如下：

```
public static int combine(int m, int n)              // 返回组合数 C_n^m，分治策略递归算法
{
    if(n>0 && (m==0 || m==n))                         // 边界条件
        return 1;                                     // 直接解决问题，没有递归调用
    if(m>0 && n>m)                                     // 递归条件
        // 分解成两个子问题，递归调用，返回各子问题合并后的解
        return combine(m-1, n-1) + combine(m, n-1);
    throw new IllegalArgumentException("m="+m+", n="+n);   // 抛出无效参数异常
}
```

② 动态规划法。上述分解存在子问题重叠，将 C_5^3 逐步递推分解，得到的二叉树结构如图 10-3 所示。其中，C_5^3 分解成 C_4^2 和 C_4^3 子问题，C_4^2 和 C_4^3 存在重叠的 C_3^2 子问题；C_3^1 和 C_3^2 存在重叠的 C_2^1 子问题。

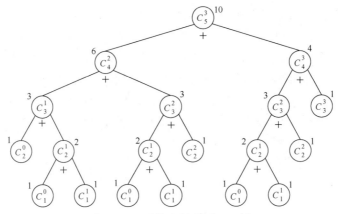

图 10-3　递推分解 C_5^3 的二叉树

前述分治法忽略了子问题重叠，对重叠的 C_3^2、C_2^1 等子问题重复计算了多次。

采用动态规划法，声明一个二维数组作为备忘录，保存 C_n^m 各子问题的结果值。将 C_n^m 递推分解的各子问题结果值按 m、n 依次排列，如图 10-4 所示，得到的是杨辉三角（见实验题 5-1）。

n	m					
	0	1	2	3	4	5
1	1	1				
2	1	2	1			
3	1	3	3	1		
4	1	4	6	4	1	
5	1	5	10	10	5	1

图 10-4　保存递推分解 C_5^3 的子问题结果值

声明 CombinationNumber 类如下，求组合数 C_n^m。采用动态规划法，以三角形的二维数组存储杨辉三角元素，如图 10-5 所示。

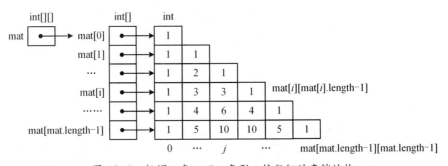

图 10-5　杨辉三角，下三角形二维数组的存储结构

```
public class CombinationNumber                      // 组合数，动态规划法
{
    private int[][] yanghui;                        // 杨辉三角
    public CombinationNumber(int n)
    {
        this.yanghui = new int[n+1][];              // 创建 n+1 行的杨辉三角，三角形的二维数组
        for(int i=0; i<this.yanghui.length; i++)
        {
            yanghui[i]= new int[i+1];               // 每行申请 i+1 个元素的一维数组
```

```
            yanghui[i][0]=yanghui[i][i]=1;                  // 每行首尾值为 1
            for(int j=1; j<i; j++)              // 第 i 行 j 列元素为其上一行 (i-1) 前两个元素 (j-1、j) 之和
                yanghui[i][j]=yanghui[i-1][j-1]+yanghui[i-1][j];
        }
    }
    public int get(int m, int n)                            // 返回组合数 $C_n^m$
    {
        return this.yanghui[n][m];                          // 从杨辉三角获得组合数
    }
    public void printYanghui()                              // 输出杨辉三角，方法体省略
    public static void main(String args[])
    {
        int n=5;
        CombinationNumber cnum = new CombinationNumber(n);
        cnum.printYanghui();
        for(int m=0; m<=n; m++)
            System.out.println("C("+m+","+n+")="+cnum.get(m, n));
    }
}
```

设上述问题规模为 n，采用分治法的时间复杂度是 $O(2^n)$。采用动态规划法生成杨辉三角的时间复杂度是 $O(n^2)$，从杨辉三角得到 C_n^m 结果值的时间复杂度是 $O(1)$，空间复杂度是 $O(n^2)$，从而以空间换取了执行时间。

10.3.3　贪心法

给定一个问题解的约束条件和表示最优结果的目标函数，满足约束条件的解称为<u>可用解</u>，使给定目标函数达到最大（或最小）值的可用解称为<u>最优解</u>。例如，生活中的找零钱问题，买了一样东西 36.4 元，付 100 元，应找零 63.6 元，如何选择币值？显然，有多种币值组合方案。例如：

```
63.6 元 = 10 元×6+1 元×3+0.1 元×6                    // 15 张（个），可用解
63.6 = 50+10+2+1+0.5+0.1                             // 6 张（个），最优解
```

该问题解的约束条件是多张币值之和为 63.6 元，上述是两个可用解；如果要求选取的人民币张数最少，则后一种方案是最优解，采取的选择策略是，每次选择一张面值最接近剩余额的人民币，这是贪心选择策略。

1．贪心选择策略

贪心法（greedy）是运用局部最优选择以期获得全局最优解的一种策略，用于求解极值（最小/大值）问题。采用贪心法求解的问题必须具有两个性质：最优子结构和贪心选择。

当求解一个问题的最优解时，贪心法将最优子结构问题的求解过程分成若干步骤，每一步都在当前状态下做出局部最好选择（称为贪心选择），通过逐步迭代，期望通过各阶段的局部最优选择获得问题的全局最优选择。

求数据序列最小值问题具有最优子结构和贪心选择性质。已知一个数据序列 keys 有 n 个元素，采用贪心选择策略，分 n 步求解如下，算法描述如图 10-6 所示。

① 设 min 表示长度为 $i+1$（$0 \leqslant i < n$）子序列的最小值序号，初值 $i=0$，min=0。

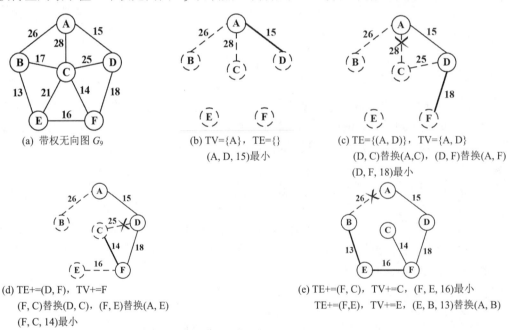

	0	1	2	3	4	n-1
关键字序列 keys	38	97	26	19	38*	15

{ 38　97 }　26

　min　　　　　i 更小者

{ 38　　97　　26　　19　　38* }　15

　　　　　min　　　　　　i 更小者

图 10-6　采用贪心选择策略求数据序列的最小值

② 求解过程，i 从 0~n-1 递增，i++，每一步求长度为 i+1 子序列的最小值，只增加一次比较，若 keys[i] 小于前 i 个元素子序列的最小值 keys[min]，则 min=i，min 记得更小值。

在逐步求解过程中，min 记载每步贪心选择结果，随着子序列长度递增，min 由局部最优选择最终成为全局最优解。时间复杂度是 $O(n)$。

2．采用贪心策略的算法

第 7 章 Prim、Dijkstra、Floyd 算法都包含求最小值问题，都是采用贪心策略逐步求解的。

7.4 节所述 Prim 算法构造带权无向图的最小生成树。采用贪心策略，从图中顶点 v 开始，每步选择一条满足 MST 性质且权值最小的边来扩充最小生成树 T，并将其他连接 TV 与 V-TV 集合的边替换为权值更小的边；随着 TV 逐步扩大，直到 TV=V，通过局部最小值迭代替换，最终获得全局最小值。带权无向图 G_9 从顶点 A 开始的 Prim 算法求解过程如图 10-7 所示。

图 10-7　Prim 算法采用贪心选择策略的求解过程

7.5.1 节所述 Dijkstra 算法求带权图顶点 v 的单源最短路径。采用贪心策略，从图中顶点 v 开始，每步确定（扩充）一条最短路径，并将其他路径替换为更短；通过局部最优选择逐步迭代替换，最终获得全局最优解。带权无向图 G_3 顶点 A 的 Dijkstra 算法求解过程如图 10-8 所示。

Floyd 算法求带权图每对顶点间的最短路径及长度。使用两个矩阵 **P** 和 **D** 分别存储图中每对顶点间的最短路径及长度；采用贪心策略，每步用经过其他顶点的更短路径替换，经过多次迭代，最终获得每对顶点间的最短路径及长度。

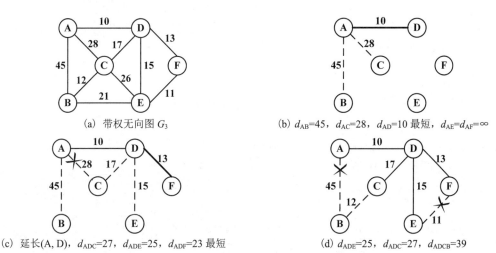

(a) 带权无向图 G_3

(b) d_{AB}=45, d_{AC}=28, d_{AD}=10 最短, $d_{AE}=d_{AF}=\infty$

(c) 延长(A, D), d_{ADC}=27, d_{ADE}=25, d_{ADF}=23 最短

(d) d_{ADE}=25, d_{ADC}=27, d_{ADCB}=39

图 10-8　Dijkstra 算法采用贪心选择策略的求解过程

3．贪心法与动态规划法的区别

分治法、动态规划法和贪心法都具有最优子结构性质。贪心选择性质是贪心法的第一个基本要素，也是贪心法与分治法、动态规划法的主要区别。

原问题的解依赖各子问题的解，只有在求出子问题的解后，才能得到原问题的解。因此，分治法与动态规划法分解问题的过程是自顶向下的，而求解问题的过程自底向上，与递归调用和返回过程一致。贪心法仅在当前状态下做出局部最优选择，再求解其后产生的子问题。贪心选择依赖以往做过的选择，不依赖子问题的解。因此，贪心法求解问题的过程是自顶向下的，每次贪心选择将所求问题简化为规模更小的子问题，经过若干迭代，最终获得最优解。

4．贪心法求得次优解

贪心法总是做出在当前看来最好的选择。换言之，贪心法并不从整体最优考虑，它所做出的选择只是在某种意义上的局部最优选择，期望得到的最终结果也是整体最优的。虽然贪心法不能对所有问题都得到整体最优解，但对许多问题能产生整体最优解，如图的单源最短路径问题、最小生成树问题等。

在一些情况下，即使贪心法不能得到整体最优解，其最终结果却是最优解的很好近似。例如着色问题，将一个图中的每个顶点看成一个国家或地区，相邻顶点表示两地有共同边界，将图中所有顶点着色，使任意两个相邻顶点的颜色不相同。给出颜色数最少的着色方案。

着色问题的贪心选择策略是，用一种颜色给尽可能多的不相邻顶点着色，再用另一种颜色重复该操作，直到所有顶点都被着色。一个图的一种着色方案如图 10-9(a) 所示。

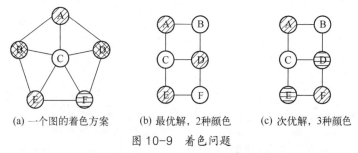

(a) 一个图的着色方案　　(b) 最优解，2种颜色　　(c) 次优解，3种颜色

图 10-9　着色问题

贪心法在各阶段选择那些在某些意义下是局部最优的方案，但不是每次都能成功地产生

出一个整体最优解，但是通常可以得到一个可行的较优解。图 10-9(b)和(c)是同一个图采用贪心法得到的最优解和次优解。

5．最小堆

最小/最大堆定义见 9.3.2 节。堆序列用于多次求极值的应用问题，如堆排序（9.3.2 节）。

（1）最小堆类声明

声明最小堆类 MinHeap<T>如下，使用顺序表存储堆元素，T 指定元素类型。

```
import java.util.Comparator;                              // 比较器接口（见 2.4.1 节）
public class MinHeap<T> implements Comparator<T>          // 最小堆类，T 指定元素类型；实现比较器接口
{
    private SeqList<T> heap;                              // 堆元素顺序表
    private final Comparator<? super T> comp;             // 比较器，最终变量
    public MinHeap(Comparator<? super T> comp)            // 构造空堆，comp 指定比较器
    {
        this.heap = new SeqList<T>();                     // 创建顺序表，默认容量
        this.comp = comp;                                 // 最终变量，只能赋值一次，其后不能改变
    }
    public MinHeap()                                      // 构造最小堆，空堆，比较器为空对象
    {
        this(null);
    }
    public MinHeap(T[] values, Comparator<? super T> comp)   // 构造堆，value 数组提供元素
    {
        this(comp);
        for(int i=0;  i<values.length;  i++)
            this.insert(values[i]);                       // 堆插入元素
    }
    public boolean isEmpty()                              // 判断是否为空，若为空，则返回 true。方法体省略
    public int size()                                     // 返回元素个数。方法体省略
    public String toString()                              // 返回所有元素描述字符串，形式为 "(,)"。方法体省略
}
```

（2）比较堆元素大小的两种方式

堆元素必须要比较对象大小。因此，上述堆类 Heap<T>声明实现 Comparator<T>比较器接口，其中声明比较器接口对象 comp 作为成员变量，构造方法指定比较器，comp 默认 null。

MinHeap<T>类实现 compare()方法如下，支持以下两种比较对象大小方式。

① 若 comp!=null，指定比较器 comp，则由 comp 比较器比较 T 对象大小。

② 若 comp==null，未指定比较器，则默认 T extends Comparable<? super T>，即 T 或 T 的某个祖先类实现 Comparable<T>接口，否则 Java 抛出类型强制转换异常。

```
public int compare(T x, T y)                     // 比较堆元素 x 与 y 对象大小，支持两种比较对象大小方式
{
    if(this.comp!=null)                          // 若有 comp 比较器
        return this.comp.compare(x, y);          // 则由 comp 比较器比较 T 对象大小
    // 若无 comp 比较器，则默认 T 对象可比较大小，否则 Java 抛出类型强制转换异常
    return ((Comparable<T>)x).compareTo(y);
}
```

（3）堆插入元素

在最小堆中插入元素 x 的算法描述如图 10-10 所示，将 x 添加在堆序列最后，再自下而上地调整 x 所在的多棵子树（直到根）为最小堆，这样使得因插入元素而移动的数据量为最少。

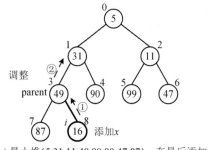 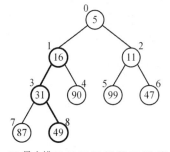

(a) 最小堆{5,31,11,49,90,99,47,87}，在最后添加x=16，自下而上调整元素x所在的多棵子树为最小堆

(b) 最小堆{5,16,11,31,90,99,47,87,49}

图 10-10　最小堆插入元素

在顺序表最后插入元素 x 的时间为 $O(1)$，再调整 x 到最小堆的合适位置，最多经过一条从叶子到根的路径，路径长度≤完全二叉树高度 $h=\lfloor \log_2 n \rfloor + 1$，时间复杂度是 $O(\log_2 n)$。

MinHeap<T>类声明以下成员方法，在堆中插入元素 x。

```
public void insert(T x)                             // 插入元素 x，不能插入 null
{
    int i=this.heap.insert(x);                      // 堆顺序表尾插入，返回插入元素序号，顺序表自动计数和扩容
    int parent=(i-1)/2;                             // i 的父母结点
    // 以下循环，若 x 小于父母结点值，则将 x 值上移一层，直到根结点
    while(parent>=0 && this.compare(x, this.heap.get(parent))<0)
    {
        this.heap.set(i, this.heap.get(parent));    // 将父母结点值下移一层
        this.heap.set(parent, x);                   // 将 x 值上移一层
        i=parent;                                   // i, parent 向上一层，继续循环
        parent=(i-1)/2;
    }
}
```

（4）获得最小值，删除最小堆的根元素

取走最小堆的最小值，必须删除根结点。对于顺序存储的完全二叉树，既不能单独释放根结点占用的存储单元，也不能采用删除顺序表第 0 个元素（因为数据移动太多且破坏了堆序列），只能用其他元素替换。

最小堆删除根元素的算法描述如图 10-11 所示，用堆序列的最后一个元素替换根元素，删除最后一个元素，时间复杂度是 $O(1)$；再调整二叉树为最小堆，将根元素下沉到合适位置，时间复杂度是 $O(\log_2 n)$。此时，只调整一次即可，因为二叉树的其他子树已经是最小堆了。

MinHeap<T>类声明以下成员方法，返回最小值，删除堆的根元素。

```
public T removeRoot()                                       // 返回最小/大值，删除根元素并调整为堆
{
    if(this.isEmpty())
        return null;
    T x = this.heap.get(0);                                 // 获得堆根结点元素，最小值，待返回
    this.heap.set(0, this.heap.get(this.heap.size()-1));    // 将最后位置元素移到根，即删除根元素
```

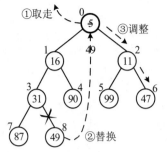
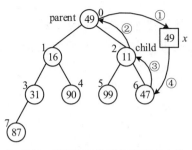
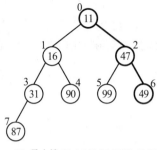

(a) 返回最小值（根元素），用堆最后元素
替换根元素，再调整二叉树为最小堆

(b) sift(0)，调整以 49 为根的子树为最小堆

(c) 最小堆{11,16,47,31,90,99,49,87}

图 10-11　最小堆返回最小值，删除根元素，调整

```
this.heap.remove(this.heap. size()-1);          // 顺序表尾删除，长度自动减1
if(this.heap. size()>1)
    sift(0);                                    // 调整根结点值到堆的合适位置
return x;
}
// 将以 parent 为根的子树调整成最小堆。与 9.3.2 节堆排序 sift(, parent, )算法相同，方法体省略
private void sift(int parent)
```

【思考题 10-1】 ① 画出将关键字序列{81, 49, 19, 35, 97, 76, 13, 27}元素依次插入创建的最小堆，结果与图 9.9(b)是否相同？ ② 采用最小堆，实现堆排序等算法。

6. Kruskal 算法实现

（1）实现 Kruskal 算法要解决两个关键问题

7.4 节所述 Kruskal 算法构造带权无向图的最小生成树 T=(TV, TE)，在图的所有边中，每步选择一条权值最小且不产生回路的边（满足 MST 性质），合并两棵树；逐步求解，直到加入 n-1 条边，则构造成一棵最小生成树。带权无向图 G_9 的 Kruskal 算法求解过程如图 10-12 所示。

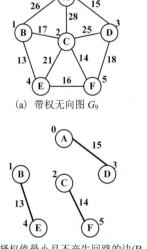

(a) 带权无向图 G_9

(b) 初始 T 是有 n 棵树的森林，每
棵树只有一个顶点；TE={}

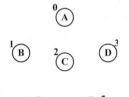

(c) 依次选择权值最小且不产生回路的边(B, E)、
(C, F)、(A, D)加入 TE，合并树

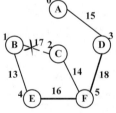

(d) TE+=(E, F), (D, F)，最小生成树。不能加
入(B, C)边，构成回路，不满足 MST 性质

图 10-12　带权无向图 G_9 的 Kruskal 算法求解过程

实现 Kruskal 算法需要解决以下两个关键问题。

① 如何在图的所有边中依次选择一条当前权值最小的边？如何保证这条边不参加下一次选择？

Kruskal 算法采用最小堆解决该问题。G_9 所有边按权值构造的最小堆如图 10-13 所示，根结点是当前权值最小的一条边；每次删除根结点，调整后的根结点是下一次最小值。

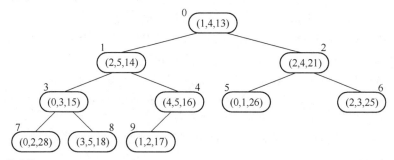

最小堆：(1,4,13),(2,5,14),(2,4,21),(0,3,15),(4,5,16),(0,1,26),(2,3,25),(0,2,28),(3,5,18),(1,2,17)

图 10-13　带权无向图 G_9 所有边按权值大小构造的最小堆

② 如何存储和识别哪些顶点在一棵树中？如何判断每次选择的边是否产生回路？

Kruskal 算法采用并查集解决该问题，用一个集合表示一棵树（见图 10-14）。并查集提供集合并运算 union( )，合并元素 x 和 y 所在的两个不同集合。

（2）最小生成树类

声明 MinSpanTree 最小生成树类如下，声明 mst 数组成员变量存储一个带权无向图最小生成树的边集合，cost 存储最小生成树的代价。其中，构造方法以 Kruskal 算法构造无向带权图的最小生成树，创建一个 MinHeap<Triple>最小堆对象，按权值大小存储图的所有边；创建一个 UnionFindSet 对象（稍后给出类声明），存储图的顶点集合构造最小生成树的过程。

```java
import java.util.Comparator;
public class MinSpanTree                    // 最小生成树类，存储一个带权无向图最小生成树的边集合和最小代价
{
    private Triple[] mst;                    // 存储最小生成树的边集合
    private int cost=0;                      // 最小生成树代价
    // 以 Kruskal 算法构造带权无向图的最小生成树并求代价，使用最小堆和并查集。
    // 参数 n 指定图的顶点数，edges 数组指定图的所有边（每边只表示一次），comp 指定比较器
    public MinSpanTree(int n, Triple[] edges, Comparator<Triple> comp)
    {
        this.mst = new Triple[n-1];          // mst 存储最小生成树的边集合，边数为顶点数-1
        // 使用最小堆对象存储一个图的所有边，边按权值比较大小（comp 比较器提供）
        MinHeap<Triple> minheap = new MinHeap<Triple>(edges, comp);
        UnionFindSet ufset = new UnionFindSet(n);   // 并查集对象
        int i=0;                             // 最小生成树中当前边的序号
        for(int j=0; j<n; j++)               // 共选出"顶点数-1"条边
        {
            Triple minedge = minheap.removeRoot();   // 删除最小堆的根，返回权值最小的边
            // 集合并运算，若最小权值边的起点和终点所在的两个集合合并，则该边加入最小生成树
            if(ufset.union(minedge.row, minedge.column))
            {
                this.mst[i++]=minedge;
                this.cost+=minedge.value;    // 计算最小生成树的代价
```

```
        }
      }
    }
    public String toString()                              // 返回最小生成树边集合和最小代价。方法体省略
  }
```

【例 10.3】 实现 Kruskal 算法，使用最小堆和并查集。

本例以 Kruskal 算法构造带权无向图 G_9 的最小生成树（见图 10-12），已知 G_9 的顶点集合 {A, B, C, D, E, F}，顶点序号依次为 0~5，调用语句如下：

```
Triple edges[]={new Triple(0,1,26),new Triple(0,2,28), …};  // 带权无向图 G9 的边集合（每边只表示一次）
MinSpanTree mstree = new MinSpanTree(6, edges, new TripleComparator()); // 图的顶点数、边集合和比较器
System.out.println("带权无向图 G9, "+mstree.toString());
```

其中，TripleComparator 比较器类实现 Comparator<Triple>比较器接口，提供图的边按权值比较大小的 compare( )方法，见 5.2.2 节。

程序运行结果如下，构造的最小堆见图 10-13。

带权无向图 G9，最小生成树的边集合: (1,4,13) (2,5,14) (0,3,15) (4,5,16) (3,5,18)，最小代价76

（3）并查集类

并查集（Union-find Set）是一种主要提供查找和合并运算的集合。

<1> 以树的父指针数组表示一个集合

并查集以一棵树表示一个集合，树中一个结点表示集合中一个元素。树的存储结构是父指针数组 parent[]，数组元素 parent[i]（$0 \leq i < n$）定义如下，有两种情况。

$$parent[i]=\begin{cases} \text{负数（绝对值为以结点 } i \text{ 为根的一棵树的结点数）}, & i \text{ 是一棵树的根结点} \\ \text{结点 } i \text{ 的父母结点的下标}, & \text{否则} \end{cases}$$

在图 10-12 以 Kruskal 算法构造带权无向图 G_9 最小生成树 T 的过程中，使用并查集对象 ufset，以集合方式，将森林逐步合并，直到一棵树，变化状态如图 10-14 所示。

① Kruskal 算法初始状态，最小生成树 T 是包含 n 棵树（顶点）的森林，没有边。并查集 ufset 的 n 个元素分别表示 T 中的每棵树，每棵树都只有根结点，所以 ufset 的父指针数组 parent 元素初值全为-1。

② Kruskal 算法选择权值最小的边(B, E)加入 TE。ufset 合并{B}和{E}集合的操作是，将 E 作为 B 的孩子结点，parent[4]=1，parent[1]=-2。

③ Kruskal 算法再选择权值小的边(C,F)、(A, D)加入 TE。ufset 合并{C}和{F}，parent[5]=2，parent[2]=-2；合并{A}和{D}，parent[3]=0，parent[0]=-2。

④ Kruskal 算法再选择权值小的边(E, F)，每条边都要在确认连接的是两棵树之后才能加入 TE，确保不产生回路，满足 MST 性质。因此，ufset 在合并 E、F 所在的两棵树前，先要确认 E、F 分别在两棵树中，通过分别查找到 E、F 所在树的根结点 B、C 进行确认。如果 E、F 所在树的根结点不同，则表示它们不在同一个集合中，此时才可以合并，将 C 作为 B 的孩子结点，parent[2]=1，parent[1]=-4。

⑤ Kruskal 算法再选择权值小的边(B, C)，此时 B、C 已经在一个集合中，不能执行集合并运算，所以没有加入(B, C)边到 TE。

⑥ Kruskal 算法再选择权值小的边(D, F)加入 TE。ufset 合并 D、F 所在的两棵树，{A, D}集合元素个数少，所以合并时将 A 作为 B 的孩子结点，parent[0]=1，parent[1]=-6，使得合并后的树高度低，查找效率高。

(a) 初始，ufset集合是包含 n 棵树的森林，parent数组元素值为-1，表示每棵树只有一个结点

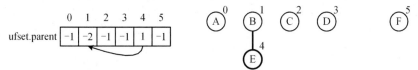

(b) 合并{B}和{E}树，将E作为B的孩子结点，parent[4]=1（父结点下标），parent[1]=-2（绝对值为树结点数）

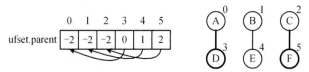

(c) 合并{C}和{F}树，将F作为C的孩子结点，parent[5]=2，parent[2]=-2
合并{A}和{D}树，将D作为A的孩子结点，parent[3]=0，parent[0]=-2

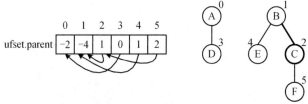

(d) 合并E、F所在的两棵树。分别找到E、F所在树的根结点B、C，不在一个集合，将C作为B的孩子结点，parent[2]=1，parent[1]=-4

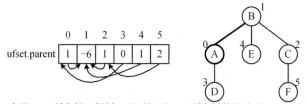

(e) 合并D、F所在的两棵树。分别找到D、F所在树的根结点A、B，不在一个集合，将A作为B的孩子结点，parent[0]=1，parent[1]=-6

图 10-14　例 10.3 以 Kruskal 算法构造最小生成树时使用的并查集

并查集类 UnionFindSet 声明如下，主要有构造方法、查找和集合并 3 种操作。

```
public class UnionFindSet                          // 并查集类
{
    private int[] parent;                          // 父指针数组
    public UnionFindSet(int n)                     // 构造有 n 个元素的并查集，最初是包含 n 棵树的森林
    {
        this.parent = new int[n];
        for(int i=0;  i<n;  i++)                    // 父指针数组元素值为-1，表示每棵树只有一个结点
            this.parent[i]=-1;
    }
    public String toString()                       // 返回并查集所有元素，形式为 "(,)"，方法体省略
}
```

<2> 并查集的查找运算

以下用 find( )方法查找第 i 个元素所在的集合（树），以树的根识别集合，返回树的根结点下标。算法沿着父指针向上寻找直到根结点。

```
public int find(int i)                          // 查找并返回第 i 个元素所在树的根下标
{
    while(this.parent[i]>=0)                     // 若 i 不是根
        i=this.parent[i];                        // 找到父结点下标
    return i;                                     // 返回根结点下标
}
```

<3> 并查集的合并运算

以下 union( )方法实现集合并运算，合并结点 i 和 j 所在的两个不同集合，当 i、j 不在同一个集合中时，才能合并，返回合并与否的结果。判断 i、j 是否在同一个集合的依据是，调用 find( )方法，分别获得 i 和 j 所在树的根。若根相同，则 i、j 在同一棵树中；否则不在。

合并 i 和 j 所在的两棵树，要根据两棵树的结点数，确定以谁为根，将结点数较多的一棵树的根作为另一棵树根的孩子结点，这样能降低合并后树的高度，见图 10-14(e)。

```
// 集合并运算，若 i、j 不在同一棵树中，则合并结点 i 和 j 所在的两棵树，返回 true; 否则返回 false。
// 首先查找并分别返回结点 i 和 j 所在树的根，将结点数较多的一棵树的根作为另一棵树根的孩子结点
public boolean union(int i, int j)
{
    int rooti=find(i),  rootj=find(j);          // rooti、rootj 分别获得结点 i 和 j 所在树的根
    if(rooti!=rootj)                             // 当 i、j 不在同一棵树中时，合并 i 和 j 所在的两棵树
    {
        if(parent[rooti]<=parent[rootj]) // 若 rooti 树结点个数（负）较多，则将 j 所在的树合并到 i 所在的树
        {
            this.parent[rooti]+=this.parent[rootj]; // 结点数相加
            this.parent[rootj]=rooti;           // 将 rootj 作为 rooti 的孩子，元素为父结点下标
        }
        else                                    // 否则，将 i 所在的树合并到 j 所在的树
        {
            this.parent[rootj]+=this.parent[rooti];
            this.parent[rooti]=rootj;           // 将 rooti 作为 rootj 的孩子结点
        }
    }
    return rooti!=rootj;                         // 返回合并与否状态
}
```

<4> 查找时折叠压缩路径

为了提高并查集元素的查找效率，需要降低树的高度。操作如下：在查找一个元素 i 时，执行折叠压缩路径算法，即沿着父指针向上寻找直到根，将从 i 到根路径上的所有结点都改成根的孩子。例如，在图 10-14(e)中查找 F 所在的集合，同时将从 F 到根路径上的所有结点改成为根 B 的孩子，则图 10-14(e)结果改为如图 10-15 所示。

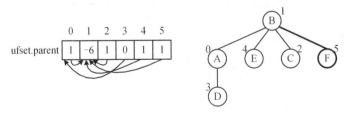

图 10-15　查找集合元素时采用折叠规则压缩路径

执行折叠压缩路径的 collapsingFind( )查找算法声明如下，代替之前的 find( )。

```
// 查找并返回元素 i 所在树的根下标，同时按照折叠规则压缩路径。
// 算法沿着父指针向上寻找直到根，将从 i 到根路径上的所有结点都改成根的孩子
public int collapsingFind(int i)
{
    int root=i;
    while(this.parent[root]>=0)              // 先用 root 找到 i 所在树的根结点下标，算法同 find(i)
        root = this.parent[root];
    while(root!=i  &&  parent[i]!=root)       // 当 i 不是根且 i 不是根的孩子时，再次向上，折叠压缩路径
    {
        int pa = parent[i];
        parent[i] = root;                     // 将 i 作为 root 的孩子结点
        i = pa;                               // 向上到 i 的父结点
    }
    return root;                              // 返回根结点下标
}
```

10.3.4 回溯法

回溯法（backtracking）用于求一个问题满足约束条件的所有解，在问题的解空间树中，以深度优先策略遍历搜索满足约束条件的所有解。树和图的深度优先遍历算法采用的是回溯法。

1．典型案例

【典型案例 10-1】 集合求幂集的解空间树。

问题： 一个集合 S 的幂集是指包含 S 所有子集的集合。

求解： 求集合 S={A, B, C}的所有子集，依次选择每个元素的过程就是一棵树，如图 10-16 所示。

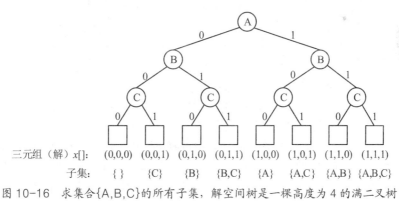

图 10-16　求集合{A,B,C}的所有子集，解空间树是一棵高度为 4 的满二叉树

① 每个结点表示一个元素，每个元素有"不选""选择"两种情况，所以，每个结点有 2 条出边，权值分别是 0 或 1。该树是二叉树。

② 在树中，由从根结点到叶子结点的每条路径上的权值组成的三元组(0, 0, 0)～(1, 1, 1)都是解，如(0, 1, 1)表示子集{B, C}，共 2^3=8 个解；因此，该树称为解空间树，高度是 4。

💬**注意：** 集合中的元素没有次序关系，{A,B,C}与{B,A,C}、{B,C,A}表示同一个集合。

2．问题的解空间树

设集合 $S=\{s_0, s_1, \cdots, s_{n-1}\}$ 有 n（$n \geq 0$）个元素，将问题的解表示成一个 n 元组 $(x_0, x_1, \cdots, x_{n-1})$，$x_i$（$0 \leq i < n$）是集合元素 $s_i \in S$ 的取值规则。满足约束条件的一个 n 元组被称为一个解向量。

问题的解空间（solution space）是指 $(x_0, x_1, \cdots, x_{n-1})$ 的定义域，即所有 n 元组的集合。将解空间表示成一棵树，称为解空间树，每个结点表示一个元素 s_i，每条边的权表示元素 s_i 的一个取值，由从根结点到叶子结点的一条路径上的权值组成一个 n 元组 $(x_0, x_1, \cdots, x_{n-1})$。

约束集指问题的所有约束条件的集合。约束条件分为显约束和隐约束，显约束是指每个 x_i 从集合元素 s_i 的取值规则；隐约束描述多个 x_i 之间的相互关系。

例如典型案例 10-1，求集合 S（n 个元素）的幂集问题，n 元组 $(x_0, x_1, \cdots, x_{n-1})$，显约束条件是 x_i 取值为 1/0 表示是/否选择第 i 个元素 s_i，所以解空间是二叉树，解空间范围是 $(0,0,\cdots,0)$～$(1,1,\cdots,1)$，共 2^n 个 n 元组；没有隐约束条件，所以解空间树是一棵高度为 $n+1$ 的满二叉树。

3．约束集的完备性

约束集的完备性是指，若 i（$1 \leq i \leq n$）元组 $(x_0, x_1, \cdots, x_{i-1})$ 违反涉及元素 $x_0, x_1, \cdots, x_{i-1}$ 的一个约束条件，则以 $(x_0, x_1, \cdots, x_{i-1})$ 为前缀的任何 n 元组 $(x_0, x_1, \cdots, x_{i-1}, \cdots, x_{n-1})$ 一定也违反相应的约束条件。问题的约束集具有完备性是可采用回溯法求解的前提。

4．回溯策略

回溯法采用深度优先搜索策略，以先根次序遍历解空间树，搜索满足约束条件的所有解。在每个结点检查是否满足约束条件，根据约束集的完备性进行约束剪枝和限界剪枝。

以先根次序遍历解空间树，搜索路径从根结点开始，逐层深入，每深入一层，路径延长一步，逐步构成 n 元组：(x_0)，(x_0, x_1)，$\cdots$，$(x_0, x_1, \cdots, x_{i-1})$，$\cdots$，$(x_0, x_1, \cdots, x_{n-1})$。到达每个叶子结点，如果该 n 元组 $(x_0, x_1, \cdots, x_{n-1})$ 满足约束集的全部约束，则它就是一个解。必须遍历解空间树才能获得问题的所有解。

每到达一个结点都要进行检测，一旦检测确定某个 i 元组 $(x_0, x_1, \cdots, x_{i-1})$ 不满足约束条件，则以 $(x_0, x_1, \cdots, x_{i-1})$ 为前缀的任何 n 元组 $(x_0, x_1, \cdots, x_{i-1}, \cdots, x_{n-1})$ 一定也不满足相应的约束条件，这是约束集的完备性，因此，不必再遍历以此结点为根的子树。放弃搜索解空间树的某些子树称为剪枝，避免无效搜索。用约束函数在分支结点处剪去不满足约束条件的子树，称为约束剪枝；用限界函数剪去得不到解的子树，称为限界剪枝。

可采用递归算法实现回溯法，称为递归回溯；也可采用迭代过程表达，称为迭代回溯。

【例 10.4】 求 C_n^m 组合，递归回溯。

问题：C_n^m 组合是指从集合 S 的 n 个元素中选择 m（$0 \leq m \leq n$）个元素的所有子集。

求解：C_n^m 组合问题解的形式是 n 元组 $(x_0, x_1, \cdots, x_{n-1})$，显约束条件是 $x_i \in \{0,1\}$（$0 \leq i < n$）表示选择（1）/不选择（0）第 i 个元素 $s_i \in S$，解空间是一棵高度为 $n+1$ 的满二叉树，有 2^n 个 n 元组；设 $(x_0, x_1, \cdots, x_{n-1})$ 中取值为 1 的 x_i 个数是 num，隐约束条件是 num=m，C_n^m 组合数见例 10.2。设集合 $S=\{A, B, C\}$，$n=3$，C_n^m 组合的解空间树及搜索与剪枝如图 10-17 所示。

① 约束剪枝：将不满足约束条件（取值为 1 的 x_i 个数 num>m）的子树剪去。图 10-17(a)中，C_3^0 的 $m=0$，以先根次序遍历 C_3^0 组合的解空间树，从根结点 A 到达右孩子结点 B，i 元组(1)中 num>0，不满足隐约束条件，则以(1)为前缀的 3 元组(1, 0, 0)、(1, 0, 1)等肯定都不是解。这是约束集的完备性原则，因此可将以(1)为根的子树剪去。

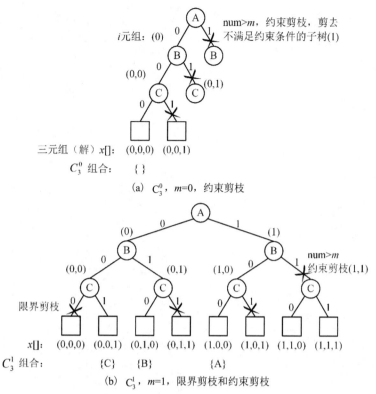

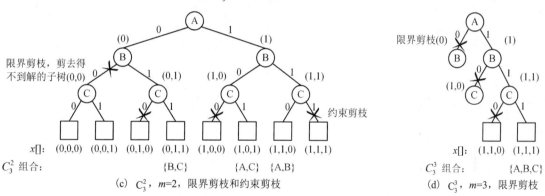

图 10-17　求集合{A,B,C}的 C_3^m 组合，遍历解空间二叉树时进行剪枝

图 10-17(b)中，C_3^1 的 $m=1$，约束剪枝以(1, 1)为根的子树，等等。

② 限界剪枝：将得不到解的子树剪去。

图 10-17(c)中，C_3^2 的 $m=2$，约束剪枝仍然存在诸如(0, 0, ?)等的无效搜索，因为(0, 0, ?)剩余 1 项选择，即使为 1，也不能满足 $m=2$，所以还要判断每个结点的剩余选择能否得到解（限界函数），将确定不能得到解的子树剪去，这是限界剪枝。

图 10-17(d)中，C_3^3 的 $m=3$，限界剪枝根结点 A 的左子树等。

实现：组合类 Combination 声明如下，求 C_n^m 组合，采用递归回溯遍历解空间二叉树。

```
public class Combination                    // 求 C_n^m 组合类，回溯法，递归回溯
{
    Object[] set;                           // 集合，n=set.length 个元素
    int x[];                                // x[]存储一个 n 元组（解）
    CombinationNumber cnum;                 // 组合数，见例 10.2
```

```java
    public Combination(T[] set)                              // 构造方法，set 指定集合
    {
        this.set = set;
        this.x = new int[set.length];                        // x[]元素默认初值为 0
        this.cnum = new CombinationNumber(set.length);       // 组合数
        for(int m=0;  m<=set.length;  m++)
            this.printAll(m);
    }
    public void printAll(int m)                              // 输出从集合 set 的所有元素中选择 m 个元素的所有组合
    {
        System.out.print("C("+m+","+set.length+")="+cnum.get(m, set.length)+", 组合: ");
        this.backtrack(m,0,0);
        System.out.println();
    }
    // 递归回溯，遍历解空间二叉树中以 x[i]为根的子树，获得解的 x[i]值（0/1），0≤i<x.length;
    // num 表示 x[]中取值为 1 的个数，用于进行约束剪枝和限界剪枝的判断条件
    private void backtrack(int m, int i, int num)
    {
        if(i<this.x.length)                                  // 若到达分支结点，则判断条件，遍历子树或剪枝
        {   // 限界条件，若剩余选择可能得到解，则遍历左子树；否则限界剪枝
            if(num+this.x.length-i>m)
            {
                this.x[i]=0;                                 // 左孩子结点取值
                backtrack(m, i+1, num);                      // 遍历左子树，获得解 x[i+1]值，num+0，递归调用
            }
            if(num<m)                                        // 约束条件，若没有违反约束条件，则遍历右子树；否则约束剪枝
            {
                this.x[i]=1;                                 // 右孩子结点取值
                backtrack(m, i+1, num+1);                    // 遍历右子树，获得解 x[i+1]值，num+1，递归调用
            }
        }
        else
            print();                                         // 到达叶子结点，获得一个解，输出 set 的一个子集
    }
    // 输出一个解（set 的子集），x[i]取值 1/0 分别显示/否第 i 个元素，形式为 "{,}"
    protected void print()
    {
        System.out.print("{");
        boolean first=true;                                  // 是否第一个元素的信号量
        for(int i=0; i<this.x.length; i++)
        {
            if(this.x[i]==1)
            {
                if(!first)
                    System.out.print(",");
                else
                    first = !first;
                System.out.print(this.set[i].toString());
```

```
            }
        }
        System.out.print("} ");
    }
    public static void main(String args[])
    {
        String[] set={"A","B","C"};
        new Combination<String>(set);
    }
}
```

程序运行结果如下：

```
    C(0,3)=1, 组合: {}
    C(1,3)=3, 组合: {C}  {B}  {A}
    C(2,3)=3, 组合: {B,C}  {A,C}  {A,B}
    C(3,3)=1, 组合: {A,B,C}
```

【例 10.5】 求 P_n^m 排列，递归回溯。

问题： P_n^m 排列是指，从集合 S 的 n 个元素中选择 m（$0 \leq m \leq n$）个元素的所有排列，当 $m=n$ 时，P_n^n 称为全排列。

求解： 对 P_n^m，排列问题解的形式是 m 元组 $(x_0, x_1, \cdots, x_{m-1})$，其显约束条件是 $x_i \in \{0,1,\cdots,n-1\}$（$0 \leq i < n$）表示选择第 i 个元素 $s_i \in S$，解空间是一棵高度为 $m+1$ 的满 n 叉树，有 n^m 个 m 元组；隐约束条件是选中元素的个数为 m，且有元素可/否重复两种情况。当元素不重复时，全排列有 $n!$ 个解。

设集合 $S=\{A, B, C\}$，$n=3$，P_n^m 排列的解空间 n 叉树如图 10-18 所示，第 m 层结点的 m 元组是 P_n^m 的解；按"元素不重复"的隐约束条件进行约束剪枝。

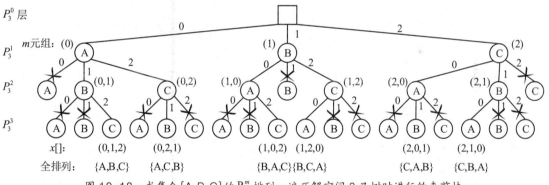

图 10-18　求集合 $\{A,B,C\}$ 的 P_n^m 排列，遍历解空间 3 叉树时进行约束剪枝

实现： 声明 Permutation 类如下，求 P_n^m 排列，采用递归回溯遍历解空间二叉树。

```
public class Permutation                          // 求 P(m,n)排列类，回溯法，递归回溯
{
    protected Object[] set;                        // 集合，n=set.length 个元素
    protected int x[], count;                      // x[]存储一个 n 元组（解），count 存储解的个数
    protected boolean repeated;                    // 若 repeated=true，则可重复选择同一个元素
    // 构造方法，set 指定集合，repeated 指定元素可否重复
    public Permutation(Object[] set, boolean repeated)
    {
        this.set = set;
```

```java
        this.x = new int[set.length];              // x[]元素默认初值为 0
        this.repeated = repeated;
        for(int m=0;  m<=set.length;  m++)          // 包含全排列
            this.printAll(m);
    }
    public void printAll(int m)                     // 输出 P(m,n)排列
    {
        int n=this.x.length;
        System.out.print("P("+m+","+n+")="+……+",  排列: ");
        this.backtrack(m, 0);                       // 递归回溯，输出所有解
        System.out.println(this.count+"个解");
    }
    // 递归回溯，遍历解空间 n 叉树 m 层，获得解的 x[i]值，0≤i<m；约束剪枝。
    // 递归算法思路同 6.2.3 节的遍历一棵树时采用循环遍历兄弟链
    private void backtrack(int m, int i)
    {
        if(i<m)                                     // 遍历解空间 n 叉树的 m 层
        {
            for(int j=0;  j<this.x.length;  j++)    // 遍历 n 棵子树
            {
                this.x[i]=j;                        // 结点取值，范围是 0～n-1
                // 检测隐约束条件，若 true，则继续遍历解空间 n 叉树，否则约束剪枝
                if(this.repeated || restrict(i))
                    this.backtrack(m, i+1);          // 遍历子树（向下一层），获得解 x[i+1]值，递归调用
            }
        }
        else                                        // 到达叶子结点，获得一个解
        {
            this.count++;                           // 统计解的个数
            this.print(m);                          // 输出一个解（x[]的前 m 个值表示的集合）
        }
    }
    protected boolean restrict(int i)               // 约束函数，隐约束条件：x[i]与之前选中元素不重复
    {
        for(int j=0;  j<i;  j++)                     // 查找算法，在 x[i]之前元素中查找，是否有相同元素
            if(x[j]==x[i])
                return false;
        return true;
    }
    protected void print(int m)       // 输出一个解（x[]前 m 个值表示的子集），形式为 "{,}"，方法体省略
    public static void main(String args[])
    {
        String[] set={"A","B","C"};
        new Permutation(set,false);                 // 排列类，不重复选择元素
    }
}
```

程序运行结果如下：

```
P(0,3)=1，排列: {}，1 个解
P(1,3)=3，排列: {A}，{B}，{C}，3 个解
P(2,3)=3*2=6，排列: {A,B}，{A,C}，{B,A}，{B,C}，{C,A}，{C,B}，6 个解
```

【例 10.6】 八皇后，递归回溯和迭代回溯。

八皇后问题：在国际象棋的棋盘（8 行×8 列）上，放置 8 个彼此不受攻击的皇后；按照国际象棋的规则，皇后可以攻击与之处在同一行、同一列或同一斜线上的棋子。求所有解。

（1）八皇后问题的一个解

采用回溯法求解八皇后问题，设棋盘的行号和列号都是 0～7。由于每行只有一个皇后，使用一个 8 元组 $(x_0, x_1, \cdots, x_7)$ 表示一种皇后排列布局（解），其中 $x_i \in \{0,1,\cdots,7\}$ 是第 i（$0 \leqslant i < 8$）行皇后的列号（显约束条件），如图 10-19 所示，即一个 8 元组是 0～7 的一个全排列。当元素不重复时，有 8!个全排列。隐约束条件是任意两个皇后不在同一列或同一斜线上。八皇后问题有 92 个解。

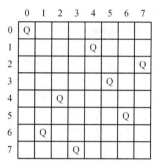

图 10-19　八皇后问题的一个解(0,4,7,5,2,6,1,3)

（2）四皇后问题的解空间树

简化问题——四皇后问题：其一个解是 4 元组 (x_0, x_1, x_2, x_3)，其显约束条件是 $x_i \in \{0,1,2,3\}$（$0 \leqslant i < 4$），即 0～3 的一个全排列且满足隐约束条件。遍历解空间四叉树时进行约束剪枝的求解过程如图 10-20 所示。

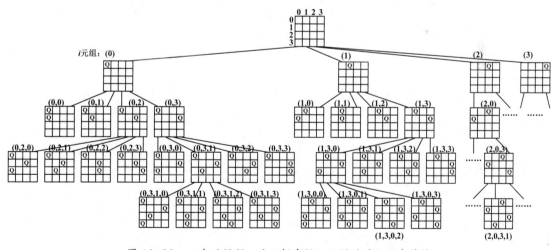

图 10-20　四皇后问题，遍历解空间四叉树时进行约束剪枝

这棵四叉树高度为 5，其中每个结点表示一个局部布局或完整布局，根结点表示棋盘的初始状态。四皇后问题有 2 个解，分别是(1, 3, 0, 2)和(2, 0, 3, 1)。

（3）判断隐约束条件

八皇后问题的两个隐约束条件及其判断方法如下：

① 任意两个皇后不在同一列上。若$i \neq j$，有$x_i \neq x_j$，意为元素各不相同，确定(0, 0)等不是解。因此一个解是 0, 1, …, 7 的一个全排列，使得解空间的大小减为 8!。

② 任意两个皇后不在同一斜线上。若$i \neq j$，有$|x_i - x_j| \neq |i - j|$，因此确定(0,1)、(0,2,1)、(0,3,1,2)等不是解。

（4）迭代回溯

声明 Queen 类如下，采用回溯法求解 n 皇后问题，可采用递归回溯和迭代回溯求解。

```java
public class Queen                              // 求解 n 皇后问题，默认八皇后，回溯法，递归回溯和迭代回溯
{
    protected int x[], count;                   // x[]存储一个 n 元组（解），count 存储解的个数
    public Queen(int n)                         // 构造方法，n 指定棋盘大小即皇后个数
    {
        if(n<=0 || n>8)                         // 控制棋盘大小为 1~8
            throw new java.lang.IllegalArgumentException("n="+n);   //抛出无效参数异常
        System.out.println("Queen("+n+"): ");
        this.x = new int[n];                    // x[]元素默认初值为 0
        this.count=0;
//      this.backtrack(0);                      // 递归回溯，输出所有解
        this.backtrack();                       // 迭代回溯，输出所有解
        System.out.println(count+"个解");
    }
    public Queen()                              // 构造方法，默认八皇后
    {
        this(8);
    }
    protected boolean restrict(int i)           // 约束函数，隐约束条件，测试 x[i]位置是否可放皇后
    {
        for(int j=0;  j<i;  j++)
            if(x[j]==x[i] || Math.abs(i-j)==Math.abs(x[j]-x[i]))
                return false;
        return true;
    }
    // 递归回溯，遍历解空间 n 叉树，获得解的 x[i]值，0≤i<x.length，约束剪枝。算法类似排列题，省略
    private void backtrack(int i)
    private void backtrack()                    // 迭代回溯，输出所有解
    {
        this.x[0]=-1;
        int i=0;
        while(i>=0)
        {
            do
            {
                this.x[i]++;
            } while(x[i]<x.length && !restrict(i));     // 寻找第 i 个皇后位置

            if(x[i]<x.length)                   // 找到第 i 个皇后位置为 x[i]
            {
                if(i!=x.length-1)
```

```
                x[++i]=-1;                              // 继续寻找第 i+1 个皇后位置
            else                                        // 求得一个解
            {
                this.count++;
                print();           // 输出一个解 x[]，值为 0/1，形式为 "(,)"，方法声明省略
            }
        }
        else
            i--;                   // 没有找到第 i 个皇后位置，退回到第 i-1 个皇后位置，继续搜索其他路径
    }
}
public static void main(String args[])
{
    new Queen(8);                                       // 八皇后
}
}
```

其中，backtrack( )方法采用迭代回溯，从 0～$n-1$ 按升序依次寻找第 i（$0\leq i<n$）个皇后位置，若 restrict(i)满足约束函数，则确定第 i 个皇后位置 x[i]，继续寻找 x[$i+1$]值；否则，说明该 i 元组不是一个解的前缀，此时退回到第 $i-1$ 个皇后位置，即返回到解空间树的父母结点，再搜索其他路径。x[]数组存储 n 元组，即可 i++，向下一层遍历子树；也可 i--，向上返回到父母结点。因此可采用迭代回溯方式遍历树，实现递归回溯功能并且不必使用栈。

【例 10.7】 骑士游历，预见算法。

本题目的：改进回溯算法，采用预见算法提高求解效率。

骑士游历问题：在国际象棋的棋盘（8 行×8 列）上，求一个马从(x_0, y_0)开始遍历棋盘的一条路径。遍历棋盘指马到达棋盘上的每一格一次。马行走的规则是"马走日"，设一个马在棋盘(x, y)位置，它有 8 个方向可到达下一位置，如图 10-21 所示。

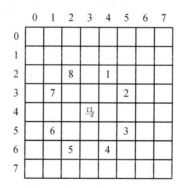

图 10-21 "马走日"规则，有 8 个方向可到达下一位置

（1）回溯算法

在 8×8 棋盘上，设行号和列号都是 0～7。从(0, 0)开始的一次骑士游历如图 10-22 所示，每格的值 i 是到达该格的步数，$i=1, 2, \cdots, 64$。因此，骑士游历问题的一个解是一个 64 元组，是 1～64 的一个全排列，表示遍历棋盘的一条路径。

设棋盘 $n\times n$，采用回溯法求骑士游历问题的所有解，遍历解空间 $n\times n$ 叉树，搜索满足约束条件的解；隐约束条件是"马走日"规则。若遍历了一条路径 i 元组$(p_0, p_1, \cdots, p_i)$，测试没有

	0	1	2	3	4	5	6	7
0	1	16	27	22	3	18	47	56
1	26	23	2	17	46	57	4	19
2	15	28	25	62	21	48	55	58
3	24	35	30	45	60	63	20	5
4	29	14	61	34	49	44	59	54
5	36	31	38	41	64	53	6	9
6	13	40	33	50	11	8	43	52
7	32	37	12	39	42	51	10	7

图 10-22   8×8 棋盘，从(0,0)开始的一次骑士游历，一个解

找到 $p_i(x_i,y_i)$ 位置继续前行的下一位置，则以 $(p_0,p_1,\cdots,p_i)$ 为前缀的所有 n×n 元组都不是解；此时回溯策略是，退回至 $p_i(x_i,y_i)$ 的前一位置 $p_{i-1}(x_{i-1},y_{i-1})$，再寻找其他路径。遍历 4×4 棋盘的解空间树如图 10-23 所示，起始点(0,0)。

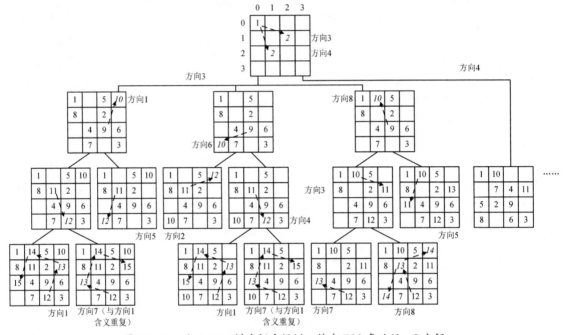

图 10-23   遍历 4×4 棋盘解空间树，搜索 760 条路径，0 个解

【思考题 10-2】 画出遍历 3×3 棋盘的解空间树，有多少条遍历路径？多少个解？

采用回溯法求问题的解实际上是试探法、穷举法，遍历解空间树，测试每条路径是否是一个解。对于骑士游历问题，它的解空间是 n×n 叉树，解空间太大了，需要测试的路径太多。例如，图 10-23 遍历 4×4 棋盘的解空间树，搜索了 760 条从根到叶子结点的路径，结果是 0 个解。此时求解效率太低，必须寻找提高效率的策略和措施。

分析采用回溯法求解骑士游历存在的问题，在遍历解空间树到达每个结点 $p_i(x_i,y_i)$ 时，只要有一个方向可行，就一直向前走，直到走不通再回头，这是深度优先搜索策略。本题在 8 个方向中依次测试，选择的方向与 $p_i(x_i,y_i)$ 当时状态无关。试探和穷举也意味着选择前进方向是随机的、盲目的和重复的。例如图 10-23 中，有多条搜索路径的含义是重复的（其中 2 条如图 10-24 所示），只是次序不同，都没有找到解。

1	14	5	10
8	11	2	13
15	4	9	6
	7	12	3

1	14	5	10
8	11	2	13
15	4	9	6
	7	12	3

图 10-24　2 条搜索路径的含义重复

（2）预见算法，采用贪心选择策略主动选择前进方向

改进回溯算法，在遍历解空间树到达每个结点 $p_i(x_i, y_i)$ 时，根据 $p_i(x_i, y_i)$ 当时状态进行计算和分析，预测之后每个方向路径的"宽窄"，从中选择最窄的一条路先走，将较宽的路留在后面。这种启发式探索的思路，本书称之为预见算法（foresee），每步都是经过精心计算而主动选择最有可能的一条路径继续前行，前进方向明确，每步踏实坚定，避免搜索含义重复的路径，因此能够最大程度地提高算法求解效率。核心问题是，如何确定一条路"宽窄"的标准？

预见算法的解决办法是，在每次选择方向时，预见下一个位置的可通路数，意即为每个方向计算出下一位置还有多少条通路。例如，图 10-21 的马在(4,3)位置，下一步有 8 个方向可走，这 8 个方向的再下一位置又有多少方向可走呢？表 10-2 给出(4,3)的下一位置的可通路数情况。

表 10-2　预见(4,3)的下一位置的可通路数

方　向	下一位置	可通方向	可通路数
1	(2, 4)	1, 2, 3, 4, 6, 7, 8	7
2	(3, 5)	1, 2, 3, 4, 5, 7, 8	7
3	(5, 5)	1, 2, 3, 4, 5, 6, 8	7
4	(6, 4)	1, 2, 3, 6, 7	**5**
5	(6, 2)	2, 3, 6, 7, 8	**5**
6	(5, 1)	1, 3, 4, 5, 8	**5**
7	(3, 1)	1, 2, 4, 5, 8	**5**
8	(2, 2)	1, 2, 3, 5, 6, 7, 8	7

表 10-2 中，在(4,3)的 8 个方向下一位置中，方向 4、5、6、7 的可通路数最小 5，在其中选择一个方向 4 继续前行，这是贪心选择策略。虽然每次选择下一步方向需要花费一定时间，但它针对性强，减少了许多盲目的试探，从而缩短了运行时间。

求解 5×5 棋盘的骑士游历问题，采用回溯算法和预见算法的搜索过程如图 10-25 所示，起始点(0,0)。图 10-25 (b) 中，预见算法在第 10、12、14、16、18、20、22 步的下一步都没有选择中心点位置(2, 2)，都先沿着边上走，把可通路数多的中心点位置(2, 2)留到最后，一条搜索路径即求得一个解。

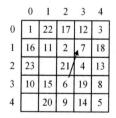
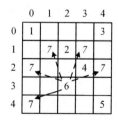
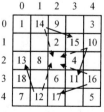
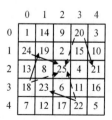

(a) 回溯法搜索到的第1条路径　　　　(b) 预见算法搜索到第1条路径的过程，搜索到的每条路径都是一个解

图 10-25　求解 5×5 棋盘的骑士游历问题，回溯算法和预见算法对比

声明坐标点 Point 类如下，表示棋盘一格坐标。

```java
public class Point                                    // 坐标点类，表示棋盘一格坐标
{
    public int x, y;                                  // 行、列下标
    public Point(int x, int y)                        // 构造方法，x、y 取值范围由应用程序确定
    {
        this.x = x;
        this.y = y;
    }
    public String toString()                          // 对象描述字符串，形式为 "(x,y)"
    {
        return "("+this.x+","+this.y+")";
    }
}
```

声明 HorseForeseeAll 类如下，以二维数组 chessboard 存储 n×n 棋盘的一个解，从初始位置(x, y)开始游历，求骑士游历问题的所有解，改进回溯算法，采用预见算法选择最佳前进方向。

```java
public class HorseForeseeAll                          // 求骑士游历问题的所有解，预见算法
{
    protected final int n;                            // n 指定棋盘大小（3~8），最终变量表示棋盘大小不能更改
    protected int[][] chessboard;                     // 二维数组表示 n×n 棋盘并保存问题的一个解
    protected boolean show;                           // 是否显示每条路径
    protected int pathlen, path, count;               // 分别存储一条搜索路径长度、搜索路径数、解的个数
    // 构造方法，n 指定棋盘大小（3~8），(x, y) 指定起始位置，show 指定是否显示每条路径和中间结果
    public HorseForeseeAll(int n, int x, int y, boolean show)
    {
        if(n>=3 && n<=8)                              // 控制棋盘大小为 3~8
            this.n=n;
        else
            throw new java.lang.IllegalArgumentException("n="+n+"，超出棋盘大小范围"); // 无效参数异常
        this.chessboard = new int[n][n];              // n×n 棋盘，初值为 0
        System.out.println(this.getClass().getName()+"，n="+n+"，point="+new Point(x, y));
        this.show = show;
        this.pathlen=0;                               // pathlen 存储一条搜索路径长度
        this.path=0;                                  // path 存储搜索路径数
        this.count=0;                                 // count 存储解的个数
        this.backtrack(1, new Point(x, y));           // 递归回溯，输出所有解，第 1 步开始，point(x, y)起始位置
        System.out.println(count+"个解");
    }
    // 递归回溯，遍历解空间 n×n 叉树，递归到第 i 步，马在 point(x, y)位置，搜索路径存储在 chessboard 棋
    // 盘中，采用预见策略选择所有最佳前进方向
    protected void backtrack(int i, Point point)
    {
        if(i<=this.n*this.n)                          // 第 i 步到达解空间树的第 i 层
        {
            this.pathlen = i;                         // 从根到当前结点的一条路径长度是 i
            this.chessboard[point.x][point.y]=i;      // 每格的取值是步数
            if(i==this.n*this.n)                      // 到达叶子结点，求得一个解，返回
                return;
```

```
            // 预见策略，返回 point(x, y)位置下一步可通路数最小值的多个方向
            SeqList<Integer> direlist = this.select(point);
            for(int direction : direlist)                   // 继续遍历预见策略选择的子树（方向）
            {
                Point next = restrict(point, direction);    // 检测隐约束条件，马走日，是否有下一步
                if(next!=null)                              // 若有下一步，则继续遍历解空间树；否则约束剪枝
                {
                    this.backtrack(i+1, next);              // 遍历子树（向下一层），第 i+1 步到达 next，递归调用
                    // 遍历完一棵子树后返回，先输出，再将棋盘恢复到前一个函数状态
                    if(i+1==pathlen)
                    {
                        if(this.show)
                        {
                            this.path++;                    // path 存储搜索路径数
                            System.out.print("第"+path+"条路径，i="+(i+1)+", ");
                        }
                        if(i+1==this.n*this.n)              // 到达叶子结点，获得一个解输出
                        {
                            this.count++;                   // count 存储解的个数
                            System.out.print("第"+count+"个解");
                        }
                        System.out.println();
                        this.print();                       // 输出一条路径（一个解）
                    }
                    this.chessboard[next.x][next.y]=0;      // 输出后，退回到前一个递归函数的状态
                }
            }
        }
    }
    // 返回 point(x, y)位置按 direction 方向前进的下一位置，"马走日"规则，不改变 point 位置。
    // 约束函数，测试隐约束条件
    protected Point restrict(Point point, int direction)
    {
        int x=point.x, y=point.y;
        switch(direction)
        {
        case 1:  x-=2;  y++;  break;
        case 2:  x--;   y+=2; break;
        case 3:  x++;   y+=2; break;
        case 4:  x+=2;  y++;  break;
        case 5:  x+=2;  y--;  break;
        case 6:  x++;   y-=2; break;
        case 7:  x--;   y-=2; break;
        case 8:  x-=2;  y--;  break;
        }
        if(x>=0 && x<this.n && y>=0 && y<this.n && this.chessboard[x][y]==0)
            return new Point(x, y);                         // 若(x, y)在棋盘内且未被访问过，则返回
        return null;
    }
```

```
    }
    // 预见策略，为 point(x, y) 位置试探下一步 8 个方向位置的可通路数，返回可通路数最小值的多个方向
    private SeqList<Integer> select(Point point)
    {
        if(this.show)
        {   System.out.println("当前位置: "+point.toString());
            this.print();                                       // 输出棋盘所有元素
            System.out.println("方向    下一位置    可通方向    可通路数");
        }
        int minroad=8;                                          // 记录可通路数的最小值
        SeqList<Integer> direlist = new SeqList<Integer>(8);    // 顺序表，存储可通路数最小值的多个方向
        for(int i=1;  i<=8;  i++)                               // 试探 point(x,y) 位置 8 个方向的下一步
        {
            Point next=restrict(point,i);                       // next 是 point 按 i 方向的下一位置
            int road=0;                                         // 记录 next 的可通路数
            if(next!=null)                                      // next 在棋盘内且未被访问过
            {
                if(this.show)
                    System.out.print("  "+i+"\t"+next.toString()+"\t");
                for(int j=1;  j<=8;  j++)                       // 统计 next(x,y) 的可通路数存于 road
                {
                    if(restrict(next,j)!=null)        // 若 "next 按 j 方向的下一位置" 在棋盘内且未被访问过
                    {
                        road++;
                        if(this.show)
                            System.out.print(j+",");
                    }
                }
                if(road<minroad)                                // 发现更小值
                {
                    minroad=road;                               // minroad 记载 road 的最小值
                    direlist.clear();                           // 顺序表删除之前存储的所有元素
                }
                if(road==minroad)                               // road 与最小值相同
                    direlist.insert(i);                         // 顺序表插入一个元素，存储 road 的方向
                if(this.show)
                    System.out.println("\t"+road);
            }
        }
        if(this.show)
            System.out.println("direlist="+direlist.toString()+"\n");
        return direlist;                                        // 返回下一步可通路数最小值的多个方向
    }

    protected void print()                                      // 输出棋盘所有元素，方法体省略

    public static void main(String args[])
    {
        // 以下解太多，建议用 "单步调试" 运行
```

```
            new HorseForeseeAll(5,0,0,true);          // 图10-25(b)，显示中间结果，304个解
//          new HorseTraverseAll(8,0,0,true);         // 图10-22 从(0,0)位置开始游历，显示中间结果
    }
}
```

程序运行结果（部分）如下，见图10-25(b)。

```
第6步   当前位置: (3,2)
    1   0   0   0   3
    0   0   2   0   0
    0   0   0   4   0
    0   0   6   0   0
    0   0   0   0   5
方向        下一位置      可通方向        可通路数
    1       (1,3)       4,6,7,            3
    2       (2,4)       5,8,              2
    6       (4,0)       1,                1
    7       (2,0)       1,4,              2
    8       (1,1)       2,5,              2
选定下一步方向 direction=6
```

5．算法设计策略比较

以上介绍了多种常用的算法设计策略，它们的共同之处是运用策略和技术避免穷举测试。

分治法和动态规划法将问题分解成子问题求解，简化问题规模和复杂度；动态规划法通过保存计算的中间结果，避免大量的重复计算。

贪心法、动态规划法和回溯法都是从一个集合中选出子集，通过一系列的判定得到解；贪心法进行逐项比较逐步获得整个解；动态规划法和回溯法通过逐步逼近获得最优解。

动态规划法和回溯法得到问题的最优解；贪心法既可能得到问题的最优解，也可能得到次优解，依赖于具体问题的特点和贪心策略的选取，在问题要求不太严格的情况下，可以用这个较优解作为需要穷举所有情况才能得到的最优解。

有些问题可采用多种算法策略求解，也可采用几种算法策略的组合求解。例如，Floyd算法采用动态规划法和贪心法求解，在采用贪心策略逐步求解的过程中，使用两个矩阵 P 和 D 存储中间结果。

10.4 课程设计的目的、要求和选题

"数据结构与算法"是一门理论和实践紧密结合的课程，既要透彻理解抽象的理论知识，又要锻炼程序设计能力。课程设计就是巩固所学理论知识、积累程序设计经验、培养算法设计与分析能力的重要实践环节，不可或缺。

1．课程设计的目的和任务

课程设计目的：深入理解数据结构的基本理论，掌握对数据结构各种操作的算法设计方法，增强对基础知识和基本方法的综合运用能力，增强对算法的理解能力，提高软件设计和分析能力，在实践中培养独立分析问题和解决问题的作风和能力。

课程设计任务：综合运用各种数据结构和算法设计策略，独立编制一个具有一定规模的、

中等难度的、解决实际应用问题的应用程序。经历软件设计的全过程，包括题意分析、建立抽象数据结构模型、选择数据结构、算法设计、编制程序、调试程序、软件测试、算法分析和结果分析、完善算法并提高程序性能，撰写课程设计报告等环节。

2．课程设计的要求

"数据结构与算法"课程设计要求说明如下。

（1）题目要求

题目是包含基本数据结构和典型算法的实际应用问题，具有一定规模和难度，有现实生活的应用背景。

（2）设计要求

体现本课程提倡的数据结构和算法设计原则，设计思路明确，存储结构合适，程序模块结构合理，算法表述清楚完整，考虑各种可能情况。

不能调用 Java 集合框架，因为本课程目的是设计实现 Java 集合框架中的类。

（3）实现要求

采用 Java 语言和面向对象程序设计方法，体现为以下两方面。

① 作为系统设计者，声明描述数据结构的类，提供该数据结构抽象数据类型所要求的操作，多个类具有继承性，方法实现表现运行时多态；使用接口约定通用的方法声明；采用泛型参数增强算法的通用性，使算法适用于各种数据类型的元素。算法正确并具有较高性能。

② 作为应用设计者，使用数据结构对象，调用算法，求解各种应用问题。参数设计有限容错。

（4）运行要求

测试各种情况下的输入数据，程序有明确的输出结果，且结果正确；必须采取各种调试手段排除程序中的各种错误。

（5）报告要求

报告应包括课程设计目的、题目说明、题意分析、设计方案、功能说明、实现技术和手段、程序流程、源程序清单、运行结果及结果分析、设计经验和教训总结、存在问题及改进解决方案等。

3．课程设计的选题

第 2～8 章的实验题包含了各章的课程设计题目。第 10 章课程设计题目如下，其中*表示难度等级。

（1）实现迭代器

10-1*** ① SeqList<T>顺序表类提供列表迭代器。

② CirDoublyList<T>循环双链表类（见 2.3.3 节）提供迭代器和列表迭代器。

③ 声明抽象集合/列表类如下，设计基于迭代器的操作。

```
// 以下抽象集合类，实现 Collection<T>接口声明的集合相等、包含、并、差、交等运算
public abstract class MyAbstractCollection<T> implements java.util.Collection<T>
// 抽象列表类，实现 List<T>接口声明的对列表操作的方法
public abstract class MyAbstractList<T>  extends MyAbstractCollection<T>
                                    implements java.util.List<T>
```

10-2**** ① HashSet<T>散列集合类（8.3 节）提供迭代器。② 声明抽象集合类（题 10-1

的③），设计基于迭代器的集合运算方法。

10-3**** TriBinaryTree<T>三叉链表存储的二叉树类（8.4.2 节）提供迭代器，按先根次序遍历二叉树；设计基于迭代器的 toString( )、search( )等操作。

10-4**** Tree<T>树类（父母孩子兄弟链表存储，6.2.3 节）提供迭代器，按先根次序遍历树；设计基于迭代器的 toString( )、search( )、remove( )等操作。

10-5**** ① BinarySortTree<T>二叉排序树类（三叉链表存储，见 8.4.1 节）提供迭代器，按中根次序遍历二叉树。

② 声明抽象集合类（题 10-1 的③），设计基于迭代器的排序集合运算方法。

（2）贪心法

10-6***** 课程设计题 7-2，以邻接多重表存储带权无向图，实现插入、删除、遍历操作，实现 Kruskal 算法。

（3）回溯法

10-7*** 课程设计题 4-3，求解素数环问题（见例 4.3）的所有解，画出解空间树。

10-8**** 课程设计题 4-4，走迷宫，求解所有路径，画出解空间树。

10-9*** 课程设计题 4-5，骑士游历，求多个（所有）解，画出解空间树。

10-10***** 课程设计题 7-1，AbstractGraph<T>类实现以下对图的操作，分别采用邻接表和邻接多重表存储结构。

| public void **printPathAll**(int i) | // 输出从 v_i 出发的所有深度优先搜索的遍历路径（见图 7-26） |

10-11 ① 典型案例 10-1，声明 PowerSet 类，求集合的幂集。

②* 例 10.4，采用迭代回溯求 C_n^m 组合问题。

③* 例 10.5，采用迭代回溯求 P_n^m 排列问题。

附录 A ASCII 字符与 Unicode 值

ASCII 字符	Unicode 值	ASCII 字符	Unicode 值	ASCII 字符	Unicode 值	ASCII 字符	Unicode 值
NUL	\u0000	（空格）	\u0020	@	\u0040	`	\u0060
SOH	\u0001	!	\u0021	A	\u0041	a	\u0061
STX	\u0002	"	\u0022	B	\u0042	b	\u0062
ETX	\u0003	#	\u0023	C	\u0043	c	\u0063
EOT	\u0004	$	\u0024	D	\u0044	d	\u0064
ENQ	\u0005	%	\u0025	E	\u0045	e	\u0065
ACK	\u0006	&	\u0026	F	\u0046	f	\u0066
BEL（响铃）	\u0007	'	\u0027	G	\u0047	g	\u0067
BS（退格）	\u0008	(	\u0028	H	\u0048	h	\u0068
HT（制表）	\u0009	)	\u0029	I	\u0049	i	\u0069
LF（换行）	\u000A	*	\u002A	J	\u004A	j	\u006A
VT	\u000B	+	\u002B	K	\u004B	k	\u006B
FF	\u000C	,	\u002C	L	\u004C	l	\u006C
CR（回车）	\u000D	-	\u002D	M	\u004D	m	\u006D
SO	\u000E	.	\u002E	N	\u004E	n	\u006E
SI	\u000F	/	\u002F	O	\u004F	o	\u006F
DLE	\u0010	0	\u0030	P	\u0050	p	\u0070
DC1	\u0011	1	\u0031	Q	\u0051	q	\u0071
DC2	\u0012	2	\u0032	R	\u0052	r	\u0072
DC3	\u0013	3	\u0033	S	\u0053	s	\u0073
DC4	\u0014	4	\u0034	T	\u0054	t	\u0074
NAK	\u0015	5	\u0035	U	\u0055	u	\u0075
SYN	\u0016	6	\u0036	V	\u0056	v	\u0076
ETB	\u0017	7	\u0037	W	\u0057	w	\u0077
CAN	\u0018	8	\u0038	X	\u0058	x	\u0078
EM	\u0019	9	\u0039	Y	\u0059	y	\u0079
SUB	\u001A	:	\u003A	Z	\u005A	z	\u007A
ESC	\u001B	;	\u003B	[	\u005B	{	\u007B
FS	\u001C	<	\u003C	\	\u005C	|	\u007C
GS	\u001D	=	\u003D	]	\u005D	}	\u007D
RS	\u001E	>	\u003E	^	\u005E	~	\u007E
US	\u001F	?	\u003F	_	\u005F	DEL	\u007F

附录 B Java 关键字

关键字	说　　明	关键字	说　　明
assert	断言	abstract	声明抽象类、声明抽象方法
boolean	布尔类型	break	中断一个循环，中断 switch 语句的一个 case 子句
byte	字节整数类型	catch	异常处理语句的子句，用于捕获一个异常对象
case	switch 语句的子句	char	字符类型
class	声明一个类	continue	中断当前循环，进入下一轮循环
default	switch 语句的缺省子句	do	根据条件先执行后判断的循环语句
double	双精度浮点数类型	else	if 语句当条件不成立时执行的子句
extends	声明一个类继承一个父类，声明一个接口继承多个父接口		
false	boolean 类型常量，"假"值	final	声明最终变量或常量，声明最终类，声明最终方法
float	单精度浮点数类型	finally	异常处理语句的子句，无论是否捕获异常都将执行
for	for 循环语句	if	根据条件实现两路分支的选择语句
implements	实现接口	import	导入一个包中的类或接口
instanceof	判断一个对象是否是指定类及其子类的实例，结果为 boolean 类型		
int	整数类型	interface	声明一个接口
long	长整数类型	native	声明本地方法
null	空值，引用类型常量	new	申请数组存储空间，创建实例并分配存储空间
private	声明类的私有成员	package	声明当前文件中的类或接口所在的包
protected	声明类的保护成员	public	声明一个公有类或接口，声明类或接口的一个公有成员
short	短整数类型	return	从一个方法返回，从一个方法返回一个值
static	声明静态成员，也称类成员	super	引用父类成员，调用父类的构造方法
synchronized	声明互斥语句、互斥方法	switch	根据表达式取值实现多路分支的选择语句
this	引用当前对象，引用当前对象的成员，在构造方法中调用该类的另一个构造方法		
throw	抛出一个异常对象	throws	一个方法声明可能抛出异常
transient	声明一个临时变量	true	boolean 类型常量，"真"值
void	声明一个方法没有返回值	try	异常处理语句的子句，界定可能抛出异常的程序块
volatie	表示两个或多个变量必须同步地发生变化		
while	根据条件先判断后执行的循环语句		

附录 C Java 基本数据类型

表 C-1 Java 基本数据类型

分　类	数据类型	字节	取 值 范 围	默认值
布尔	boolean	1	false，true	false
整数	字节型 byte	1	$-128\sim127$，即$-2^7\sim2^7-1$	0
	短整型 short	2	$-32768\sim32767$，即$-2^{15}\sim2^{15}-1$	0
	整型 int	4	$-2\,147\,483\,648\sim2\,147\,483\,647$，即$-2^{31}\sim2^{31}-1$	0
	长整型 long	8	$-9\,223\,372\,036\,854\,775\,808\sim9\,223\,372\,036\,854\,775\,807$，即$-2^{63}\sim2^{63}-1$	0
字符	char	2	$0\sim65535$，\u0000～\uFFFF	\u0000
浮点数	单精度浮点数 float	4	负数范围：$-3.4028234663852886\times10^{38}\sim-1.40129846432481707\times10^{-45}$，正数范围：$1.40129846432481707\times10^{-45}\sim3.4028234663852886\times10^{38}$	0.0f
	双精度浮点数 double	8	负数范围：$-1.7976931348623157\times10^{308}\sim-4.94065645841246544\times10^{-324}$，正数范围：$4.94065645841246544\times10^{-324}\sim1.7976931348623157\times10^{308}$	0.0

表 C-2 转义字符

转 义 字 符	实 际 指 代	对应的 Unicode 值
\b	退格 BS	\u0008
\t	制表符 Tab	\u0009
\n	换行符	\u000A
\r	回车符	\u000D
\"	双引号	\u0022
\'	单引号	\u0027
\\	反斜杠	\u005C

附录 D Java 运算符及其优先级

优先级	分类	结合性	运 算 符	操 作 数	说 明
1（高）	双目括号	左	.	对象（左）、对象成员（右）	引用对象成员
			[ ]	数组（左）、下标（中）	引用数组元素
			( )	表达式	表达式嵌套
			( )	方法（左）、参数列表（中）	方法调用
2	单目运算符	右	++ —	整数变量，字符变量	后增，后减
			++ —		预增，预减
			+ −	数值	正数，负数
			~	整数，字符	按位取反
			!	布尔值	逻辑非
			new	数组元素类型，类	为数组分配空间，创建对象
			( )	类型（中）	强制类型转换
3	算术	左	* / %	数值	乘法，除法，取余
4			+ −		加法，减法
	字符串		+	字符串	字符串连接
5	位		<<	整数，字符	左移位
			>>		右移位
			>>>		无符号右移位
6	关系	左	< <=	数值	小于，小于等于
			> >=		大于，大于等于
			instanceof	对象（左）、类（右）	判断对象是否属于类及子类
7			==	基本类型数据，引用	等于
			!=		不等于
8	逻辑，位		&	整数，字符，布尔值	位与，逻辑与
9			^		位异或，逻辑异或
10			|		位或，逻辑或
11	逻辑		&&	布尔值	逻辑与
12			||		逻辑或
13	条件	右	?:	布尔值和任意类型值	条件运算
14（低）	赋值	右	= += −= *= /= %= &= ^= |=	变量（左）、表达式（右）	赋值

附录 E Java 类库（部分）

E.1 java.lang 语言包

1. Object 类

```
public class Object                                    // Java 的根类
{
    public Object()                                    // 构造方法
    public String toString()                           // 返回当前对象的描述字符串
    public boolean equals(Object obj)                  // 比较当前对象与 obj 是否相等
    protected void finalize() throws Throwable          // 析构方法
    public final Class<?> getClass()                   // 返回当前对象所属的类的 Class 对象
    public int hashCode()                              // 返回当前对象的散列码
}
```

2. Math 数学类

```
public final class Math extends Object                           // 数学类，提供 E、PI 常量和数学函数；最终类
{
    public static final double E = 2.7182818284590452354;        // 静态常量 e
    public static final double PI = 3.14159265358979323846;      // 静态常量 π
    public static double abs(double x)                           // 返回 x 的绝对值|x|，有重载方法
    public static double random()                                // 返回一个 0.0~1.0 之间的随机数
    public static double pow(double x, double y)                 // 返回 x 的 y 次幂 x^y
    public static double sqrt(double x)                          // 返回 x 的平方根值 √x
    public static double sin(double x)                           // 返回 x 的正弦值
    public static double cos(double x)                           // 返回 x 的余弦值
}
```

3. Comparable<T>可比较接口

```
public interface Comparable<T>                         // 可比较接口，T 通常是当前类
{
    public abstract int compareTo(T cobj);             // 比较两个对象大小
}
```

4. 基本数据类型包装类

（1）Integer 整数类

```
public final class Integer extends Number implements Comparable<Integer>        // int 类型包装类; 最终类
{
    public static final int MIN_VALUE = 0x80000000;          // 最小值常量, 值为-2³¹=-2147483648
    public static final int MAX_VALUE = 0x7fffffff;          // 最大值常量, 值为2³¹-1=2147483647
    public Integer(int value)                                // 构造方法, 由 int 整数 value 构造整数对象
    public Integer(String str) throws NumberFormatException        // 由十进制整数串 str 构造整数对象
    public int intValue()                                    // 返回当前对象中的整数值
    //以下将 str 串按 radix 进制转换成整数, str 是 radix 进制原码字符串（带正负号）, 2≤radix≤36,
    //radix 默认十进制。若不能将 str 转换成整数, 则抛出数值格式异常
    public static int parseInt(String str, int radix) throws NumberFormatException
    public static int parseInt(String str) throws NumberFormatException
    public String toString()                                 // 返回当前整数的十进制字符串（带正负号）, 正数省略+
    public static String toString(int i, int radix)          // 返回 i 的 radix 进制字符串（带正负号）, 正数省略+
    public static String toBinaryString(int i)               // 返回 i 的二进制补码字符串, 当 i≥0 时, 省略高位 0
    public static String toOctalString(int i)                // 返回 i 的八进制补码字符串, 当 i≥0 时, 省略高位 0
    public static String toHexString(int i)                  // 返回 i 的十六进制补码字符串, 当 i≥0 时, 省略高位 0
    public boolean equals(Object obj)                        // 比较 this 与 obj 引用对象是否相等
    public int compareTo(Integer iobj)                       // 比较 this 与 iobj 引用对象的大小, 返回-1、0 或 1
}
```

（2）Double 浮点数类

```
public final class Double extends Number implements Comparable<Double>           // double 类型包装类
{
    public Double(double value)                                    // 由 double 值构造浮点数对象
    public Double(String str) throws NumberFormatException         // 由 str 串构造浮点数对象
    public static double parseDouble(String str) throws NumberFormatException     // 将 str 转换为浮点数
    public double doubleValue()                                    // 返回当前对象中的浮点数值
}
```

5. String 常量字符串类

```
public final class String implements Comparable<String>, Serializable           // 常量字符串类, 最终类
{
    public String()                                      // 构造方法, 构造空串
    public String(char[] value)                          // 由 value 字符数组构造字符串
    public String(char[] value, int i, int n)            // 由 value[]中从 i（>0）开始的 n（>0）个字符构造
    public String(String original)                       // 拷贝构造方法
    public String(StringBuffer s strbuf)                 // 由 StringBuffer 对象构造 String 对象
    public int length()                                  // 返回字符串的长度
    public boolean isEmpty()                             // 判断是否空串, 即串长度 length()为 0
    public char charAt(int i)                            // 返回第 i（>0）个字符
    public boolean equals(Object obj)                    // 比较 this 串与 obj 引用的串是否相等
    public boolean equalsIgnoreCase(String str)          // 比较 this 与 str 串是否相等, 忽略字母大小写
    public String substring(int begin, int end)          // 返回从 begin（>0）开始到 end-1 的子串
    public String substring(int begin)                   // 返回从 begin 开始到串尾的子串
    public static String format(String format,Object... args)    // 返回 format 指定格式字符串, 可变形式参数
    public char[] toCharArray()                          // 返回字符数组
```

```
    public String toUpperCase()                          // 返回将所有小写字母转换成大写的字符串
    public String toLowerCase()                          // 返回将所有大写字母转换成小写的字符串
    public int compareTo(String str)                     // 比较 this 与 str 串的大小，返回两者差值
    public int compareToIgnoreCase(String str)           // 比较 this 与 str 串大小，忽略字母大小写
    public String trim()                                 // 返回 this 删除所有空格后的字符串
    public String[] split(String regex)                  // 以 regex 为分隔符拆分串，返回拆分的子串数组
    public boolean startsWith(String prefix)             // 判断 this 串是否以 prefix 为前缀子串
    public boolean endsWith(String suffix)               // 判断 this 是否以 suffix 为后缀子串
    // 以下在 this 串中从 begin（≥0）开始查找 ch 字符或与 pattern 匹配的子串；有省略 begin 的重载方法，
    // 则 begin=0；返回首次出现的 ch 字符或 pattern 串序号；若查找不成功，则返回-1
    public int indexOf(int ch, int begin)                //从 begin 开始查找 ch 并返回首次出现的序号
    public int indexOf(String pattern, int begin)        //从 begin 开始查找首个与 pattern 匹配的子串
    public int lastIndexOf(int ch, int begin)            //从 begin 开始查找 ch 并返回最后出现的序号
    public int lastIndexOf(String pattern, int begin)    // 从 begin 开始查找最后一个与 pattern 匹配的子串
    public String replace(char old, char ch)             // 返回将串中所有 old 字符替换为 ch 的串
    public String replaceFirst(String pattern, String str)   // 将首次出现 pattern 串替换为 str
    public String replaceAll(String pattern, String str)     // 将所有 pattern 子串替换为 str
}
```

🔔注意：String 类不提供修改指定字符、插入子串、删除子串、逆转等操作。

6. StringBuffer 字符串类

```
public final class StringBuffer extends AbstractStringBuilder implements Serializable, CharSequence
{
    public StringBuffer()                                // 构造空串，默认字符数组容量
    public StringBuffer(int size)                        // 构造空串，size 指定字符数组容量
    public StringBuffer(String str)
    public int length()                                  // 返回字符串长度
    public void setLength(int n)                         // 设置当前字符串长度为 n
    public char charAt(int i)                            // 返回第 i（0≤i<length()）个字符
    public void setCharAt(int i, char ch)                // 设置第 i 个字符为 ch
    public String toString()                             // 返回 String 字符串对象
    public String substring(int begin)                   // 返回从 begin 开始到串尾的子串
    public String substring(int begin, int end)          // 返回从 begin 开始到 end-1 的子串
    public StringBuffer insert(int i, String str)        // 在第 i 个字符处插入 str 串
    public StringBuffer append(String str)               // 在当前串最后插入 str 串
    public StringBuffer append(StringBuffer strbuf)      // 在当前串最后插入 strbuf 串
    public StringBuffer deleteCharAt(int i)              // 删除第 i 个字符
    public StringBuffer delete(int begin, int end)       // 删除从 begin 到 end-1 的子串
    public StringBuffer replace(int begin, int end, String str)  // 将从 begin 到 end-1 子串替换为 str 串
    public StringBuffer reverse()                        // 将当前串逆转并返回
    public int indexOf(String pattern, int begin)        // 返回从 begin 开始首个与 pattern 匹配的子串序号
    public int lastIndexOf(int ch, int begin)            // 返回 ch 从 begin 开始最后出现的序号
    public int lastIndexOf(String pattern, int begin)    // 返回从 begin 开始最后与 pattern 匹配子串序号
}
```

🔔注意：StringBuffer 类没有提供比较对象大小、删除空格 trim()、替换子串、删除子串等操作，增加功能见例 3.3。

7. Class<T>类操作类

```
public final class Class<T>
{
    public String getName()                              // 返回当前类的类名字符串
    public Class<? super T> getSuperclass()              // 返回当前类的父类
    public Package getPackage()                          // 返回当前类所在的包
}
```

8. System 系统类

```
public final class System extends Object                 // 系统类，最终类
{
    public final static InputStream in = nullInputStream();   // 标准输入常量
    public final static PrintStream out = nullPrintStream();  // 标准输出常量
    // 将 src 数组从 srcPos 下标开始的 len 个元素复制到 dest 数组从 destPos 开始的存储单元中
    public static viod arraycopy(Object src, int srcPos, Object dst, int dstPos, int len)
    public static void exit(int status)                  // 结束当前程序运行
    // 获得当前日期和时间，返回从 1970-1-1 00:00:00 开始至当前时间的累计毫秒数
    public static long currentTimeMillis()
}
```

9. Exception 异常类

```
public class Exception extends Throwable                 // 异常类
{
    public Exception()
    public Exception(String message)
    public String getMessage()                           // 获得异常信息
    public String toString()                             // 获得异常对象的描述信息
    public void printStackTrace()                        // 显示异常栈跟踪信息
}
```

E.2 java.util 实用包

1. 日期类和日历类

（1）Date 日期类

```
public class Date extends Object implements Serializable, Cloneable, Comparable<Date>  // 日期类
{
    public Date()                              //构造方法，获得系统当前日期和时间
    public Date(long date)                     //构造方法，以长整数创建 Date 对象
    public int compareTo(Date date)            //比较两个日期大小，返回 0、1、-1
}
```

（2）Calendar 日历类

```
public abstract class Calendar implements Serializable, Cloneable, Comparable<Calendar>  // 日历类
{
    public static final int YEAR                     // 年，常量
    // 其他常量有：MONTH（月）、DATE（日）、HOUR（时）、MINUTE（分）、SECOND（秒）、MILLISECOND（百分
    // 秒）、DAY_OF_WEEK（星期）等
```

```java
    public static Calendar getInstance()                        // 返回表示当前日期的实例
    public int get(int field)                                   // 返回日期指定部分，field 取值为 Calendar 常量
    public void set(int field, int value)                       // 设置 field 表示的域值
    public final void set(int year, int month, int day)         // 设置日期
    public final void set(int year, int month, int day, int hour, int minute)       // 设置时间
}
```

（3）GregorianCalendar 日历类

```java
public class GregorianCalendar extends Calendar             //Gregorian 日历类
{
    public GregorianCalendar()                              //以当前日期时间创建对象
    public GregorianCalendar(int year, int month, int day)          // 指定日期
    public GregorianCalendar(int year, int month, int day, int hour, int minute, int second)   // 指定时间
    public boolean isLeapYear(int year)                     // 判断 year 年是否闰年
}
```

2. Comparator<T>比较器接口

```java
public interface Comparator<T>                              // 比较器接口
{
    public abstract boolean equals(Object obj);             // 比较 this 与 obj 两个比较器对象是否相等
    public abstract int compare(T tobj1, T tobj2);          // 比较 tobj1 与 tobj2 引用对象的大小
}
```

3. Arrays 数组类

```java
public class Arrays
{
    // 以下重载 sort()方法，对 value 数组排序（默认升序）；待排序元素范围是 begin～end，省略时默认
    // 全部元素；委托 comp 比较器对象比较 T 对象大小，省略时默认 value 元素实现 Comparable<T>接口
    public static void sort(int[] value)                    // 有 7 种基本数值类型的重载方法
    public static void sort(int[] value, int begin, int end)
    public static void sort(Object[] value)                 // 默认 value 元素实现 Comparable<T>接口
    public static void sort(Object[] value, int begin, int end)
    public static <T> void sort(T[] value, Comparator<? super T> comp)   // 委托 comp 比较 T 对象大小
    public static <T> void sort(T[] value, int begin, int end, Comparator<? super T> comp)
    // 以下重载 binarySearch()方法，采用二分法查找算法在 value 排序数组中查找 key 值；查找范围是
    //begin～end，省略时默认全部元素；委托 comp 比较器对象比较 T 对象大小，省略时默认 value 元素及
    //key 实现 Comparable<T>接口；若查找成功，则返回元素下标，否则返回-1 或超出数组下标范围的值。
    //查找操作所需的比较对象大小规则必须与 value 数组在排序时的比较对象大小规则相同。
    public static int binarySearch(int[] value, int key)            // 有 7 种基本数值类型的重载方法
    public static int binarySearch(int[] value, int begin, int end, int key)
    public static int binarySearch(Object[] value, Object key)// value 元素及 key 实现 Comparable<T>
    public static int binarySearch(Object[] value, int begin, int end, Object key)
    public static <T> int binarySearch(T[] value, T key, Comparator<? super T> comp)   // comp 比较器
    public static <T> int binarySearch(T[] value, int begin,int end,T key,Comparator<? super T> comp)
}
```

4. 集合框架

见第 10 章 10.1 节。

附录 F MyEclipse 常用菜单命令

主菜单	菜单项	功能说明	菜单项	功能说明
File 文件	New ▶	新建 Java Project 项目、Class 类、Interface 接口、Package 包、Web 项目等		
	Open File ...	打开文件	Close	关闭当前文件
	Save	保存当前文件	Close All	关闭所有文件
	Save As ...	另存当前文件	Move ...	移动文件到其他项目
	Save All	保存工作区中的所有文件	Rename ...	重命名当前文件
	Print ...	打印	Refresh	刷新当前项目
	Switch Workspace ▶	切换工作区	Import ...	导入
	〈文件名列表〉	最近打开过的文件	Export ...	导出
	Exit	退出		
Edit 编辑	Undo	撤销	Cut	剪切
	Redo	重做	Copy	复制
	Delete	删除	Paste	粘贴
	Select All	全部选中	Find / Replace ...	查找、替换
	Add Bookmark ...	添加书签	Add Task ...	添加任务
Source	Toggle Comment	将选中多行设置为注释行		
Refactor 重构	Rename ...	重命名项目、类、接口、包		
	Move ...	移动		
Project 项目	Open Project	打开项目	Close Project	关闭项目
	Build Automatically	即时编译		
	Properties	设置当前项目属性,包括配置编译路径、添加 JAR 包等		
Run 运行	Run As	选择作为 Application 或 Applet 应用运行		
	Run Configurations	设置指定项目的运行属性,包括选择运行的类、设置命令行参数等		
	Toggle Breakpoint	设置或清除断点	Debug As	进入调试状态
	Run to Line	运行至光标所在行	Resume	运行至下一个断点
	Step Into	跟踪进入函数内部	Terminate	停止调试
	Step Over	将函数调用作为一条语句,一次执行完		
	Step Return	调试过程中从函数体中返回函数调用语句		
Window 窗口	New Window	新建 MyEclipse 窗口	New Editor	为当前文件新建编辑器
	Open perspective ▶	选择显示透视图,有 Debug、Java、Java Browsing 等		
	Show View ▶	选择显示视图,有 Ant、Console、Declaration、Error Log、Hierarchy、Javadoc、Navigator、Outline、Package Explorer、Problems、Progress、Search、Tasks、Debug 和 Variables 等		
	Reset perspective	复位透视图		
	Save perspective As...	保存透视图,保存定制的视图布局组合		
	Preferences	设置环境属性,包括更新 JDK、修改编辑区的字体和颜色、设置默认字符集等		

参考文献

[1] 严蔚敏等．数据结构（C 语言版）．北京：清华大学出版社，1997．

[2] 殷人昆等．数据结构（用面向对象方法与 C++描述）（第 2 版）．北京：清华大学出版社，2007．

[3] 严蔚敏等．数据结构及应用算法教程．北京：清华大学出版社，2001．

[4] 许卓群等．数据结构与算法．北京：高等教育出版社，2004．

[5] 张乃孝．算法与数据结构——C 语言描述（第 2 版）．北京：高等教育出版社，2002．

[6] D.S.Malik．数据结构——Java 版．杨浩译．北京：清华大学出版社，2004．

[7] William J.Collins．数据结构和 Java 集合框架．陈曙晖译．北京：清华大学出版社，2006．